普通高等教育智能制造工程系列教材

# 智能制造技术基础

### 主　编　曲一兵

北京理工大学出版社
BEIJING INSTITUTE OF TECHNOLOGY PRESS

## 内 容 简 介

本书以当前机械领域智能制造应用技术需求为目标，面向高等院校机械工程专业学生介绍智能制造技术基础知识。

本书以数字化制造工艺装备与工艺规划为切入点，着重介绍数控加工场景下工艺装备的特点、数控机床的应用等内容。以机械加工过程数据采集与分析为应用背景，介绍数据处理、加工参数优化、控制过程优化等基本人工智能方法的应用；将车间总线网络、局域网与 5G 全数字化工厂的基本解决方案结合起来，介绍工业互联网的各个环节；介绍边缘计算的基本框架与主要应用技术；结合制造型企业供应链运作层决策、供应链战略决策、生产决策，介绍以数学规划模型为基础的决策方法应用；介绍制造运营管理系统。

本书可作为机械工程、机械设计制造及自动化、机械电子、智能制造等相关专业课程的教材，也可作为从事智能制造技术研究及工作的科技人员的参考用书。

**图书在版编目（ＣＩＰ）数据**

智能制造技术基础 ∕ 曲一兵主编. – – 北京 ：北京理工大学出版社，2024.1

ISBN 978 - 7 - 5763 - 3504 - 0

Ⅰ. ①智… Ⅱ. ①曲… Ⅲ. ①智能制造系统　Ⅳ.
①TH166

中国国家版本馆 CIP 数据核字（2024）第 040360 号

---

责任编辑：王梦春　　文案编辑：闫小惠
责任校对：刘亚男　　责任印制：李志强

---

**出版发行** ∕ 北京理工大学出版社有限责任公司
**社　　址** ∕ 北京市丰台区四合庄路 6 号
**邮　　编** ∕ 100070
**电　　话** ∕ （010）68914026（教材售后服务热线）
　　　　　　　（010）68944437（课件资源服务热线）
**网　　址** ∕ http://www.bitpress.com.cn

---

**版 印 次** ∕ 2024 年 1 月第 1 版第 1 次印刷
**印　　刷** ∕ 涿州市新华印刷有限公司
**开　　本** ∕ 787 mm×1092 mm　1/16
**印　　张** ∕ 21
**彩　　插** ∕ 1
**字　　数** ∕ 515 千字
**定　　价** ∕ 55.00 元

# 前 言

当今智能制造已成为我国发展的重要战略决策之一。党的二十大明确提出制造业发展战略，把制造业作为主攻方向，确保不断提高我国制造业的国际竞争力。坚定不移建设制造强国，坚持永不言败，坚定信仰和决心，迈向制造强国。为此要支持企业开展科研与技术创新，加快技术改造、数字化、智能化转型；积极推动制造业与互联网、大数据、人工智能等新一代信息技术融合发展，实现智能制造。

为适应国家智能制造战略、国家和区域经济社会发展需求，高校智能制造工程专业人才培养面向重大基础与应用基础研究、变革性技术、战略性高技术、战略性新兴产业，培养能综合应用智能制造理论、现代设计方法、智能控制技术、系统工程理论等，以及掌握广泛的基础知识、具备扎实的专业知识和基本技能的高素质创新型智能制造新工科人才。

智能制造是基于新一代信息技术，贯穿设计、生产、管理、服务等制造活动的各个环节，具有信息深度自感知、智慧优化自决策、精准控制自执行等功能的先进制造过程。我国《"十四五"智能制造发展规划》提出："智能制造是制造强国建设的主攻方向，其发展程度直接关乎我国制造业质量水平。发展智能制造对于巩固实体经济根基、建成现代产业体系、实现新型工业化具有重要作用。"在国家智能制造战略规划指导下，本教材探索智能制造体系结构与机械制造技术的结合点，根据当前智能制造工程实施现状、人才需求以及未来发展趋势，面向机械工程专业高等院校学生介绍智能制造技术基础知识。

本教材以当前机械领域智能制造应用技术需求为目标，参照工信部智能制造架构模型所提出的生命周期、系统层级和智能功能三个维度进行智能制造基础知识点的设计。

（1）强调人工智能的应用。在数据分析、决策等应用场景中，所设置例题以 Python 语言、Excel 等常用与易于掌握的计算工具与人工智能给出计算程序与计算结果分析，使读者了解与掌握如何把人工智能算法具体地应用于智能制造的各个领域中。

（2）以数字化制造工艺装备与工艺规划为切入点，在传统的刀具、夹具等工艺装备知识的基础上，着重介绍了在数控加工场景下工艺装备的特点、数控机床的应用等内容，使之更贴近当前数字化加工应用的现状；在介绍工艺过程规划基本知识的同时，结合数控加工应用需求介绍了数控加工工艺过程规划的特点，以数控车削加工与数控铣削加工为例，介绍了数控加工工艺特点与计算机辅助数控编程的入门知识。

（3）将机械加工质量基础知识与加工过程的智能监测与控制融合在一起，基于加工过程常用监测技术基本原理，以机械加工过程数据采集与数据分析为应用背景，介绍了数据处理、加工参数优化、控制过程优化等基本人工智能方法的应用。

（4）将车间总线网络、局域网与当前国家大力推行的 5G 全数字化工厂的基本解决方案结合起来，向读者介绍构建具有中国特色的工业互联网的各个环节。以边缘计算这一新兴的工业互联网典型应用领域为重点，介绍了边缘计算的基本框架与主要应用技术。

（5）在制造型企业供应链运作层决策、供应链战略决策、生产决策等领域，向读者介绍了以数学规划模型为基础的决策方法应用，着重介绍了生产、库存、运输、选址等生产运作领域的数学规划建模方法与求解工具的使用方法，力求让读者易学易用。在大数据分析领域，以生产数据建模为例介绍了数据仓库、数据清洗与数据可视化技术。

（6）向读者介绍了智能制造运营管理及系统，以案例为主向读者展示了智能制造运营管理的内容以及支撑系统的应用。

本教材提炼了编者近年来与企业合作开展智能制造工程实施中的典型经验，将其提炼拆分在各章中，作为应用案例向读者阐述，力求使抽象的知识原理具像化，便于理解与掌握。本教材的编写还得到了来自济南二机床集团信息部专家孙佑威、济南机床一厂原总工艺师吕守堂先生的协助，以及山东省机器人学会、济南机械工程学会、山东联通公司、山东移动通信公司专家提供的资料与帮助，在此表示感谢！

# 目　录

# 第1章
# 智能制造概述

知识目标：掌握制造与制造系统的概念，以及智能制造的内涵；了解制造与智能制造的发展进程；了解主要的智能制造体系结构；了解智能制造技术各个领域的内容。

能力目标：能够理解制造系统三个流的运作；能够描述智能制造内涵中自感知、自学习、自决策、自执行、自适应等各个特征的作用。

制造业是实体经济的主要组成部分，社会物质财富主要通过制造业直接创造，因而制造活动是人类最重要的生产活动。在工业化社会中，制造业门类分布、技术能力和所处产业链的位置等因素直接关系到一个国家的竞争力。第一次工业革命以来，人类生产力获得了巨大的释放，社会关系与经济关系形态变化速度也越来越快。经过以电气化为代表的第二次工业革命与以自动化为代表的第三次工业革命，在世界产业格局中，高附加值的核心技术、品牌、知识产权与供应链控制权等要素更加向西方发达国家集中。随着信息技术的不断发展，网络传输能力、计算能力与数据存储能力大幅提高，人工智能也逐步走向实用化，其应用产品已广泛进入工业领域及消费领域。在此条件下，为进一步掌控制造业高端领域，西方发达国家提出以人工智能技术应用为代表的第四次工业革命，试图将制造业带回国内，实现再工业化。我国经过多年努力，现在已经成为制造大国、人工智能技术应用大国；但在制造业技术方面却存在高端制造技术短板多、制造业水平参差不齐的状况。针对这一情况，我国制定了制造业强国战略纲领《中国制造2025》，力图补齐制造业短板，扬长避短，实现符合中国国情的智能制造。

## 1.1 智能制造的产生与发展

### 1.1.1 制造与制造系统的概念

制造的含义可从广义与狭义两个层面理解。狭义的制造是指生产过程中把原材料转变成产品的直接工作部分，例如机械产品生产过程中的毛坯成形、零件机械加工、装配、测试、检验、包装等工作。广义的制造则是包括产品设计、制造生产、质量保证、管理、供应链、服务等在内的产品提供与维护活动。

产品设计的输入是来自市场或客户的需求，包括功能、性能、外观等，通过产品设计活动进行零件的设计与规划，从而满足产品的质量要求。产品规划的任务是将客户需求转换为设计用的技术要求，并根据客户需求及技术要求的竞争性评估，确定各技术指标值，然后根据企业自身的技术基础进行零件设计。在产品设计过程中，要基于企业技术特点与加工能力，考虑加工工艺与装配工艺的可行性。材料选择需要综合考虑产品的功能要求、性能要求、加工要求及经济性要求等。为满足减速器不同零件的功能及性能要求，会选择不同的材料进行加工。

制造生产根据产品设计要求以及材料进行工艺规划，兼顾产品的产量与加工经济性合理地安排加工工艺路线，包括毛坯的制造与热处理、机械加工方法的选择与工序顺序等。除零件生产外，装配工艺与工序也是产品生产的重要环节。针对不同类型的生产模式，即使是类似的产品，其工艺路线规划的差异性也比较大。特别是在当前大规模定制生产模式日益推广的情况下，生产的工艺过程除考虑加工制造技术以外，还要兼顾车间物流与库存因素。

质量保证是指为使消费者确信产品或服务能满足质量要求而在质量管理体系中实施并根据需要进行证实的全部有计划和有系统的活动。质量保证贯穿于与制造有关的全部业务过程，是一个系统工程。

随着社会物质生产的极大丰富，满足定制化需求越来越成为企业差异化竞争的手段。在这样的情况下，传统的服务由售后服务扩展为"制造业服务化"，即不仅为客户提供产品维修、维护的服务，更为客户提供从设计、定制到系统集成与使用等全生命周期的产品服务。制造业服务化的本质是通过服务提高产品附加值。

以现代制造业通行的观点来看，制造过程是通过物料流、信息流、资金流的结合而形成的制造系统。

制造是一个物料流动与转换的过程。从加工角度看，制造通过工艺过程对原材料施加一系列的转换过程，使之成为产品，这些转换既可以是原材料在物理性质上的变化（如金属切削），也可以是原材料在化学性质上的改变（如热处理与表面处理）。通常将这些转换称为制造。制造过程总是伴随着物料的流动，包括物料的采购、存储、加工、装配、运输、销售等一系列活动。

制造也是一个信息流动的过程，包括信息的传递、转换和加工。在整个产品的制造过程中，产品需求信息、产品设计信息、制造工艺信息及加工装配信息等构成了一个完整的制造信息链。同时，为保证制造过程能够顺利和协调地进行，制造过程中还含有大量的管理信息和控制信息，因此，制造是一个信息流动的过程。

制造还是一个资金流动的过程。资金流是在营销渠道成员间随着商品实物及其所有权的转移而发生的资金往来流程。在制造过程中，资金伴随着原料的采购与加工及产品的销售，在各企业间与终端消费者之间发生增值和转移，实现资金流动。

制造系统与其所处的外部环境进行交互，来自外部环境的产品需求驱动制造过程，而企业的市场营销与新产品投放又制造了新的产品需求。可将制造系统的功能按产品的生命周期划分为需求获取、需求转化、产品提供等三个阶段。制造系统功能构成如图 1-1 所示。

（1）需求获取阶段。系统通过市场营销建设营销渠道，并与外部环境进行交互，获得产品样式与功能、用户与潜在用户、竞争对手、合作伙伴等数据。这些数据通过分析与统计转化为有价值的信息，从而帮助企业有针对性地开辟营销渠道、营销模式，并将产品需求具体化。当客户发出订单后，产品的潜在需求转变为真实需求，从而驱动产品生产。

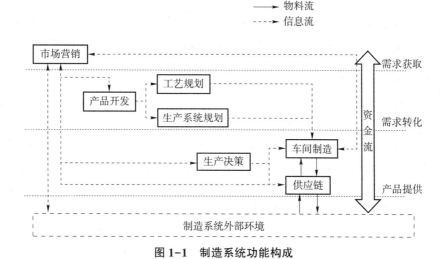

图1-1 制造系统功能构成

（2）需求转化阶段。在该阶段，产品开发部门与市场营销部门沟通，通过功能分析、性能分析把客户的产品需求转变为产品质量特征，包括功能、性能、外观等。根据产品质量特征进行产品设计。产品设计要在产品技术性能、产品质量经济性上取得平衡，从而保证以合理的综合成本生产制造具有竞争力的产品。企业要根据所生产的产品技术要求与生产模式来进行工艺路线规划与设备配置。

以汽车乘用车主机厂为例，其生产模式是多型号中等批量生产。在确保产品多样化的同时，为满足制造经济性与质量稳定性的要求，一般采用同平台设计策略，即在动力系统（发动机与传动系统）与底盘悬挂系统等基础系统上相同或同系列，而在车型与配置方面进行差异化设计。这一设计策略可以在很大程度上保证生产不同车型时，可尽可能多地共享生产线、加工设备与工艺装备，提高生产率并降低生产成本。汽车乘用车主机厂通常根据其多型号、整车中等批量而部分零部件大批量的生产特点，采用按库存生产模式（Make To Stock，MTS）进行批量化的轮番生产。根据这一生产模式，通常其生产系统设计为焊接、冲压、组装等生产线，完成底盘、车架、车门等零部件的生产，并进行整车组装，而发动机、变速箱等零部件则外购或由配套厂提供。

（3）产品提供阶段。制造过程的物料流、资金流集中发生在产品提供阶段，同时产品提供阶段又是信息流经过前两个阶段的处理落实的结果。制造系统根据自身产品工艺特点与所采用生产模式选用适当的库存策略，当用户订单到达后，生产决策系统根据供应链系统所提供的库存信息进行生产决策。生产决策的目标是根据需求产品数量、库存产品数量与产品交付期决定产品生产数量与投产时间，生产决策的具体结果是根据其选用的库存策略、车间作业排程策略进行计算而得到的。车间制造按照生产决策进行生产，由供应链系统获得需要的原材料与零部件，同时产成品通过供应链系统发送到需求方。资金流贯穿于制造系统的各个阶段与各个功能实现上，而在产品提供阶段中，资金流的运作是至关重要的。资金流与信息流的密切配合和资金时间价值的高效利用越来越成为制造系统追求的目标。

## 1.1.2 智能制造的发展

按工业发展时代的进程划分，当前工业发展已经经历了三次工业革命，且每次工业革命进程在逐步加快。

第一次工业革命始于 18 世纪中叶的西欧，以利用水力的纺织机械开始，逐步发展为利用机械将热能转化为动力的蒸汽机。到 19 世纪 40 年代，英国的采矿、冶金、制造及交通等行业均已广泛使用机械，其成为首个完成工业化的资本主义国家。

第二次工业革命伴随着 19 世纪后期科学技术的突飞猛进，发电机与内燃机相继问世。19 世纪 70 年代，美国辛辛那提屠宰场发明了第一条生产线，从此开启了大批量生产的流水线模式与电气时代。随后，福特汽车公司在此基础上开发了汽车生产流水线，从而开始了汽车的大批量生产。值得注意的是，在第二次工业革命中，与生产运作相适应的管理学获得了奠基式的发展，其代表人物及其理论方法包括：美国工程师泰勒，他倡导以工时定额、时间分析、动作分析、程序分析为基本手段的"科学管理"方法；法国采矿公司经理、管理学奠基人法约尔，他提出企业存在的技术、商业、财务、安全、会计、管理六大活动以及管理活动的计划、组织、指挥、协调、控制五大职能。这些理论说明制造系统的内涵与外延均开始得到构建与发展。

第三次工业革命是在半导体技术的长足发展下兴起的，其标志是 1969 年美国数字化设备公司研制的第一台可编程控制器（Programmable Logical Controller，PLC）。随后，德国、日本相继研制出各自的 PLC 产品。PLC 的广泛使用带来了制造业的自动化时代。20 世纪 80 年代以来，计算机与互联网的大规模普及使软件作为制造要素加入了产品要素及系统中，制造业进入了信息化时代。

第四次工业革命则普遍认为是以德国于 2011 年汉诺威工业博览会上提出的"工业 4.0"概念为标志。"工业 4.0"是建立在赛博物理系统（Cyber Physical System，CPS）上的广义制造，即供应链、生产加工、销售等业务活动实现信息化与智能化，以便快速高效地进行个性化的产品提供。因此，第四次工业革命的内核是建立在信息技术基础上的智能制造。而智能制造实际上在 20 世纪 80 年代，伴随着制造过程的规模与复杂度迅速提升，制造中的智能化需求已被提出。人们尝试使用人工智能方法进行制造活动的决策、复杂产品设计，并应对过程变动性带来的制造系统不稳定问题。智能制造系统（Intelligent Manufacturing System，IMS）概念在西方学术界开始被提出，例如 J. Hantvy 在 1983 年提出面向问题求解的智能制造系统架构。该架构提出以策略结合知识库的人工智能方法进行问题求解，求解的结果作为制造系统的控制输入以实施制造过程。态势感知获取控制状态与外部环境的需求信息，过程的实施结果经过程评估与态势感知信息一起进行知识抽取（信息的加工、增强与规范化）后，增加知识库内容和问题求解的支持能力，形成智能制造的闭环结构。这一架构与当前我国智能制造内涵的表述比较接近。面向问题求解的智能制造系统架构如图 1-2 所示。

1988 年，美国纽约大学的 P. K. Wright 与卡耐基梅隆大学的 D. A. Bourne 出版了《智能制造》一书，提出智能制造概念，将智能制造看作"融合知识工程、制造软件系统、机器人视觉和机器人控制对制造技工们的技能与专家知识进行建模，以使智能机器能够在没有人工干预的情况下进行小批量生产"。

20 世纪 90 年代后，智能制造的研究在西方发达国家受到重视，并展开相关的合作研究。1991 年，美国、日本、欧洲等国家与地区共同发起实施的"智能制造国际合作研究计划"中提出，"智能制造系统是在整个制造过程中贯穿智能活动，并将这种智能活动与智能机器有机融合，将整个制造过程从订货、产品设计、生产到市场销售等各个环节以柔性方式集成起来的能发挥最大生产力的先进生产系统"。

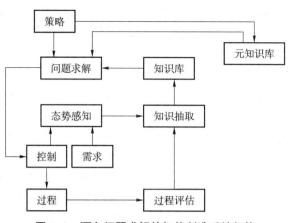

图1-2 面向问题求解的智能制造系统架构

在智能制造的实践方面，企业界进行了多种尝试，包括柔性制造、数字制造、计算机集成制造、敏捷制造、网络化制造等。

柔性制造是一种适应多品种小批量定制生产的制造模式，以某种功能较为全面的制造装备为核心，采取工序集中原则进行加工。以机械制造为例，柔性制造系统（Flexible Manufacturing System，FMS）通常由一台或一组加工中心为主要加工设备，配以柔性较高的专用工装及立体仓库、自导引小车（Automated Guided Vehicle，AGV）等辅助装备进行多样化产品的生产加工，如果结合自动化或半自动化的工艺规划与生产调度软件，可实现无人值守的生产过程管理与控制。

数字制造以一系列工业应用软件作为实现基础，传统工业应用软件包括CAD（Computer Aided Design，计算机辅助设计）软件、CAM（Computer Aided Manufacturing，计算机辅助制造）软件、CAE软件（Computer Aided Engineering，计算机辅助工程）、PDM/PLM（Product Data Managment or Product Lifecycle Managment，产品数据管理/产品生命生期管理）软件、ERP（Enterprise Resource Planning，企业资源规划）软件、MES（Manufacturing Execution System，制造执行系统）软件等。基于上述软件搭建松耦合的业务单元，在一定程度上实现数据互通互联，有效地提高了工作效率与产品制造能力。目前，随着IT硬件设备计算能力的进步，数字孪生系统及相关的虚拟现实（Virtual Reality，VR）与增强现实（Augmented Reality，AR）等技术也逐步在智能制造领域展开应用。

计算机集成制造是指通过计算机技术把广义制造领域的关键业务活动以及原来孤立的自动化设备集成起来，实现从客户需求、产品实现到客户服务的全链条的高效运作，以实现快速灵活地向市场提供多品种的定制产品。20世纪90年代，国内外诸多企业尝试实施计算机集成制造，而多数实施案例试图建立一个高度松耦合的制造系统，而当时的计算机系统网络速度、数据存储能力、算力等均无法以经济成本支撑这样的系统去适应多变的产品生产需求，因而成功者较少。但这些尝试活动为后面的智能制造留下了宝贵的技术经验。

敏捷制造立足于快速响应市场需求，从企业组织架构到生产技术等方面进行解构与重构，以便针对某种产品或产品领域建立高效的制造系统，把产品尽早投放市场。相较于计算机集成制造，敏捷制造是高度松耦合的制造模式。在运作方面，敏捷制造组建虚拟组织架构，把单独的销售单位、供应单位、设计单位与制造单位组织起来进行制造活动；在制造技术方面，借助工业工程技术进行快速的生产系统构建，例如建立多产品混线生产线、使用FMS 等。当前比较典型的敏捷制造案例常见于手机等电子产品生产以及服装生产等。敏捷制造催生了大规模定制这一生产模式，且大量的专业生产组织、原始设备制造商（Original Equipment Manufacturer）与专业设计组织、原始设计制造商（Original Design Manufacturer）也应运而生。

网络化制造利用互联网组织制造活动，可看作利用互联网组织的敏捷制造；而相较于敏捷制造，网络化制造的生态更加开放。以目前国内网上板式家具定制生产为例，它已经形成较为成熟的网络化制造生态，其通常的模式是网络化平台服务商提供一个订单接单平台，众多家具生产商在平台上公布其家具品种款式，向平台提供其三维产品模型。由平台提供订单交互环境，客户可在平台上选择家具商提供的产品款式、材质、颜色，甚至可以利用基本家具组件在互联网平台上进行简单的自助设计。在网络上确定的订单可由厂家从平台上获取，然后接入内部的数字制造体系内，该内部体系通常包括家具 CAD 软件、ERP 软件与 MES 软件。生产厂家在数字制造体系的支持下完成产品设计、原料采购、生产加工及发货装运等活动。

当前的智能制造发展正处于明显的阶段性关口上，人工智能技术在过去的十年间获得了长足的发展，得益于计算机算力和网络带宽的大幅提升与计算成本的大幅下降，机器学习、数据挖掘、知识图谱等人工智能方法逐步走向成熟，5G 移动通信网络与物联网设备与装置广泛使用，虚拟现实与增强现实所需的设备价格也逐步降到可经济化使用的水平，这为智能制造向更高智能化技术迈进奠定了可靠的基础。目前，人工智能技术呈现以下发展趋势。

（1）大规模并行计算模式成为主流。并行计算性能大幅提升源于 GPU（Graphics Processing Unit，图形处理单元）并行运算架构。GPU 架构具备与深度学习相匹配的并行运算能力。GPU 是运行绘图运算的微处理器，可以快速处理图像上的每一个像素点，其海量数据并行运算的能力与深度学习需求非常符合。当前主流的 CPU 可集成数十个核心，模拟出上百个处理线程来进行运算，但是普通级别的 GPU 就包含了成百上千个处理单元，高端的甚至更多，这对于多媒体运算中大量的重复处理过程有着天生的优势。谷歌大脑研究工作结果表明，12 颗英伟达（Nvidia）公司的 GPU 可以提供相当于 2 000 颗 CPU 的深度学习性能，为技术的发展带来了实质性飞跃，被广泛应用于全球各大主流深度学习开发机构与研究院所。

（2）人工智能计算从单一算法驱动，转变为数据、运算力和算法复合驱动。与早期人工智能相比，新一代人工智能具有数据、运算力和算法相互融合、优势互补的良好特点。在数据方面，人类进入互联网时代后，各类数据资源不断积累，异构的数据库、数据仓库集群及相应的数据存储技术在云计算、电商平台应用的刺激下大幅进步，价格也大幅下降。BI（Business Intelligence，商业智能）应用也逐步普及，这为人工智能的训练学习奠定了良好的基础。在运算力方面，摩尔定律仍在持续发挥效用，计算系统的硬件性能逐年提升，云计算、并行计算、网格计算等新型计算方式的出现拓展了现代计算机性能。在算法方面，伴随着深度学习技术的不断成熟，运算模型日益优化，智能算法不断更新，提升了模型辨识解析的准确度。数据、运算力和算法复合驱动模式将引发人工智能爆发式增长。

（3）人工智能的实用化使其越来越具有商业价值，必将成为资本长期追逐的领域。这导致人工智能研究从单纯的学术研究转变为人工智能头部企业导向，由头部企业根据市场经济增长点的引导，调集智力资源进行基础研究与应用开发，其特点是快速迭代的实践应用导向加速形成技术发展正循环。技术快速迭代发展的过程中，数据累积和大规模应用会起到至关重要的作用，将持续推动人工智能技术实现自我超越。

### 1.1.3 智能制造的意义

第四次工业革命的主要内容是制造活动在自动化、信息化的基础上实现智能化，这必将是一个比较漫长的过程。但变革的序幕已经拉开，制造业转型也初见成效。从制造业的发展趋势来看，智能制造将给人类社会带来深刻的影响。

（1）劳动密集型生产逐步退出。长期以来，劳动密集型制造业从劳动力成本高的地区向劳动力成本低的地区转移，但在柔性制造单元或生产线、网络化制造以及数字制造等智能制造技术支持下，大规模定制这一生产模式所需的劳动力数量与生产成本正在大幅下降，而生产率也在大幅提高。另外，生产系统的升级使产品开发、专业技能、数据处理分析、生产运营等方面的人才需求大幅增加，同时自动化生产重新定义了现实场景中的人机交互，除了机器之间通过执行更具象的指令相互配合完成作业，工人和机器人也需要相互配合完成生产中的部分环节，比如装配环节。上述情况将使传统的制造业产业形态发生较大的变化，从而对社会劳动力供给、商品供给的需求与模式产生一系列影响。

（2）产品提供周期大幅缩短。电商平台高度成熟发展及其与社交平台、短视频平台的深度融合，其积累的海量客户信息、交易信息、市场需求信息使大数据分析成为非常准确的决策支持手段。企业通过大数据服务为客户分析、市场需求分析、产品分析等提供支持，能够快速地获得产品市场反馈及需求预测。而网络制造平台则可直接面向客户，按照客户要求进行产品定制，承接产品订单。相较于传统市场手段，企业与客户的距离、市场响应时间均大为缩短，在电商成为主要营销渠道的同时，平台化运营日益成为企业不可或缺的运营模式。

（3）制造业价值链分化。在过去的三四十年间，由于生产率的大幅提高，部分产业形成了明显的专业化分工。以电子快销品与家用汽车为例，品牌建设、市场渠道、产品设计与开发、供应链管理等方面形成高度专业化分工，成为产品力和产品价值的决定性因素，故获取产品利润比重大。生产部门则在生产自动化、产品平台化与管理标准化的支持下逐步变为追求高生产率的"基础设施"，故利润较少。装备制造业则成为这一"基础设施"的供应商与服务商，掌握关键技术的制造装备供应商也获取高额利润。随着智能制造向更广泛的领域推进，越来越多的制造业将形成类似的价值链。提高产品创新能力与技术含量、掌握高端制造装备技术成为占领价值链高端的必由之路。

（4）数据将成为企业的核心资产。智能制造系统运转与决策高度依赖数据，包括产品数据、工艺数据、客户数据、供应链数据、生产数据等。在整个智能制造系统运营时期内，企业构建的业务流程、生产模式、客户关系、供应链、设备管理、关键决策数据指标等数据结构已成为企业核心竞争力的重要支撑。在智能制造环境下，企业发展所需的产品迭代进化、业务流程再造、市场开拓、知识库的构建与利用均高度依赖数据体系的建设。数据这一虚拟资产将越来越受重视，并成为资产交易的重要组成部分。

综上所述，全球科技与产业正兴起一场新的变革，制造业格局与面貌的重大变化必将给人类社会带来显著的影响。我国制造业规模与产值位居世界首位，目前正处在新旧动能转换、产业升级与新能源革命的前沿，同时我国也是互联网与人工智能应用范围较广、应用水平较高的国家。制造技术、信息技术、人工智能技术的交互作用正在深刻地改变着生产方式、产业形态与商业模式。如我国《"十四五"智能制造发展规划》提出，我国已转向高质量发展阶段，正处于转变发展方式、优化经济结构、转换增长动力的攻关期，但制造业供给与市场需求适配性不高、产业链和供应链稳定面临挑战、资源环境要素约束趋紧等问题凸显。站在新一轮科技革命和产业变革与我国加快高质量发展的历史性交汇点，要坚定不移地以智能制造为主攻方向，推动产业技术变革和优化升级，推动制造业产业模式和企业形态根本性转变。

## 1.2 智能制造的参考架构与内涵

### 1.2.1 CPS 的概念

西方先进国家提出的与智能制造相关的国家战略中，比较有代表性的是美国"工业互联网"与德国"工业4.0"。研究上述两个国家智能制造的体系结构可发现其均是围绕 CPS（赛博物理系统）中的建设中心来展开的。CPS 的概念源于20世纪90年代初期，当时计算机技术、网络技术和传感器技术的发展已经可以将物理系统和计算机系统紧密地结合起来，从而实现更高效、更自动化的物理系统控制。最早提出这个概念的是美国国家科学基金会（NSF）和美国国家航空航天局（NASA）等机构，它们认为将计算机科学、控制理论和工程技术结合起来，可以实现对复杂物理系统的高效控制和管理。

随着计算机和通信技术的迅速发展，CPS 的研究和应用也逐渐扩展到多个领域，包括智能交通、智能电网、智能制造、智能家居等。在此过程中，人们逐渐发现了 CPS 的潜力和优势，从而不断探索其新的应用和研究方向。

CPS 的应用范围非常广泛，包括工业生产、交通运输、能源管理、医疗保健、环境监测等领域。例如，在工业生产中，CPS 可以通过网络实时监测设备运行状况、生产过程、原材料库存等信息，从而优化生产过程、提高生产效率、减少生产成本；在交通运输领域，CPS 可以通过网络收集交通状况、路况信息，从而优化交通流、减少交通事故发生率；在医疗保健领域，CPS 可以通过网络实现医疗设备的远程监测和控制，从而提高医疗设备的利用率，减少医疗事故发生率。

CPS 的典型结构通常包括以下几个组成部分。

（1）物理系统：物理系统是指要被控制或被监测的实际物理设备或系统，比如机器人、传感器、电机、电力系统等。这些物理设备或系统既可以是独立的，也可以是相互连接的。

（2）传感器和执行器：传感器和执行器是用来感知和控制物理系统的组件，传感器用来采集物理系统的实时数据，执行器则用来对物理系统进行控制和调节。

（3）实时计算和通信设备：这些设备主要用来处理和传输从传感器和执行器收集的数据，如计算机、微处理器、嵌入式系统等。

（4）通信网络：通信网络是 CPS 中的关键组成部分，负责连接各种设备和组件，并实现数据的传输和控制指令的下发。

（5）控制算法和软件系统：控制算法和软件系统是用来控制和管理物理系统行为的，可以根据实时数据生成控制指令，从而实现对物理系统的实时控制。

CPS 的结构可以根据应用场景和具体实现情况而有所不同，但是以上组成部分是比较典型的。通过这些组成部分的协调运作，CPS 可以实现高效、自动化的控制和管理，从而提高系统的效率和可靠性。

### 1.2.2 德、美、中三国智能制造参考架构

下面对德国"工业4.0"智能制造参考架构、美国工业互联网参考架构与我国智能制造参考架构进行简要介绍与对比。

（1）德国"工业4.0"智能制造参考架构（RAMI 4.0）。德国"工业4.0"计划中的智能制造系统架构包含三个维度：活动层次、系统级别、生命周期与价值流。如图 1-3 所示，活动层次维度包括六层，分别是资产、集成、通信、信息、功能和商业；系统级别维度包括产品、现场装置、控制设备、工作站、车间、企业及互联世界；生命周期与价值流维度将产品生命周期划分为定型样机（Type）和实例产品（Instance）两个阶段。三个维度的焦点在于底层的设备层次与生产环节。维度与层级之间相互联系、相互支撑，共同促进智能生产，实现"智能工厂"。IEC62890 为国际标准《工业过程测量、控制和自动化系统和部件的生命周期管理》，IEC62264 为国际标准《企业控制系统集成》，IEC61512 为国际标准《批次控制》。

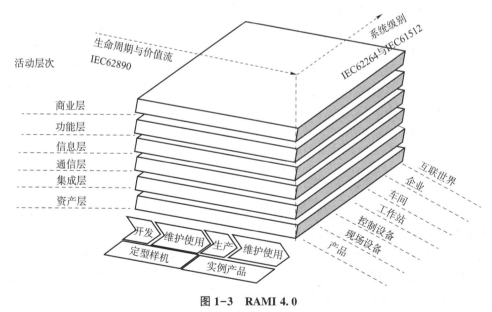

图 1-3　RAMI 4.0

（2）美国工业互联网参考架构（IIRA）。2015 年 6 月，美国工业互联网联盟（IIC）发布了工业互联网参考架构（IIRA），如图 1-4 所示。它首先确定并强调了不同产业领域工业互联网（Industrial Internet of Things，IIoT）系统中最重要的架构关注点，并且将其和各自的利益相关者分为不同的视图。

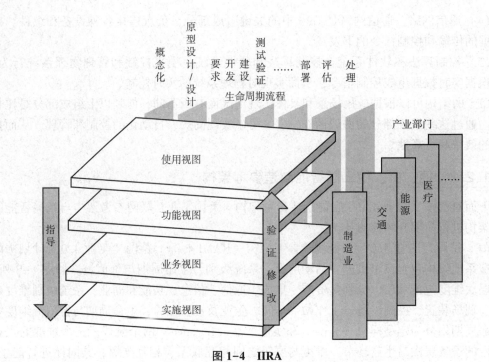

图 1-4 IIRA

为实现各层级的功能，需要九个共性能力：①生产安全；②信息安全、隐私保护；③适应性（可恢复性）；④集成性、互操作性、可组合性；⑤可连接性；⑥数据管理；⑦先进数据处理和分析；⑧智能弹性控制；⑨动态组合灵活调整。

IIRA 视图中应用范围和系统生命周期的关系，即使用、功能、业务和实施视图有助于系统地确定 IIoT 系统关注点和利益相关者，汇聚相似或相关的关注点，进而有效地分析和解决关注点，通常在关注点所属的视图内对其进行研究。一般来说，高层次视图的决策能够指导下级视图，并对其提出要求。此外，下层视图中对关注点的思考能够验证甚至修改上层视图的分析和决策。IIRA 以通用框架为开端，在整个生命周期的各个节点予以考虑和关注，参考架构通过不同的视图为 IIoT 系统生命周期流程的概念设计提供指导。

美国工业互联网参考架构具有以下特征。

①按照工业互联网系统的关注点，IIRA 可分为四个视图，分别是使用、功能、业务和实施。

②功能视图表示系统功能元件间的相互关系、结构、接口、交互及与外部的相互作用，该视图确定了五个功能域组成，分别是商业、运营、信息、控制、应用。

③建立了垂直领域应用案例分类表，在参考架构下体系化推进应用。

④以工业互联网为基础，通过软件控制应用和软件定义机器的紧密联动，促进机器间、机器与控制平台间、企业上下游间的实时连接和智能交互，最终形成以信息数据链为驱动，以模型和高级分析为核心，以开放和智能为特征的工业系统。

⑤具有九大系统特性，包括系统安全、信息安全、弹性（容错、自修复、自组织等）、互操作性、连接性、数据管理、高级数据分析、智能控制、动态组合。

德国"工业 4.0"则可总结为建设一个网络（CPS），研究两大主题（智能工厂、智能生产），实现三大集成（纵向集成、横向集成、端到端集成），推进三大转变（生产由集中向分散转变、产品由趋同向个性转变、用户由部分参与向全程参与转变）。美国工业互联网提出把现实世界的设备通过网络连接，并与信息世界的数据与分析对应结合，带动工业革命与网络革命两个革命性转变。对比这两个智能制造战略概念的异同，可看出各国在利用相似的信息技术手段实现有利于发挥自身技术优势的不同目标。信息技术、人工智能技术与网络技术是智能制造环境的基本支撑技术，德国基于其先进的制造技术与高端装备制造能力，实现制造过程全生命周期的模式变革；而美国则发挥信息与网络技术制高点的优势，促进现实世界与虚拟世界的融合，即实现工业"元宇宙"平台，以获得新一代制造产业链的话语权。

（3）中国智能制造参考架构（IMSA）。IMSA 如图 1-5 所示。该架构在三个维度上展开：生命周期维度、系统层级维度与智能功能维度。

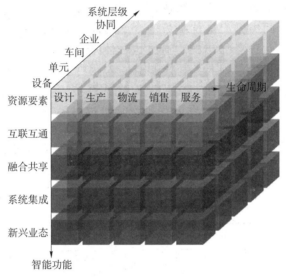

图 1-5 IMSA

①生命周期维度。生命周期是指从产品原型研发开始到产品回收再制造的各个阶段，包括设计、生产、物流、销售、服务等一系列相互联系的价值创造活动。生命周期的各项活动可进行迭代优化，具有可持续发展等特点。

②系统层级维度。系统层级维度自下而上共五层，分别为设备层、单元层、车间层、企业层和协同层。智能制造的系统层级体现了装备的智能化和 IP 化，以及网络的扁平化趋势。设备层是制造的物质技术基础，包括传感器、仪器仪表、条码、射频识别、机械、机器、装置等。在单元层中，各种类型的控制系统被囊括在一起，包括 PLC、SCADA（Supervisory Control and Data Acquisition，监控与数据采集）、DCS（Distributed Control System，分布式控制系统）和 FCS（Fiedbus Control System，现场总线控制系统）等。车间层体现了面向工厂和车间的生产管理，包括 MES 等。MES 又可进一步分为工厂信息管理系统（Process Information Management System，PIMS）、先进控制系统（Advanced Process Control，APC）、历史数据库、计划排产、仓储管理等。企业层是面向企业的经营管理，包括 ERP、PLM、SCM（供应链管理）和 CRM（客户关系管理）等。协同层是智能制造的特点，体现了制造业务在整个产业链上的协作过程，它是由产业链上不同企业通过互联网共享信息，实现协同研发、智能生产、精准物流和智能服务等。

③智能功能维度。在智能功能维度，自上而下包括资源要素、互联互通、融合共享、系统集成、新兴业态。特别的是，以互联互通为目标的工业互联网作为一个重要的基础支撑，实现了物理世界和信息世界的融合，与CPS的构建思想是一致的。

### 1.2.3 智能制造的内涵

《国家智能制造标准体系建设指南（2021版）》对智能制造的定义为：智能制造是基于新一代信息通信技术与先进制造技术深度融合，贯穿于设计、生产、管理、服务等制造活动的各个环节，具有自感知、自学习、自决策、自执行、自适应等功能的新型生产方式。该定义把智能制造方式看作一个闭环系统，能够对外界条件的刺激做出响应并进行迭代优化。由上述定义可知，智能制造是基于及时准确的生产运营数据的采集，获取真实的信息，在最短时间内做出最佳决策的全部活动，而决策是在人工智能的辅助下通过人、信息系统或自动化设备做出的。通过这一体系，企业能实现灵活、高效、快速响应的运营，从而提高竞争力。因此，智能制造的内涵可认为是基于数字化、网络化制造技术、智能技术、数据驱动与软件定义技术构建的系统，该系统对内外部的条件变动，通过态势感知、数据分析做出智能决策并执行，通过对系统的调整达到自适应的目标。智能制造的内涵如图1-6所示。

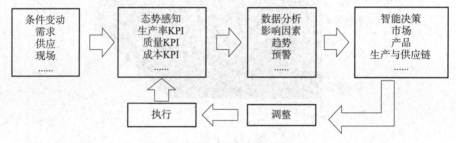

图1-6 智能制造的内涵

企业内外部环境条件是变动的，这些变动包括产品种类、数量、售价、客户等市场需求变动，供货商、供货价格、运输等供应链变动，设计、设备、工艺等现场条件变动等。

智能制造系统广泛设置于CPS中，信息系统与自动化设备上的数据采集点所获取的运营数据可支撑多个关键绩效指标（KPI）的计算。KPI的作用是测量生产运营状态，使其可视化，并达到监控、评价与预警的作用。这些KPI主要包括稼动率、整体设备效能（OEE）、在制品水平（WPI）等生产指标，合格率/废品率、过程能力指数等质量指标，投入产出比、单位产品成本、库存周转率等。此外，它还包括人员产出绩效、设备能耗、自动化设备过程控制等多种KPI。通常应为这些KPI设置阈值，以判断运营状态是否应该进行纠正。在CPS的各个节点上采集的数据构成态势感知各个KPI的成分来源，KPI真实程度与及时程度依赖于数据采集的实时性能与采集点的数量。

数据分析是智能制造系统实现自学习的重要途径，它的作用是分析加工态势感知数据，为智能决策提供依据。数据分析是人工智能技术集中应用的一个重点领域，基于机器学习是目前数据分析的主流方法，常用分析手段包括聚类、分类、回归与拟合等。支持上述分析手段的机器学习方法目前主要为各类统计学习和以深度学习为代表的连接主义学习。数据分析的首要目标是对造成KPI变动的影响因素进行分析，判断因素与结果、各因素之间的关联关系，分析主要影响因素与次要影响因素，得到因素与结果之间的作用规律。其次，在掌握变化规律的基础上，可根据当前的数据变化状态对态势的下一步变化进行预测。对可能超出正常范围的变化趋势进行预警，以便人们提前做出决策，及时地进行干预。

决策是系统调优的过程，是系统自适应能力的体现。智能制造系统是复杂系统，涵盖了市场需求、产品设计开发、工艺规划、生产、供应、服务等制造过程的全生命周期。各种因素交互影响，使决策活动困难。根据决策层级的不同，企业决策可分为战略决策与日常运营决策。目前的人工智能技术水平与信息获取的深度与广度尚不足以进行可依赖的战略决策，在这一层级上，人工智能可通过数据分析为战略决策提供信息支持。在日常运营决策层级，人工智能方法已经广泛地应用于市场、产品开发、工艺规划、生产管理、库存管理等方面，并取得了良好的效果。成熟的人工智能优化方法包括各类搜索算法，以遗传算法、粒子群算法等为代表的群智能算法，以支持向量机为代表的统计学习算法。此外，基于样例学习也常用于进行定性与定量相结合的决策过程中，其中比较有代表性的方法是以知识表示与推理为基础的知识库，在当今计算机算力成本显著下降的条件下，知识表示方法结合自然语言处理技术（NLP）与深度学习形成的新一代知识图谱技术，也在智能制造的决策领域得到越来越多的应用。

智能制造的自执行需要根据各类业务支持信息系统将决策的调整方案传递到末端。例如，车间生产决策由高级计划与排程（Advanced Planning and Scheduling，APS）模块或系统进行计算，当生产条件发生变动（如插单、工艺变更或设备故障）达到一定阈值时，APS重排生产订单，并将排产结果作为无纸化工单通过 CPS 下达到生产工位机台或 FMS 的总控系统，由自动化设备执行更新的生产任务；再如，市场需求出现变动时（如淡旺季），库存管理系统（Warehouse Management System，WMS）分析产品存货的周转率变化，通过调高或调低库存基准控制补货量（包括原料采购量与产品产量）来适应需求的变化。

智能功能是指制造活动具有的自感知、自决策、自执行、自学习、自适应等功能的表征，主要体现在以下三个方面。

信息感知：智能制造需要大量的数据支持，通过有效利用高效、标准的方法实时进行信息采集、自动识别，并将信息传输到分析决策系统。

优化决策：通过面向产品全生命周期的信息挖掘提炼、计算分析、推理预测，形成优化制造过程的决策指令。

执行控制：根据决策指令，通过执行系统控制制造过程的状态，实现稳定、安全的运行。

根据 IMSA 架构的定义，智能功能主要体现在资源要素、互联互通、融合共享、系统集成和新兴业态五层的智能化要求上。

（1）资源要素是指企业从事生产时所需要使用的资源或工具及其数字化模型等，例如智能加工设备、物料存储与转运设备、数字样机等。该层的智能化通常由设备本身的系统智能化来实现，例如智能化数控机床、智能化 AGV 等。

（2）互联互通是指通过有线或无线网络、通信协议与接口，实现资源要素之间的数据传递与参数语义交换。由于工业领域通信方式与通信协议种类繁多，各种资源要素之间的信息交换存在数据格式转换与信息语义识别等两个方面的智能化需求。

（3）融合共享是指在互联互通的基础上，利用云计算、大数据等新一代信息通信技术，实现信息协同共享。例如，目前国内利用5G通信实现客户端对生产现场的远程监视与远程控制，通过在互联互通层次实现通用数据接口，如穿过Web的远程过程调用（RPC），由云平台负责数据的转发、持久化保存。

（4）系统集成是指企业实现智能制造过程中的装备、生产单元、生产线、数字化车间、智能工厂之间，以及智能制造系统之间的数据交换和功能互联。

（5）新兴业态是指基于物理空间不同层级资源要素和数字空间集成与融合的数据、模型及系统，建立的涵盖了认知、诊断、预测及决策等功能，且支持虚实迭代优化。虚拟网络和实体生产的相互渗透是智能制造的本质：一方面，信息网络将彻底改变制造业的生产组织方式，大大提高制造效率；另一方面，生产制造将作为互联网的延伸和重要节点，扩大网络经济的范围和效应。

以网络互联为支撑，以智能工厂为载体，构成了制造业的最新形态，即智能制造。这种模式可以有效缩短产品研制周期、降低运营成本、提高生产效率、提升产品质量、降低资源能源消耗。

## 1.3　智能制造技术

中国拥有世界上最大的制造业规模，有较高效的工业体系。中国自动化技术市场规模已超1 000亿元，占世界市场份额的30%以上，具备良好的市场氛围与应用基础。同时，我国拥有最多的网民、全球最大的互联网经济规模，人工智能应用水平也位居世界前列。但是，目前我国也面临着产业结构不合理、高端装备制造业和生产性服务业发展滞后等问题，存在智能制造改造成本难以消化的问题。此外，自主创新能力弱，关键核心技术与高端装备对外依存度高，以企业为主体的制造业创新体系不完善。以信息化和工业化高层次的深度结合为目标的两化融合存在企业信息化总体水平不高、"硬技术"与"软环境"发展不均衡、行业及企业的两化融合发展不均衡等问题，导致两化融合深度与广度不够。

根据上述情况，我国制定了制造业强国战略纲领《中国制造2025》，提出八项对策，通过"三步走"实现制造强国的战略目标。采取的智能制造发展路径与战略主要是发挥优势。争取换道超车，发挥制造业规模的优势，相互交叉与融合，并行地完成数字化、网络化、智能化的"三步走"战略，用人工智能、互联网来解决前期数字化制造中存在的问题；发挥信息技术产业规模的优势，组建一批国家赛博物理系统网络平台，促进传统制造业的信息化改造，"坚持以信息化带动工业化，以工业化促进信息化"，增强两化融合，培养具有全球竞争力的企业群体和优势产业。目前，通过国家主导的多个轮次的智能制造推动，智能制造概念被越来越多的企业接受并实践，下一步将进行智能制造标准体系建设。

### 1.3.1　智能赋能技术

智能赋能是把一系列技术实施于制造系统中，使制造系统具备一定程度的智能制造能力，体现智能制造特征。感知内外部环境的变化，自主地进行决策，并及时地对变化做出应对措施，是制造系统智能化的体现。在智能制造系统中，人工智能方法应用在微观与宏观两个层级上体现。

### 1. 人工智能

微观层级或设备层级的人工智能方法应用主要为边缘计算。边缘计算是指设备或设备组成的局部系统不通过中央计算服务获得决策信息，而是自主处理数据，单设备或多设备协同对状态变动做出响应。智能制造系统的边缘计算应用非常广泛，例如利用机器视觉识别技术进行检测、自动装配或物料分拣；数据机床加工质量自诊断，根据刀具磨损、温度变化自动地进行刀具补偿；AGV自主分配运输任务、进行路径优化计算与防碰撞避让等。

宏观层级或运作层级的智能应用可分为数据分析与智能决策。目前，数据分析已广泛地运用在生产管理、质量管理、设备管理、供应链管理、财务管理等各个方面，通过商业智能软件进行数据挖掘，并将数据以可视化的方式呈现，帮助管理者了解实况、判断趋势，及时采取应对措施。智能制造系统宏观层级的智能决策主要运用在三个方面：市场营销、供应链与生产。市场营销智能决策帮助人们对客户与市场进行划分，智能地针对不同客户群体进行营销活动推送，对产品的销量趋势做出分析。供应链智能决策对供货商做出评估，对库存进行优化，适时地做出补货建议。生产智能决策根据产能、设备负荷、产品交货期合理安排产品的生产数量与生产时间，在异常情况下及时对生产进行调整，确保生产顺畅进行。

### 2. 云计算与区块链

云计算的本质是分布式计算，工业云提供分布式平台把工业领域的相关计算资源集成起来并发布，使资源得到共享。工业云甚至可通过工业网络将设备资源共享或设备远程调用服务完成制造过程，实现网络化协同制造。工业云拓扑如图1-7所示。

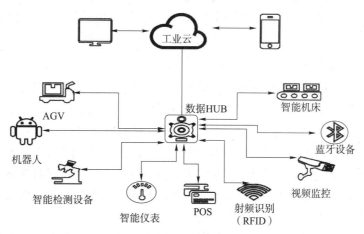

图1-7 工业云拓扑

云平台由基础设施与应用服务两部分组成。云平台提供商搭建基础设施，包括服务器算力、存储空间、网络、操作系统、安全设施等；应用服务由应用服务提供商在云平台基础设施上进行部署。

云平台服务的部署目前有SaaS和PaaS两种方式，SaaS（Software as a Service，软件即服务）方式下，由应用服务提供商在云平台上部署应用软件系统，并负责所有前期的实施、后期的维护等一系列服务，企业无须购买软硬件、建设机房、招聘 IT 人员，即可通过互联网使用应用软件。SaaS 向用户提供完整的软件系统，与用户自行购置与部署应用软件相比，其优点是一次性投入费用大为减少，且无须自行组建 IT 团队；其缺点是耦合度高、集成力差，功能无法自选定制。

PaaS（Platform as a Service，平台即服务）方式下，应用服务提供商不直接把整个应用软件系统直接暴露给用户，而是把业务接口定义为由单独的对象或一组对象构成的组件或粒度更小的微服务。用户可按需选用与集成自身业务所需要的计算服务、数据存储与业务处理模块，从而能够更为方便快捷地搭建业务应用环境。

区块链技术目标是实现去中心化的分布式记账。在需要信用保障的交易活动中，传统的信用保障体系是中心化的，该中心一般是银行或第三方支付平台，需要信用保障的资金往来可通过银行或第三方支付平台进行。例如，交易活动的资金延期支付可通过银行承兑汇票完成，在一定资产抵押条件下，付款方可提供银行承兑汇票给收款方，在承兑汇票到期时，收款方可凭银行承兑汇票到银行取款。另一个常见的信用保障下的资金延期支付是消费者在电商平台上购物，资金交由第三方支付平台暂时保管，待双方确认交易成功后再由第三方支付平台向卖方支付购货资金。可以想象的是，如果中心信用保障机构失效或信用下降，则可能会产生巨大的交易损失。

区块链技术利用分布在互联网上的海量计算节点作为"账本"，一个节点上产生的交易事件不仅在本节点的"账本"上进行记录，该记录还被传播到所有计算节点的"账本"上，每个节点都为自己以及其他节点保留单独的交易记录集合，被称为"区块"，交易集合关联起来形成区块链。区块链利用全网作为信用保障机制，任何局部节点失效都不会使"总账本"丢失，任意节点如对账本进行篡改也会被其余全部节点发现，因此对安全交易的保障可谓是最高的。区块链可广泛地应用在网络协同制造、智能供应链中，提高交易效率和安全性。

### 3. 工业软件与数字孪生

智能制造由庞大的软件系统支撑，就其中工业软件而言，其主要包括以下几个方面。

（1）工控软件。工控软件使用在各种工业控制场景中，按软件安装位置可分为嵌入式软件、PC 软件等。按作用可分为组态软件、过程控制系统与伺服控制系统三类。嵌入式软件技术是把软件嵌入工业装备或工业产品中的技术。按实现功能划分，嵌入式软件通常可以分为嵌入式应用软件、嵌入式系统软件和嵌入式支撑软件三大类，它们被植入硬件产品或生产设备的嵌入式系统中，从而达到自动化、智化地控制、监测、管理各种设备和系统运行的目的，实现采集、控制、通信、显示等功能。

组态软件是指运行在 PC 机上用于数据采集与过程控制的专用软件，这类软件是处于自动控制系统监控层一级的软件平台和开发环境。平台提供可视化的组件模型，可使用灵活的搭建方式，为用户提供快速构建工业自动控制系统监控功能的、通用层次的软件工具。组态软件应该能支持各种工控设备和常见的通信协议，并且通常应提供分布式数据管理和网络功能。可以利用组态软件的功能，构建一套最适合自己的应用系统。组态软件的功能包括实时数据库、实时控制、SCADA、通信及联网、开放数据接口，随着技术的发展，监控组态软件将会不断被赋予新的内容。

过程控制一般是指石油、化工、冶金、炼焦、造纸、建材、陶瓷及电力发电等工业生产中连续的或按一定程序周期进行的生产过程的自动控制。人工智能的过程控制系统，是软件与硬件相结合的复杂系统。其控制对象是时间连续的多输入多输出信号。过程控制系统要求信号在时域与频域之间快速转换，并有较高效率的算法对信号进行解耦与处理，以保证过程控制系统对输入信号的及时响应。

伺服控制又称为运动控制，其精确实时控制直流电动机或交流电动机的转速，使电动机拖动的负荷按照需要的速度与加速度（或角速度与角加速度）运动到指定位置。伺服控制在数控机床与机器人领域应用广泛，特别是在高精度、高负荷、高速度的运动控制方面，伺服控制系统起至关重要的作用。目前，随着计算机处理能力的大幅提高，通用的伺服控制软件逐步代替各个伺服控制器厂家的专用系统，以降低使用成本。在高负荷、高精度、复杂运动轨迹的运动控制场合中，除对执行机构运动与重复运动精度、信号反馈与处理速度精度等硬件水平有较高要求外，多轴联动的运动控制算法是关键技术课题。

（2）MBD（Model Based Definition，基于模型的设计）技术。MBD 技术是在 3D CAD 软件中使用 3D 模型（如实体模型）、3D 生产制造信息（Product Manufacturing Information，PMI）和相关元数据来定义单个部件和产品件的方法。其包含的信息类型有几何尺寸和公差、组件级材料、装配级材料清单、工程配置、设计意图等，改变了传统的以工程图纸为主、以三维实体模型为辅的制造方法。当前适用于智能制造的通用 MBD 软件较少，多见于大型航空航天制造企业与大型汽车制造企业中自己建设的集成平台。在智能制造应用中建设 MBD 平台，目前可行的集成方案为由支持二次开发的 CAD 软件、PDM 软件、数据仓库、数据库进行集成开发。在 MBD 中，产品数据管理/产品生命周期管理（Product Data Management or Product Lifecycle Management，PDM/PLM）是集成的关键，它完成三个方面的功能。第一种功能是进行产品定义，即用数据的形式描述产品、零部件属性、图纸以及产品、零部件之间的结构、功能关系，提供产品数据存储、分类、查询等功能。第二种功能是在产品定义与物料清单之间建立转换桥梁。物料清单是制造系统的纲领性数据结构，特别是制造物料清单集成了产品及其各个零部件从原材料、中间产品到最终产品的转换关系、工艺方法、加工时间等信息，是整个制造系统的核心数据。PDM/PLM 系统维护产品设计与物料清单之间的对应关系，是产品设计到产品实现的重要媒介。第三种功能是在产品整个生命周期中维持变更数据。产品在其生命周期内可出现多次修改、型号衍生等变更。通过 PDM/PLM 系统的版本或变更管理可以跟踪记录每次变更，帮助人们厘清产品变动情况，有序地重复利用积累下来的设计与制造的知识资产。有效支持高频率设计变更，实现制造物料清单快速生成的 PDM/PLM 系统是进行大规模定制必不可少的关键系统。

（3）计算机辅助设计（Computer Aided Design，CAD）软件。CAD 是指工程技术人员在人和计算机组成的系统中以计算机为辅助工具，完成产品的设计、分析、绘图等工作，并达到提高产品设计质量、缩短产品开发周期、降低产品成本的目的。CAD 软件根据其历史沿革大致可分为两类，一类是由绘图板发展而来的面向工程制图的 CAD 软件，一类是由曲面造型需求发展而来的面向三维造型的 CAD 软件。发展至今，面向工程制图的 CAD 软件已经融合了工程制图、三维造型的应用，延伸到装配、运动仿真等领域；而另一类 CAD 软件则面向游戏、电影等文化创意领域，更为突出其复杂形状造型、色彩纹理渲染、光照效果等功能。

（4）计算机辅助制造（Computer Aided Manufacturing，CAM）软件。广义的 CAM 一般包括工艺过程设计、工装设计、数控机床（NC）自动编程、生产作业计划、生产控制、质量控制等。狭义的 CAM 通常是指数控机床加工程序编制，包括刀具路径规划、刀位文件生成、刀具轨迹仿真及 NC 代码生成等。目前，比较成熟的能够商品化的 CAM 软件多指用于狭义 CAM 工作流程的软件。

（5）计算机辅助工程（Computer Aided Engineering，CAE）软件。CAE 利用计算机对工程对象（产品、零部件、原材料等）的结构及材料物理、化学性能进行静态或动态数值分析，帮助人们查找缺陷、优化设计。其分析范围比较广泛，包括材料力学、液体力学、热力学、电磁效应、振动等诸多领域。CAE 软件在大量材料基本性能数据库的支撑下进行上述分析，能够比较真实地反映产品在各类工况下的状态，并以动态的形象化的形式呈现。

（6）制造执行系统（Manufacturing Executing System，MES）。MES 是一套面向制造企业车间执行层的生产信息化管理系统。美国先进制造研究中心将 MES 定义为位于上层的计划管理系统与底层工业控制之间的面向车间层的管理系统。MES 主要完成企业层生产决策到实际生产过程中的衔接工作，是企业层 ERP、PLM 等系统与底层生产单元间必不可少的中转环节，其主要功能可概括为车间/工厂级的生产调度工作与车间/工厂级的管控工作，具体有三个方面。①车间生产计划优化。根据 ERP 的生产指令，紧密结合车间的人员、设备、物料等实时情况，进行工序级排产，得到优化的生产排程。②生产数据管理与追溯。对物料、在制品、废品进行全流程信息录入；根据生产需求进行调用查询，实现产品质量与在制品状态的全流程追溯；根据反馈数据优化管理业务。③电子看板管理。根据采集数据自动发布生产信息，实现生产流程透明化。

（7）数字孪生（Digital Twin）。数字孪生通过 CAD 软件、仿真软件对物理对象建模，将物理设备的各种属性映射到数字表示的对象中并实现可视化，形成一个可拆卸、可复制、可修改、可删除的数字图像，提高了操作者对物理实体的理解。这将使生产更加方便，也将缩短生产周期。通过设备数据接口与网络，物理对象的实际状态与数字对象联动，实现对目标感知数据的实时了解，利用经验数据构建模型，运用人工智能方法进行预测和分析，通过机器学习可以计算和总结出一些不可测量的指标，也可以大大提高对机械设备和过程的理解、控制和预测。

在对物理空间和逻辑空间中的对象规律能够在可接受的粒度上进行数字化描述的基础上，借助数字模型对物理对象实现正确的推理和精确的操作。数字孪生可以提高设计、运行、控制和管理的效率。

面向产品的数字孪生应用聚焦产品全生命周期优化。例如，对大型复杂化工业设备构建数字孪生体，基于设备试车、生产、检修全生命周期数据修正仿真过程机理模型，提高了设备维护预警准确度。

面向车间的数字孪生应用聚焦生产全过程管控。例如，通过在关键工装、物料和零部件上安装感知传感器（如光电开关、RFID 标签、二维码标签等），生成了生产线的数字孪生体，使工业流程更加透明化，并能够预测车间瓶颈、优化运行绩效。

虚拟验证能够在虚拟空间对产品/生产线/物流等进行仿真模拟，以提升真实场景的运行效益。例如，对生产线机器人的动作进行规划，确保工序时间满足要求以及避免动作干涉。生产线机器人动作规划仿真如图 1-8 所示。

图1-8　生产线机器人动作规划仿真

### 1.3.2　工业网络

工业网络的典型模式是信息从现场设备层向上经多个层级流入企业层的金字塔模式。尽管这一模式得到了业界的广泛认同，但其中各层级之间的数据流动并不顺畅。每层的功能性要求不尽相同，所以各层往往采用不同的网络技术，使不同层级之间的兼容性较差。此外，由于智能制造要求多边双向数据传输，不仅要求简单数据采集，而且要求分布式自治以及由上向下或同层级之间的互操作，金字塔模式已经成了制约智能制造发展的障碍之一。因此，智能制造中的工业网络技术需要颠覆传统的基于金字塔分层模型的自动化控制层级，转而寻求基于分布式的全新范式。由于各种智能设备的引入，设备可以相互连接，从而形成一个服务网络。每一个层面都可以进行基于嵌入式智能和应式控制的预测分析，每一个层面都可以使用具有虚拟化控制和工程功能的云计算技术，不再像传统智能系统一样严格基于分层结构，而是高层次的网络应用对象由低层次网络应用对象互联集成、灵活组合而成。从技术角度来看，工业网络主要涉及工业异构异质网络的互联互通和即插即用，但是异构异质网络的融合具有高度的复杂性，不同的网络在传输速率、通信协议、数据格式等方面具有很大的差异。因此，需要一些设备作为网关，屏蔽不同网络协议的差异，将数据转换为统一格式在IP（Internet Protocol，互联网协议）网络中传输和控制。同时，还需要统一的通信机制与数据互操作机制，使数据在不同网络间传输和交换，实现设备的互联互通。此外，为了适应柔性制造、小批量定制的需求，工业网络必须是灵活组合的，而工业网络也必须是柔性的、即插即用的，从而实现资源的合理配置及生产效率的极大提高。在接入技术上，CPS网络的实现主要通过有线网络，如现场总线技术和工业以太网技术，以及无线网络和基于有线无线网，也有基于通用TCP/IP（传输控制协议/互联网协议）协议的公共互联网。

（1）现场总线技术。现场总线技术是自动化领域中的底层数据通信网络技术，是计算机、网络通信、集成电路、仪表和测试、过程控制和生产管理等技术集成应用的产物。现场总线技术作为工厂数字通信网络的基础，建立了生产过程现场与控制设备之间的联系，以及其与更高的控制管理层之间的联系。由于在各个工业技术领域不同厂商占据话语权，现场总线不是包含了一种通信线路或通信标准，而是囊括了多种通信标准。现场总线在运动控制中的应用使工业自动化控制技术向智能化、网络化和集成化的方向发展，为自控设备与系统开拓了更为广阔的领域。现场总线控制系统的特点主要有全数字通信、开放型的互联网络、互可操作性与互用性、现场设备的智能化、系统结构的高度分散性、对现场环境的适应性。

（2）工业以太网技术。工业以太网源于以太网而又不同于普通以太网，其要在继承和部分继承以太网原有核心技术的基础上，应对工业环境适应性、通信实时性、各节点间的时间同步性、网络的功能安全与信息安全性等问题，给出相应的解决方案，并添加控制应用功能；还要应对某些特殊工业应用场合的网络供电、本安防爆等要求，给出解决方案。工业以太网使制造企业与多媒体世界无缝集成工业以太网的特色技术，如应对环境适应性的特色技术、应对通信非确定性的缓解措施、实时以太网、网络供电、本质安全等。

（3）无线技术。无线局域网络（Wireless Local Area Network，WLAN），是一种利用无线技术进行数据传输的系统，该技术的出现能够弥补有线局域网络的不足，达到网络延伸的目的。由于其节省线路布放与维护成本，组网简单（支持自组网，不需要考虑线长、节点数等的制约），已广泛应用于工业生产，如基于 IEEE 802.15.4 的 WirelessHART 与 ISA100.11a 技术已在资产管理、过程测量与控制、人机接口等方面有所应用。在某些高温、腐蚀等不适宜有线布放的环境下，无线网络几乎是唯一选择。常见的无线局域网有 Wi-Fi 和 Zigbee，它们常用于工厂内非生产环境中，前者侧重于高速率，后者侧重于低功耗。此外，移动宽带技术 LTE、eLTE，低功率广域无线技术 NB-IoT、LTE-M、LoRa 等也在工业企业中有所应用。

### 》 1.3.3　智能服务

各个行业的升级往往伴随行业内供应链的整合与业务模式的再造，伴随资本扩张以及寻求新经济增长点的需求。在互联网技术的支持下，松耦合、分布式的专业化分工使跨地域、跨层级的协同式生产可以快速地将产品推向市场，而生产效率进一步提高，生产成本进一步下降。Baines 等于 2007 年提出产品服务系统（Product Service System，PSS）概念，将产品及其延伸服务纳入一个可实施的系统内。面向客户需求管理产品提供的全过程，包括客户需求获取、整体解决方案、产品设计、制造、交付、系统运维以及解决方案实施等内容。

（1）大规模定制。随着制造业的成熟发展和规范，产品生产方式也在逐渐发生改变，以适应多样化发展的市场需求。多样化、个性化的定制需求与大规模生产模式产生矛盾，现有的生产模式和管理系统成为制约产品服务提升的瓶颈。产品的定制生产属于一类较为独特的制造服务化模式，其订单导向、产品设计的解耦、产品平台化等产品生产解决方法越来越受企业的重视。大规模定制方案如图 1-9 所示。

实现大规模定制，首先要实现良好的产品规划与配置，这是因为大规模定制条件下，厂家要与客户进行非常频繁的产品设计方案交互，要求具备强有力的产品数据支持。例如某实施大规模定制服务的电气控制柜厂家，其积累的产品数据库中，理论上可能的产品参数搭配方案多达上亿种，而其设计人员每天需要处理的不同产品设计需求可达上百种。在没有智能化产品数据管理系统的情况下，设计人员查询产品数据、制定产品设计方案、生成零部件物料清单的工作是极其繁重的。这带来的后果是重复设计、产品配置错误频发、车间物料配送不及时且错误多。因此，做好产品系列的功能定义、关键功能部位的零部件规划，形成产品数据仓库以及对应工艺参数的数据仓库，能够向设计与生产人员提供有力的产品数据支持，是实现快速产品配置的有效解决途径。

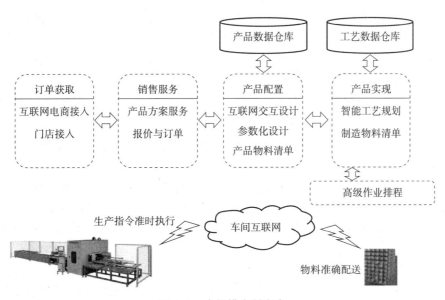

图 1-9 大规模定制方案

从目前国内红领西服、海尔电器等大规模定制先行企业的成功案例来看，大规模定制在订单获取、销售服务、产品配置与产品实现方面相较于传统生产而言有创新特点。大规模定制的订单获取注重结合线上互联网与线下门店的优势，从多个渠道与客户交互。销售与客户的互动利用部署在互联网以及门店的界面进行交互式定制服务，系统提供一定功能的互联网产品设计界面，可帮助销售人员在交互中进行简单的产品配置与设计。在产品数据与工艺数据的支持下，销售人员能够通过系统的成本核算快速向客户报价，生成订单。确认的订单在产品数据仓库与工艺数据仓库的支持下，由客户需求快速完成产品设计并转换为制造物料清单，基于制造物料清单生成的电子工单，通过工业网络下传到生产线班组，甚至直接下传到设备上。由高级作业排程系统对加工任务进行统筹安排，根据交货期与产能合理地安排电子工单。在生产过程中，由于制造物料清单准确生成，零部件得以通过车间物流系统及时准确地配送到各个工序的线边库上。从上述案例可以看到，只有依靠智能制造的智能化产品数据管理以及智能化的作业排程，才能实现繁杂产品的大规模定制生产。

（2）网络协同制造。全球化业务协作需求的增长，要求传统的、局限于单一组织的应用向跨越多个协作组织的、集成化的网络协同应用转变，协同制造（Collaborative Manufacting，CM）正是在上述前提下诞生的全新制造模式。伴随协同制造的新型组织是虚拟企业和动态联盟。虚拟企业没有固定组织结构，通常是资本面向某种市场或产品营销渠道建立的临时组织，其目的是快速抢占市场，获取更多利润；动态联盟一般是由某产业链上下游组织起来的协作形态，其目的是通过合作共享产能、市场、原材料等资源，提高自身的市场生存能力。在当今产业融合加深的情况下，基于网络的协同制造作为实现制造业信息化的一种必然趋势，它是多维的、不受企业边界条件限制的，如它与供应商、客户、各种渠道、产品设计伙伴和生产设备支持提供商等。在网络协同制造世界里，运行更加快捷和高效。网络协同制造是分布式制造，虽然目前还处于萌芽状态，但是其技术基础已经逐步奠定。一方面，赛博物理系统通过工业网络与工业云串联的各个制造节点，包括智能设备、智能车间、智能工厂、设计单位、库存、运输等，具备跨企业、跨地区的互联能力，如果能够定义数据交换与数据互操作协议，就可以把异构的制造单元集成到统一的业务过程中，在全互联网内实现制造资源的共享。另一方面，区块链支持网络协同制造的交易活动，去中心化的虚拟货币与信用保障体系使跨地区甚至跨国家的协作更具效率。未来应进一步解决虚拟货币管理及与主权货币的关系问题，打通网络协同制造活动中的交易监管障碍。

（3）运维服务。运维服务结合了状态监测、大数据中心、设备诊断与预知维修等，使运维技术集成化、共享化、智慧化，打破了人、物和数据的空间与物理界限，是智慧化运维在智能制造服务环节的集中体现。一方面，计算机技术、网络技术和大数据技术为设备的状态评估、故障诊断及剩余寿命预测提供支持。各种人工智能技术应用于信号的时频域分析、模式识别，帮助人们确定设备的故障位置与故障原因。另一方面，设备的大型化和复杂化对设备维修人员的知识、技术能力要求越来越高，专业运维服务的需求也应运而生。这就迫切地需要一个远程的故障诊断系统来实现设备的状态评估、故障定位、剩余寿命预测等功能，实现远程运维服务。

故障诊断技术应用检测手段来判断设备的性能状态，并对诊断对象发生的故障和异常进行识别和确定。故障诊断技术研究的直接目的是提高诊断的精度和速度，降低误报率和漏报率，确定故障发生的准确时间和部位，对运行中的设备出现故障的机理、原因、部位和故障程度进行识别和诊断，并根据诊断结论，进一步确定设备的维护方案或预防措施。故障诊断方法可分为基于模型的方法、基于信号处理的方法和基于知识的方法。

基于模型的方法，首先建立设备运作的物理模型或数学模型，通过仿真的方法对系统的表现进行模拟和估计，然后将它与系统的实际表现做比较，从中获得故障信息。其局限性在于大型、复杂化的系统，系统建立精确的数学模型是比较困难的，从而大大限制了基于模型的方法的推广和应用。

基于信号处理的方法，用于观测系统的状态，但很难对系统的结构进行直接分析。该方法是一种常用的故障诊断技术，通常利用信号模型，如相关函数、频谱、自回归滑动平均、小波变换等，直接分析可测信号，提取方差、幅值、频率等特征值，识别和评价机械设备所处的状态。

基于知识的方法，这里的知识一般指专家的经验知识。在解决实际的故障诊断问题时，经验丰富的专家进行故障诊断并不都是采用严格的数学算法，从一串串计算结果中来查找问题。一个结构复杂的系统在运行过程中发生故障时，人们容易获得的往往是一些涉及故障征兆的描述性知识，以及各故障源与故障征兆之间的关联性知识，尽管这些知识多是定性的而非定量的，但对准确分析故障能起重要的作用。经验丰富的专家就是利用长期积累的这类经验知识，快速直接地实现对系统故障的诊断。

目前在制造企业中，无论是维修还是定期维护，其目的都是提高制造企业设备的开动率，从而提高生产效率。故障诊断技术的应用大大地缩短了确定设备故障所需的时间，从而提高了设备的利用率；但故障停机给制造企业带来的损失还是非常巨大的。例如，在化工等连续性生产场景下，一旦设备停机，将给整个生产系统带来毁灭性的打击，甚至造成严重安全事故。预测性维护（Predictive Maintenance，PM）是基于连续的测量和分析，预测如机器零件剩余使用寿命等的关键指标。关键的运行参数数据可以辅助决策、判断机器的运行状态，优化机器的维护时机。预测性维护根据当前监测状态数据与历史数据，预测设备在现在与未来发生某一类或若干类故障的时间与风险，便于有计划地对设备进行预测性维护，提高设备的可靠性与安全性，降低故障发生的风险与维护成本。预测性维护方法包括基于机理模型的预测方法和数据驱动的预测方法等。

基于机理模型的预测方法是对系统的机理进行分析，通过对系统进行试验，或者利用力学、材料学的方法进行分析，建立系统的关键指标变化趋势模型，进而预测系统的剩余使用寿命等关键指标。

数据驱动的预测方法能很好地解决基于机理模型的预测方法的问题。部件或系统的设计、仿真、运行和维护等各个阶段的测试、传感数据是掌握系统性能下降情况的主要依据，可以从这些表征系统性能的大量数据中提取有用信息，进行系统行为预测。数据驱动的预测方法将系统内部结构视作一个黑箱，基于系统运行的状态数据，对系统的行为与功能的关联关系进行建模，预测系统在未来一段时间的性能发展趋势。

## 1.3.4 智能供应链

制造企业内部的采购、生产、销售流程都伴随着物料的流动，因此，越来越多的制造企业在重视生产自动化的同时，也越来越重视物流自动化。自动化立体仓库、自动导引运输车、智能吊挂系统得到了广泛的应用，而在制造企业和物流企业的物流中心，智能分拣系统、堆垛机器人、自动辊道系统的应用日益普及。仓储管理系统（Warehouse Management System，WMS）和运输管理系统（Transport Management System，TMS）也受到制造企业和物流企业的普遍关注。其中，TMS 涉及全球定位系统（Global Posi-tioning System，GPS）和地理信息系统（Geographic Information System，GIS）的集成，可以实现供应商、客户和物流企业三方的信息共享。例如，目前国内各大区域物流中心货场普遍推行的物流平台服务，集成了区域内配货信息与货车信息，能够把多段货运需求串联起来进行路径与费用的综合优化，给出配货运输方案。通过手机移动网络与手机社交平台向目标配货节点与潜在货车车主推送配货信息。平台根据复杂计费规则计算费用，并通过第三方支付平台进行费用结算。

供应链管理的精细化与准时化。针对物料及物料存放与运输工具的智能识别技术已大范围普及，目前的智能识别技术一般是机器视觉技术与 RFID 技术。条形码或二维码识别是成本较为低廉的识别方法，在方便可行的情况下，可在物料或载具上张贴纸质条形码或二维码标识，这是最为简便易行的识别系统。在纸质标识易损或无法张贴的情况下，可采用激光打码或喷码技术。

在比较极端的情况下，可直接采用机器视觉技术对物料的尺寸、形状进行识别，从而对物料属性予以判定。例如，在圆钢轧制生产车间，由于产品温度高而无法对产品进行打码，则通过机器视觉技术识别产品的径向与轴向尺寸，以便在堆垛与出垛时对产品进行识别。RFID 技术则采用电子标签，电子标签可制成硬质卡片标签或软性带状标签，电子标签由感应设备在一定距离范围内对电子标签写入内容进行识别。电子标签的优点在于不依赖光照条件，且标签可重复使用。电子标签常用于自动化仓库载具与库位识别。

在智能识别技术与工业互联网的支持下，供应链的精细化管理与准时化管理已进入实际应用状态。生产商或网络化制造平台服务商在云平台上开放物料供求信息数据接口，采用移动化手段访问数据。企业通过供应链的全过程管理、信息网络化管理、系统动态化管理实现整个供应链的可持续发展，进而缩短了满足客户订单的时间，提高了价值链协同效率，提升了生产效率。

### 1.3.5 智能工厂

高度集成与高效协同的业务单元，能够在很大程度上实现执行层面的自动化、精确化与准时化，对于情况的变动能够及时发现并协同解决，这是智能工厂的重要标志之一。智能工厂必须依赖无缝集成的信息系统支撑，主要包括 PLM、ERP、CRM、SCM 和 MES 五大核心系统。大型企业的智能工厂需要应用 ERP 制订多个车间的生产计划（Production Planning，PP），并由 MES 根据各个车间的生产计划进行详细排产（Production Scheduling，PS），MES 排产的粒度是天、小时，甚至是分钟。

（1）智能车间。智能车间是智能工厂的产品制造单位，相对于传统生产车间，除自动化程度高以外，还应实现自感知、自适应与可伸缩性。可伸缩性是指智能车间能够以软硬件结合的方式把车间作业标准化，从而能够快速地增减制造单元，以及快速复制扩充车间而不需要额外付出过多的管理成本，也不需要过多的管理人员。

（2）智能研发。智能研发是一个综合的系统工程，需要在对产品功能、适应的市场、企业技术能力有比较全面深入认识的基础上对产品进行设计规划，并集成 CAD/CAM/CAE/CAPP（计算机辅助规划）/EDA（Electronics Design Autornation，电子设计自动化）等工具软件和 PDM/PLM 系统，形成适合自身的工作方法论。在人工智能运用方面，则需要有目的地积累产品与工艺数据，形成知识库或数据仓库，在此基础上使用人工智能算法辅助人们进行产品研发。航空航天工业与汽车工业在智能研发方面进行了有益的探索，初步形成了具有行业特点的智能研发方法论。

例如波音公司的系统工程钻石模型（Diamond Model），借助数字孪生体和数字线程（Digital Thread）解决 MBSE（Model-Based Systems Engineering，基于模型的系统工程）实施中的问题。该模型实际为一种综合 CAD/CAM/CAE/CAPP/PLM 与数字孪生技术进行并行工程的工作流模式。数字线程为相互联系并行的两条全生命周期工作流，同时驱动实体产品研发过程与虚拟产品研发过程。虚拟产品研发建立实体产品的数字孪生体。二者并行研发，用实体产品的真实数据修正数字孪生体，而数字孪生体进行仿真与预测，帮助实体产品在设计与运行时进行验证、故障预测与排查。

（3）智能管理。ERP 是从 MRP（Material Requirement Planning，物料需求计划）发展而来的新一代集成化管理信息系统，扩展了 MRP 的功能。以销定产是其最基本的思想，供应链管理（Supplier Relationship Management，SRM）是其核心思想。ERP 是集人力资源管理（Human Capital Management，HCM）、企业资产管理（Enterprise Asset Management，EAM）、客户关系管理（Customer Relationship Management，CRM）等为一体的企业管理软件。

实现智能管理，首先要把各类应用软件进行集成，即企业应用集成（Enterprise Application Integration，EAI）。企业应用集成技术可以消除信息孤岛，它将多个企业信息系统连接起来，实现无缝集成，使它们像一个整体。EAI 包括数据集成、控制集成、表示集成、业务流程集成四个方面。其中，数据集成是打通所有信息孤岛的底层基础，对智能制造而言，应以产品数据为核心进行数据集成，达到产品编码的一致性、物料清单转换的一致性。控制集成也称为功能集成或应用集成，是在业务逻辑层上对应用系统进行集成。实现控制集成时，可以借助远程过程调用或远程方法调用、面向消息的中间件、分布式对象技术和事务处理监控器来实现。在实现控制集成的基础上，利用工作流系统定义跨业务的工作流，把跨业务工作流与各个功能系统内部的工作流连接起来。跨业务工作流的业务流转利用控制集成所建立的远程过程调用接口激活各个独立软件系统的应用服务，传递数据或进行业务过程操作。表示集成也称为界面集成，这是比较原始和最浅层次的集成，但又是常用的集成。这种方法将用户界面作为公共的集成点，把原有零散的系统界面集中在一个新的界面中。表示集成是黑盒集成，无须了解程序与数据库的内部构造。常用的集成技术主要有屏幕截取和输入模拟技术。

智能管理的智能化体现在三个方面。一是经营管理的 BI（商业智能）的使用。BI 是基于人工智能技术的数据分析决策工具，其底层是建立在数据集成的基础上的按分析主题进行的数据抽取与数据清洗，然后利用各种人工智能方法在原始数据基础上进行统计、回归、分类、聚类等处理，获得用户需要的决策优化、数据分析与预测结果。二是工作流的自动化。在智能决策的驱动下，工作流自动流转、自动执行。在需要人工决策或人工执行的业务节点上，工作流可通过各种方式向人推送执行通知，提醒执行者完成业务处理工作。三是基于工业云的分布式业务处理。在界面集成的支持下，管理者可通过手机、平板电脑等移动终端进行远程接入，业务流程与数据采集实现远程执行与查询。

## 1.3.6　智能装备

（1）高档数控机床。高档数控机床是指具有高速、精密、智能、复合、多轴联动、网络通信等功能的数字化数控机床系统。国际上甚至把五轴联动数控机床等高档机床技术作为一个国家工业化的重要标志。目前，数控技术正在发生根本性变革，由专用型封闭式开环控制模式向通用型开放式实时动态全闭环控制模式发展。在集成化基础上，数控系统实现了超薄型、超小型化；在智能化基础上，数控系统综合了计算机、多媒体、模糊控制、神经网络等多学科技术，实现了高速、高精、高效控制，加工过程中可以自动修正、调节与补偿各项参数，实现在线诊断和智能化故障处理；在网络化基础上，CAD/CAM 与数控系统集成为一体，机床联网，实现了中央集中控制的群控加工。

（2）工业机器人。工业机器人是面向工业领域的多关节机械手或多自由度机器人，是能根据存储装置中预先编制好的程序，依靠自身动力实现各种功能的一种自动化机器。工业机器人是一个闭环系统，通过运动控制器、伺服驱动器、机械本体、传感器等部件完成人们需要的功能。工业机器人核心零部件包括高精度减速机、伺服电动机、伺服驱动器及运动控制器，它们对整个工业机器人的性能指标起关键作用，由通用性和模块化的单元构成。

（3）增材制造技术。增材制造技术是相对于传统的机械加工等减材制造技术而言的，该技术基于离散/堆积原理，以粉末或丝材为原材料，采用激光、电子束等高能束进行原位冶金熔化/快速凝固或分层切割，逐层堆积叠加形成所需要的零件，也称作 3D 打印、直接数字化制造、快速原型等，是 20 世纪 90 年代初期涌现的一项新兴制造技术。增材制造技术体系可分解为几个彼此联系的基本环节：构造三维模型、模型近似处理、切片处理、后处理等。

（4）智能检测技术。智能检测技术包含测量、信息处理、判断决策和故障诊断等多种内容，是检测设备模仿人类智能，将计算技术、信息技术和人工智能等相结合而发展的检测技术。它具有测量过程软件化、测量速度快、精度高、灵活性高，含智能反馈和控制子系统，能实现多参数检测和数据融合，智能化、功能强等特点。智能检测技术包括智能视频监控技术、光电检测技术、太赫兹检测技术及智能超声检测技术等。

（5）物联网技术。物联网（Internet of Things）是指通过感知设备，按照约定协议，连接物、人、系统和信息资源，对物理和虚拟世界的信息进行处理并做出反应的智能服务系统。物联网技术体系框架包括感知层技术、网络层技术、应用层技术和公共技术。目前物联网技术包括以下几种。

①射频识别。射频识别是一种非接触式的自动识别技术，通过射频信号自动识别目标对象并获取相关数据，识别过程无须人工干预，可工作于各种恶劣环境。

②传感器网络与检测技术。传感器是机器感知物质世界的"感觉器官"，可以感知热、力、光、电、声、位移等信号，为网络系统的处理、传输、分析和反馈提供最原始的信息。物联网正是通过遍布在各个角落和物体上的传感器以及由它们组成的无线传感器网络，从而最终感知整个物质世界。传感器网络节点的基本组成包括以下基本单元：传感单元（由传感和模数转换功能模块组成）、处理单元（包括 CPU、存储器、嵌入式操作系统等）、通信单元（由无线通信模块组成）及电源。此外，可以选择的其他功能单元包括定位系统、移动系统及电源自供电系统等。

## 1.4 小结

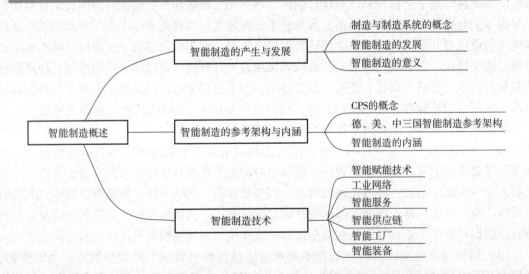

## 1.5 习题

1. 什么是制造，制造系统的三个流分别是什么？
2. 什么是智能制造？
3. 什么是 CPS？
4. 智能制造的内涵是什么？
5. 简述智能制造技术体系的组成。

# 第 2 章
# 智能制造工艺装备

知识目标：了解金属切削刀具特点、刀具材料，掌握刀具角度及其作用；了解切削运动、切削用量；了解金属材料加工性，掌握 ISO 金属材料分组；了解刀具寿命概念，掌握刀具寿命标准，掌握影响刀具寿命的因素；了解数控刀具的结构特点，掌握数控车削刀具参数选用方法；了解数控铣削刀具的结构特点，掌握数控铣削刀具参数选用方法；了解数控刀具系统的分类与特点；了解数控机床的基本结构，了解数控系统与基本插补原理，掌握数控机床运动控制的类型，了解多轴数控机床的各轴进给运动实现方法；掌握六点定位原理、基准的定义与分类、定位误差的分析方法，了解数控加工的夹具类型、用途和基本结构。

能力目标：能够分析刀具磨损原因，并能够根据加工材料与加工工艺选用数控刀具；能够对夹具进行定位分析与定位误差计算；掌握简单夹具的设计方法。

## 2.1 金属切削刀具

金属切削刀具是机械加工中不可或缺的重要工具，广泛用于各种精密加工、高效生产和制造过程中。金属切削刀具通常由高硬度材料制成，在机械加工过程中通过去除工件表面材料，达到尺寸、形状精度要求以及获得期望的表面质量。金属切削刀具的种类非常多，根据不同的加工要求和材料特性，可分为铣刀、车刀、钻头、螺纹刀等。

数控刀具与普通机床所用刀具相比，有许多不同的要求，主要有以下几个方面。

（1）刚性好，精度高，抗振及热变形小。

（2）互换性好，便于快速换刀。

（3）寿命高，切削性能稳定、可靠。

（4）刀具的尺寸便于调整，以减少换刀调整时间。

（5）刀具应能可靠地断屑或卷屑，以利于切屑的排除。

（6）系列化、标准化，以利于编程和刀具管理。

为适应高度自动化的数控加工，数控刀具需要尽可能减少磨损或延长寿命。因此，刀具的切削刃形状要简化且规整、统一。在刀具磨损后，切削刃变化应尽量保持原始位置，只需通过调整机床的刀具补偿来纠正少量误差，而无须修改数控程序。刀具的切削性能应该基本稳定，切屑形态基本不变，且加工表面质量应保持稳定。

### 2.1.1 刀具材料

在金属切削加工中，刀具切削部分起主要作用，所以刀具材料一般指刀具切削部分材料。刀具材料决定了刀具的切削性能，直接影响加工效率、刀具耐用度和加工成本，刀具材料的合理选择是切削加工的重要内容之一。

**1. 刀具材料的基本要求**

金属加工时，金属变形区域产生很大的变形抗力、摩擦力与很高的切削温度，刀具在这种极端的环境下工作，刀具材料需满足以下基本要求。

（1）高硬度。刀具从金属工件上去除材料，所以刀具材料的硬度必须高于工件材料的硬度。刀具材料最低硬度应在 60HRC 以上。对于碳素工具钢材料，在室温条件下，其硬度应在 62HRC 以上；高速钢硬度为 63~70HRC；硬质合金刀具硬度为 89~93HRC。

（2）高强度与强韧性。刀具材料在切削时受到很大的切削力与冲击力，如车削 45 钢，在背吃刀量 $a_p = 4$ mm、进给量 $f = 0.5$ mm/r 的条件下，刀片所承受的切削力达到 4 000 N。可见，刀具材料必具有较高的强度和较强的韧性。

（3）较强的耐磨性和耐热性。刀具耐磨性是刀具抵抗磨损能力。一般刀具硬度越高，耐磨性越好。刀具金相组织中硬质点（如碳化物、氮化物等）越多，颗粒越小，分布越均匀，则刀具耐磨性越好。

刀具材料耐热性是衡量刀具切削性能的主要标志，通常用高温下保持高硬度的性能来衡量，也称热硬性。刀具材料高温硬度越高，则耐热性越好，高温抗塑性变形能力、抗磨损能力越强。

（4）优良导热性。切削时产生大量切削热，刀具导热性好，可使切削热容易传导出去，降低刀具切削部分温度，减少刀具的物理性能下降与刀具磨损。

（5）良好的化学稳定性与抗黏结性。化学稳定性是指刀具材料在高温下，不易与周围介质发生化学反应。抗黏结性是指工件与刀具材料分子间在高温高压作用下不易互相吸附产生黏结。

（6）良好的工艺性与经济性。刀具在保持良好的切削性能前提下，还应该易于制造，这要求刀具材料有较好的工艺性，如锻造、热处理、焊接、磨削、高温塑性变形等功能。此外，经济性也是刀具材料的重要指标之一，选择刀具时，要考虑经济效果，以降低生产成本。

**2. 普通刀具材料**

当前使用的普通刀具材料品种较多，主要是碳素工具钢、合金工具钢、高速钢和硬质合金类，其中高速钢与硬质合金应用最多。

（1）高速钢。

高速钢是一种含有钨、铝、铬、钢等合金元素较多的工具钢。高速钢具有良好的热稳定性，在 500~600 ℃ 的温度下能保持切削性能，高速钢具有较高强度和韧性，如抗弯强度为一般硬质合金的 2~3 倍，陶瓷的 5~6 倍，且具有一定的硬度（63~70HRC）和耐磨性。

①普通高速钢。普通高速钢分为两种，即钨系高速钢和钨钼系高速钢。其中，钨系高速钢典型钢种为 W18Cr4V（简称 W18），钨钼系高速钢的典型钢种为 W6Mo5Cr4V2（简

称 W6)。普通高速钢含碳量为 0.7%~0.9%，常温硬度为 63~66HRC，600 ℃高温硬度为 48.5HRC 左右。

我国生产的另一种钨钼系高速钢为 W9Mo5Cr4V2（简称 W9），它的抗弯强度和冲击韧性都高于 M2，而且热塑性、刀具耐用度、磨削加工性和热处理时脱碳倾向性都比 M2 有所提高。

②高性能高速钢。高性能高速钢是在普通高速钢中增加碳、钒含量并添加钴、铝等合金元素而形成的新钢种。其耐热性、耐磨性又进一步提高，热稳定性高。它适合加工奥氏体不锈钢、高温合金、钛合金、超高强度钢等难加工材料。此类钢的缺点是强度与韧性较普通高速钢低，高钒高速钢磨削加工性差。

③粉末冶金高速钢。粉末冶金高速钢是用高压氩气或纯氮气雾化熔化的高速钢钢水，得到细小的高速钢粉末，然后经热压制成刀具毛坯。粉末冶金钢无碳化物偏析，强度、韧性和硬度较高，硬度值达 69~70HRC。由于材料各向同性，热处理内应力和变形小，磨削加工性好，耐磨性好。此类高速钢适于制造切削难加工材料的刀具、大尺寸刀具（如滚刀和插齿刀）、精密刀具和磨加工量大的复杂刀具。

（2）硬质合金。

硬质合金是由难熔金属碳化物（如 TiC、WC、NbC 等）和金属黏结剂（如 Co、Ni 等）经粉末冶金方法制成的。

硬质合金中高熔点、高硬度碳化物含量高，因此硬质合金常温硬度很高，达到 78~82HRC，热熔性好，热硬性可达 800~1 000 ℃以上，切削速度比高速钢提高 4~7 倍。

硬质合金缺点是脆性大，抗弯强度和冲击韧性不强。抗弯强度只有高速钢的 1/3~1/2，冲击韧性只有高速钢的 1/35~1/4。

硬质合金力学性能主要由组成硬质合金碳化物的种类、数量、粉末颗粒的粗细和黏结剂的含量决定。碳化物的硬度和熔点越高，硬质合金的热硬性也越好。黏结剂含量大，则强度与韧性好。碳化物粉末细，而黏结剂含量一定，则硬度高。

国产普通硬质合金按其化学成分的不同，可分为四类。

①钨钴类（WC+Co），合金代号为 YG，对应于国标 K 类。此类合金钴含量越高，韧性越好，适于粗加工；钴含量低，适于精加工。

②钨钛钴类（WC+TiC+Co），合金代号为 YT，对应于国标 P 类。此类合金有较高的硬度和耐热性，主要用于加工钢件等塑性材料。合金中 TiC 含量高，则耐磨性和耐热性提高，但强度降低。因此，粗加工一般选择 TiC 含量少的牌号，精加工选择 TiC 含量多的牌号。

③钨钛钽（铌）钴类［WC+TiC+TaC(Nb)+Co］，合金代号为 YW，对应于国标 M 类。此类硬质合金不但适用于冷硬铸铁、有色金属及合金的半精加工，也能用于高锰钢、淬火钢、合金钢及耐热合金钢的半精加工和精加工。

④碳化钛基类（WC+TiC+Ni+Mo），合金代号为 YN，对应于国标 PO1 类。此类合金一般用于精加工和半精加工，对于大长零件且加工精度较高的零件尤其适合，但不适于有冲击载荷的粗加工和低速切削。

超细晶粒硬质合金多用于 YG 类合金，它的硬度和耐磨性得到较大提高，抗弯强度和冲击韧度也得到提高，已接近高速钢，适合做小尺寸铣刀、钻头等，并可用于加工高硬度难加工材料。

3. 特殊刀具材料

（1）陶瓷刀具。

陶瓷刀具材料主要由硬度和熔点都很高的 $Al_2O_3$、$Si_3N_4$ 等氧化物、氮化物组成，另外还有少量的金属碳化物、氧化物等添加剂，通过粉末冶金工艺方法制粉，再压制烧结而成。

陶瓷刀具优点是有很高的硬度和耐磨性，硬度达 91～95HRA，耐磨性是硬质合金的 5 倍，刀具寿命比硬质合金高；具有很好的热硬性，当切削温度为 760 ℃时，具有 87HRA（相当于 66HRC）硬度，温度达 1 200 ℃时，仍能保持 80HRA 的硬度；摩擦系数低，切削力比硬质合金小，用该类刀具加工时能降低表面粗糙度。

陶瓷刀具缺点是强度和韧性差，热导率低。陶瓷最大缺点是脆性大，抗冲击性能很差。此类刀具一般用于高速精细加工硬材料。

（2）金刚石刀具。

金刚石是碳的同素异构体，具有极高的硬度。现用的金刚石刀具有三类：天然金刚石刀具、人造聚晶金刚石刀具和复合聚晶金刚石刀具。

金刚石刀具具有以下优点：极高的硬度和耐磨性，人造金刚石硬度达 10 000HV，耐磨性是硬质合金的 60～80 倍；切削刃锋利，能实现超精密微量加工和镜面加工；很高的导热性。

金刚石刀具缺点是耐热性差，强度低，脆性大，对振动很敏感。此类刀具主要用于在高速条件下精细加工有色金属及其合金和非金属材料。

（3）立方氮化硼刀具。

立方氮化棚（简称 CBN）是以六方氮化硼为原料在高温高压下合成的。

CBN 刀具的主要优点是硬度高，硬度仅次于金刚石，热稳定性好，具有较高的导热性和较小的摩擦系数；缺点是强度和韧性较差，抗弯强度仅为陶瓷刀具的 1/5～1/2。

CBN 刀具适用于加工高硬度淬火钢、冷硬铸铁和高温合金材料。它不宜加工塑性大的钢件和镍基合金，也不适合加工铝合金和铜合金，通常采用负前角的高速切削。

（4）涂层刀具。

涂层刀具是在韧性较好的硬质合金基体上或高速钢刀具基体上，涂覆一层耐磨性较高的难熔金属化合物而制成。

常用的涂层材料有 TiC、TiN、$Al_2O_3$ 等。涂层可以采用单涂层和复合涂层，如 TiC-TiN、TiC-$Al_2O_3$、TiC-TiN-$Al_2O_3$ 等。涂层厚度一般在 5～8 μm，它具有比基体高得多的硬度，表层硬度可达 2 500～4 200HV。

涂层刀具具有高的抗氧化性能和抗黏结性能，因此具有较高的耐磨性。涂层摩擦系数较低，可降低切削时的切削力和切削温度，提高刀具耐用度，高速钢基体涂层刀具耐用度可提高 2～10 倍，硬质合金基体刀具耐用度提高 1～3 倍。加工材料硬度越高，涂层刀具效果越好。

硬质合金涂层刀具在涂覆后，强度和韧性都有所降低，不适合受力大和冲击大的粗加工，也不适合高硬材料的加工。涂层刀具经过钝化处理，切削刃锋利程度减小，不适合进给量很小的精密切削。

## 2.1.2 切削运动与切削要素

金属切削加工是利用刀具切去工件毛坯上多余的金属层（加工余量），以获得具有一定尺寸、形状、位置精度和表面质量的机械加工方法。刀具的切削作用是通过刀具与工件之间的相互作用和相对运动来实现的。

刀具与工件间的相对运动称为切削运动，即表面成形运动。切削运动可分解为主运动和进给运动。

（1）主运动是切下切屑所需的最基本运动。在切削运动中，主运动的速度最高，消耗的功率最大。主运动只有一个，如车削时工件的旋转运动、铣削时铣刀的旋转运动。

（2）进给运动是多余材料不断被投入切削，从而加工出完整表面所需的运动。进给运动可以有一个或几个，例如车削时车刀的纵向和横向运动，磨削外圆时工件的旋转和工作台带动工件的纵向移动。

切削运动及其方向用切削运动的速度矢量来表示。如图 2-1（a）所示，用车刀进行普通外圆车削时的切削运动，图中主运动切削速度$\vec{v_c}$；进给速度$\vec{v_f}$和切削运动速度$\vec{v_e}$之间的关系为

$$\vec{v_e} = \vec{v_c} + \vec{v_f}$$

切削要素包括切削用量和切削层几何参数。

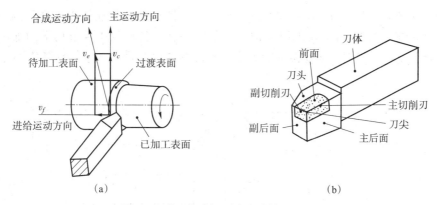

**图 2-1 车刀切削运动与切削部分组成**

（a）切削运动与表面变化；（b）车刀切削部分组成

### 1. 切削用量

切削用量是切削时各参数的合称，包括切削速度、进给量和背吃刀量（切削深度）三个要素，它们是设计机床运动的依据。

（1）切削速度$v$。在单位时间内，刀具和工件在主运动方向上的相对位移，单位为 m/s。若主运动为旋转运动，则计算公式为

$$v = \frac{\pi d_r n}{1\,000 \times 60} \qquad (2.1)$$

式中 $d_r$——工件待加工表面或刀具的最大直径（mm）；

$\quad\ n$——工件或刀具每分钟转数（r/min）。

若主运动为往复直线运动（如刨削），则常用其平均速度$v$作为切削速度，即

$$v = \frac{2Ln_r}{1\,000 \times 60} \qquad (2.2)$$

式中　$L$——往复直线运动的行程长度（mm）；

　　　$n_r$——主运动每分钟的往复次数（次/min）。

（2）进给量 $f$。在主运动每转一转或每一行程时（或单位时间内），刀具和工件之间在进给运动方向上的相对位移，单位是 mm/r（用于车削、镗削等）或 mm/行程（用于刨削、磨削等）。进给量还可以用进给速度 $v_f$（单位是 mm/s）或每齿进给量 $f_z$（用于铣刀、铰刀等多刃刀具，单位为 mm/齿）表示。一般情况下，有

$$v_f = nf = nzf_x \tag{2.3}$$

式中　$n$——主运动的转速（r/s）；

　　　$z$——刀具齿数。

（3）背吃刀量（切削深度）$a_p$。待加工表面与已加工表面之间的垂直距离（mm）。车削外圆时为

$$a_p = \frac{d_n - d_m}{2} \tag{2.4}$$

2. 切削层几何参数

切削层是指工件上正被切削刃切削的一层金属，即相邻两个加工表面之间的一层金属。以车削外圆为例（图2-2），切削层是指工件每转一转，刀具从工件上切下的那一层金属。切削层的大小反映了切削刃所受载荷的大小，直接影响加工质量、生产率和刀具的磨损等。

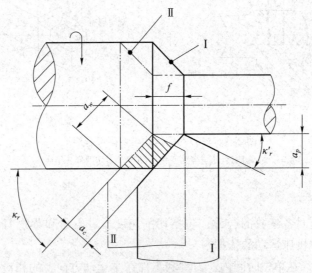

图2-2　车削外圆几何参数

（1）切削宽度 $a_w$。沿主切削刃方向度量的切削层尺寸（mm）。车外圆时，有

$$a_w = \frac{a_p}{\sin \kappa_r} \tag{2.5}$$

式中　$\kappa_r$——切削刃和工件轴线之间的夹角。

（2）切削厚度 $a_c$。两相邻加工表面间的垂直距离（mm）。车外圆时，有

$$a_c = f \sin \kappa_r \tag{2.6}$$

（3）切削面积 $A_c$。切削层垂直于切削速度截面内的面积（mm²）。车外圆时，有

$$A_c = a_w a_c = a_p f \tag{2.7}$$

### 2.1.3　刀具角度及其作用

**1. 刀具角度基本要素**

以外圆车刀为例，其切削部分（又称刀头）由前面（前刀面）、主后面（主后刀面）、副后面（副后刀面）、主切削刃、副切削刃和刀尖组成，统称为"三面两刃一尖"，如图 2-1（b）所示。其定义分别如下。

主后面（主后刀面）：刀具上与工件过渡表面接触并相互作用的表面。

副后面（副后刀面）：刀具上与工件已加工表面接触并相互作用的表面。

主切削刃：前刀面与主后刀面的交线，它完成主要的切削工作。

副切削刃：前刀面与副后刀面的交线，它配合主切削刃完成切削工作，并最终形成已加工表面。

刀尖：连接主切削刃和副切削刃的一段切削刃，它可以是小的直线段或圆弧。

车刀要从工件上切下金属，必须具有一定的切削角度，为了确定和测量刀具角度，引入三个相互垂直的参考平面，如图 2-3 所示。

切削平面：通过主切削刃上某一点并与工件加工表面相切的平面。

基面：通过主切削刃上某一点并与该点切削速度方向相垂直的平面。

正交平面：通过主切削刃上某一点并与主切削刃在基面上的投影相垂直的平面。

切削平面、基面和正交平面共同组成标注刀具角度的正交平面参考系，常用的标注刀具角度的参考系还有法平面参考系、背平面参考系和假定工作平面参考系。

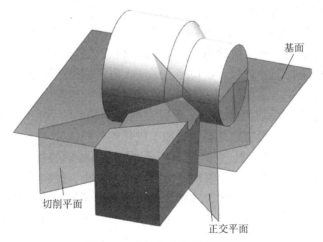

**图 2-3　车刀角度的参考平面**

**2. 刀具的标注角度**

刀具的标注角度是制造和刃磨刀具所必需的，并在刀具设计图上予以标注的角度。刀具的标注角度主要有五个，以车刀为例，如图 2-4 所示，表示了五个角度的定义。

（1）前角 $\gamma_0$，在正交平面内测量的前面与基面之间的夹角，前角表示前面的倾斜程度，有正、负和零值之分，正负规定如图 2-4 所示。

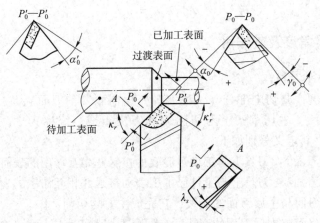

图 2-4　车刀标注角度

（2）后角 $\alpha_0$，在正交平面内测量的主后面与切削平面之间的夹角，后角表示主后面的倾斜程度，一般为正值。

（3）主偏角 $\kappa_r$，在基面内测量的主切削刃在基面上的投影与进给运动方向的夹角，一般为正值。

（4）副偏角 $\kappa'_r$，在基面内测量的副切削刃在基面上的投影与进给运动反方向的夹角，一般为正值。

（5）刃倾角 $\lambda_s$，在切削平面内测量的主切削刃与基面之间的夹角。当主切削刃呈水平时，$\lambda_s = 0$；当刀尖为主切削刃上最低点时，$\lambda_s < 0$；当刀尖为主切削刃上最高点时，$\lambda_s > 0$。

各角度对切削的影响规律如下。

（1）前角：前角增加，需要的切削功率减小；正前角大，刀刃强度下降，切削刃锋利；负前角过大，切削力增加。大正前角用于切削软质材料、易切削材料、被加工材料及机床刚性差时。大负前角用于切削硬材料、需切削刃强度大时，以适应断续切削、切削含黑皮表面层的加工条件。

（2）后角：后角大，后刀面磨损小，而刀尖强度下降。小后角用于切削硬材料、需切削刃强度高时；大后角用于切削软材料、易加工硬化的材料。

（3）主偏角：进给量相同时，主偏角小，刀片与切屑接触的长度增加，切削厚度变薄，使前刀面切削力的压强小，刀具耐用度得以提高；主偏角小，径向分力将随之增加，切削厚度变薄，切削宽度增加，将使切屑难以碎断。大主偏角用于切深小的精加工、切削细而长的工件、机床刚性差时；小主偏角用于工件硬度高、切削温度高、大直径零件的粗加工、机床刚性高时。

（4）副偏角：副偏角小，切削刃强度增加，但刀尖易发热，背向力增加，切削时易产生振动。粗加工时，副偏角宜小些；而精加工时，副偏角宜大些。

（5）刃倾角：刃倾角主要控制切屑流向。刃倾角为负时，切屑流向工件；刃倾角为正时，反向排出。刃倾角为负时，切削刃强度增大，但切削背向力也增加，易产生振动。

（6）刀尖圆弧半径：刀尖圆弧半径大，表面粗糙度下降，刀刃强度增加；而刀尖圆弧半径过大，切削力增加，易产生振动，切屑处理性能恶化。刀尖圆弧半径小，用于切削的精加工、细长轴、加工机床刚性差时；刀尖圆弧半径大，用于需要刀刃强度高的黑皮切削，断续切削，大直径工件的粗加工、机床刚性好时。

## 2.1.4 金属材料的切削加工性

切削加工性是指切削加工的难易程度，可表现在金属材料的塑性、刚度、切削力大小与切屑的断屑难易程度等方面。

在金属切削行业里，零件设计非常宽泛，而按照 ISO 标准，工件材料分为 6 个主要组别，且通常采用不同材料制成。每种材料都有组别，每个组别在切削加工性方面都有其独特性。

（1）ISO P：钢是金属切削领域最大的材料组，涵盖从非合金钢到铸钢、高合金材料、铁素体和马氏体不锈钢等。钢通常具有良好的切削加工性，但会因材料硬度、碳含量等的不同而有很大区别。

（2）ISO M：不锈钢是一种合金材料，其中至少含有12%的铬，其他合金元素包括镍和铜等。铁素体、马氏体、奥氏体以及奥氏体-铁素体（双相）等不同的材料状态使不锈钢成为一个范围广泛的材料组。所有这些类型的共同点是，切削刃在加工时会产生大量的热量，易产生沟槽磨损和积屑瘤。

（3）ISO K：与钢不同，铸铁是一种短切屑型材料。灰口铸铁（GCI）和可锻铸铁（MCI）非常容易加工，球墨铸铁（NCI）、蠕墨铸铁（CGI）和等温浮火球墨铸铁（ADI）则更难加工。所有铸铁都含有碳化硅（SiC），它会严重磨损切削刃。

（4）ISO N：有色金属是材质较软的金属，例如铝、铜、黄铜等。硅含量为13%的铝合金磨蚀性非常强。对于具有锋利切削刃的刀片，通常可实现较高的切削速度和较长的刀具寿命。

（5）ISO S：高温合金包括许多高合金铁、镍、钴和钛基材料。它们具有黏性，会产生积屑瘤、加工硬化和热量，与 ISO M 组别非常类似，但更难切削，因此导致切削刃的使用寿命更短。

（6）ISO H：该组别包括硬度为 45~65HRC 的钢以及硬度为 400~600HB 的冷硬铸铁。由于硬度关系，这一组别材料都不好加工。在切削过程中，这些材料会产生热量，严重磨损切削刃。

金属切削过程是指在刀具和切削力的作用下形成切屑的过程，过程中金属晶格经历剪切—滑移—断裂的塑性变形。由于工件材料不同，切削过程中的变形程度也就不同，因而产生的切屑种类也就多种多样，如表 2-1 所示。

表 2-1 切屑种类

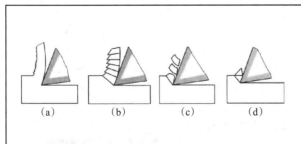

| | |
|---|---|
|  | （a）带状切屑：切削厚度较小、切削速度较高、刀具前角较大。切削过程平稳，切削力波动较小，已加工表面粗糙度较小。<br>（b）挤裂切屑：在切削速度较低、切削厚度较大、刀具前角较小时产生。<br>（c）单元切屑：挤裂切屑的进一步发展。<br>（d）崩碎切屑：加工脆性材料 |

续表

| 材料与切屑形状 | 特点 | 材料与切屑形状 | 特点 |
| --- | --- | --- | --- |
| 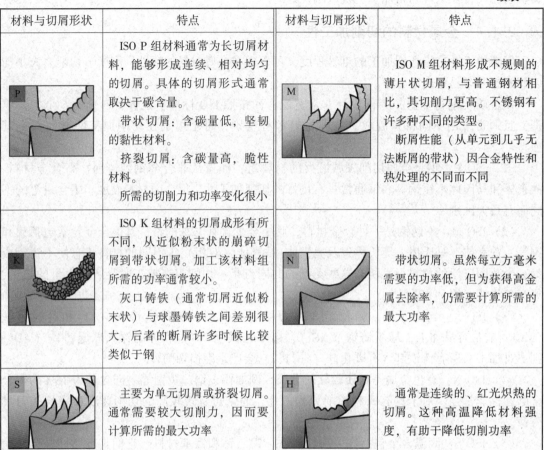 | ISO P 组材料通常为长切屑材料，能够形成连续、相对均匀的切屑。具体的切屑形式通常取决于碳含量。<br>带状切屑：含碳量低，坚韧的黏性材料。<br>挤裂切屑：含碳量高，脆性材料。<br>所需的切削力和功率变化很小 | | ISO M 组材料形成不规则的薄片状切屑，与普通钢材相比，其切削力更高。不锈钢有许多种不同的类型。<br>断屑性能（从单元到几乎无法断屑的带状）因合金特性和热处理的不同而不同 |
| | ISO K 组材料的切屑成形有所不同，从近似粉末状的崩碎切屑到带状切屑。加工该材料组所需的功率通常较小。<br>灰口铸铁（通常切屑近似粉末状）与球墨铸铁之间差别很大，后者的断屑许多时候比较类似于钢 | | 带状切屑。虽然每立方毫米需要的功率低，但为获得高金属去除率，仍需要计算所需的最大功率 |
| | 主要为单元切屑或挤裂切屑。通常需要较大切削力，因而要计算所需的最大功率 | | 通常是连续的、红光炽热的切屑。这种高温降低材料强度，有助于降低切削功率 |

### 2.1.5 刀具磨损与刀具寿命

#### 1. 刀具磨损

刀具在进行切削加工时会不断磨损。刀具磨损到一定程度，就要换刀或更换新的切削刃，才能进行正常切削。研究刀具磨损规律对于数控加工而言有着重要的意义，掌握刀具磨损规律，可帮助操作人员在数控机床上设置刀具补偿指令与换刀指令，实现长时间无人值守加工。刀具磨损后，工件加工精度降低，表面粗糙度增大，并导致切削力加大、切削温度升高，甚至产生振动，不能继续正常切削。因此，刀具磨损直接影响加工效率、质量和成本。刀具磨损的形式有以下几种。

（1）刀具前面磨损。切削塑性材料时，如果切削速度和切削厚度较大，由于切屑与刀具前面完全是新鲜表面相互接触和摩擦，接触面又有很高的压力和温度，空气或切削液渗入比较困难，因此在刀具前面上形成月牙洼磨损，如图 2-5 所示。

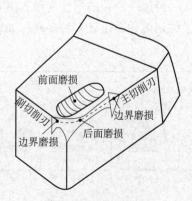

**图 2-5 刀具前面磨损**

（2）刀具后面磨损。切削时，工件的新鲜加工表面与刀具后面接触，相互摩擦，引起刀具后面磨损。切削铸铁和以较小的切削厚度切削塑性材料时，主要发生这种磨损，刀具后面磨损带往往不均匀，如图 2-6（a）所示。

（3）边界磨损。切削钢料时，常在主切削刃靠近工件外表皮处以及副切削刃靠近刀尖处的后面，磨出较深的沟纹。这两处分别是在主、副切削刃与工件待加工或已加工表面接触的地方，如图 2-6（b）所示。

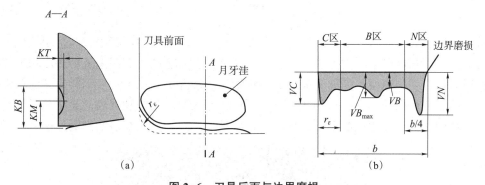

**图 2-6　刀具后面与边界磨损**

（a）刀具后面磨损；（b）边界磨损

　　刀具磨损到一定限度就不能再继续使用，这个磨损限度称为磨钝标准。

　　在评定刀具材料切削性能和开展试验研究时，一般以刀具表面的磨损量作为衡量刀具的磨钝标准。因为一般刀具后面都发生磨损，而且测量也比较方便。因此，ISO 统一规定以 1/2 背吃刀量处刀具后面测定的磨损带宽度 VB 作为刀具磨钝标准，如图 2-7 所示。

　　自动化生产中用的精加工刀具，常以沿工件径向的刀具磨损尺寸为衡量刀具的磨钝标准，称为刀具径向磨损量 NB。

**2. 刀具破损**

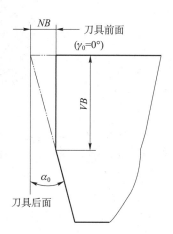

**图 2-7　车刀的磨损量**

　　刀具破损也是刀具失效的一种形式。刀具在一定的切削条件下使用时，如果经受不住强大的应力（切削力或热应力），就可能突然发生损坏，使刀具提前失去切削能力，这种情况称为刀具破损。

　　破损是相对于磨损而言的。从某种意义上讲，破损可认为是一种非正常的磨损。因为刀具破损和刀具磨损都是在切削力和切削热作用下发生的，磨损是一个比较缓慢的逐渐发展的刀具表面损伤过程，而破损则是一个突发过程，刹那间使刀具失效。

　　刀具破损的形式分为脆性破损和塑性破损两种。硬质合金和陶瓷刀具在切削时，在机械和热冲击作用下，经常发生脆性破损。脆性破损又分为塑性变形（热）、崩刃（机械）、断裂、剥落和裂纹（热）破损，如图 2-8 所示。

**3. 切削用量对刀具寿命的影响**

（1）切削速度。切削速度是影响刀具寿命的最显著因素。切削速度过高会产生较大的

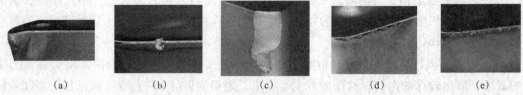

图 2-8　刀具破损形式

(a) 塑性变形（热）；(b) 崩刃（机械）；(c) 断裂；(d) 剥落；(e) 裂纹（热）

切削温度，造成表面质量差，形成快速月牙洼磨损、快速刀具后面磨损，产生塑性变形等问题；过低的切削速度则使切削效率降低，经济性差，在一定的低速区间还会造成积屑瘤。

积屑瘤是在切削速度不高而又能形成连续切屑的情况下，加工一般钢料或其他塑性材料时，常常在刀具前面处粘着一块剖面有时呈三角状的硬块。其硬度很高，通常是工件材料的 2~3 倍，在处于比较稳定的状态时，能够代替切屑刃进行切削。积屑瘤剖面如图 2-9 所示。

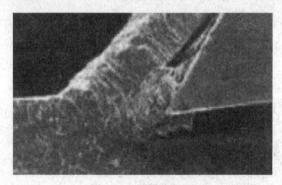

图 2-9　积屑瘤剖面

积屑瘤的产生会引起刀具实际角度的变化，如增大前角，有时可延长刀具寿命等，但是积屑瘤是不稳定的，增大到一定程度后会碎裂，这样容易嵌入已加工表面内，增大表面粗糙度。积屑瘤在加工过程中是不可控的，只能通过避开易产生积屑瘤的切削速度范围防止其产生。

（2）进给量。进给量是影响加工效率的最大因素，同时也会对刀具寿命造成影响。过高的进给量下，表面刀具形状刻划来不及消除，造成表面质量差，形成月牙洼磨损以及刀具高温塑性变形。过高的进给量会带来高功耗，同时切屑与刀具的相对速度高，利用刀具角度进行切屑控制困难，还会造成切屑熔结、切屑冲击等问题。进给量过低，则容易造成长切屑，不利于断屑。

（3）切削深度。过大的切削深度会使切削力增大明显，由此带来刀片破裂问题。过小的切削深度会造成刀具打滑现象，导致切屑控制困难，以及摩擦力变化造成的振动、过热等现象。

## 2.2　数控加工刀具应用

### 2.2.1　数控车削刀具

数控车削刀具通常采用性价比较高的硬质合金材料，并大量采用涂层技术来提高刀具的使用寿命。刀具生产专业化，并采用相应的国家标准来指导和规范刀片的形状。刀具结构以机夹可转位且不必重磨为主流，焊接式刀具基本上已不再使用。

1. 外圆车削

以机夹式外圆车刀为例，机夹可转位车刀的切削部分同样遵循"三面两刃一尖"的构成原则，即前面$A_r$、主后面$A_a$和副后面$A_a'$，主切削刃$S$和副切削刃$S'$，主、副切削刃的交点（刀尖）。这些点、刃、面构成了相应的几何角度。机夹式外圆车刀及几何参数如图2-10所示。这些几何参数包括几何角度和刀具结构参数，如各刀具几何角度、总长度$l_1$、刀头长度$l_2$、刀杆截面尺寸$b$和$h$、刀尖高度$h_1$等。

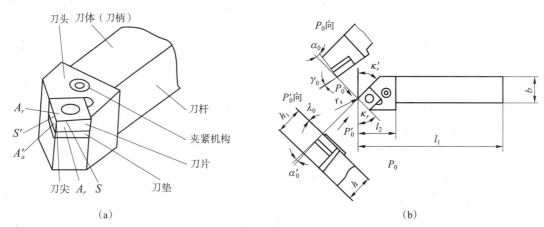

图2-10 机夹式外圆车刀及几何参数

车削是两种运动的组合，即工件旋转的主运动与刀具进给运动。刀具进给运动可以沿着工件的轴线进行，这意味着工件直径将被车削至较小尺寸或孔的直径被车削至较大尺寸；刀具也可以在工件末端沿径向进给（径向进给车端面）；或者进给方向是这两个方向的结合，可加工出锥面或曲面。常见车削形式如图2-11所示。

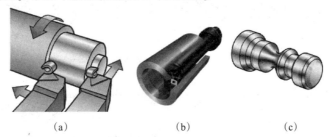

图2-11 常见车削形式

(a) 车外圆与端面；(b) 车孔；(c) 车锥面和曲面

国际标准ISO 1832—2004对机夹可转位刀片的参数进行了定义，现对其主要参数与作用进行介绍。

2. 刀片命名

按照国际标准ISO 1832—2004中可转位刀片的代码表示方法，代码由10位字符串组成，其排列如下：

其中，每一位字符串是代表刀片某种参数的意义，分述如下。

第1位为刀片的几何形状及其夹角；第2位为刀片主切削刃后角（法后角）；第3位为刀片内接圆直径 $d$ 与厚度 $s$ 的精度级别；第4位为刀片形式、紧固方法或断屑槽；第5位为刀片边长、切削刃长度；第6位为刀片厚度；第7位为刀尖圆弧半径 $r_\varepsilon$，或主偏角 $\kappa_r$，或修光刃后角 $\alpha_n$；第8位为切削刃状态，刀尖切削刃或倒棱切削刃；第9位为进刀方向或倒刃宽度；第10位为厂商的补充符号或倒刃角度。

一般情况下，第8位和第9位代码是有要求时才被填写使用，第10位代码因具体厂商而不同。

例如：车刀可转位刀片 TNUM160408ERA2 的含义为：T——60°三角形刀片形状；N——法后角为0°；U——内切圆直径 $d$ 为6.35 mm时：刀尖转位尺寸允差±0.13 mm，内接圆允差±0.08 mm，厚度允差±0.13 mm；M——圆柱孔单面断屑槽；16——切削刃长度16 mm；04——刀片厚度4.76 mm；08——刀尖圆弧半径0.8 mm；E——倒棱切削刃；R——向左方向切削；A2——直沟卷屑槽，槽宽2 mm。

### 3. 刀尖角

按角度大小列出的部分刀尖角性能如图2-12所示，图中的可达性是指在切削过程中刀尖可触及的轮廓位置。总体而言，大刀尖角切削刃强度更高，能够采用更高的进给率，而加工中切削力将变大，振动趋势增加；小刀尖角切削刃能够提高可达性，因而适用于台阶过渡的切削或者复杂轮廓的切削，因为小刀尖角通常切屑薄，切削力小，因而可减少振动。

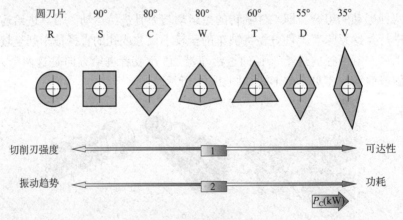

图2-12 刀尖角性能

### 4. 刀尖圆弧半径

小刀尖圆弧半径适用于小切深加工，有利于减少振动，但是切削刃强度低；而采用大圆弧半径可承受较高的进给率与更高的径向压力，适用于大切深加工。

刀尖圆弧半径与切削深度之间的关系会影响振动趋势。选择比切削深度小的刀尖圆弧半径能够减少振动的发生。如图2-13（a）所示，当切削深度小于刀尖圆弧半径时，工件承受的径向力随切削深度加大而增加；而当切削深度等于或大于刀尖圆弧半径时，径向力稳定在最大值。ISO公制单位下刀尖圆弧半径的编码如图2-13（b）所示。

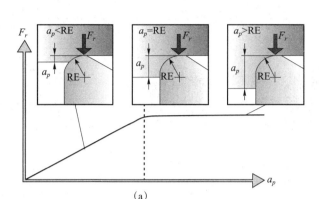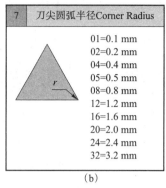

图 2-13　刀尖圆弧半径

### 5. 主偏角

机夹式刀具的主偏角是由刀杆配合某种刀尖角形成的。图 2-14（a）所示的外圆车刀是由 C 型 80°刀片装夹在刀杆上组成的 95°主偏角车刀（L 型）。图 2-14（b）所示的外圆车刀是由 S 型 90°刀片装夹组成的 45°主偏角车刀（D 型）。

在外圆车削中，大主偏角刀具［见图 2-14（a）］轴向切削分力大，切削力被导向夹头，振动趋势减小，切入和切出工件时的切削力更高，能够进行端面车削，在加工高温合金和硬质材料时易出现沟槽磨损。小主偏角刀具［见图 2-14（b）］在相同的切削深度下产生的切屑更薄，切削力分摊到径向与轴向，但是振动趋势会提高，沟槽磨损减少，但不能进行台肩车削。

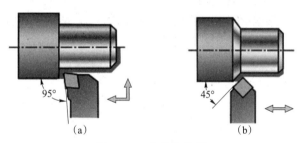

图 2-14　主偏角作用

### 6. 前角

正前角刀具适用于较软材料、小切削深度与工艺系统刚度低的情况；负前角刀具适用于硬度与强度高、断续切削的情况。机夹式刀具以不同的装夹方式配合正前角刀片与负前角刀片实现前角的正负。负前角刀片有双面与单面之分，切削刃强度高，采用零后角，可适用于重载切削工况下的外圆/内圆加工；正前角刀片为单面，在使用时，采用正后角，适用于低切削力情况下的内圆/外圆加工与细长轴、小孔加工。

图 2-15 为 ISO 标准的常用夹紧形式。

其中，图 2-15（a）和图 2-15（b）两种形式为负前角，图 2-15（c）和图 2-15（d）两种形式为正前角。图 2-15（a）与图 2-15（d）的特点是切屑可以顺利从前刀面流过。图 2-15（a）~图 2-15（c）的特点是刀片转位方便，因为松开转位时不需要把螺钉取下。

图 2-15（b）的夹紧是最为可靠的，因此适用于大进给、大切深、高强度材料等工况较差的切削条件。

(a)

(b)

(c)

(d)

**图 2-15 ISO 标准的常用夹紧形式**
（a）杠杆式 P；（b）复合式 M；（c）上压式 C；（d）螺钉式 S

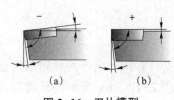

**图 2-16 刀片槽型**
（a）负前角刀片；（b）正前角刀片

负前角与正前角刀片的切削刃几何形状之间存在区别，如图 2-16 所示。负前角刀片的切削刃横截面中能够看到一个 90° 的楔角，正前角刀片的楔角小于 90°。负前角刀片在刀柄中必须向负向倾斜，以获得避免与工件干涉的后角；正前角刀片则本身就具有该后角。

**7. 断屑**

数控加工长时间处于无人值守状态，工件材料切屑有时不易中断，会缠绕在工件或刀架上，造成故障隐患或影响工件表面质量，而断屑过碎可能导致刀片破裂。现代切削刀具通过刀片形状结合切削用量控制切屑流向，从而进行断屑。ISO 中刀片槽型的断屑由可接受断屑范围的进给和切削深度来定义。切削深度（$a_p$）和进给量（$f_n$）必须根据槽型的断屑范围做出调整，以实现可接受的切屑控制。ISO 中对刀片槽型进行了定义，图 2-17 展示了其中 PR 槽型负型刀片适用的切削深度范围与进给量范围、适用的零件材料以及切屑在切削用量搭配中的各种形状。

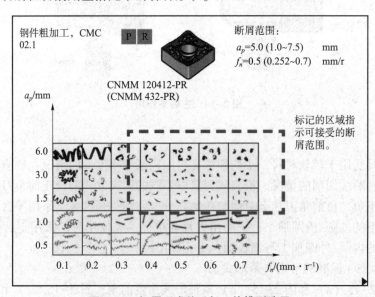

**图 2-17 切屑形成关系与刀片槽型选用**

### 8. 内圆车削（镗削）

内圆车削与镗削的区别是车削主运动是工件旋转，镗削主运动是镗杆带动刀具旋转，工件不旋转。这两种切削方式在数控加工中通常采用相同的刀具。内圆车削（镗削）的特点是：刀具的选择受到零件孔径和深度的极大限制，悬伸长度受镗杆刚度限制，要求尽可能大的直径和尽可能短的悬伸。排屑是需要考虑的重要因素。夹紧与刀杆要兼顾排屑与切削液的进入。

图 2-18 所示为内圆车削中的切削力的分布。切向切削力 $F_t$ 将刀具向下压，离开中心线，导致副后角减小。径向切削力 $F_r$ 改变切削深度和切屑厚度，导致尺寸超出公差范围和振动风险。进给力 $F_a$ 沿着刀具进给方向分配。

为此，在选用刀具时应考虑以下几方面因素。

（1）选择的主偏角应尽可能接近 90°（切入角尽可能接近 0°），切勿小于 75°（切入角切勿大于 15°）。

（2）选择比切削深度略小的刀尖圆弧半径。

（3）微观和宏观槽型方面，使用正前角基本形状刀片，因为与负前角刀片相比，它们产生的切削力更低。

（4）切削刃设计方面，刀片磨损会改变刀片与孔壁之间的间隙，这会影响切削作用并导致振动。应优先选择薄涂层刀片或无涂层刀片，因其产生的切削力通常更低。

（5）刀杆夹紧方面，确保刀具与刀杆之间实现最大接触，夹紧长度为刀杆直径的 3~4 倍（以平衡切削力），提高刀杆强度和稳定性，如图 2-19（a）所示。

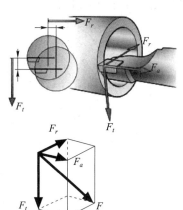

图 2-18 内圆车削中的
切削力的分布

（6）刀杆直径应与加工直径保持一定的间隙，便于切削液流入与排出，如图 2-19（b）所示。

此外，车削常见加工还有切槽与螺纹加工。切槽包括切断、端面槽等，切槽加工的特点是径向进给，刀杆悬伸较长，应选用强度高的夹紧方式与相应的刀片。

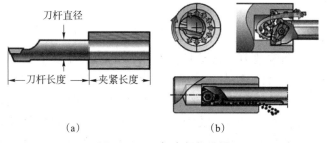

刀杆直径

刀杆长度 夹紧长度

（a） （b）

图 2-19 刀杆夹紧与排屑

螺纹刀片有以下类型。

（1）多齿全牙型刀片［见图 2-20（a）］可减少所需的进刀次数并实现高生产率，例如两齿多牙型刀片可将进刀次数减少 1/2。刀具压力与齿数成比例增加，故而需要稳定装夹和更短的悬伸。其优点是减少进刀次数，实现非常高的生产率。其缺点是需要稳定装夹，在加工完螺纹之后需要足够的退刀空间。

（2）全牙型刀片 ［见图 2-20 （b）］。使用这种刀片切制螺纹时，能够很好地控制螺纹牙型的几何特性，因为牙底与牙顶之间的距离得到控制。一种刀片只能切削一种螺距。随着刀片同时加工出牙底和牙顶，刀具压力增加，从而对装夹和悬伸提出较高的要求。其优点是对螺纹成形有更好的控制，去毛刺需求降低。其缺点是每个刀片只能切削一种螺距。

（3）V 牙型刀片 ［见图 2-20 （c）］。这种刀片适用于各种不同的螺距，从而减少库存。牙底和牙侧通过刀片成形。牙顶在前面的车削工序中受到控制，从而导致高公差。当在车削螺纹的加工过程中易发生振动时，可选择 V 牙型刀片。实践证明，由于切削压力降低，这种非精修牙顶刀片常成为解决方案。其优点是使用灵活，同一种刀片可用于加工几种螺距。其缺点是会导致毛刺形成，需要去除。

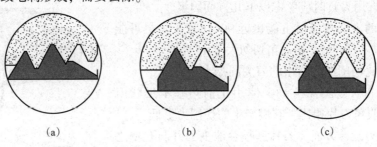

（a）　　　　　　　　　　（b）　　　　　　　　　　（c）

**图 2-20　螺纹刀片**

（a）多齿全牙型；（b）全牙型；（c）V 牙型

## 2.2.2　数控铣削刀具

铣削加工是一种常见的金属切削加工方法，它利用铣削机床的主轴带动铣刀做旋转主运动，通过工件或铣刀的进给运动，去除材料，以达到所需的形状、尺寸和表面粗糙度要求。铣削加工通常采用多齿刀具进行，具有高生产率和广泛应用的特点，可用于加工平面、曲面、沟槽、螺纹等各种表面，是金属切削加工中的主要方法之一。

**1. 铣削加工范围**

（1）平面铣。

平面铣包括面铣、阶梯平面的方肩铣等大型平面的铣削。粗加工、半精加工的平面铣一般考虑加工效率，选择重载刀片进行铣削；精加工的平面铣主要考虑高切削速度与减小振动。面铣刀（见图 2-21）顾名思义是以铣刀端面铣削平面为主的铣刀。狭义理解的面铣刀可认为是铣削大区域的平面几何特征的铣刀，加工时刀具允许超越加工平面边界。考虑到加工效率的问题，面铣刀的直径 $D$ 一般较大。当铣削面积足够大时，自然也会选择面铣刀加工，只是要考虑铣刀的主偏角$\kappa_r$与阶梯面的匹配问题，例如垂直阶梯面可采用主偏角为 90°的方肩面铣刀。因此，面铣刀是指适应加工较大平面，以端面铣削为主的套式结构的铣削刀具。

（2）立铣。

在传统的 3 轴机床中，立铣最常用于加工平面、台肩和槽。随着 5 轴加工中心和多任务机床数量的增长，其他表面和形状的数量也在逐步增多。多轴数控立铣的加工范围如图 2-22 所示。仿形铣使用球头铣刀可进行三维轮廓铣，圆弧铣与螺旋插补铣可以在复杂型

圆刀片　　10°~25°　　45°　　90°

图 2-21　面铣刀

面上进行外圆与孔的铣削，摆线铣则可进行二维复杂轮廓铣。结合旋转工作台可进行车铣，实施外圆加工。线性坡走铣是在加工封闭槽/型腔/阀腔时切入工件的一种常用的高效方法，该方法无须使用钻头。线性坡走铣被定义为沿轴向（$Z$）和径向（$X$ 或 $Y$）同时进给，即 2 轴坡走铣。

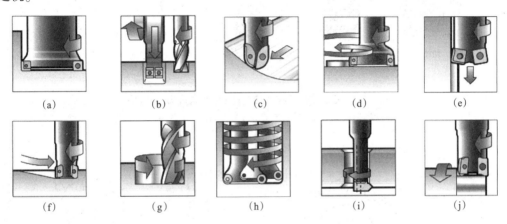

(a)　　(b)　　(c)　　(d)　　(e)

(f)　　(g)　　(h)　　(i)　　(j)

图 2-22　多轴数控立铣的加工范围

（a）方肩铣；（b）铣槽；（c）仿形铣；（d）圆弧铣；（e）插铣；（f）线性坡走铣；
（g）摆线铣；（h）螺旋插补铣；（i）倒角；（j）车铣

图 2-23 展示了多种立铣加工铣刀。方肩铣刀 ［见图 2-23（a）］用于台肩面铣削，其特点是刀片主偏角是 90°，球头铣刀 ［见图 2-23（b）］多用于三维曲面加工铣削，其特点是使用圆形刀片嵌入球形刀头上，或修整为球形刀头的整体硬质合金铣刀，在加工时根据曲线轨迹进行半径补偿，形成曲线刀轨。槽铣刀 ［见图 2-23（c）］可用于深槽加工与孔加工。通用立铣刀 ［见图 2-23（d）］则用于二维轮廓铣、插铣、车铣、坡走铣等铣削加工中。

（3）圆盘型槽铣刀。

圆盘型槽铣刀可较好地克服立铣刀在槽较窄、较深的情况下刚性差的问题。典型的圆盘型槽铣刀是锯片铣刀和三面刃铣刀，前者主要用于分离性的切断加工，其槽加工时的精度不高，槽侧面表面粗糙度较大，主要用于切断加工，其名称意义明确；后者主要用于加工槽，这种槽几何特征是槽的宽度远小于槽的长度和深度，三面刃铣刀加工槽的精度和表面质量较好，而变异型两面刃铣刀可用于加工阶梯面或平面，类似于方肩平底铣刀铣平面。

三面刃铣刀（见图 2-24）是典型的槽铣刀，其圆周面与两端面的三条切削刃均专门刃磨有后角，使刃口锋利，切削质量好。三面刃铣刀可分为直齿三面刃铣刀和错齿三面刃铣刀，后者的圆周刃相当于有了刃倾角，而两侧的切削刃又相当于有了前角，因此，其切削刃的锋利性好于直齿三面刃铣刀。三面刃铣刀不仅可以铣削沟槽，还可以铣削阶梯面甚至平面。

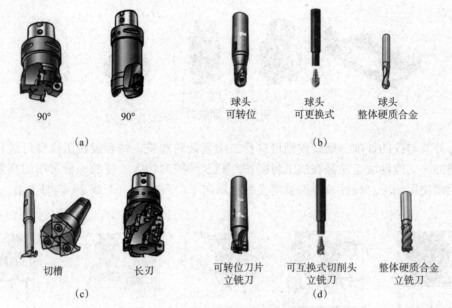

图 2-23　各类立铣方式所用的铣刀

（a）方肩铣刀；（b）球头铣刀；（c）槽铣刀；（d）通用立铣刀

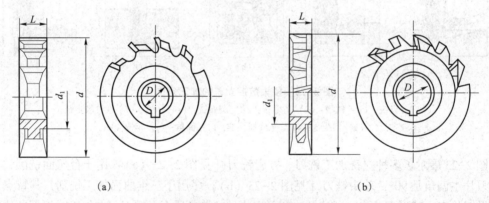

图 2-24　三面刃铣刀

（a）直齿三面刃铣刀；（b）错齿三面刃铣刀

## 2. 铣削刀具的选择

（1）刀片标准。

与车削刀片命名形式类似，铣削刀片的命名如图 2-25 所示。

图 2-25（b）所示刀片的含义包括：①位 S 表示正方形刀片，图中 $d=l$；②位 D 表示刀片法后角为 15°；③位 C 表示刀片主要尺寸允许偏差等级代号；④位 T 表示单面有固定沉孔，单面有断屑槽；⑤位 "12" 表示刀片长度 12.7 舍去小数部分后的数字；⑥位 "04" 表示刀片厚度 $s$ 的 4.76 舍去小数部分后的数字（十位数字补 "0"）；⑦位表示刀片具有修光刃（修光刃长度 $b_s=2.7$ mm）的刀尖字母代号，P 表示修光刃的主偏角 $\kappa_r$ 为 90°，D 表示修光刃法后角 $\alpha'$ 为 15°；⑧位 F 表示刀片切削刃截面形状为尖锐切削刃；⑨位 R 表示切削方向为右切，即主轴正转；⑩位 L 和 E 是刀具制造商自己给出的代号。

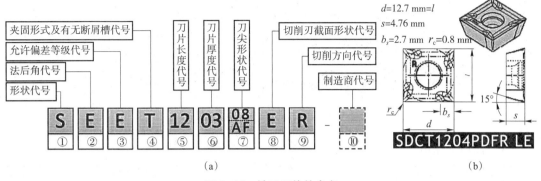

图2-25 铣刀刀片的命名

图2-26（a）所示为部分常用标准铣削刀片的形状及其代号，供参考。

对于数控铣刀的切削方向（左/右切）问题，如图2-26（b）所示，右切刀R对应主轴正转的铣削加工，左切刀则相反。显然，右切刀R用得更多。

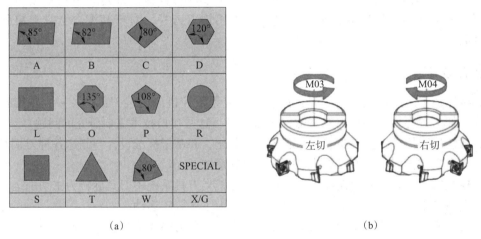

图2-26 部分常用标准铣削刀片的形状及其代号和数控铣刀的切削方向
（a）部分常用标准铣削刀片的形状及其代号；（b）数控铣刀的切削方向

（2）选择铣刀齿距。

铣刀是多刀刃断续切削刀具，刀齿有疏密之分。切削刃较多的铣刀为超密齿铣刀。超密齿铣刀刀片数量多，可实现最高生产率。由于断续切削带来的冲击是必须考虑的问题，所以超密齿铣刀适用于稳定工况（半精加工、型面连续）。为了便于断屑，超密齿铣刀适用于短切屑材料。对于强度高的高温材料，为提高其切削效率，宜采用超密齿铣刀。

密齿铣刀切削刃数量中等，应用于常规用途与混合生产，在小型到中型机床的加工中通常为首选。疏齿铣刀切削刃数量一般低于4个，在相同主轴转速下，疏齿铣刀的冲击频率相对低，切削热产生相对较少，故可用于需要长悬伸刀杆的深槽、满槽铣工序，切削力小，适用于小型机床/有限的功率。其冲击频率相对较低，容易使工艺系统产生共振，故稳定性有限。为解决这一问题，可采用不等齿距铣刀。如图2-27所示，正常齿距下，振动频率恒定，如果引起谐振，其振幅将越来越高；而不等齿距切削中，振动频率不恒定，这有效地抑制了振幅的上升。

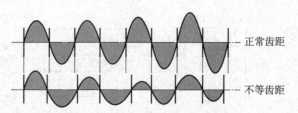

图 2-27　不等齿距可降低振动风险

（3）选择主偏角。

铣刀常见主偏角有 90°、45°、10°、不定（圆形刀片）等。90°主偏角刀片适用于需要减少径向切削力的场合，如薄壁零件、轴向装夹刚性差的零件等，也主要用于方肩铣削中；45°主偏角刀片是通用加工的首选，它平均分配轴向切削力与径向切削力，减少长刀具悬伸时的振动，在相同进给量下，切屑减薄效应使生产率得以提高；10°主偏角刀片由于其超薄的切屑厚度，产生薄切屑，可实现非常高的每齿进给量，适用于高进给铣刀。另外，其轴向切削力很大，轴向切削力被导向主轴并使其保持稳定。不定主偏角刀片是强度最高的多次转位切削刃，是一种常见的通用铣刀刀片，对于高温合金具有更强的切屑减薄效应。

### 2.2.3　数控刀具系统

将数控加工所用种类繁杂的刀具可靠地安装到数控机床的装刀部分——主轴锥孔（数控铣床与加工中心）与旋转刀架（数控车床）等，这是接口技术需要研究的问题。

在数控加工技术中，需要进行标准化或规范化，并基于标准设计与制造各种刀柄及其附件等，其在数控机床与加工刀具体系中称为刀具系统。

数控机床刀具系统分为镗铣类与车削类，镗铣类刀具系统中刀具旋转为主切削运动，车削类刀具系统中刀具一般不旋转，其切削主运动为工件旋转运动。

按刀具系统中刀柄的设计形式分，刀具系统主要分为整体式与模块式两大类。其中，模块式刀具系统是在整体式刀具系统的基础上附加中间模块发展而来。无论上述何种刀具系统，刀柄是负责主轴与刀具之间连接的关键部件。常用刀柄刀具系统包括以下几种。

（1）加工中心用 7∶24 锥度刀柄系统，包括 BT、SK、CAT、DIN 等各种标准；而 BT 型刀柄的对称性结构使其高速性、稳定性和刚度等方面优于其他刀柄。锥度表示为圆锥的底面直径 $D$ 与锥体高度 $L$ 之比，即 $D:L$，7∶24 即为底面直径为 7、锥体高度为 24 的锥度关系。圆锥角（16°35′39″）比莫氏锥度大得多，故 7∶24 锥度不自锁。其与主轴的连接如图 2-28 所示。

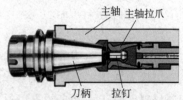

图 2-28　7∶24 锥度刀柄与主轴的连接

7∶24 锥度连接的锥柄较长，主轴/刀柄 70% 以上的面积能良好配合。刀柄锥体靠拉杆的轴向拉力紧紧与主轴内锥面接触、拉紧并锁定，连接刚度较高，定位准确可靠。两个端面键传递扭矩，但主轴/刀柄端面和内锥不能同时接触和定位，在端面间存在间隙，影响主轴部件整体的动平衡。在高速切削离心力的作用下，7∶24 锥度连接会径向膨胀，且主轴锥孔的膨胀量会大于刀柄，将会产生较大的变形，降低连接面间的接触应力，改变刀柄对主轴的相对位置，导致刀柄在径向切削力的作用下发生弯曲、振动，影响加工精度和质量。部分锥型刀柄特性如表2-2所示。

**表2-2 部分锥型刀柄特性**

| ER弹簧夹头 | 范围 | 特点 | 强力刀柄 | 范围 | 特点 |
|---|---|---|---|---|---|
| | 主要用于夹紧直柄钻头、直柄铣刀、铰刀、丝锥 | 夹紧直径方面非常灵活。<br>刀柄公差要求低。<br>低扭矩传递，跳动量较大 | | 用于铣刀、铰刀等直柄刀具及工具的夹紧 | 夹紧力大，夹紧精度较好，更换不同的筒夹来夹持不同柄径的铣刀、铰刀等。<br>在加工过程中，强力型刀柄前端直径要比弹簧夹头刀柄大，容易产生干涉。<br>卡簧夹紧变形小、所夹持的刀具柄径公差为h6 |
| 侧固式刀柄 | 范围 | 特点 | 平面铣刀柄 | 范围 | 特点 |
| | 适合快速钻、铣刀、粗镗刀等削平刀柄刀具的装夹 | 夹持力度大，结构简单，相对来说装夹原理也很简单；但通用性不好，每一种刀柄只能装同柄径的刀具 | | 主要用于套式平面铣刀盘的装夹，采用中间心轴和两边定位键定位，端面内六角螺丝锁紧 | 平面铣刀柄分为公制和英制，选取时应了解铣刀盘内孔孔径。在加工条件允许的情况下，为提高刚性，孔径应尽量选取短一点 |
| 液压刀柄 | 范围 | 特点 | | | |
| | 适合装夹快速钻、铣刀、镗刀，在高切削速度与高精度要求下加工 | 抗拔出安全性——夹紧力重复性好。<br>高重复精度。<br>轻松装卸——使用扭矩扳手，确保可靠夹紧 | | | |

（2）在高速切削加工中，广泛使用1∶10（5°42′38″）锥度的HSK和KM刀柄，采用锥面（径向）和法兰端面（轴向）双面定位和夹紧的过定位方式，提高了主轴/刀柄的连接刚度和抗扭能力，且转速越高锁紧力越大，这种双面接触系统在高速加工、连接刚性和重合精度上均优于7∶24锥度刀柄系统。HSK刀柄常用的有HSK-A（带内冷自动换刀）、HSK-C（带内冷手动换刀）和HSK-E（带内冷自动换刀，高速型）等类型。

HSK圆锥工具柄的设计原理属于圆锥面与法兰面两面接触定位，其自动夹紧原理如

图 2-29（a）所示，松刀液压缸（或气缸）拉杆按松刀方向压缩弹簧，释放拉爪为松刀状态，然后装入 HSK 刀柄，这时法兰面存在间隙，液压缸换向，弹簧按紧刀方向拉紧刀杆，通过拉爪组件力的放大撑开拉爪，作用在锥柄内锥面上拉紧至锥面与法兰面接触，完成刀具夹紧。图 2-29（b）所示为某 HSK 主轴结构，刀具拉紧力来自拉紧蝶形弹簧，液压缸（或气缸）的外力主要用于压缩弹簧松刀。

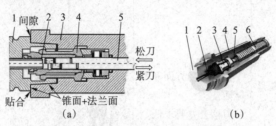

**图 2-29　HSK 刀柄与主轴的连接**

（a）自动夹紧原理；（b）某 HSK 主轴结构

1—HSK 刀柄；2—喷嘴；3—拉爪组件；4—主轴；5—拉杆；6—拉紧蝶形弹簧

（3）模块式刀具系统。

图 2-30 描绘了 Sandvik 公司的 Capto 模块化刀具系统。这是一个创新的刀具系统，将与机床主轴连接的部分与刀具夹持部分分开设计和制造成独立的模块单元。该系统允许根据需求添加中间模块，如延长杆和径向转换杆。图中展示了该系统提供的多种基础柄规格，包括7：24 锥度刀柄和 HSK 锥柄，以及可选的中间模块。

刀具夹持接柄有多种类型，以适应不同刀具装夹需求，例如机夹式多刃镗刀①、减振套式面铣刀接柄②、面铣刀、加长柄的单刃精镗刀③、加长柄的三刃粗镗刀④、高精度液压夹紧刀柄⑤、一体式硬质合金麻花钻、机夹式浅孔钻⑥、圆柱直柄接柄⑦以及一体式硬质合金立铣刀。Capto 模块接口采用双面定位的三棱空心锥形柄，柄部锥度为1：20，如图 2-30 右上角所示。该系统的关键技术是模块化刀具系统各模块间的接口结构。

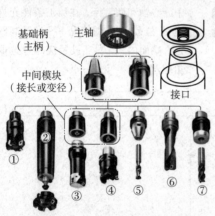

**图 2-30　Capto 模块化刀具系统**

模块化刀具系统的优点是基础柄与直接切削的刀具分离设计，同一机床可共用基础柄，不同机床可共用切削刀具和中间模块，可灵活组合，提高了刀具的利用率；其不足之处是刚度稍差，第一次投资成本较高。

# 2.3　数控机床及其智能化

## 2.3.1　数控机床的组成

数控机床（Numerical Control Machine Tool，简称 NC 机床）是一种通过数值控制系统实现对机床运动控制的设备。计算机数控机床，简称 CNC 机床，是数控机床的一种高级形式。它利用计算机技术对机床的各个运动轴进行连续的路径控制，以实现工件的自动加工。CNC 机床是当代主流数控机床。CNC 单元（控制器部分）的硬件实际上就是一台专用的微型计算机，是 CNC 设备制造厂自己设计生产的专门用于机床控制的核心，具有强大的计算和存储能力，可以高速精确地计算和发出控制指令。

数控机床通过电子控制系统实现精确的运动控制，避免了人为操作误差，提高了加工精度。它在加工过程中无须人工干预，大大缩短了加工周期，提高了生产效率。人们可以通过编制不同数控程序实现对不同零件的加工，因而特别适合定制化单件小批量生产，具有很高的生产灵活性。采用数控机床生产加工可以减少加工过程中的人为因素，提高生产质量与生产效率。

现代数控机床已经发展成一种高度集成、多功能、高智能的自动化设备，广泛应用于航空、航天、汽车制造、电子、家电等众多制造领域。数控机床种类繁多，包括数控车床、数控铣床、数控组合机床、数控磨床、数控电火花机床等。这些机床在各自领域发挥着重要作用，为现代制造业提供了强大支持。

CNC 机床系统的基本组成如下。

（1）数控系统：数控系统主要是一个计算机控制系统，它能够通过输入加工程序控制机床的各种动作。数控单元程序由输入装置、控制器、运算器和输出装置组成。图 2-31 所示为数控系统示例。

 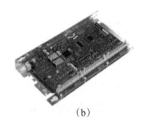

（a）　　　　　　　　　　（b）

**图 2-31　数控系统示例**

（a）SINUMERIK 828D 数控系统；（b）输入输出模块

数控系统可配置输入输出模块，支持以太网总线或 RTU（远程终端单元）通信。

（2）程序：CAM 设计加工可采用 APT 语言编程，而 CNC 机床的程序一般采用 G 代码或 M 代码。G 代码主要用来控制工件加工的运动轨迹和加工参数，如运动方式、运动速度、加工深度等。M 代码主要用于控制机床的辅助功能，如冷却液的开关、刀具的进出等。一般而言，需要由 CAM 系统将 APT 程序通过后置处理功能转换为 G/M 代码程序。目前程序可通过优盘等介质输入数控系统，也可通过以太网总线网络或 RTU 通信输入数控系统。

（3）伺服系统：伺服系统是 CNC 机床运动控制的核心部分，主要由电动机、传感器和电子控制器组成。电动机选用步进电动机或伺服电动机，根据输入的运动指令，通过传感器检测电动机运动状态，反馈给电子控制器，控制电动机的转速和方向。伺服系统能够实现精确的运动控制，确保机床的运动精度和稳定性。伺服系统组件如图 2-32 所示。

（a）　　　　　　　　　　（b）　　　　　　　　　　（c）

**图 2-32　伺服系统组件**

（a）驱动系统；（b）伺服电动机；（c）光电旋转编码器

（4）机床本体：机床本体是指数控机床的机械构造体，主要由床身、导轨、各种运动部件、工作台、刀库和排屑器组成，与普通机床相比具有以下区别：

①采用高性能主传动系统或主轴部件，具有传递功率大、刚性高、抗振性能好及热变形小等优点；

②进给传动为数字伺服传动，传动链短，结构简单，传动精度高；

③具有完善的刀具自动交换和管理系统，工件在加工中心机床上一次安装后，能自动地完成或接近完成所有加工工序内容；

④采用高效的传动件，较多采用的有滚珠丝杠副、直线滚动导轨副等；

⑤机床本体多采用铸铁床身，具有很高的动、静刚度。

由于 CNC 机床采用和普通机床不同的结构与运动方式，所以在精度和加工效率方面大大高于普通机床。

## 2.3.2　数控机床的种类

### 1. 一般数控机床

数控机床的工艺范围与传统的通用机床相似，有数控车、铣、镗、钻、磨等类型，如图 2-33 所示。每一种数控机床又有很多品种，例如数控铣床中就有立铣、卧铣、龙门铣等种类。数控机床与传统机床的区别在于能加工复杂零件，且其加工精度和生产效率高。

### 2. 数控加工中心

数控加工中心是带有自动换刀装置的数控机床，主要适合箱体类零件和复杂曲面零件的多工序集中加工，其中以镗铣加工中心和车削中心最为广泛，此类机床带有自动换刀系统和刀库，又称多工序数控机床或镗铣加工中心，习惯上称为加工中心（Machining Center），可以将加工的多道工序在一次装夹中完成，这使数控机床更进一步地向自动化和高效化方向迈进。

图 2-34 所示的典型铣削加工中心，可独立完成多道工序任务，并可进行一次小批量生产。如图 2-34（a）所示，工件托盘装载随行夹具与零件，从上下料区批量进入托盘缓存区等待加工，托盘按顺序进入交换式工作台，交换式工作台可旋转，把加工完毕的托盘转出，待加工托盘转入。加工完的零件托盘可进入上下料区卸载。该加工中心配备盘式刀库，可装载数十把刀具，以便进行多种工序加工。加工中心一般配备自动排屑装置，以便切屑及时排出收集。

数控加工中心与一般数控机床的区别是：工件经一次装夹后，数控装置就能控制机床自

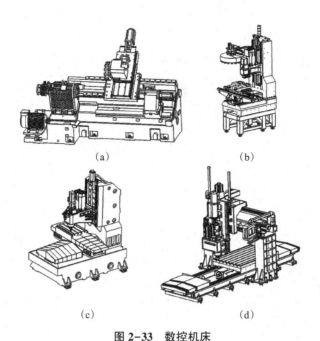

(a) (b)

(c) (d)

图 2-33 数控机床

（a）数控机床；（b）数控磨床；（c）立式数控铣床；（d）龙门数控铣床

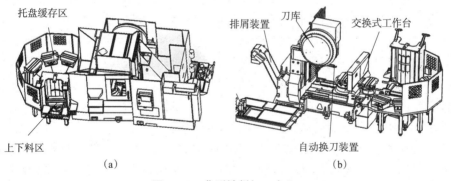

托盘缓存区 排屑装置 刀库 交换式工作台

上下料区 自动换刀装置

(a) (b)

图 2-34 典型铣削加工中心

（a）立式加工中心外观；（b）立式加工中心内部工作区域

动地更换刀具，连续地对工件各加工面自动完成铣（车）、镗、钻、铰、攻丝等多道工序加工。这类机床以镗铣为主，与一般的数控机床相比具有以下优点：

（1）可以减少机床数量，便于管理，对于多工序的零件只要一台机床就能完成全部工序加工，并可以减少半成品的库存率；

（2）可以减少多次装夹的定位误差；

（3）工序集中，减少了辅助时间，提高了生产率；

（4）大大减少了专用工夹量具的数量，进一步缩短了生产准备时间，降低了成本。

## 2.3.3 CNC 运动轨迹控制

依照加工工艺要求的不同，CNC 控制刀具与工件之间相对运动的轨迹类型包括以下几种。

### 1. 点位控制

这类运动控制只关心控制机床移动部件从一个位置（点）精确移动到另一个位置（点），即仅控制行程的终点坐标值，而中间移动路线取决于如何方便、快速且无干涉地移动。采用此类控制方式的数控系统较为简单，可采用成本较低的专用硬件或普通计算机。很多只进行点位加工的专用数控机床采用该种方式，例如数控打钉机、专用数控钻床、数控镗床和数控冲床及数控测量机等，其相应的数控装置称为点位控制装置。

### 2. 点位直线控制

这类控制方式不仅关心刀具在相关点的定位，还要控制刀具沿某一个坐标轴方向做直线运动的速度和路线（轨迹）。

相较于点位控制，当机床的移动部件运动时，其可以沿一个坐标轴的方向（一般地，也可以沿45°斜线进行切削，但不能沿任意斜率的直线切削）进行切削加工，而且其辅助功能比点位控制的数控机床多，如增加了主轴转速控制、循环进给控制、刀具选择等功能。

采用此类控制方式的数控机床一般也为专用机床，例如数控玻璃切割机、线性型材切割机等。

### 3. 轮廓控制

这类控制同时实现运动件在两个或两个以上的坐标轴方向上做关联运动，或简称为联动，从而使刀具相对工件的运动轨迹成为一种确定的复合运动轨迹。加工时，不仅要控制起点和终点，而且刀具在起点和终点之间的运动轨迹要严格按照程序要求的路线，切削中需要控制整个加工过程中每点的切削速度和坐标位置，使机床加工出符合图纸的复杂零件，利用这种功能可以加工曲线、曲面。这类机床的控制功能比较齐全。

轮廓控制的复杂度是由控制系统所能同时控制的坐标轴数目决定的。对于多坐标的数控机床，它可以同时控制的运动轴数称为可以联动的数目。

加工不同零件时，应选用相应的机床。两坐标数控机床如线切割数控机床、两坐标数控铣床等，可用于加工二维轮廓零件。具有三坐标以上运动轴的机床称为多坐标数控机床。如果一台具有五个运动坐标的数控机床，在控制系统控制下，它的四个坐标轴可以同时运动，即除控制 X、Y、Z 轴运动外，还可和另一旋转轴实现联动，则称此机床为五坐标四联动数控机床。这类数控机床可加工曲线、四轴直线纹面叶轮、旋转类零件和平面内斜孔的壳体类零件。如果除控制 X、Y、Z 轴运动外，还可以和两个旋转轴（比如 B、C）联动，则称该机床为五坐标五联动数控机床，这类机床在不干涉情况下可加工复杂零件，如曲面变斜角、各种叶轮、闭式叶盘、带有空间斜孔的复杂壳体类零件。

多坐标数控机床可以加工具有复杂型面的零件，如螺旋桨、叶片叶轮、模具等。图 2-35 所示为五轴联动数控加工中心的运动示意图。

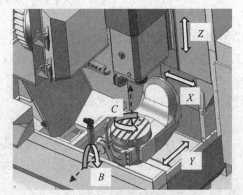

图 2-35  五轴联动数控加工
中心的运动示意图

### 2.3.4　CNC 插补与传动控制

**1. 插补器工作原理**

CNC 对机床进给轴的控制，是执行事先编制好的加工程序指令。程序指令是按零件的轮廓编制的加工刀具运动轨迹。程序是根据零件轮廓分段编制的。一个程序段加工一段形状的轮廓。轮廓形状不同，使用不同的程序指令（零件轮廓形状元素）。

（1）G01：直线插补；

（2）G02：圆弧插补（顺时针）；

（3）G03：圆弧插补（逆时针）；

（4）G33：螺旋线插补。

但是，在一段加工指令中，只编写此段的走刀终点。例如，下面一个程序段要加工 $X$-$Y$ 平面上一段圆弧，程序中只指令了终点的坐标值"（100，−200）；G90 G17 G02 X100. Y-200. R50. F500"，此段的起点已在前一段编写，就是前段的终点。因此，加工此段时，CNC 控制器即计算机处理器只知道该段的起点和终点坐标值。段中的刀具运行轨迹上其他各个点的坐标值必须由处理器计算出来。处理器是依据该段轮廓指令（G02）以及起点和终点的坐标值计算的，即必须算出希望加工的工件轮廓，算出在执行该段指令过程中刀具沿 $X$ 轴和 $Y$ 轴同时移动的中间各点的位置。这就需要进行插补计算。

CNC 插补是指通过 CNC 系统对机床的进给轴进行联动控制，实现机床在加工工件时按事先编排好的路径运动，并控制运动速度和位置精度等参数的技术。其主要原理是先将机床加工轨迹编程表示成很多条线段、圆弧等指令，然后通过插补器对这些指令进行计算和插值，生成与机床细分周期同步的位置控制信号，驱动伺服电动机实现机床的运动。目前来说，普遍应用的插补算法主要是分为两类：脉冲增量插补和数据采样插补（数字增量插补）。

脉冲增量插补是指在进行运动控制时，对于每一段指令，都要分别计算各个轴的运动距离，然后输出相应的脉冲信号来驱动步进电动机运动。这种插补方式的优点是计算简单，运行速度快，适用于简单的加工件，并且可以采用逐点比较法和数字积分法两种方式进行脉冲计算。逐点比较法是一种基于传统离散控制理论的算法，将一段连续的曲线分为一系列小线段，通过计算每段线段相应的脉冲数，进行运动控制。数字积分法则是通过对曲线的数学模型进行积分，得到一段时间内各轴的脉冲数，进而实现运动控制。

数据采样插补是指对于一段曲线，第一步是将其时间均匀地分为若干个相等的插补周期，然后在每个周期结束时，对当前各轴的位置信息进行采样，粗略计算插补周期内的位移增量。第二步是精插补，就是根据采样得到的实际位置增量和指令位置增量进行比较，得到跟随误差，再计算出相应的速度指令，输出至伺服系统。相比于脉冲增量插补，数据采样插补可以提高加工精度，但需要更复杂的计算和控制。

脉冲增量插补实现容易，成本较低，一般不涉及反馈控制。但是，其进给速度的限制导致工作效率低，同时精度取决于机床的制造精度。数据采样插补，其优势就是加工效率比脉冲增量插补高许多，工件在误差允许范围内也可以达到很高的精度。由于涉及采样和反馈控制，其需要使用伺服电动机而非普通的步进电动机，因此机床的制造成本较高，编程相对较为复杂，对编程人员的要求较高。

目前，在高档数控系统中较多采用数据采样插补，在数据采样插补算法中，复杂的轮廓曲线加工主要有两种计算模型，一种是小线段，另一种是参数曲线（如 Bezier 曲线、B 样条曲线、NURBS 曲线等），其分别对应两种插补算法：连续小线段插补和参数曲线直接插补。其具体计算方法此处不再进行详细介绍。

CNC 对机床的坐标运动进行控制，首先是对运动轨迹（加工轮廓）的计算，最重要的是保证运动精度和定位精度（动态的轮廓几何精度和静态的位置几何精度），控制过程中还要考虑各轴的移动量、移动速度、移动方向、起/制动过程（加速/降速）。

进行数据采样插补 CNC 系统，其进给轴的移动是由伺服电动机执行的。通常，一个进给轴由一个伺服电动机驱动。伺服电动机由伺服放大器供给动力。伺服放大器的工作由 CNC 插补器的分配输出信号控制。各轴的合成运动即形成了刀具加工的工件轮廓轨迹。

除此之外，程序中必须指定运动速度（进给速度），如 F500（mm/min）。进行位置计算时，要根据轮廓位置算出对应点的刀具运动方向速度。

数据采样插补器每运算一次称为一个插补周期，一般为 8 ms；计算复杂型面的插补器使用高速 CPU，插补周期可缩短，目前可达 2 ms。一个程序段分多个插补周期，其取决于轮廓形状和轮廓尺寸。

CNC 系统中包括了多个插补子程序，工件形状的每一种几何元素均对应着刀具的一种几何运动，因此就要求 CNC 有相应的插补子程序。这就是 CNC 系统控制软件中控制坐标轴运动的 G 代码，例如 G01、G02、G03、G32、G33、G05、G08、…。还有一些子程序是通过加工工艺的要求控制刀具运动的。

插补器的硬件一般是 CNC 计算机的主 CPU，也有用纯硬件执行的插补器，这样的插补器是将控制逻辑烧制在芯片上。

### 2. 数控机床进给传动机构

插补器的控制信号经过伺服放大器转换为伺服电动机旋转运动或直线运动后，需要通过传动装置拖动工作部件运动。工作部件在平移轴 X、Y、Z 或其扩展平移轴（复合机床）上的运动为直线运动，在回转轴 A、B、C 或其扩展回转轴上的运动为旋转运动。如图 2-36 所示的车铣复合加工中心，铣削部分为 X1、Y、Z1 三个平移轴和 B（主轴摆头）、C2（旋转工作台）两个回转轴，车削部分则实现 X2、Z2 两个平移轴与 C1（卡盘）回转轴。

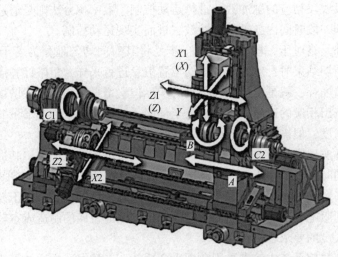

图 2-36 车铣复合加工中心的进给轴

直线进给机构采用的机械传动部件主要指齿轮（或同步齿轮带）和滚珠丝杠螺母传动副，如图2-37（a）所示。电气伺服进给系统中，运动部件的移动是靠脉冲信号控制的，要求运动部件动作灵敏、低惯量、定位精度好，具有适宜的阻尼比，以及传动机构不能有反向间隙。滚珠丝杠是将旋转运动转换成执行件直线运动的运动转换机构，如图2-37（b）所示，它由螺母、丝杠、滚珠、回珠器、密封环等组成。滚珠丝杠的摩擦系数小，传动效率高。

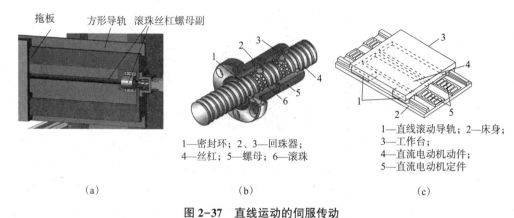

拖板　方形导轨　滚珠丝杠螺母副

1—密封环；2、3—回珠器；
4—丝杠；5—螺母；6—滚珠

1—直线滚动导轨；2—床身；
3—工作台；
4—直流电动机动件；
5—直流电动机定件

（a）　　　　　　　　（b）　　　　　　　　（c）

**图2-37　直线运动的伺服传动**

（a）滚珠丝杠在导轨中的装配状态；（b）滚珠丝杠内部结构；（c）伺服电动机导轨

直线伺服电动机是一种能直接将电能转化为直线运动机械能的电力驱动装置，是为适应超高速加工技术发展的需要而出现的一种新型电动机。如图2-38所示，直线伺服电动机驱动系统替换了传统的由回转型伺服电动机加滚珠丝杠的伺服进给系统，从电动机到工作台之间的一切中间传动都没有了，可直接驱动工作台进行直线运动，使工作台的加/减速提高到传统机床的10~20倍，速度提高3~4倍。

数控转台是实现旋转坐标控制的重要伺服执行部件，它将数控机床的联动范围从三坐标扩展到四坐标以及五坐标（见图2-35及图2-36）。两个旋转坐标的联动模式目前一般有主轴摆头+回转工作台模式或者摇篮工作台模式。旋转坐标联动方式如图2-38所示。

（a）　　　　　　　　　　（b）

**图2-38　旋转坐标联动方式**

（a）主轴摆头；（b）摇篮工作台

数控转台的传动方式分为机械传动、电动机驱动与液压马达驱动等，其中机械传动方式广泛采用了各种减速机结构，较为简单的包括齿轮齿条结构、蜗轮蜗杆结构等，此类结构是最为常见的结构，大部分转台采用此结构。通过伺服电动机带动齿条或蜗杆，然后带动齿轮或蜗轮连接的转台旋转［见图2-39（a）］。在精度（包括分度精度）要求高的场合，可采用滚子凸轮结构，其特点是具备非常好的精度和效率，同体积性能部件的质量比传统的要轻［图2-39（b）］。另一种高精度结构为谐波减速器结构，这种结构曾广泛应用于机器人关节，近年来应用于手机外壳等小型模具生产所使用的转台上［见图2-39（c）］。

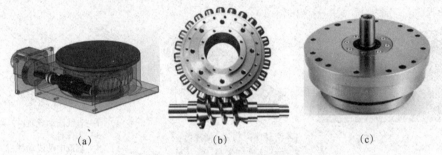

（a） （b） （c）

**图 2-39 常见数控转台传动形式**
（a）蜗轮蜗杆转台；（b）滚子凸轮转台；（c）谐波减速器转台

### 3. 刀具补偿

数控机床具备补偿功能，既可以降低对刀具制造、安装的要求，又可以简化程序编制。刀具补偿一般包括刀具长度补偿（Cutter Radius Compensation）和刀具半径补偿（Cutter Length Compensation）。前者使刀具垂直于走刀平面偏移一个刀具长度修正值；后者可以使刀具在走刀平面内相对编程轨迹偏移一个刀具半径修正值，二者均是在二维加工条件下的刀具补偿。

（1）刀具长度补偿。

用钻头、镗刀等刀具加工孔，用铣刀加工腔槽时，往往需要控制刀具的轴向位置，为此当刀具实际长度尺寸与编程设定长度尺寸不一致时，或是由于刀具磨损、加工误差等，刀具长度可能会发生变化，如果不进行补偿，将会导致加工精度下降。因此，刀具沿轴向的位移量就应增加或减少一定量，这就是刀具长度补偿。如图2-40所示，图中 $L$ 为程序给定的刀具长度，$H$ 为实际的刀具长度，$\Delta$ 为补偿量。

（2）刀具半径补偿。

在轮廓加工过程中，由于刀具半径的原因，刀具中心的运动轨迹并不与零件的实际轮廓重合，而是沿着零件轮廓形状偏移一定的距离。加工内轮廓时，刀具中心向内偏移零件的内轮廓表面一个刀具半径值；加工外轮廓时，刀具中心则向外偏移零件的外轮廓表面一个刀具半径值，这种偏移称为刀具半径补偿。

利用刀具半径补偿，可大大简化使用圆柱铣刀的数控加工程序编制。若数控装置具备刀具半径补偿功能，编程时采用零件的理论轮廓数据，数控系统根据刀具半径补偿值，自动偏移一个距离，就可以加工出轮廓形状。数控装置具备刀具半径补偿功能，以加工图2-41所示轮廓为例，只需按图中实线所示零件轮廓 $A$、$B$、$C$、$D$、$E$、$F$ 点编程，同时在程序中给出刀具半径补偿指令，数控装置便能根据刀具半径补偿值 $r$ 自动计算出刀具中心运动轨迹，运行时控制刀具中心偏移工件轮廓一个 $r$ 距离，计算出的刀具中心轨迹如图2-41中虚线所示，这样便能加工出符合要求的零件轮廓。刀具半径补偿值 $r$，可用手动数据输入方式

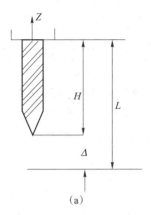 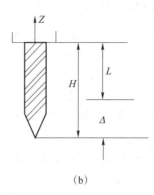

**图 2-40　刀具长度补偿**

（a）程序给定位移量大于实际位移量；（b）程序给定位移量小于实际位移量

（Manual Data Input，MDI）输入数控系统，也可在刀具半径补偿语句中设定。

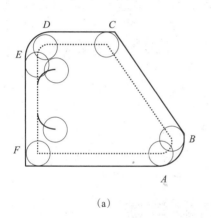 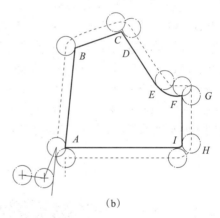

**图 2-41　轮廓加工中的刀具半径补偿**

（a）加工内轮廓时的刀具半径补偿；（b）加工外轮廓时的刀具半径补偿

　　刀具半径补偿有左偏刀和右偏刀两种方式，如图 2-42 所示，沿着刀具运动方向看，刀具在加工轮廓的左边称为左偏刀，反之称为右偏刀。

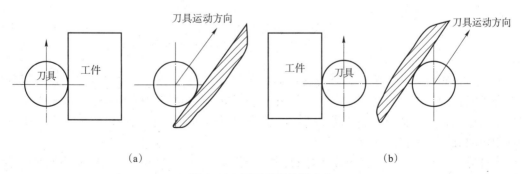

**图 2-42　刀具半径补偿方向**

（a）刀具半径左偏刀；（b）刀具半径右偏刀

### 2.3.5 数控机床的智能化

随着智能制造应用的不断发展，数控机床将继续朝着更高精度、更高效率和更高智能化的方向发展，其表现在以下方面。

（1）智能化：通过引入人工智能先进技术，实现数控机床的自动诊断、自我学习和自主决策，以提高生产效率和质量。

（2）工业互联网：通过将数控机床与互联网相结合，实现远程监控、运维和优化，提高生产管理水平。

目前数控机床的智能化应用主要体现在以下四个方面。

#### 1. 提高加工质量

数控加工中影响加工质量的因素包括进给速度与方向的突变、切削层厚度的变化、振动等。因此，采用安装于刀柄、进给装置、床身等位置的传感器，实时采集加工状态数据，并利用智能化方法对进给运动进行优化。其优化途径包括以下三点。

（1）进行动态刀具路径规划。可以根据工件表面的曲率、粗糙度、弯曲程度等特征，优化刀具进给路径，判断走刀路线可能出现引起切削力、走刀方向、进给速度突变的位置，提前减少进给量，以便在这些位置平滑过渡。引起突变的原因包括走刀接近停止位置、大角度拐弯、高速走曲线时产生的离心力变化等。

（2）刀具轨迹插补平滑处理，针对小线段插补点交接不平滑的情况进行平滑处理。图2-43为FANUC的0i-FPlus数控系统的插补轨迹平滑处理效果，该平滑插补还考虑了公差范围，使平滑曲线在公差上下偏差的包络线内达到优化结果。

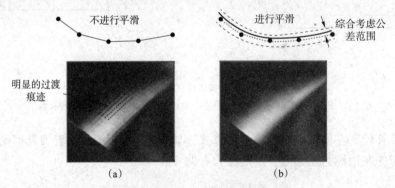

**图2-43 轨迹平滑处理效果**

（a）不进行平滑处理的加工后表面；（b）进行平滑处理的加工后表面

（3）抑制振动影响。除来自外界振动源的强迫振动外，数控切削加工中工艺系统的振动来源可能包括工作表面的切削层厚度变化、刀具轨迹引起的切削力变化、机床前端（光栅尺）与电动机（编码器）间弹性变形引起的振动等。目前，智能数控机床多采用下列方法控制振动对加工过程的影响。

①自适应控制：通过安装振动传感器，实时监测机床振动情况，通过控制系统对传感器采集到的信息进行分析并做出调整，使机床可以根据不同工件的特性和切削参数进行自适应控制，从而降低振动影响。

②振动主动抑制技术：该技术采用主动控制的方式，对机床的振动进行实时抑制。一般

需要在机床中加入一些主动力学组件，如调节盘、压电陶瓷等，通过数学模型和反馈控制算法来实现振动抑制。

③系统动态平衡技术：系统动态平衡技术是在加工过程中对工件或刀具进行动态平衡，消除系统的不平衡力矩，避免由不平衡力矩导致的振动。

振动抑制效果对比如图2-44所示。

### 2. 提高加工效率

铸件与锻件等通过热加工生产的毛坯在硬度方面是不均匀的，而且由于公差波动，它们的工件表面尺寸不均匀。在这种情况下，NC程序员担心刀具破损甚至损坏机床主轴，会考虑最坏的情况，设定低进给率，避免刀具与主轴损坏。然而，这种保守的方法有一个非常大的缺点，即降低生产效率。

目前主流的数控机床生产商（如西门子与FANUC的数控系统）采用自适应技术实时监控主轴负载与温度，智能地对进给轴进行加减速，根据加工负载的变化，自动调节进给轴的加减速，从而保证加工稳定性和高效性。操作者在开启相关功能后，不再是根据最大负载设定时间常数，而是由系统根据实际负载设定适宜的时间常数。图2-45显示西门子自适应控制系统在提高生产效率方面的作用。通常，此类功能可有效地将生产效率提高10%~15%。

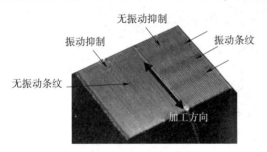

图2-44 振动抑制效果对比

图2-45 西门子自适应控制系统提高生产效率

### 3. 设备监控与故障诊断

如前所述，刀具破损具有突发性特点，在无人监控的数控加工过程中，及时地监控刀具破损是很重要的，因此，智能数控机床一般具备刀具破损监控功能，如西门子ACM系统的刀具监测，主要用于及时发现和诊断机床刀具的破损或退化，防止损坏工件或加工中断，确保机床加工效率和质量。其刀具的破损状态是根据其相应的功率谱特性来判断的。

该系统采用了高灵敏度的传感器、先进的信号处理技术和智能判别算法，可以在实时监测刀具切削力的同时，分析刀具状态及其偏差，快速识别并判定刀具是否正常，当刀具破损或退化时，及时发出报警信号。此外，该系统还可以记录和保存刀具监测数据，并对其进行分析、统计和管理，为用户提供科学决策依据。

智能数控机床可对其关键系统进行故障诊断与故障预测，例如，针对数控系统，可监测其通信状态、接地不可靠、电源的瞬时断路、风扇转速下降等情况，及时发现故障点并报警；监测伺服放大器电容故障与风扇转速下降故障；对伺服电动机的绝缘老化、制动器寿命、电池电压等进行预警，检测脉冲编码器故障等。

### 4. 工业互联网集成

将数控机床与工业互联网相结合，可以对数控机床进行数据采集、分析和制造运营管理。具体来说，数控机床的数据采集和分析可以通过传感器、计算机视觉、声学信号等技术手段实现。采集到的数据包括机床的加工参数、状态参数、运行数据等。

通过对这些数据进行分析，可以对数控机床的状态、性能和加工过程进行监测和分析，进而实现机床的远程监控、运维和优化。例如，可以通过分析加工参数，实现对加工质量的控制和优化；通过分析机床状态参数，实现对机床故障和维护的预测和诊断；通过分析机床运行数据，实现机床性能和效率的优化和提升。

同时，数控机床的数据采集和分析还可以与制造运营管理相结合（见图2-46）。通过将机床数据与生产计划、物料管理、质量管理等管理信息相集成，可以实现对整个制造过程的监控和控制。例如，可以通过实时监控机床状态和加工数据，调整生产计划和物料供应，以满足客户需求和市场变化；通过对机床加工数据进行分析，实现对生产效率和质量的优化与提升。

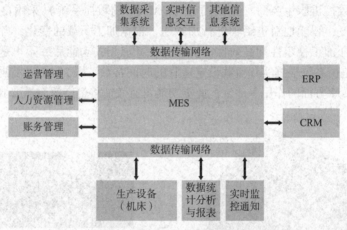

图2-46　数控机床信息与制造运营管理相结合

# 2.4　机床夹具原理

## 2.4.1　夹具概述

工艺装备就是将零件加工至设计图样要求所必须具备的基本加工条件和手段。它包括加工设备，其可以分为标准设备、专用设备和非标设备，还有夹具、模具、量具、刀具和其他辅具等。在机械加工过程中，为了保证加工精度，固定工件，使之占有确定位置，以接受加工或检测的工艺装备统称为机床夹具，简称夹具。

夹具是一类重要的工艺装备。夹具设计要考虑产品的工艺和批量、机床性能和加工能力，甚至一些复杂的工艺装备上有液压气动，还要考虑转角和运动等。因此，在设计加工工艺时，夹具的设计是必须要考虑的重要因素。

机床夹具在机械加工中有以下作用。

（1）保证加工精度。

采用夹具安装，可以准确地确定工件与机床、刀具之间的相互位置，工件的位置精度由夹具保证，不受工人技术水平的影响，其加工精度高且稳定。

（2）提高生产率、降低成本。

用夹具装夹工件，无须找正便能使工件迅速地定位和夹紧，显著地减少了辅助工时；用夹具装夹工件提高了工件的刚性，因此可加大切削用量；可以使用多件、多工位夹具装夹工件并采用高效夹紧机构，这些均有利于提高劳动生产率。此外，采用夹具后，产品质量稳定，废品率下降，可以安排技术等级较低的工人，明显地降低了生产成本。

（3）扩大机床的工艺范围。

使用专用夹具可以改变原机床的用途，扩大机床的使用范围，实现一机多能。例如，通过夹具的分度、旋转、位移等功能，可扩大加工设备的工艺范围。

（4）降低工人的劳动强度。

用夹具装夹工件方便、快速，当采用气动、液压等夹紧装置时，可降低工人的劳动强度。

夹具的主要功能包括以下两个。

第一，使工件的位置准确，即定位。定位的作用是使工件相对于机床有确定的姿态与位置。

第二，使工件在加工过程中不发生位移，即夹紧。加工过程中，如果不夹紧工件，则无法确保工件能够稳定地处在定位位置上，从而影响加工质量，甚至工件会飞出，造成人员伤害和设备损坏。

## 1. 定位

一个尚未定位的工件，其空间位置是不确定的，均有六个自由度，如图 2-47（a）所示，即沿空间坐标轴 $X$、$Y$、$Z$ 三个方向的移动和绕这三个坐标轴的转动（分别以 $\vec{X}$、$\vec{Y}$、$\vec{Z}$ 和 $\vec{X}$、$\vec{Y}$、$\vec{Z}$ 表示）。

定位，就是限制自由度。图 2-47（b）所示的长方体工件，欲使其完全定位，可以设置六个固定点，工件的三个面分别与这些点保持接触，在其底面设置三个不共线的点 1、2、3（构成一个面），限制工件的三个自由度：$\vec{Z}$、$\vec{X}$、$\vec{Y}$；侧面设置两个点 4、5（成一条线），限制 $\vec{Y}$、$\vec{Z}$ 两个自由度；端面设置一个点 6，限制 $\vec{X}$ 自由度。于是，工件的六个自由度便都被限制了。这些用来限制工件自由度的固定点，称为定位支承点，简称支承点。

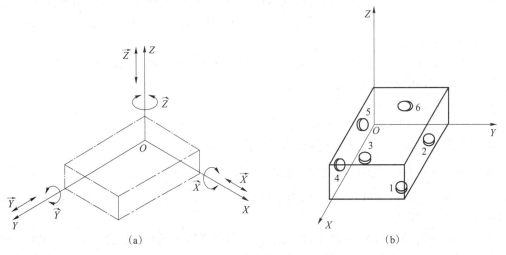

**图 2-47　工件的六个自由度与定位**

（a）工件的六个自由度；（b）工件的定位

用合理分布的六个支承点限制工件六个自由度的法则，称为六点定位原理。

在应用六点定位原理分析工件的定位时，应注意以下几点。

（1）定位支承点限制工件自由度的作用，应理解为定位支承点与工件定位基准面始终保持紧贴接触。若二者脱离，则意味着失去定位作用。

（2）一个定位支承点仅限制一个自由度，一个工件仅有六个自由度，所设置的定位支承点数目，原则上不应超过六个。

（3）分析定位支承点的定位作用时，不考虑力的影响。工件的某一自由度被限制，并非指工件在受到使其脱离定位支承点的外力时，不能运动。欲使其在外力作用下不能运动，是夹紧的任务；反之，工件在外力作用下不能运动，即被夹紧。

如图 2-48（a）所示的工件，为加工孔 $\phi 10^{+0.21}_{-0.00}$ mm，设计了图 2-48（b）所示的夹具定位方案。两个 V 形块限制工件 A 向与 B 向的平移自由度，轴肩依靠在左边 V 形块侧面，限制沿轴向的平移自由度，两个 V 形块共同限制以 A 向为轴的旋转自由度与以 B 向为轴的旋转自由度。该夹具共限制五个自由度，而轴向的旋转自由度不需要限制。

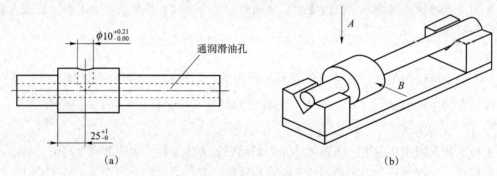

**图 2-48　不完全定位**

(a) 零件图；(b) 定位方案

在很多加工中，是不需要将六个自由度全部控制的，所以要从两个角度去看。

第一，从工件本身六个自由度的限制情况来看，如果全部得到限制，则称为完全定位，否则称为不完全定位。第二，从是否满足工艺要求限制的自由度情况来看，分为欠定位和过定位。应该限制的自由度没有被限制则称为欠定位；而过定位又叫重复定位，是工件的同一个自由度被两个或两个以上的定位元件重复限制的一种定位方案。可将定位情况总结为：

欠定位：应该限制的自由度未限制。

过定位：自由度被重复限制。

完全定位：完全限制工件的六个自由度。

不完全定位：没有完全限制工件的六个自由度。

图 2-49（a）所示的定位方案中，左圆柱销限制 $\vec{X}$、$\vec{Y}$ 两个自由度，底面支承板限制 $\vec{Z}$、$\widehat{X}$、$\widehat{Y}$ 三个自由度，右圆柱销与左圆柱销共同限制 $\vec{Y}$、$\widehat{Z}$ 自由度。其中，$\vec{Y}$ 被两个定位元件重复限制，产生过定位。

消除上述过定位，如图 2-49（b）所示，生产中常用一面两销过定位方案，其中一销为削边销，其限制的自由度数目由原来的两个减少为一个。

过定位不是绝对不允许，例如以一个精确平面代替三个支承点来支承已加工过的平面，

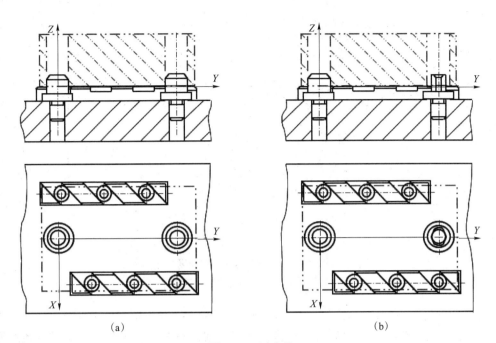

**图 2-49 过定位**

（a）一面两销过定位；（b）一面两销过定位消除

可提高定位稳定性和工艺系统刚度，对保证加工精度是有利的，这种表面上的过定位在生产实际中仍然应用。

**2. 夹紧**

加工过程中工件受到切削力的作用，如果是大型不对称工件，可能会在旋转中产生离心力，在断续切削中还会产生冲击力。在加工中，工件受力除了造成位移、变形外，在工艺系统刚性不好的情况下，加工的切削力会使工件产生振动，这也是对加工过程很不利的因素。

夹紧的基本作用是让工件保持"不动"，即确保在工件加工时，工件定位基准相对定位点、线、面保持不动。如图 2-50 所示的薄壁件加工内孔，卡盘夹紧时造成内孔弹性变形，切削后弹性恢复造成内孔轻微三角形变形。夹紧虽然没有位移，但是造成了工件变形，没有达到夹紧的效果。

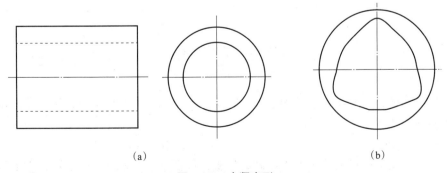

**图 2-50 夹紧变形**

（a）零件图；（b）三角形内孔

上述夹紧问题的解决方案可采用图 2-51 所示的两种工装。

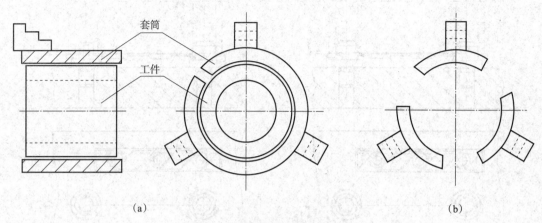

**图 2-51　薄壁件夹紧解决方案**
(a) 采用套筒；(b) 采用三段瓦片状工装

一种方案是做一个开口套筒，三个卡爪先夹紧套筒，套筒内壁夹紧工件，由于夹紧力通过套筒均匀传递在圆周上，工件变形就均匀了，其缺点是取放工件耗时。另一种方案是将三段瓦片状工装焊接在车床的三个卡爪上，三段瓦片的内孔在车床上一次加工出来，比工件的外径稍大一点，这种方法的优点是取放效率高，缺点是制作成本相对高。

3. 夹具的组成

缸体钻孔夹具如图 2-52 所示。

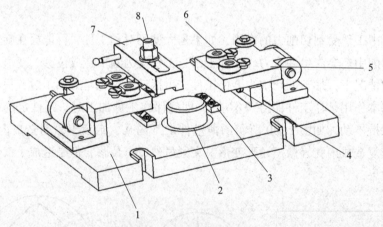

**图 2-52　缸体钻孔夹具**
1—夹具体；2—定位心轴；3—支承板；4—支承钉；5—钻模板；6—钻套；7—压块；8—紧固螺栓

机床夹具的种类和结构繁多，而它们的组成一般包括以下几个部分，这些组成部分相互配合完成夹具的功能。

（1）定位元件。

定位元件保证工件在夹具中处于正确的位置，如图 2-52 中的定位心轴、支承板与支承钉，通过它们使工件在夹具中占据正确的位置。

（2）夹紧装置。

夹紧装置的作用是将工件压紧夹牢，保证工件在加工过程中受外力（切削力等）作用时，不离开已经占据的正确位置，如图 2-52 中的压块、紧固螺栓就起该作用。

（3）对刀或导向装置。

对刀或导向装置用于确定刀具相对于定位元件的正确位置，如图 2-52 中钻套和钻模板组成导向装置，确定了钻头轴线相对定位元件的正确位置。铣床夹具上的对刀块和塞尺为对刀装置。

（4）连接元件。

连接元件是确定夹具在机床上正确位置的元件，如图 2-52 中夹具体的底面为安装基面，保证了钻套的轴线、定位心轴的轴线垂直于钻床工作台，以及支承钉的轴线平行于钻床工作台。因此，夹具体可兼作连接元件。车床夹具上的过渡盘、铣床夹具上的定位键都是连接元件。

（5）夹具体。

夹具体是机床夹具的基础件，如图 2-52 中的夹具体，通过它将夹具的所有元件连接成一个整体。

（6）其他装置或元件。

它们是指夹具中因特殊需要而设置的装置或元件。当需加工按一定规律分布的多个表面时，常设置分度装置；为了能方便、准确地定位，常设置预定位装置；对于大型夹具，常设置吊装工件等。

## 2.4.2　夹具定位

### 1. 定位元件与定位分析

定位元件与工件的定位面相接触，根据接触的面积大小，可将这些定位元件抽象看作点、线、面。如图 2-53（a）与图 2-53（b）所示的支承钉通常抽象为定位点，而图 2-53（c）所示的支承板则常抽象为线。

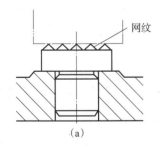 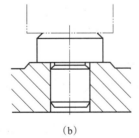 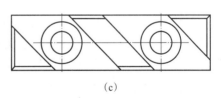

图 2-53　支承钉与支承板

（a）网纹面支承钉；（b）平面支承钉；（c）支承板

一个支承钉通常只限制一个平移自由度或旋转自由度，当工件较重或工件表面不平整时，仅用支承钉对工件表面进行定位，可能造成工件不稳定，而如果采用支承板或平面定位，又可能造成过定位。可采用自位支承进行定位，如图 2-54 所示的两种自位支承，在工件表面进行接触时，接触点随着工件表面形状在一定范围内自行调整旋转角度，在以面或线定位的情况下，解除了旋转自由度的限制，起一个支承钉的作用。

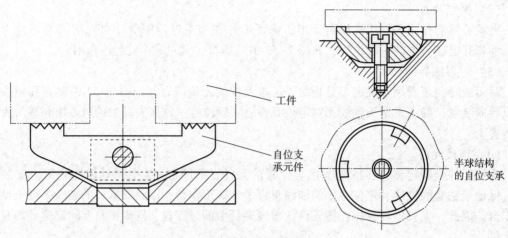

图 2-54　自位支承

　　除定位用的支承外，为保证工艺系统在加工时的刚度，以及防止夹紧力对工件造成破坏，还需要设置辅助支承。例如图 2-55 所示的零件加工，其定位为底面与侧面，主要夹紧力与定位面较近，而加工面为刚度较差的部位，因此设置辅助支承。当定位面安装夹紧后，拧动辅助支承的螺栓结构，使之与零件接触，提高加工部位的刚度。由于辅助支承是零件定位后通过调整方式与零件接触，因此不起定位作用。

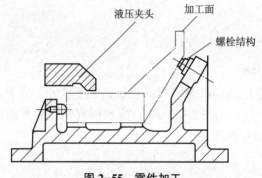

图 2-55　零件加工

　　现结合实例分析夹具定位方案。如图 2-56 所示的阶梯轴零件，需要加工圆形键槽，保证槽底与轴下母线 $18.6^{+0.03}_{-0.00}$ mm，槽底距左端面 $28.6^{+0.00}_{-0.03}$ mm，槽垂直中心线与孔 1 中心线夹角为 60°。为保证上述尺寸，设计图 2-57 所示的夹具。

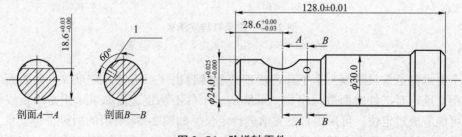

图 2-56　阶梯轴零件

图 2-57 中，V 形块 4 限制了零件的 $\vec{Y}$、$\vec{Z}$ 与 $\widehat{Y}$、$\widehat{Z}$ 自由度，定位销限制了零件的 $\vec{X}$ 自由度，定位插销限制了 $\widehat{X}$、$\vec{X}$ 自由度。可见，定位销与定位插销重复限制了 $\vec{X}$ 自由度，存在过定位现象。为解决这一问题，可将定位插销的端头形状改为削边销，解除对 $\vec{X}$ 自由度的限制。

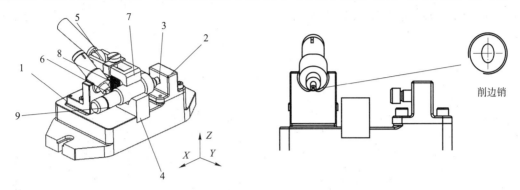

图 2-57　夹具结构

1—夹具体；2—定位座；3—定位销；4—V 形块；5—固定偏心轮结构；
6—定位插销；7—压板；8—弹簧；9—待加工零件

### 2. 定位误差分析

（1）基准与定位。

基准是指零件上某些点、线或面，据以确定零件上其他点、线或面的位置。

①设计基准。

设计基准是零件图上的一个点、线或面，据以标定其他点、线或面的位置。

在零件图上，按零件在产品中的工作要求，用一定的尺寸或位置关系来确定各表面间的相对位置。图 2-58 所示是三个零件图的部分要求，对平面 A 来说，平面 B 是它的设计基准。

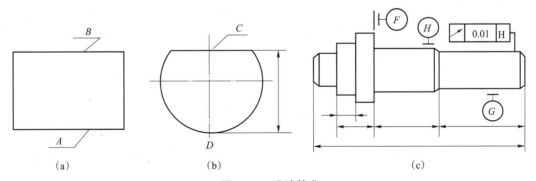

图 2-58　设计基准

对平面 B 来说，A 是它的设计基准。它们是互为设计基准的 [见图 2-58（a）]。D 是平面 C 的设计基准 [见图 2-58（b）]。在图 2-58（c）上，虽然 G 和 H 面之间没有标出一定的尺寸，但有一定的位置关系精度的要求，因此，H 是 G 面的设计基准。

对于整个零件来说，有很多个位置尺寸精度和位置关系精度的要求，但是，在各个方向上有一个主要的设计基准。如图 2-58（c）所示的零件，F 是轴向的主设计基准。在制定工艺过程时，要考虑在加工过程中如何获得表面间的位置精度，因此，需要分析工艺基准问题。最常用的工艺基准有原始基准、定位基准和测量基准。

②原始基准。

原始基准是在工序单（或其他工艺文件）中，据以标定被加工表面位置的点、线或面。标定被加工表面位置的尺寸，称为原始尺寸。图 2-59 所示为钻孔工序简图。图中两种方案对被加工孔的原始基准选择不同，原始尺寸也因之而异。

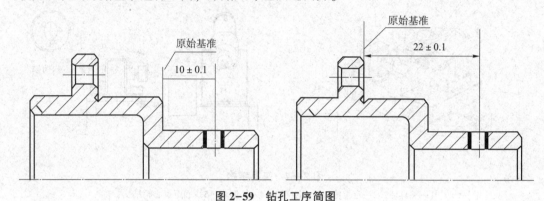

图 2-59　钻孔工序简图

③定位基准。

定位基准是主件上的一个面，当工件在夹具上（或直接在设备上）定位时，它使工件在原始尺寸方向上获得确定的位置。

图 2-60 所示为加工某工件的两个工序简图。由于原始尺寸方向不同，因此要求定位基准的表面也不同。

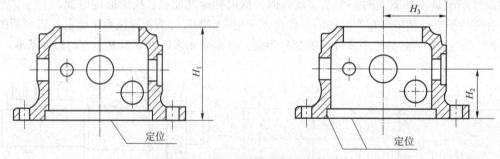

图 2-60　加工某工件的两个工序简图

④测量基准。

测量基准是工件上的一个表面、表面的母线或表面上的一个点，据以测量被加工表面的位置。图 2-61 所示为检测被加工平面时所选择的测量基准的两种方案。

（2）基准不重合误差。

首先观察图 2-56 中槽底距左端面 $28.6^{+0.00}_{-0.03}$ mm 尺寸，设该尺寸为 $l_1$。该尺寸的设计基准是阶梯轴的左端面，而其定位基准是右端面，这造成了定位基准与设计不重合的情况。观察图 2-62，$l_2$ 是由对刀时定程机构设定的定位销到槽底中心的尺寸。即使该尺寸在加工过程中完全不动（已经对刀完毕，铣刀在轴向位置不动），即完全没有误差，也会由于 $128 \pm 0.01$ mm 的尺寸公差造成 $l_1$ 尺寸 0.02 mm 的变动量。该误差为基准不重合误差，记为 $\Delta_{jb}$。

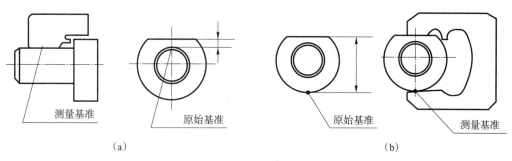

**图 2-61　测量基准的两种方案**

（a）方案一；（b）方案二

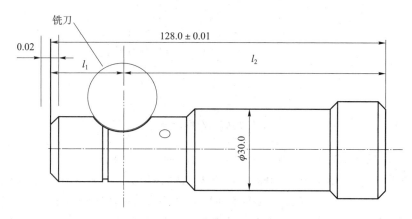

**图 2-62　基准不重合误差**

（a）方案一；（b）方案二

（3）基准位移误差。

对于图 2-52 所示的钻孔夹具，其工作状态如图 2-63 所示。零件大孔 $\phi54^{+0.046}_{-0.000}$ mm 以定位心轴定位钻 4×$\phi$13 mm 的孔，保证孔心距 86±0.3 mm。在这一定位方案中，定位基准与设计基准均为 $\phi$54 mm 孔心，故设计基准与定位基准是重合的。但由于孔轴配合为间隙配合，在实际加工中，孔心与轴心存在不重合的情况，即定位基准相对于设计基准存在位移的可能。

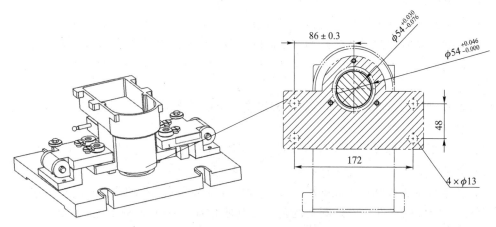

**图 2-63　钻孔夹具工作状态**

如图 2-64 所示，由于工件垂直放置，孔心可能向轴心的两侧偏移，造成钻套基准定位心轴轴心（不动）与工件孔心（变动）距的定位误差。其最大与最小偏移量均发生在孔径最大与轴径最小的情况下，在公差做基孔制与基轴制标注的情况下，即孔径基本尺寸 $D$ 与轴径基本尺寸 $d$ 相等，其基准位移误差 $\Delta_{jw}$ 为

$$L_{max} - L_{min} = 2(R_{max} - r_{min}) = D_{max} - d_{min} = D + \Delta D - (d - \Delta d) = \Delta D + \Delta d + \Delta \quad (2.8)$$

式中    $\Delta$——$D_{min} - d_{max}$。

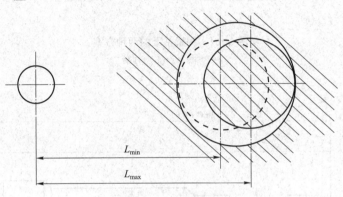

**图 2-64　双侧误差**

**【例 2-1】** 求图 2-63 中孔心距尺寸 86±0.3 mm 的定位误差。

**解：** 孔公差 $\Delta D = 0.046 - 0 = 0.046$，轴公差 $\Delta d = -0.03 - (-0.076) = 0.046$，$\Delta = D_{min} - d_{max} = 54 - (54 - 0.03) = 0.03$，则 $\Delta_{jw} = \Delta D + \Delta d + \Delta = 0.046 + 0.046 + 0.03 = 0.122$（mm）。

根据上面的分析可以看出：在用夹具装夹加工一批工件时，一批工件的设计基准相对夹具调刀基准发生最大位置变化是产生定位误差的原因，包括两个方面：一是定位基准与设计基准不重合，引起一批工件的设计基准相对于定位基准发生位置变化；二是定位副的制造误差，引起一批工件的定位基准相对于夹具调刀基准发生位置变化。而前面有关定位误差的定义可进一步概括为：一批工件某加工参数（尺寸、位置）的设计基准相对于夹具的调刀基准在该加工参数方向上的最大位置变化量 $\Delta_{dw}$，称为该加工参数的定位误差。

通常，定位误差可按下述两种方法进行分析计算：一是代数法，先分别求出基准位移误差和基准不重合误差，再求出其在加工尺寸方向上的代数和：$\Delta_{dw} = |\Delta_{jb} \pm \Delta_{jw}|$，若设计基准与调刀基准位于定位基准异侧，取"+"号，反之取"-"号；二是极限位置法，确定一批工件设计基准（相对于调刀基准）的两个极限位置，再根据几何关系求出此两位置的距离，并将其投影到加工尺寸方向上，便可求出定位误差。下面以 V 形块外圆定位分析说明定位误差分析计算。

如图 2-65 所示，直径为 $d_{-\Delta d}^{+0}$ 的轴在 V 形块上定位铣平面，加工表面的工序尺寸有三种不同的标注方式：

（1）要求保证上母线到加工面的尺寸 $H_1$，即设计基准为 $B$，如图 2-65（a）所示。

（2）要求保证下母线到加工面的尺寸 $H_1$，即设计基准为 $C$，如图 2-65（b）所示。

（3）要求保证轴线到加工面的尺寸 $H_3$，即设计基准为 $O$，如图 2-65（c）所示。

三种尺寸标注的工件均以外圆上的圆柱面为定位面，在 V 形块上定位。此时，定位基准是外圆轴线 $O$，而 V 形块体现的调刀基准则是 V 形块理论圆（其直径等于工件定位外圆

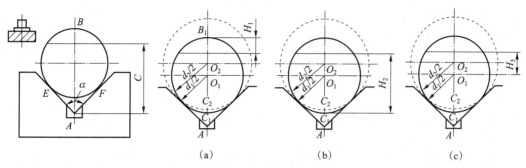

图 2-65  用 V 形块定位的误差

直径 $d_{-\Delta d}^{+0}$ 的平均尺寸，图中未画出）轴线。若工件尺寸有大有小，则将引起定位基准（外圆轴线）相对调刀基准（理论圆轴线）发生位置变化。触点 $E$、$F$ 的位置也将会发生变化。简便起见，加工前以不变点 $A$（实际上为 V 形块两工作表面的交线）作为调整刀具位置尺寸 $C$ 的依据，现分别计算如下。

（1）尺寸 $H_1$ 的定位误差。这时设计基准的最大位置变动量为 $\overline{B_1B_2}$，即定位误差：

$$\Delta_{dw}=\overline{B_1B_2}=\overline{AB_2}-\overline{AB_1}=(\overline{AO_2}+\overline{O_2B_2})-(\overline{AO_1}+\overline{O_1B_1})$$

$$=\left(\frac{d_2}{2}+\frac{d_2}{2\sin\frac{\alpha}{2}}\right)-\left(\frac{d_1}{2}+\frac{d_1}{2\sin\frac{\alpha}{2}}\right)$$

$$=\frac{\Delta d}{2}\left(\frac{1}{\sin\frac{\alpha}{2}}+1\right) \tag{2.9}$$

（2）尺寸 $H_2$ 的定位误差。这时设计基准的最大位置变动量为 $\overline{C_1C_2}$，即定位误差：

$$\Delta_{dw}=\overline{C_1C_2}=\overline{AC_2}-\overline{AC_1}=(\overline{AO_2}-\overline{O_2C_2})-(\overline{AO_1}-\overline{O_1C_1})$$

$$=\frac{\Delta d}{2}\left(\frac{1}{\sin\frac{\alpha}{2}}-1\right) \tag{2.10}$$

（3）尺寸 $H_3$ 的定位误差。这时设计基准的最大位置变动量为 $\overline{O_1O_2}$，即定位误差：

$$\Delta_{dw}=\overline{O_1O_2}=\overline{AO_2}-\overline{AO_1}$$

$$=\frac{d_2}{2\sin\frac{\alpha}{2}\cdot 2\sin\frac{\alpha}{2}}=\frac{\Delta d}{2}\frac{1}{\sin\frac{\alpha}{2}} \tag{2.11}$$

## 2.4.3  夹紧装置

夹紧设计的目的是确保加工过程中零件已获得的定位不被破坏（包括位移、变形和振动），从而保证加工质量，即夹紧设计要遵循的三原则：不位移、不变形、不振动。

**1. 夹紧装置的组成**

图2-66为夹紧装置组成示意图，它主要由以下三部分组成。

（1）力源装置。产生夹紧作用力的装置。所产生的力称为原始力，如气动、液动、电动等。图2-66中的力源装置是气缸。对于手动夹紧来说，力源来自人力。

（2）中间传力机构。介于力源和夹紧元件之间传递力的机构，如图2-66中的连杆。在传递力过程中，它能够改变作用力的方向和大小，起增力作用；还能使夹紧实现自锁，保证力源提供原始力消失后，仍能可靠地夹紧工件，这对手动夹紧尤为重要。

（3）夹紧元件。夹紧装置的最终执行件，与工件直接接触完成夹紧作用，如图2-66中的压板。

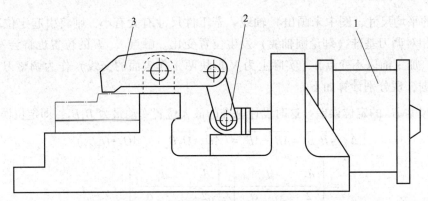

**图2-66　夹紧装置组成示意图**
1—气缸；2—连杆；3—压板

**2. 对夹具装置的要求**

夹紧装置的具体组成是多样的，需根据工件的加工要求、安装方法和生产规模等条件来确定。但无论其组成如何，都必须满足以下基本要求。

（1）夹紧时应保持工件定位后所占据的正确位置。

（2）夹紧力大小要适当。夹紧机构既要保证工件在加工过程中不产生松动或振动，又不得产生过大的夹紧变形和表面损伤。

（3）夹紧机构的自动化程度和复杂程度应与工件的生产规模相适应，并有良好的结构工艺性，尽可能采用标准化元件。

（4）夹紧动作要迅速、可靠，且操作要方便、省力、安全。

**3. 夹紧力三要素确定**

设计夹紧机构，必须首先合理确定夹紧力的三要素：大小、方向和作用点。

（1）夹紧力方向的确定。

确定夹紧力作用方向时，应与工件定位基准的配置及所受外力的作用方向等结合起来考虑，其确定原则如下。

①夹紧力方向应垂直于工件的主要定位基准面，以保证工件的定位精度。如图2-67所示，在直角支座零件上镗孔，要求保证孔与端面的垂直度。根据加工要求，以 $B$ 面为主要定位基准面，夹紧力的方向垂直 $B$ 面（$F_1$），这样能保证定位可靠，满足上述垂直度要求。

若要求保证被加工孔轴线与支座底面平行，则应以 $A$ 面为主要定位基准面，此时夹紧力的方向应垂直 $A$ 面（$F_2$）。否则，$A$ 面与 $B$ 面的垂直度误差，会引起被加工孔轴线相对于 $A$ 面或 $B$ 面的位置误差。

②夹紧力方向应有利于减小夹紧力。如图 2-68 所示，在工件上钻孔，夹紧力与钻削轴向力、工件重力同向。切削力、重力由夹具的固定支承承受，切削扭矩由夹紧力所产生的摩擦力矩平衡，轴向力和重力所产生的摩擦力矩有利于减少所需的夹紧力，故所需夹紧力可最小。

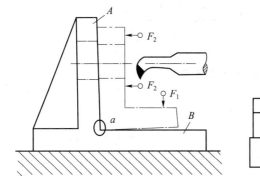 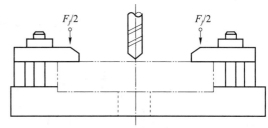

图 2-67　夹紧力方向对镗孔位置精度的影响　　图 2-68　夹紧力与切削力、重力的方向

（2）夹紧力作用点的选择。

①夹紧力作用点应正对支承元件或落在定位元件的支承范围内，以保证工件的定位不变。如图 2-69 所示，夹紧力作用点落在定位元件支承范围外，夹紧时，产生使工件翻转的力矩，破坏了工件的定位。

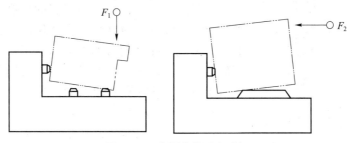

图 2-69　夹紧力作用点选择

②夹紧力作用点应处在工件刚性较好部位，以减小夹紧变形。这一原则对刚性较差的工件尤为重要。如图 2-70 所示的薄壁套筒工件，它的轴向刚度比径向刚度大，如用三爪卡盘径向夹紧套筒，将使工件产生较大变形 [见图 2-70（a）]，若改用螺母轴向夹紧工件，变形将减小 [见图 2-70（b）]。又如图 2-71 所示，夹紧薄壁箱体时，若夹紧力作用在箱体顶面，会使工件产生较大变形 [见图 2-71（a）]，若改为图 2-71（b）所示位置，夹紧力作用在刚性较好的凸缘处，工件的夹紧变形就很小。

③夹紧力应尽可能靠近加工表面，使切削力对此夹紧点的力矩较小，防止工件产生振动。若主要夹紧力的作用点距加工表面较远，可在靠近加工表面处设置辅助支承，施加夹紧力，以减小切削过程的振动和变形，如图 2-72 所示。

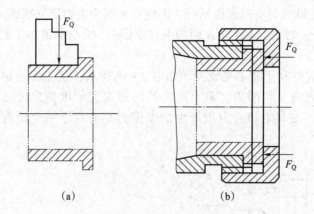

图 2-70　薄壁套筒的夹紧

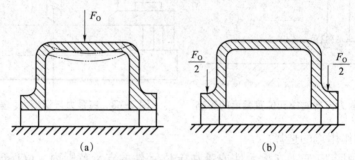

图 2-71　薄壁箱体的夹紧

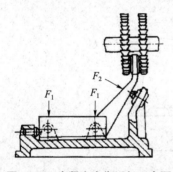

图 2-72　夹紧力应靠近加工表面

（3）夹紧力大小的估算。

夹紧力的大小，对工件安装的可靠性、工件和夹具的变形、夹紧机构的复杂程度和传动装置的选择有很大影响。因此，在夹紧力的方向、作用点确定后，必须合理确定夹紧力的大小。夹紧力不足会使工件在切削过程中产生位移，并容易引起振动，夹紧力过大又会造成工件或夹具不应有的变形或表面损伤。

夹紧力大小的确定，在生产实际中很少用计算方法确定，因为夹紧力的计算涉及复杂的动态平衡问题，故一般只做粗略估算，以主切削力为依据，与夹紧力建立静平衡方程式，解此方程来求夹紧力大小。同时，切削力在加工过程中由于工件材质不均匀、刀具磨损等影响是变化的，再考虑到工件在实际加工中还会受惯性力和工件自重等外力作用。因此，按静平衡求得的夹紧力大小必须乘以安全系数加以修正，然后作为实际所需要的夹紧力数值，即

$$F_j = KF_{j0} \tag{2.12}$$

式中　$F_j$——实际所需的夹紧力（N）；

　　　$F_{j0}$——理论上的夹紧力（N）；

　　　$K$——安全系数，通常 $K=1.5\sim3$，粗加工时 $K=2.5\sim3$，精加工时 $K=1.5\sim2$。

## 2.5 自动化夹具

在现代自动化生产中，数控机床的应用已越来越广泛。数控机床夹具必须适应数控机床的高精度、高效率、多方向同时加工，数字程序控制及单件小批生产的特点。为此，对数控机床夹具提出了一系列新的要求：①推行标准化、系列化和通用化；②开发随行夹具，便于无人化工厂生产；③发展组合夹具和拼装夹具，降低生产成本；④高精度、高效效率、高自动化水平。

### 2.5.1 自动化夹具设计

自动化夹具一般要具备以下条件：

（1）具有便捷的自动上下料机构；

（2）切削油和切屑容易清理，必要时可以装入强制性清理机构；

（3）加工零件的定位简单而牢靠；

（4）夹紧有力，并且可以调整夹紧力的大小；

（5）压板和夹紧件不妨碍零件的自动装卸；

（6）棱角部分尽量倒圆，避免切屑等滞留；

（7）可以分离的部件之间应装有定位销；

（8）定位装置部分最好设计成具有微调机构；

（9）起刀具导向作用的导套容易调换。

以图 2-73 所示的高精度液压夹具为例，说明自动化夹具的设计特点。

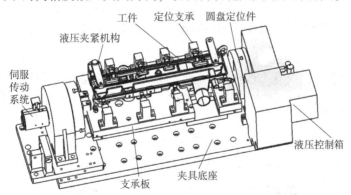

图 2-73 高精度液压夹具

图 2-73 的定位与夹紧装置如图 2-74 所示。主要定位元件是底面主支承，该支承为大圆柱销，限制了全部平移自由度与 $Y$、$Z$ 轴的旋转自由度。底部可调支承限制了 $X$ 轴的旋转自由度，之所以将该支承做成可调支承，是为了精加工时进行加工面的微调找平。底部辅助支承的作用是提高工件的刚度，保证加工时工件的稳定性。液压压板是夹紧的主要部件，夹紧力向下，设计为可抬升旋转结构，方便工件放入与取下。液压连杆式夹爪在底部夹紧，其夹紧力是水平方向，由于该夹紧装置起辅助夹紧作用，夹紧力不需要太大，故采用液压连杆方式夹爪（见图 2-75），在夹紧时顶块顶出，推动连杆端上移，带动柱销上推，使夹爪夹紧。

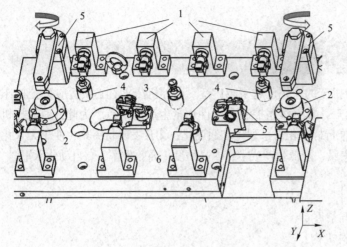

图 2-74　定位与夹紧装置

1—侧面可调支承；2—底面主支承；3—底部可调支承；
4—底部辅助支承；5—液压压板；6—液压连杆式夹爪

图 2-75　液压连杆式夹爪

该夹具大量使用了组合夹具模块，如夹具底座、支承板、各类支承钉、圆盘支承件等，这些夹具模块具有标准化的孔、槽、销等零件，可进行位置上的调整，也便于快速拆装。

从整体来看，夹具通过左侧的伺服传动系统（内置丝杠）实现夹具台面的高精度回转，这实际上是一个摇篮式工作台，在加工过程中可配合其他伺服轴的进给实现多轴联动进给。

### 2.5.2　自动化夹具种类

根据所使用的机床不同，自动化夹具通常可分为以下几种。

#### 1. 通用夹具

数控车床通用夹具主要有三爪自定心卡盘、四爪单动卡盘、花盘等。三爪自定心卡盘如图 2-76 所示，可自动定心，装夹方便，应用较广，但它夹紧力较小，不便于夹持外形不规则的工件。

四爪单动卡盘如图 2-77 所示，其四个爪都可单独移动，安装工件时需找正，夹紧力大，适用于装夹毛坯，以及截面形状不规则和不对称的较重、较大的工件。

图 2-76　三爪自定心卡盘

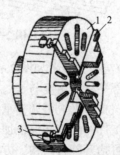

图 2-77　四爪单动卡盘

1—卡盘体；2—卡爪；3—丝杆

通常用花盘装夹不对称和形状复杂的工件，装夹工件时需反复校正和平衡。

数控铣床常用夹具是平口钳，先把平口钳固定在工作台上，找正钳口，再把工件装夹在平口钳上，这种方式装夹方便，应用广泛，适于装夹形状规则的小型工件。平口钳如图2-78所示。

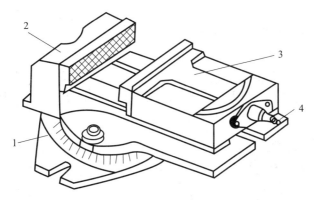

图 2-78　平口钳

1—底座；2—固定钳口；3—活动钳口；4—螺杆

### 2. 随行夹具

随着智能制造的推行，越来越多的工厂实施柔性制造系统（FMS）。在FMS的多工序加工中，工序间无人操作，多使用立体仓库或平面仓库进行工序间的物料缓冲，并使用自导引小车（AGV）或堆垛机进行工序之间的物料转运。这种情况要求零件装夹于夹具上后，直到完成所有加工工序再取下。如图2-79所示，通常该类型夹具固定在标准化的托盘上，托盘底座开槽与定位销孔，便于自动定位在数控机床工作台上。

图 2-79　FMS 随行夹具

1—托盘；2—托盘定位槽；3—夹具体；4—定位 V 形块；5—夹紧装置；6—零件

### 3. 组合夹具

组合夹具是一种标准化、系列化、通用化程度很高的工艺装备，我国目前已基本普及。

组合夹具由一套预先制造好的不同形状、不同规格、不同尺寸的标准元件及部件组装而成。根据工件的加工要求，利用这些标准元件和组件组装成各种不同的夹具。

拼装夹具是在成组工艺基础上，用标准化、系列化的夹具零部件拼装而成的夹具。它有组合夹具的优点，比组合夹具有更好的精度和刚性、更小的体积和更高的效率，因而较适合柔性加工的要求，常用作数控机床夹具。

图 2-80 为一套组合夹具的夹具体以及部分定位支承件。其中，基础件是用作夹具体底座的基础元件。支承件，主要用作夹具体的支架或角架等。定位件，用来定位工件和确定夹具元件之间的位置。图中零件采用三个标准支承钉进行底面定位，采用 V 形块进行平面上的平移自由度定位。夹紧件，用来夹紧工件或夹具元件。此外还有紧固件，用于紧固工件或夹具元件。引导件，对刀或引导刀具进行定位。

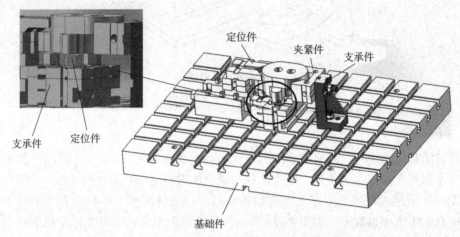

图 2-80　一套组合夹具的夹具体以及部分定位支承件

组合夹具具有以下优点。

（1）对多品种、中小批量生产，使用专用夹具是不经济的；但对一些加工要求高的关键零件，不采用夹具又难以保证加工质量，采用组合夹具可解决这个问题，特别是对新产品试制和产品对象经常变换不定的生产特点，采用组合夹具不会因试制后产品改型或加工对象变换造成原来使用的夹具报废。采用组合夹具既能保证产品的加工质量，提高生产率，又能节约使用夹具的费用，充分发挥组合夹具的优势。

（2）由于夹具设计、制造劳动量在整个生产准备工作中占有较大的比重，采用组合夹具后，无须专门设计制造夹具，节约设计和制造夹具的工时、材料和制造费用，缩短生产准备周期。

随着现代机械工业向多品种、中小批量生产方向发展，组合夹具也出现了某些新的元件和组件，开始与成组夹具和数控机床夹具结合起来，这是组合夹具发展的新方向。

**4. 加工中心夹具**

加工中心一般用于精度较高以及较为复杂的型面加工，加工中心夹具一般选取某个型面作为坐标原点（数控编程零点）或对刀点，夹具定位在机床工作台后，可通过对刀校正使零点与机床坐标原点保持正确的相对位置，便于数控加工编程。

数控回转工作台是各类数控铣床和加工中心的理想配套附件，有立式工作台、卧式工作台和立卧回转工作台等不同类型产品。立卧回转工作台在使用过程中可分别以立式和卧式两种方式安装于主机工作台上。工作台工作时，利用主机的控制系统或专门配套的控制系统，完成与主机相协调的各种必需的分度回转运动。

为了扩大加工范围，提高生产效率，加工中心除了沿 $X$、$Y$、$Z$ 三个坐标轴的直线进给运动外，往往还带有 $A$、$B$、$C$ 三个回转坐标轴的圆周进给运动。数控回转工作台是机床的一个旋转坐标轴，由数控装置控制，并且可以与其他坐标轴联动，使主轴上的刀具能加工到工件除安装面及顶面以外的周边。回转工作台除了用来进行各种圆弧加工或与直线坐标进给联动进行曲面加工以外，还可以实现精确的自动分度。因此，回转工作台已成为加工中心一个不可缺少的部件。图 2-81 为卧式加工中心加工液压阀体数控加工夹具，该夹具有四个加工工位，可同时装夹四个零件进行加工，既可加工零件的相同型面，也可在不同工位上加工不同型面。该夹具充分利用了加工中心回转工作台，通过工作台回转切换不同工位的加工任务。

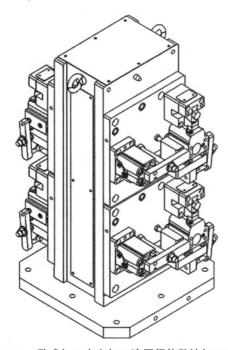

图 2-81　卧式加工中心加工液压阀体数控加工夹具

### 5. 自动焊接线夹具

自动焊接线夹具（见图 2-82）是一种先进的焊接辅助设备，主要用于自动化焊接生产线。它具有自动夹紧、快速定位以及能够快速切换产品等特点，能够提高焊接效率，减少人工操作难度，并确保产品质量。

自动焊接线夹具采用自动夹紧装置，如气动或电动夹紧器，可以自动地夹紧和松开工件。这种自动夹紧功能可减少人工操作，提高生产效率。同时，自动夹紧装置能够保持稳定的夹紧力，确保工件在焊接过程中的稳定性。

自动焊接线夹具通常配备快速定位系统，如光学定位、感应定位或机械定位等。这些定

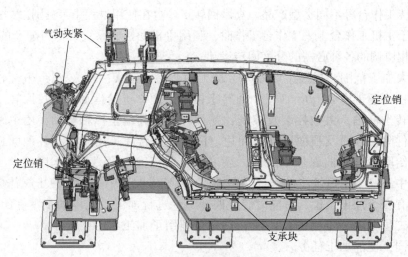

图 2-82　自动焊接线夹具

位系统可以快速、准确地对工件进行定位，从而确保焊接的精度和质量。快速定位系统还可以减少人工定位的时间和误差，提高生产效率。如图 2-83 所示的定位销，在搬运机械手臂进行粗略定位的配合下，采用固定式定位销，定位销为锥状削边销，方便工件定位孔快速地滑移到定位面上并防止过定位；气动式定位销采用气动传动，当工件落到定位支承面后，定位销伸出，插入工件定位孔。

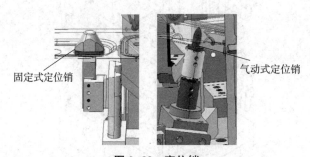

图 2-83　定位销

　　自动焊接线夹具通常设计为模块化结构，便于快速切换不同产品的生产。模块化的夹具组件可以根据生产需要进行快速更换，使同一条生产线能够适应不同产品的生产要求。这种快速切换功能可以大大缩短生产准备时间，提高生产线的使用效率。

### 2.5.3　夹具自动定位

1. 数控机床坐标系

（1）坐标系定义。

　　为使编制的程序对同类型机床有互换性，并简化程序编制的方法，需要统一规定数控机床坐标轴名称及其运动的正负方向。在数控机床中，机床直线运动的坐标轴 $X$、$Y$、$Z$ 按照 ISO 和我国 GB/T 1966—2005 标准，规定成右手直角笛卡尔坐标系。三个回转运动 $A$、$B$、$C$ 相应的表示其回转轴线平行于 $X$、$Y$、$Z$ 的旋转运动，如图 2-84 所示。

有些数控机床具有附加直线轴和附加旋转轴，ISO 规定，第二类直线轴定义为 U、V 和 W，第二类旋转轴定义为 D 和 E，第三类直线轴定义为 P、Q 和 R。具体定义方法可参考相应的机床操作手册。

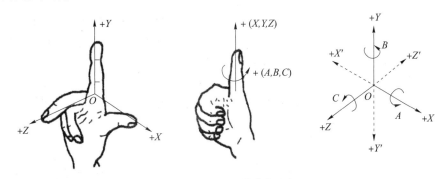

图 2-84　右手直角笛卡尔坐标系

（2）加工坐标系（XM YM ZM）。

一般而言，加工坐标系就是数控编程过程选定的计算刀具位置的坐标系，也称为编程坐标系。如图 2-85 所示，加工坐标系的坐标方向必须与机床坐标系相同，其原点与机床原点一般不重合。

零件装夹在机床工作台上后，零件加工坐标系原点 O 在机床坐标系 XYZ 中的坐标位置便确定。加工坐标系与机床坐标系不重合，它们之间的偏移数值记入机床的原点偏置指令 G54～G59。

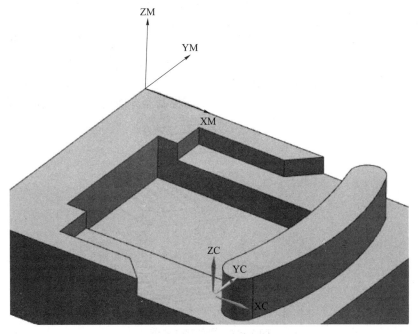

图 2-85　加工坐标系与工作坐标系的相对位置关系

（3）工作坐标系（XC YC ZC）。

工作坐标系是设计人员使用 CAD 软件建模时设定的坐标系，其方向和原点根据工作方便来设定，无任何限制，是建模中间过程使用的坐标系。工作坐标系与加工坐标系没有必然的联系，而在编程计算和检查加工程序时，尽量使工作坐标系和加工坐标系重合。

2. 数控加工坐标系的找正

数控加工坐标系的找正指的是将工件加工坐标系的坐标方向与机床坐标系的坐标方向找平行，同时将加工坐标系原点 $O$ 坐标记入机床原点偏置指令的过程。在单件加工的条件下，可用寻边器进行坐标系的找正，如图 2-86 所示。

将寻边器安装在机床主轴上，启动机床进行 $X$ 轴方向的找正，当工作台 $X$ 轴向移动，使工作坐标基准面与寻边器触头轻微碰撞后，传感器信号传至数控机床控制器，记录 $X$ 轴向工作原点到机床原点的偏置量 G54。

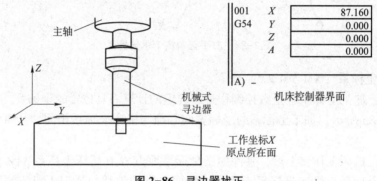

图 2-86　寻边器找正

在批量加工或自动化加工的条件下，数控机床使用交换工作台装卸工件，工件一般定位夹紧在由托盘承载的随行夹具上，进行快速定位找正。

零点定位系统（见图 2-87）固定在机床工作台上，其中一个定位器垂直轴线与机床坐标原点的 $X$、$Y$ 坐标通过调整保持一定精度下的重合或固定偏移，其上表面与 $Z$ 坐标原点保持重合或固定偏移。夹具托盘通过定位销保持与零点轴线的定位精度，这样工作坐标原点与机床坐标原点就可以保持固定的偏移量。通过机床控制器界面设定这些偏移量即可。

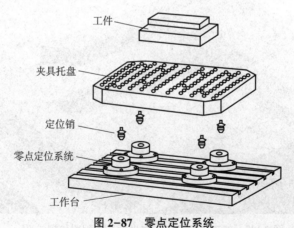

图 2-87　零点定位系统

# 2.6　小结

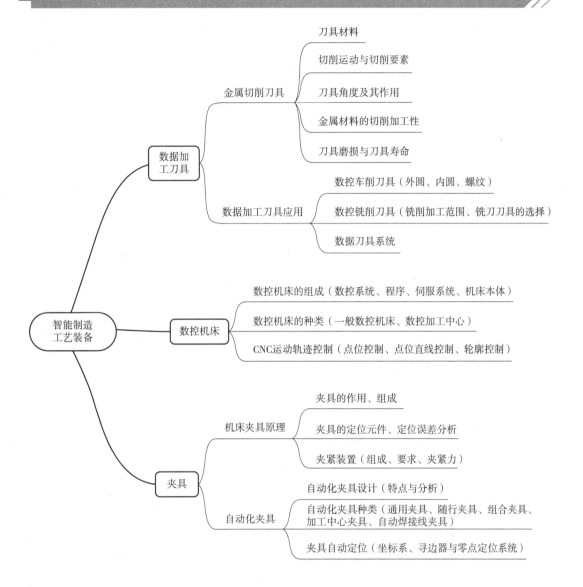

智能制造工艺装备
- 数据加工刀具
  - 金属切削刀具
    - 刀具材料
    - 切削运动与切削要素
    - 刀具角度及其作用
    - 金属材料的切削加工性
    - 刀具磨损与刀具寿命
  - 数据加工刀具应用
    - 数控车削刀具（外圆、内圆、螺纹）
    - 数控铣削刀具（铣削加工范围、铣刀刀具的选择）
    - 数据刀具系统
- 数控机床
  - 数控机床的组成（数控系统、程序、伺服系统、机床本体）
  - 数控机床的种类（一般数控机床、数控加工中心）
  - CNC运动轨迹控制（点位控制、点位直线控制、轮廓控制）
- 夹具
  - 机床夹具原理
    - 夹具的作用、组成
    - 夹具的定位元件、定位误差分析
    - 夹紧装置（组成、要求、夹紧力）
  - 自动化夹具
    - 自动化夹具设计（特点与分析）
    - 自动化夹具种类（通用夹具、随行夹具、组合夹具、加工中心夹具、自动焊接线夹具）
    - 夹具自动定位（坐标系、寻边器与零点定位系统）

# 2.7　习题

1. 如何区别主运动和进给运动？
2. 刀具材料应具备哪些性能？
3. 常用的刀具材料有哪些？
4. 积屑瘤对切削过程有何影响？列出防治积屑瘤产生的措施。
5. 何谓刀具磨钝标准？刀具寿命指的是什么？

6. 切削层几何参数指的是什么？其与切削深度和进给量有什么关系？

7. 衡量工件材料切削加工性的评价指标有哪些？试述各类材料的切削加工性的途径。

8. 指出刀具前角 $\gamma_0$、后角 $\alpha_0$、主偏角 $\kappa_r$、副偏角 $\kappa_r'$ 和刃倾角 $\lambda_s$ 的功用。如何选择这些角度？

9. 在图 2-88 所示的刀具图上标出 $\gamma_0$、$\alpha_0$、$\kappa_r$、$\kappa_r'$ 和 $\lambda_s$。

10. 图 2-89 所示的车端面，试标出背吃刀量 $a_p$、进给量 $f$、切削宽度 $a_w$、切削厚度 $a_c$。若 $\alpha_p = 5$ mm，$f = 0.3$ mm，$\kappa_r = 45°$，试求切削面积 $A_c$。

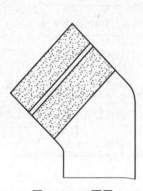　　　　　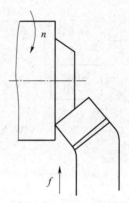

图 2-88　9 题图　　　　　　　　图 2-89　10 题图

11. 试述机夹式车削刀片的刀尖角对切削刃强度、切削可达性、振动、功耗的影响。

12. 机夹式车刀的夹紧形式主要是哪几种？分别适用于哪种切削条件？

13. 数控加工中内圆车削刀具选用应考虑哪些因素？

14. 螺纹车削刀片有哪些类型？各有什么特点？

15. 试述铣刀齿距对振动的影响以及抑制振动的途径。

16. 7∶24 锥度刀柄与 HSK 刀柄的结构特点与适用加工场景分别是什么？

17. 模块式刀具系统的优缺点是什么？

18. 什么是数控运动控制的插补？有哪些插补方法？

19. 什么是刀具补偿？可分为哪几类刀具补偿？刀具补偿有什么作用？

20. 夹具的功用有哪些？夹具由哪些主要部分组成？

21. 简述设计基准、原始基准与定位基准。

22. 对工件夹紧装置设计的基本要求有哪些？

23. 简述选择夹紧力作用点的一般原则。

24. 自动化夹具设计要注意的问题是什么？

25. 不完全定位和欠定位的本质区别是什么？

26. 试述产生定位误差的原因。

27. 根据图 2-90 所示的定位方案，分析这些定位方案的合理性。如果不合理，请提出改进方案。

28. 试分析图 2-91 所示各零件加工所必须限制的自由度。

（1）在球上钻不通孔 $\phi B$，保证尺寸 $H$。

（2）在套筒零件上加工 $\phi B$ 孔，要求与 $\phi D$ 孔垂直相交，且保证尺寸 $L$。

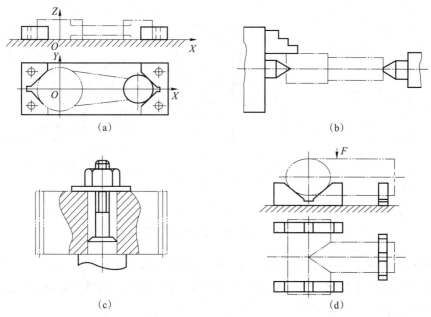

图 2-90　27 题图

（3）在轴上铣横槽，保证槽宽 $B$ 以及尺寸 $H$ 和 $L$。

（4）在支座零件上铣槽，保证槽宽 $B$ 和槽深 $H$ 及与四个均布孔的位置度。

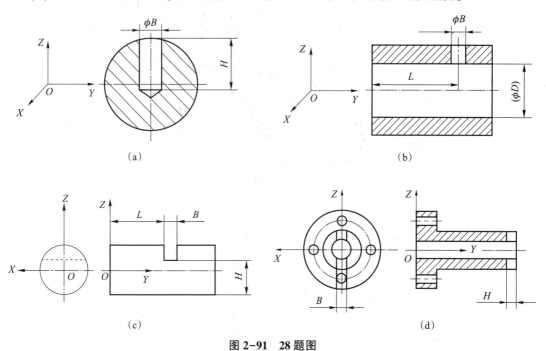

图 2-91　28 题图

29. 加工图 2-92（a）所示的一批零件，在工件上欲铣削一缺口，保证尺寸 $8^{+0.00}_{-0.08}$ mm。现采用图 2-92（b）、图 2-92（c）所示的两种定位方案，试计算各定位误差，并分析能否满足加工要求。如不能满足加工要求，请提出改进方案。

智能制造技术基础

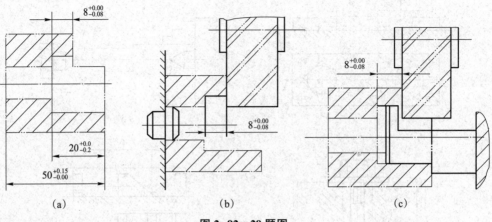

图 2-92　29 题图

30. 图 2-93 所示齿轮坯的内孔及外圆已加工合格，（$D = 35^{+0.025}_{-0.000}$ mm，$d = 80^{+0.0}_{-0.1}$ mm），现在插床上以调整法加工键槽，要求保证尺寸 $H = 38.5^{+0.2}_{-0.0}$ mm。试计算图示定位方法的定位误差（忽略外圆与内孔的同轴度误差）。

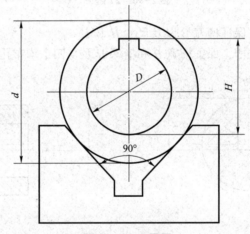

图 2-93　30 题图

# 第 3 章
# 数字化加工工艺过程

**知识目标**：了解工艺过程的组成，掌握工序余量分析方法与工艺尺寸链的计算方法；了解数控工艺路线的分析与制定过程，掌握工艺尺寸确定方法；了解计算机辅助数控编程的一般步骤与刀具轨迹规划；掌握计算机辅助数控车削工艺过程规划方法；了解计算机辅助数控铣削工艺特点，掌握计算机辅助数控铣削工艺过程规划方法；了解多轴数控加工的刀具轨迹计算原理与方法，了解后置处理的内容，掌握 ISO 准备指令的含义。

**能力目标**：能够计算工艺尺寸链、确定工序尺寸（包括工序余量）；能够简单规划车削与铣削数控加工工艺过程；能够正确选择数控车削切削用量、数控铣削切削用量；掌握简单型面工件的计算机辅助数控编程方法。

## 3.1　工序制定的基本问题

### 3.1.1　生产过程与工艺过程

工厂的生产过程是将原材料或半成品转变为成品所进行的全部过程。工厂的生产过程可以分为几个主要阶段。如在某个机械制造工厂中，这些阶段通常是：

（1）毛坯制造（在锻压车间、铸造车间进行）；

（2）将毛坯加工成零件（在机械加工、冲压、焊接、热处理、表面处理等车间进行）；

（3）产品装配（在装配车间进行）；

（4）进行试验（在试验车间进行）。

工厂的生产过程是一个十分复杂的过程，不仅包括那些直接作用到生产对象上的工作，而且包括许多生产准备工作（生产计划的制订、工艺规程的编制、生产工具的准备等）和生产辅助工作（设备的维修、工具的刃磨、原材料和半成品的供应、保管和运输，以及生产中的统计、核算等）。

然而，在工厂的生产过程中占重要地位的是工艺过程。工艺过程是与改变原材料或半成品成为成品直接有关的过程，工艺过程有锻压、铸造、机械加工、冲压、焊接、热处理、表面处理、装配和试车等。机械加工工艺过程在产品生产的整个工艺过程中占重要地位，是指用机械加工方法逐步改变毛坯的状态（形状、尺寸和表面质量），使之成为合格的零件所进行的全部过程。

按照规定的工艺过程组织生产，对保证产品的质量、产量以及成本有着重要的作用。生产中的各种生产准备工作和生产辅助工作，也都以规定的工艺过程为依据。同时，执行规定的工艺过程能够建立正常的生产秩序，对不断提高企业的生产水平有着十分重要的意义。因此，正确地制定合理的工艺过程是一项十分重要的工作。

机械加工工艺过程是由一系列工序组成的，毛坯依次通过这些工序而变为成品。

工序是工艺过程的基本组成部分。工序是在一个工作地点上，加工一个工件（或一组工件）所连续进行的工作。

如图 3-1（a）所示的零件，孔 1 需要进行钻和铰，如果一批工件中，每个工件都是在一台机床上依次地先钻孔，后铰孔，这就构成一个工序。如果将全批工件首先进行钻孔，然后全批工件再进行铰孔，这样就成为两个工序。

工序在组织计划工作中是工艺过程的基本单元。

工步是指在被加工表面、切削工具和机床的工作用量（转速和进给量）均保持不变的条件下所进行的工作。如图 3-1（b）所示加工中间大孔的工序，这一工序中包括三个工步：①钻大孔 2；②镗大孔 2；③镗环槽 3。

为了提高生产率，常常将几个工步合并成一个复合工步，这种复合工步的特点是用几个工具同时加工几个表面，如图 3-1（c）所示用两把铣刀同时铣几个平面的情况。在多刀、多轴机床上加工时，主要是利用这一特点来提高劳动生产率。

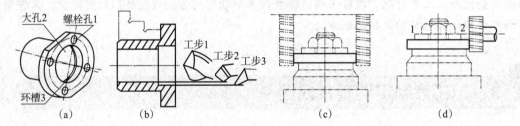

图 3-1 工艺过程的组成

走刀是指在一个工步中，工具从被加工表面切去一层金属所进行的工作。

当工件表面需要切去的金属太厚，不可能或不宜一次切下时，就需要分几次走刀来进行加工。

完成一个工序，常需要进行许多工作。这些工作可分为基本工作（切削）和辅助工作（装卸工件、开动机床、引进工具和测量工件等）两部分。在辅助工作中，工件的安装占有很重要的地位。

安装是使工件在机床上占据应有的位置，并夹紧使之固定在这个位置上。

由此，安装包括定位和夹紧两个内容。在工序中，可以用一次安装或几次安装来进行加工。如图 3-1（c）所示，用一对铣刀同时加工两侧平面，这是一次安装。若用一把铣刀，先铣一边，然后将工件松开，旋转 180°，并重新夹紧，再加工另一边，这就成了两次安装。

工件经过几次安装，常常会降低加工质量，而且要花费很多时间。因此，当工件必须在不同位置加工时，常利用夹具改变工件的位置。

工位是工件在一次夹紧后，在机床上所占据的各个位置。

图 3-1（d）所示为利用夹具在两个工位上铣削平面的情况。工件的 2 端加工后，不必卸下工件，只需拔出定位销，使夹具的上半部分带着工件一起旋转 180°，再插入定位销，

使工件的 1 端占据 2 端原有的位置。也就是使夹具的上半部和底部之间改变角向相对位置，从而使工件由第一工位转到第二工位。

## 3.1.2　工序余量与工序尺寸

加工余量是指在金属制品加工过程中，由毛坯变为成品的过程中在表面切除的金属层的总厚度。加工余量的大小会受以下因素的影响。

（1）加工工艺的要求：不同的加工工艺和工件形状对加工余量有不同的要求，需要根据具体情况确定加工余量的大小。

（2）材料硬度：材料硬度增大，加工余量需要相应增加，避免磨损严重或切削刃口过度磨损。

（3）切削用量：如切削速度、进给量、切削深度等，不同的切削用量对加工余量的大小有影响。

工序间加工余量是指每一道工序所切除的金属层厚度。针对旋转表面，如外圆和孔，加工余量是从直径上考虑的，因此称为对称余量，即说明实际切除的金属层厚度是直径上加工余量的一半；对于平面，则是单边余量，表示实际切除的金属层厚度等于加工余量的大小。

总体而言，加工总余量等于各工序间余量之和：

$$Z_0 = Z_1 + Z_2 + Z_3 + \cdots$$

对于被包容面而言：

工序间余量＝上工序的公称尺寸−本工序的公称尺寸；

工序间最大余量＝上工序的上极限尺寸−本工序的下极限尺寸；

工序间最小余量＝上工序的下极限尺寸−本工序的上极限尺寸。

工序间余量＝本工序的公称尺寸−上工序的公称尺寸；

工序间最大余量＝本工序的上极限尺寸−上工序的下极限尺寸；

工序间最小余量＝本工序的下极限尺寸−上工序的上极限尺寸。

确定加工余量有计算法、经验估计法和查表法三种方法。

（1）计算法。在掌握影响加工余量的各种因素具体数据的条件下，用计算法确定加工余量是比较科学的。可惜的是已经积累的统计资料尚不多，计算有困难，目前应用较少。

（2）经验估计法。加工余量由一些有经验的工程技术人员或工人根据经验确定。由于主观上担心出废品，故所估计的加工余量一般都偏大，此法只用于单件小批生产。

（3）查表法。此法以根据工厂生产实践和试验研究积累的经验制成的各种表格数据为依据，再结合实际加工情况加以修正。用查表法确定加工余量，方法简便，比较接近实际，在生产上广泛应用。

由于加工的需要，在工序简图或工艺规程中要标注一些专供加工用的尺寸，这类尺寸就称为工序尺寸，工序尺寸往往不能直接采用零件图上的尺寸。计算工序尺寸是制定工艺规程的主要工作之一，通常有以下几种情况。

（1）基准重合时的情况。对于加工过程中基准面没有变换的情况，工序尺寸的确定比较简单。在确定各工序间余量和工序所能达到的经济精度后，就可以由最后一道工序开始往前推算。

若某车床主轴箱箱体的主轴孔的设计要求为 $\phi 180^{+0.018}_{-0.007}$，$Ra \leqslant 0.8\ \mu m$，则在成批生产条

件下，其加工方案为粗镗—半精镗—精镗—铰孔。

从机械加工手册所查得的各工序加工余量和所能达到的经济精度，见表3-1中第二、三列，其计算结果列于第四、五列。其中，关于毛坯的公差，可根据毛坯的类型、结构特点、制造方法和生产厂的具体条件，参照有关毛坯的手册资料确定。

表3-1　工序尺寸及公差的计算

| 工序名称 | 工序双边余量/mm | 工序的经济精度 | | 下极限尺寸/mm | 工序尺寸及其偏差/mm |
|---|---|---|---|---|---|
| | | 公差等级 | 公差值 | | |
| 铰孔 | 0.2 | IT6 | 0.025 | $\phi 179.993$ | $\phi 180^{+0.018}_{-0.007}$ |
| 精镗孔 | 0.6 | IT7 | 0.04 | $\phi 179.8$ | $\phi 179.8^{+0.04}_{-0.00}$ |
| 半精镗孔 | 3.2 | IT9 | 0.10 | $\phi 179.2$ | $\phi 179.2^{+0.01}_{-0.00}$ |
| 粗镗孔 | 6 | IT11 | 0.25 | $\phi 176$ | $\phi 176^{+0.25}_{-0.00}$ |
| 毛坯孔 | | | 3 | $\phi 170$ | $\phi 170^{+1}_{-2}$ |

（2）基准面在加工时经过转换的情况。在复杂零件的加工过程中，常常出现定位基准不重合或加工过程中需要多次转换工艺基准等情况，这时工序尺寸的计算就复杂多了，不能用上面所述的反推计算法，而是需要借助尺寸链的分析和计算，并对工序余量进行验算，以校核工序尺寸及其上、下极限偏差。

（3）孔系坐标尺寸的计算。孔系的坐标尺寸，通常在零件图上已标注清楚。但是未标注清楚的，就要计算孔系的坐标尺寸，这类问题可以运用尺寸链原理，作为平面尺寸链问题进行解算。

### 3.1.3　尺寸链及基本计算方法

在设计与制造过程中，需要确定表面间的相互位置，故而经常遇到尺寸和精度的计算问题。所以，首先要掌握尺寸链及其计算方法。

**1. 尺寸链**

用来决定某些表面间相互位置的一组尺寸，按照一定次序排列成封闭的链环，称为尺寸链。

在零件图或工艺文件上，为了确定某些表面间的相互位置，可以列出一些尺寸链，在设计图上的称为设计尺寸链，在工艺文件上的称为工艺尺寸链。图3-2（a）所示为某一零件的轴向尺寸图，底的厚度$F_1$由设计尺寸$A_1$、$A_2$、$A_3$确定，尺寸$A_1$、$A_2$、$A_3$加上$F_1$就组成一个设计尺寸链；图3-2（b）所示为该零件的两个工序图，凸缘厚度$A_3$由$H_1$、$H_3$确定，尺寸$H_1$、$H_3$和$A_3$组成一个工艺尺寸链，$H_1$、$H_2$则与$F_1$组成另一个工艺尺寸链。

尺寸中的每一个尺寸称为尺寸链环，每个尺寸链环按其性质可分为两类，即组成环和封闭环。

组成环：直接形成的尺寸称为组成环，如设计图上直接给定的尺寸$A_1$、$A_2$、$A_3$等，在工序图上直接加工保证的尺寸$H_1$、$H_2$、$H_3$等。

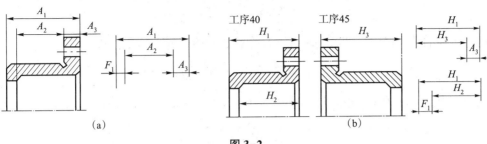

图 3-2

封闭环：由其他尺寸间接形成的尺寸称为封闭环，如设计尺寸链中，$F_1$ 是由 $A_1$、$A_2$、$A_3$ 确定的，所以 $F_1$ 是间接形成的，是这个设计尺寸链的封闭环。在工艺尺寸链中，$A_3$ 是由 $H_1$、$H_3$ 确定的，所以 $A_3$ 是该工艺尺寸链的封闭环。同理，在 $H_1$、$H_2$、$F_1$ 的工艺尺寸链中，$F_1$ 是封闭环。

组成环按其对封闭环的影响又可分为增环和减环。当组成环增大时，若封闭环也增大，该组成环称为增环；而当组成环增大反而使封闭环减小时，则该组成环称为减环。如在 $H_1$、$H_3$、$A_3$ 三个尺寸组成的尺寸链中，$H_1$ 增大会使 $A_3$ 也增大，所以 $H_1$ 是增环，而 $H_3$ 增大反而使 $A_3$ 减小，所以 $H_3$ 是减环。

一个尺寸链中，只有一个封闭环。由于尺寸在图纸上一般均不应标注成封闭的，所以一般都不标注封闭环，如设计尺寸链中，$F_1$ 不在图纸上标注，$A_3$ 也不在工艺图纸上标注。

一个尺寸链中，可以有两个或两个以上的组成环，可以没有减环，但不能没有增环。

封闭环、组成环（增环或减环）是指在一个尺寸链中，某一尺寸在一个尺寸链中是组成环，而在另一个尺寸链中，有可能是封闭环。如尺寸 $A_3$，它在设计尺寸链中，对 $F_1$ 来讲是组成环（减环），而在 $H_1$、$H_3$ 和 $A_3$ 组成的工艺尺寸链中，它就是封闭环。

### 2. 尺寸链的计算

尺寸链的计算有极值法与统计法，此处仅介绍极值法，即按最不利的情况进行计算。

根据尺寸链的封闭性，封闭环的基本尺寸应等于各组成环基本尺寸的代数和，即

$$F = \sum_{i=1}^{m} \overrightarrow{H}_i - \sum_{j=m+1}^{n-1} \overleftarrow{H}_j \tag{3.1}$$

式中　$F$——封闭环的基本尺寸；

　　　$\overrightarrow{H}_i$——增环的基本尺寸；

　　　$\overleftarrow{H}_j$——减环的基本尺寸；

　　　$m$——增环的环数；

　　　$n$——尺寸链的总环数。

由式（3.1）可知，当增环是最大尺寸，减环都是最小尺寸时，封闭环的尺寸应是最大尺寸，即

$$F_{\max} = \sum_{i=1}^{m} \overrightarrow{H}_{i\max} - \sum_{j=m+1}^{n-1} \overleftarrow{H}_{j\min}$$

在相反的情况下，封闭环的尺寸应是最小尺寸，即

$$F_{\min} = \sum_{i=1}^{m} \overrightarrow{H}_{i\min} - \sum_{j=m+1}^{n-1} \overleftarrow{H}_{j\max}$$

由封闭环的最大极限尺寸减去其基本尺寸就是封闭环的上偏差，即

$$\Delta f_s = \sum_{i=1}^{m} \overrightarrow{\Delta h_{is}} - \sum_{j=m+1}^{n-1} \overleftarrow{\Delta h_{js}} \tag{3.2}$$

同理，由封闭环的最小极限尺寸减去其基本尺寸就是封闭环的下偏差，即

$$\Delta f_x = \sum_{i=1}^{m} \overrightarrow{\Delta h_{ix}} - \sum_{j=m+1}^{n-1} \overleftarrow{\Delta h_{jx}} \tag{3.3}$$

式中　$\Delta f_s$、$\Delta f_x$——封闭环的上、下偏差；

$\overrightarrow{\Delta h_{is}}$、$\overrightarrow{\Delta h_{ix}}$——增环的上、下偏差；

$\overleftarrow{\Delta h_{js}}$、$\overleftarrow{\Delta h_{jx}}$——减环的上、下偏差。

式（3.1）～式（3.3）称为尺寸链计算方程，这三式表示的意义是：

封闭环的基本尺寸等于各增环的基本尺寸之和减去各减环的基本尺寸之和；

封闭环的上偏差等于各增环的上偏差之和减去各减环的下偏差之和；

封闭环的下偏差等于各增环的下偏差之和减去各减环的上偏差之和。

由封闭环的极限尺寸（或上、下偏差）即可求出封闭环的公差，即

$$\begin{aligned}
\Delta f &= F_{\max} - F_{\min} \\
&= \sum_{i=1}^{m} \overrightarrow{H}_{i\max} - \sum_{j=m+1}^{n-1} \overleftarrow{H}_{j\min} - \left( \sum_{i=1}^{m} \overrightarrow{H}_{i\min} - \sum_{j=m+1}^{n-1} \overleftarrow{H}_{j\max} \right) \\
&= \sum_{i=1}^{m} \overrightarrow{H}_{i\max} - \sum_{i=1}^{m} \overrightarrow{H}_{i\min} + \left( \sum_{j=m+1}^{n-1} \overleftarrow{H}_{j\max} - \sum_{j=m+1}^{n-1} \overleftarrow{H}_{j\min} \right) \\
&= \sum_{i=1}^{m} \overrightarrow{\Delta h_i} + \sum_{j=m+1}^{n-1} \overleftarrow{\Delta h_j} \\
&= \sum_{k=1}^{n-1} \Delta h_k
\end{aligned} \tag{3.4}$$

式中　$\Delta f$——封闭环的尺寸公差；

$\overrightarrow{\Delta h_i}$——增环的尺寸公差；

$\overleftarrow{\Delta h_j}$——减环的尺寸公差；

$\Delta h_k$——组成环的尺寸公差。

式（3.4）表明，封闭环的尺寸公差等于各组成环尺寸公差之和。由此，当封闭环尺寸公差 $\Delta f$ 一定的条件下，减少组成环的数目，就可相应地放大各组成环的公差。

用尺寸链计算方程解尺寸链时，通常会遇到两种情况：

（1）已知全部组成环的极限尺寸，求封闭环的极限尺寸；

（2）已知封闭环的极限尺寸，求组成环的极限尺寸。

第一种情况的计算，简称正计算，一般用于验算、校核原设计的正确性。一个封闭环包括基本尺寸和上、下偏差共三个未知数，由三个尺寸链计算方程进行计算，其结果是唯一确定的。

第二种情况的计算，简称反计算，一般用于产品或制造过程的设计计算。由于需要确定的组成环的未知数一般均多于计算方程的个数，因此，常采用分配公差的方法。

分配公差,有以下几种方法。

①等公差值分配,即

$$\overrightarrow{\Delta h_i} = \overleftarrow{\Delta h_j} = \frac{\Delta f}{n-1} \tag{3.5}$$

②等公差级分配,即各组成环的公差根据其基本尺寸的主段落进行分配,并使组成环的公差符合下式,即

$$\Delta f \geqslant \sum_{i=1}^{m} \overrightarrow{\Delta h_i} + \sum_{j=m+1}^{n-1} \overleftarrow{\Delta h_j} \tag{3.6}$$

如果技术要求比较高,封闭环的公差都比较小,加上结构及制造比较复杂,则组成环的数目也较多。因此,在此情况下常采用第三种方法进行公差分配。

在计算过程中,若出现公差为零或负值,即该组成环不可能有公差,这在设计或制造过程中是不允许的。造成这种情况的原因是其余组成环的公差已等于或大于封闭环的公差。在这种情况下,必须重新确定组成环的公差,使其满足式(3.6)的要求;或改变原设计,以减少组成环的数目。

此外,在计算尺寸链时,也可以采用平均尺寸和对称偏差的方法来进行计算。

组成环的平均尺寸为

$$H_{kM} = (H_{k\max} + H_{k\min})/2$$

封闭环的平均尺寸为

$$F_M = \sum_{i=1}^{m} \overrightarrow{H}_{im} - \sum_{j=m+1}^{n-1} \overleftarrow{H}_{jM} \tag{3.7}$$

式中　$H_{kM}$——组成环的平均尺寸;

$F_M$——封闭环的平均尺寸;

$\overrightarrow{H}_{im}$——增环的平均尺寸;

$\overleftarrow{H}_{jM}$——减环的平均尺寸。

偏差采用对称的方式,封闭环的偏差为

$$\pm \frac{1}{2}\Delta f = \pm \frac{1}{2}\sum_{i=1}^{m} \overrightarrow{\Delta h_i} + \left( \pm \frac{1}{2}\sum_{j=m+1}^{n-1} \overleftarrow{\Delta h_j} \right) = \pm \frac{1}{2}\sum_{k=1}^{n-1} \Delta h_k \tag{3.8}$$

利用式(3.7)及式(3.8)即可进行尺寸链的计算。

这种计算方法可以不必区分增、减环的上、下偏差,但计算前需改变基本尺寸为平均尺寸,并将偏差转换成对称的形式,计算完成后,根据需要,可再改注成单向偏差,同时将平均尺寸再转换成基本尺寸。

**3. 尺寸链计算示例**

【例3-1】试计算图3-3所示尺寸链的封闭环基本尺寸及上、下偏差。

解:在上述尺寸链中,$52^{+0.1}_{-0.0}$ mm、$33^{+0.15}_{-0.10}$ mm 和 $28^{+0.0}_{-0.1}$ mm 为增环,$45\pm0.15$ mm 为减环。根据尺寸链方程,可得

$$F = 52+33+28-45 = 68 \text{ mm}$$

$$\Delta f_s = (0.1+0.15+0) - (-0.15) = 0.40 \text{ mm}$$

$$\Delta f_x = (0-0.1-0.1) - (+0.15) = -0.35 \text{ mm}$$

即

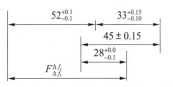

图3-3　例3-1题图

$$F_{\Delta f_x}^{\Delta f_s} = 68_{-0.35}^{+0.40} \text{ mm}$$

【例3-2】 图3-2（a）中，尺寸$A_1$、$A_2$、$A_3$分别为$32_{-0.16}^{+0.00}$ mm、$24_{-0.00}^{+0.13}$ mm、$5\pm0.15$ mm，试计算$F_1$的尺寸大小及上、下偏差。

**解**：在尺寸链中，$A_1$是增环，$A_2$、$A_3$是减环。根据尺寸链方程，有

$$F_1 = A_1 - A_2 - A_3 = 32 - 24 - 5 = 3 \text{ mm}$$

$$\Delta f_s = 0 - (0 - 0.15) = 0.15 \text{ mm}$$

$$\Delta f_x = -0.16 - (0.13 + 0.15) = -0.44 \text{ mm}$$

即

$$F_{\Delta f_x}^{\Delta f_s} = 3_{-0.44}^{+0.15} \text{ mm}$$

## 3.2 数控工艺路线制定

### 3.2.1 零件的加工工艺性分析

零件图是零件加工的主要技术依据，需进行仔细的工艺分析，了解零件功用和工作条件，分析技术要求，以便更好掌握构造特点和工艺关键。下面以某汽车冲压模具卸模板的顶出块（见图3-4）为例进行零件图研究与工艺分析。

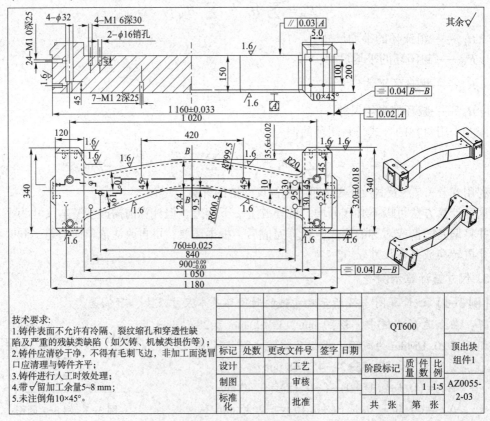

图3-4　模具零件图

卸模板是冲压模具的常见零件，其主要作用是：当冲压模具完成对工件的冲压动作后，帮助零件从模具上分离，以便人工或机械手臂将零件取下。在冲压成形时，卸模板与零件接触的表面要保持一定程度的形状一致，起辅助零件成形和防止破坏已有成形表面的作用。

该卸模板装配在下模中，$A$ 面、孔心距为760±0.025 mm 的 2-$\phi$16 mm 销孔构成主要的装配定位面，宽度为 320±0.018 mm 的两头侧面为辅助装配定位面，尺寸900$^{+0.09}_{-0.00}$ mm 的两内侧面起定位卸料板组件的作用。整个零件以同轴线 $B$—$B$ 为基准保持轴对称精度要求。零件的弧形上表面与被冲压的零件接触，卸模板顶起时，该表面负责把零件顶出。

对零件图要求有了解后，一般要进行以下三方面的分析。

## 1. 零件主要表面的要求及保证的方法

零件的主要表面是零件与其他零件相配合的表面，或是直接参加机器工作过程的表面。主要表面以外的表面，则称为自由表面。

主要表面的本身精度要求一般都比较高，而且零件的构形、精度、材料的加工性等，都会在主要表面的加工中反映出来。主要表面的加工质量对零件工作的可靠性与寿命有很大的影响。因此，在制定工艺路线时，首先要考虑如何保证主要表面的要求。

根据主要表面的尺寸、精度的要求，便可以初步确定这些表面的最后加工方法，从而根据这些最后的加工方法，进一步确定在这以前的一系列准备工序的加工方法。如该零件材料为 QT600 普通铸件，按技术要求应首先进行人工时效处理。零件主要由一个对称的二维曲面与两端的长方形加少量棱台等型面构成，可采用二维型面数控铣削及数控孔加工进行加工，各重要配合表面能够达到 $Ra1.6 \sim Ra1.8$ 的要求。

## 2. 重要的技术条件及保证的方法

重要的技术条件一般指表面的形状精度和位置关系精度、热处理、表面处理、无损探伤及其他特种检验等。重要的技术条件是影响工艺路线制定的重要因素之一，特别是位置关系精度要求较高时，它就会有较大的影响。在数控加工编程时，应针对这些技术条件选择适用的刀具、刀轨与切削用量（主轴转速、进给量、切削深度），以确保零件图技术要求的实现。

热处理的要求，对于工艺路线安排也有很大的影响，特别是热处理后材料的硬度，对选择加工方法（以及加工用量）有很大影响，因此在制定工艺路线时，要合理地安排其位置。

（1）退火与正火。退火与正火的目的是消除组织的不均匀，细化晶粒，改善金属的加工性能。对高碳钢零件用退火降低其硬度，对低碳钢零件用正火提高其硬度，以获得适中的较好的可切削性，同时能消除毛坯制造中的应力。退火与正火一般安排在机械加工之前进行。

（2）时效处理。以消除内应力、减少工件变形为目的。为了消除残余应力，在工艺过程中需安排时效处理。对于一般铸件，常在粗加工前或粗加工后安排一次时效处理；对于要求较高的零件，在半精加工后尚需再安排一次时效处理；对于一些刚性较差、精度要求特别高的重要零件（如精密丝杠、主轴等），常常在每个加工阶段之间都安排一次时效处理。

（3）调质。对零件淬火后再高温回火，能消除内应力，改善加工性能，获得较好的综合力学性能。调质一般安排在粗加工之后进行。对一些性能要求不高的零件，调质也常作为最终热处理。

（4）淬火、渗碳淬火和渗氮。它们的主要目的是提高零件的硬度和耐磨性，常安排在精加工（磨削）之前进行，其中渗氮由于热处理温度较低，零件变形很小，也可以安排在精加工之后。

3. 零件结构工艺性分析

对于需要进行数控加工的零件，要根据数控加工的特点综合考虑刀具、加工难度、加工效率等因素。例如数控加工内槽圆角，圆角是刀具直接成形的，其大小决定着刀具直径的大小，所以内槽圆角半径不应太小。对于图 3-5 所示零件，其结构工艺性的好坏与被加工轮廓的高低、转角圆弧半径的大小等因素有关。图 3-5（b）与图 3-5（a）相比，转角圆弧半径 $R$ 大，可以采用直径较大的立铣刀来加工；加工平面时，进给次数也相应减少，表面加工质量也会好一些，因而工艺性较好，反之，工艺性较差。通常 $R<0.2H$（$H$ 为被加工工件轮廓面的最大高度）时，可以判定零件该部位的工艺性不好。

零件铣槽底平面时，槽底圆角半径 $r$ 不要过大。如图 3-6 所示，铣刀端面刃与铣削平面的最大接触直径 $d=D-2r$（$D$ 为铣刀直径），当 $D$ 一定时，$r$ 越大，铣刀端面刃铣削平面的面积越小，加工平面的能力就越差，效率越低，工艺性也越差。当 $r$ 大到一定程度时，甚至必须用球头铣刀加工，这是应该尽量避免的。

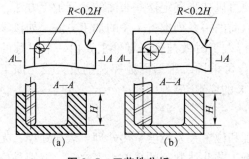 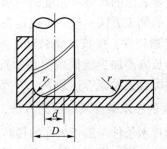

图 3-5　工艺性分析　　　　　图 3-6　槽底圆角半径过大

4. 表面位置尺寸的标注

在零件图上，表面位置尺寸的标注方式有三种，即坐标式、链接式和组合式，如图 3-7 所示。

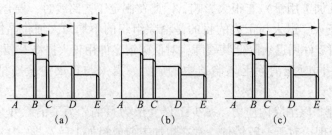

图 3-7　表面位置尺寸标注法
（a）坐标式；（b）链接式；（c）组合式

表面位置尺寸标注的方式，在一定程度上决定加工的顺序。坐标式标注法 [见图 3-7（a）] 的特点是尺寸都从一个表面（表面 $A$）标注起，因此，应先加工表面 $A$，而其他表面的加工顺序就可视情况任意选定。链接式标注法 [见图 3-7（b）] 的特点是尺寸都是前后衔接的，因此，各表面的加工顺序应按尺寸标注的次序进行。组合式标注法［见图3-7（c）］是由坐标式和链接式组合而成的，绝大多数零件是采用这种方式标注尺寸的。这种标注法的加工顺序可以是先加工 A 面，然后可任意加工 B、C 或 E 面，而 D 面应在 C 面加工后进行。

在数控加工零件图上，应以同一基准标注尺寸或直接给出坐标尺寸。这种标注方法既便于编程，也便于尺寸之间的相互协调，有利于设计基准、工艺基准、测量基准和编程原点的统一。零件设计人员在标注尺寸时，一般总是较多地考虑装配等使用特性，因而常采用局部分散标注法，这样就给工序安排和数控加工带来诸多不便。数控加工精度和重复定位精度都很高，不会因产生较大的累积误差而破坏零件的使用特性，因此，可将局部分散标注法改为同一基准标注或直接标注坐标尺寸。

## 3.2.2 数控加工工艺阶段的划分

工艺路线按工序性质的不同，一般可划分成几个阶段，即粗加工、细加工和精加工阶段。

粗加工阶段：其主要任务是去除各表面的大部分余量。因此，这个阶段中的主要问题是如何提高生产率。

细加工阶段：其任务是达到一般的技术要求，即各次要表面达到最终要求，并为主要表面的精加工做准备。

精加工阶段：其任务是达到零件的全部技术要求（主要是保证主要表面的加工质量）。在这个阶段中，加工余量一般较小，主要问题是如何保证质量。

在毛坯余量特别大的情况下，有时在毛坯车间还进行去外皮加工。

在零件上有要求特别高的表面（精度在5级以上，光洁度在10级以上）时，还要在精加工阶段以后，进行光整加工阶段的加工。

工艺路线要划分阶段的主要原因是零件依次按阶段加工，有利于消除或减少变形对精度的影响。一般来说，粗加工切除的余量大，切削力、切削热以及内应力重新分布等因素引起工件的变形也较大。细加工时余量较小，工件的变形也相对减小。精加工时工件的变形就更小一些。因此，工艺路线划分成阶段进行加工，可避免发生已加工表面的精度遭到破坏的现象。

在工艺路线划分阶段后，同时可带来以下好处：

（1）全部表面先进行粗加工，便于及早发现内部缺陷；

（2）在安装和搬运过程中，可使已加工好的表面减少损伤的机会；

（3）可合理地选择设备，有利于车间设备的布置。

与常规工艺路线拟定过程相似，数控加工工艺路线的设计，最初也需要找出零件所有的加工表面，并逐一确定各表面的加工方法，其每一步相当于一个工步，然后将所有工步内容按一定原则排列成先后顺序；再确定哪些相邻工步可以划为一个工序，即进行工序的划分；最后再将所需的其他工序如常规工序、辅助工序、热处理工序等插入，衔接于数控加工工序序列之中，得到所要求的工艺路线。

在制定工艺路线时，当选定各表面加工方法和确定阶段划分后，就可将同一阶段中的各加工表面组合成若干工序。组合时，工序可采用集中或分散的原则。

工序集中原则，是使每个工序包括尽可能多的内容，因而总工序数减少；而工序分散原则，则与此相反。因此，工序的集中与分散，会影响工序的数目和工序内容的繁简程度。

工序集中的特点是工序数目少、工序内容复杂，因而工序数量少，简化了生产组织工作，减少了设备数目，从而减小了生产面积，减少了安装次数，有利于提高生产率和缩短生产周期，有利于采用高生产率设备和工艺装备。

工序分散的特点是工序数目多，工序内容简单，因而设备和工艺装备简单，操作、调整、维修简单，生产准备工作量小，产品交换容易；但是具有设备数量多、生产面积大、生产组织工作复杂等缺点。

两种原则，各有特点，因此在加工过程中均有采用。这两种原则的选用以及集中、分散程度的确定，一般需要考虑以下因素。

（1）产量的大小。当产量较小时，为简化计划、调度等工作，选取工序集中原则便于组织生产。当产量很大时，可按工序分散原则以利于组织流水生产。

（2）工件的尺寸和质量。对尺寸和质量大的工件（如本体等），由于安装和运输困难，一般宜采用集中原则组织生产。

（3）工艺设备的条件。数控加工的工艺路线设计与普通机床加工的常规工艺路线拟定的区别主要在于：它仅是几道数控加工工艺过程的概括，不是指从毛坯到成品的整个工艺过程。由于数控加工工序一般均穿插于零件加工的整个工艺过程中，因此在工艺路线设计中，一定要兼顾常规工序的安排，使之与整个工艺过程协调吻合。

在数控机床上加工的零件，一般按工序集中原则划分工序。加工顺序的安排应遵循以下原则。

（1）尽量使工件的装夹次数、工作台转动次数、刀具更换次数及所有空行程时间减至最少，提高加工精度和生产率。

（2）先内后外原则，即先进行内型腔加工，后进行外形加工。

（3）为了及时发现毛坯的内在缺陷，精度要求较高的主要表面的粗加工一般应安排在次要表面粗加工之前。大表面加工时，因内应力和热变形对工件影响较大，一般也需先加工。

（4）在同一次安装中进行的多个工步，应先安排对工件刚性破坏较小的工步。

（5）为了提高机床的使用效率，在保证加工质量的前提下，可将粗加工和半精加工合为一道工序。

（6）加工中容易损伤的表面（如螺纹等），应放在加工路线的后面。

以图 3-4 所示零件图为例，说明在立式四轴联动加工中心（摇篮工作台）数控加工的工序安排：

（1）为减少工件装夹次数，在采购铸造毛坯件时，要求毛坯供货商提前将两侧凸台上表面与两侧加工到要求的表面粗糙度并保证横向外廓尺寸 1 180 mm；

（2）以凸台上表面与两侧面为定位基准进行底面 A 的铣削、轮廓铣，保证弧形轮廓形状精度与横向小凸台外侧 1 160±0.033 mm、内侧 $900^{+0.09}_{-0.00}$ mm、凸台宽度尺寸 $320^{+0.018}_{-0.000}$ mm 以及所有 A 面上的孔径、孔心距和对称度要求；

（3）以 A 面与凸台内侧面为定位基准，加工上面孔与侧面孔。

## 3.2.3　工序尺寸的确定

工艺路线初步确定后，就可确定尺寸及公差。下面以衬套零件为例，介绍尺寸与公差的确定。图 3-8 为衬套的工艺路线。

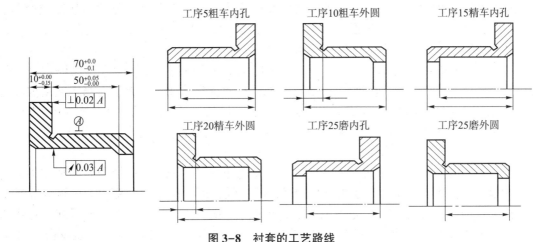

图3-8　衬套的工艺路线

### 1. 尺寸图的建立

建立尺寸图的步骤如下。

（1）画出零件的轴向剖面简图（见图3-9）。从图中各轴向表面引出表面线，并按顺序将各表面线编号，如图3-9中的 *A*、*B*、*C*、*D* 等。

（2）在简图的上部画出这些表面的设计尺寸，对这些设计尺寸编号。

（3）按工艺路线中所选用的原始基准，画出被加工表面的工序尺寸线。在原始基准处画一点，在被加工表面处画一箭头，并对尺寸编号，最上面一个尺寸编号为①，顺次往下编号。

为使图清晰简洁，表面引出线不标出余量，即同一表面在前后不同工序中加工时，其工序尺寸的箭头是指向同一处的。如工序30中的尺寸①和工序20中的尺寸③，以及工序20中的尺寸④和工序10中的尺寸⑧等。

### 2. 尺寸图的计算

尺寸图建立后的计算方法与步骤如下。

（1）按零件图的要求，在设计尺寸表中填上基本尺寸及偏差值，然后填上工艺组成环（与保证设计尺寸直接有关的工序尺寸）。

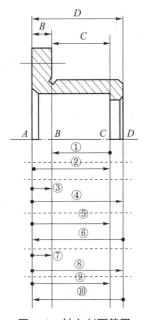

图3-9　轴向剖面简图

确定各设计尺寸的工艺组成环的方法是：从设计尺寸两端按表面线向下作引申线，进入工艺尺寸区以后，遇到箭头就顺此工序尺寸线转弯，遇到原始基准点则继续向下引申，直到两端的引申线在同一原始基准点会合为止。其中，引申线所经过的工序尺寸线，即为该设计尺寸的工艺组成环。

如图3-10所示，[1] 号设计尺寸$10^{+0.00}_{-0.05}$ mm由 *B*、*C* 两表面线向下作引申线，在进入工艺尺寸区后，在 *B* 面遇①尺寸的箭头转弯，与 *C* 面的引申线会合于①尺寸的原始基准点，所以 [1] 号设计尺寸的工艺组成环为工序尺寸①。[2] 号设计尺寸$10^{+0.00}_{-0.05}$ mm由表面线 *A*、*B* 向下引线，在进入工艺尺寸区后，*B* 面引申线遇工序尺寸①的箭头，转弯至尺寸①的原始基准点，即沿 $C$ 表面线向下，又遇工序尺寸②的箭头，再转弯至②尺寸原始基准点处与 $A$ 面引申线合会。因此，［2］号设计尺寸的工艺组成环为工序尺寸①和②。同理，［3］号设计尺寸为$70^{+0.0}_{-0.1}$ mm 的工艺组成环为尺寸④。

如设计尺寸的工艺组成环只有一个时，则此设计尺寸由该工序尺寸直接保证。如［1］号设计尺寸由工序尺寸①直接保证，［3］号设计尺寸由尺寸④直接保证。当工艺组成环超过一个时，则该设计尺寸是间接保证的，需要进行尺寸换算。如衬套的设计尺寸为$10^{+0.00}_{-0.05}$ mm，是由工序尺寸①和②间接保证的。在进行尺寸链计算时，该设计尺寸作为封闭环。

增减环的简易判别方法如下。

某一尺寸链如图 3-11 所示，$F$ 为封闭环，$H$ 为组成环。先任取一个与封闭环相接的链环作为起始环，当该链环的尺寸线与封闭环的尺寸线在表面引出线同侧时，则该链环是增环，如$H_1$是增环，反之，如在表面引出线异侧时，如 $H_8$，则为减环。然后再以起始环作为起点，沿尺寸线走向画箭头，如 $H_1$、$H_2$ 的箭头向右。当尺寸线反向时，箭头也反向，如 $H_3$ 的箭头向左。依次画至最后一个组成环。凡与起始环同向的，其链环的性质也相同，即$H_1$、$H_2$、$H_4$、$H_6$、$H_7$均为增环，与 $H_1$ 不同向的链环的性质也相反，如 $H_3$、$H_5$、$H_8$ 为减环。若起始环选用 $H_2$，其结果也是一样的。

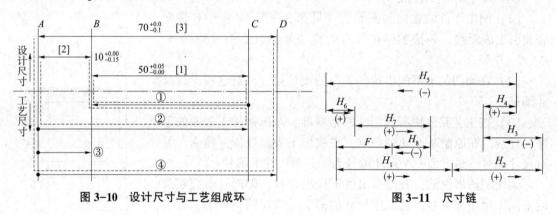

图 3-10　设计尺寸与工艺组成环　　　　　图 3-11　尺寸链

（2）确定零件上各表面间的基本尺寸。

由于标准公差数值以及余量规格资料等都是以基本尺寸的主段落来分段制定的，因此，在选择这些公差及余量时，应先有基本尺寸的数值。又由于在加工中的原始尺寸还没有最后确定，而且在工艺过程中的原始尺寸系统不一定和零件上各表面间的设计尺寸系统相吻合，故需要算出零件上各表面间基本尺寸的大小，作为选择经济精度的公差值和加工余量时的依据。

由图 3-9 所示，衬套的 $A$、$B$、$C$、$D$ 四个表面，给定了三个设计尺寸，所以就可计算出各表面间的基本尺寸，即

$$L_{AB} = 10 \text{ mm}$$
$$L_{AC} = 10 + 50 = 60 \text{ mm}$$
$$L_{AD} = 70 \text{ mm}$$
$$L_{BC} = 50 \text{ mm}$$
$$L_{BD} = 50 + (70 - 50 - 10) = 60 \text{ mm}$$
$$L_{CD} = 70 - 50 - 10 = 10 \text{ mm}$$

（3）确定各工序尺寸的偏差。

全部工序尺寸，按与保证设计尺寸有关与无关可分为两类，分述如下

①与设计尺寸有关的工序尺寸的偏差。

在设计尺寸表中的工艺组成环，是与保证设计尺寸有关的工序尺寸，确定这些工序尺寸偏差的原则是：

当工序尺寸直接保证某一设计尺寸时，可取设计尺寸的公差；

当一个工序尺寸参加保证几个设计尺寸时，则需从要求最高的设计尺寸处来确定工序尺寸的公差；

当有几个工序尺寸一起保证某一设计尺寸时，则需要通过尺寸换算确定公差。在换算时，若要确定两个或两个以上的工序尺寸偏差，则可采用分配公差的方法。

衬套的工序尺寸①、②、④与保证设计尺寸有关（见图3-10），先确定工序尺寸④的公差为0.1 mm。工序尺寸①参加了［1］号和［2］号设计尺寸的保证，但由于［1］号设计尺寸的精度要求高，所以公差取0.05 mm。工序尺寸②的公差经计算后得0.1 mm。

最后，将上述公差按入体要求注成偏差形式。

②其他工序尺寸的偏差。

对于与保证设计尺寸没有直接联系的工序尺寸的偏差，其公差可按本工序的经济加工精度来确定。如细加工工序尺寸③、⑤、⑥，可按照IT11来取值，公差分别为0.09 mm、0.19 mm、0.19 mm；而工序尺寸⑦、⑧、⑨、⑩是粗加工阶段的尺寸，可按IT12来取值，公差分别为0.15 mm、0.30 mm、0.30 mm、0.30 mm。最后按入体要求注成偏差形式。

（4）计算加工余量的变化值。

工序的加工余量，由于受工序尺寸公差的影响，实际切除加工余量的数值是在一定范围内变化的。余量过大，费工费料；余量过小，加工困难。因此，为使所确定的加工余量比较合理，需计算出余量的变化情况。

在计算时，先确定影响余量的有关工序尺寸，然后进行计算。

某一工序尺寸的余量，是由某些工序尺寸间接确定的。衬套工艺过程中工序30的①尺寸的情况如图3-12（a）所示。

工序尺寸①的加工余量 $Z_1$ 是由工序尺寸①、②、③所确定的。余量作为尺寸链的一环，是封闭环，而其组成环则是有关的工序尺寸。如 $Z_1$ 的组成环是工序尺寸①、②、③。由于在尺寸图中，并不标出余量线，所以确定余量的组成环时，可采用图3-12（b）所示的方法。在工序加工尺寸的箭头处，分两路作引申线，其一是由箭头沿尺寸线到原始基准再向下，其二是由箭头处沿表面引出线向下，仍按遇箭头转弯的方法，直到会合为止，引申线所包含的尺寸线，即为余量的组成环。

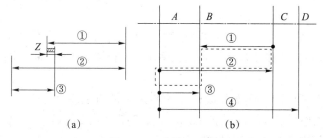

图3-12 余量尺寸链

余量尺寸链增减环的判别方法如下。

先确定本工序尺寸的性质,即确定 $Z_1$ 尺寸链的组成环时,先确定本工序尺寸①的性质。

由于位置尺寸的公差在工序中是按入体要求标注的,所以凡本工序尺寸的偏差为正(具有上偏差)时,本工序尺寸为增环;反之,偏差为负时,工序尺寸为减环。工序尺寸①的偏差是+0.05 mm,所以①是 $Z_1$ 尺寸链的增环。确定第一环的性质后,再按增减环的简易判别法来确定其他组成环的性质。如 $Z_1$ 的尺寸链,①是增环,②是减环,尺寸③又是增环。

下面一步是对余量的变化范围进行计算,即对封闭环(余量)做上、下偏差计算。如 $Z_1$,增环是工序尺寸①(偏差为 $^{+0.05}_{-0.00}$ mm)和③(偏差为 $^{+0.00}_{-0.09}$ mm);减环是工序尺寸②(偏差为 $^{+0.1}_{-0.0}$ mm),所以有

$$\Delta Z_{1s} = 0.05 + 0 - 0 = 0.05 \text{ mm}$$

$$\Delta Z_{1x} = 0 + (-0.09) - (+0.1) = -0.19 \text{ mm}$$

类似地,对其他余量的变化也可以进行计算。

制定工艺过程时,由于精加工阶段的加工余量较小,所以经常只计算精加工工序尺寸的加工余量变化值。必要时,也可对细加工阶段进行余量变化的计算。

(5)确定加工余量的公称值。

各工序尺寸加工时的公称余量,一般均可由规格资料查得。

精加工、细加工的工序尺寸的加工余量,可按工件的有关尺寸(如工件的长度、加工面的直径等)由规格资料查得,如 $Z_1$、$Z_2$、$Z_3$、$Z_4$、$Z_5$、$Z_6$ 的加工余量分别为 0.3 mm、0.3 mm、0.6 mm、1.0 mm、1.0 mm、1.0 mm。

在查出余量的公称值后,应按余量变化的情况检查最大、最小余量是否合适。如 $Z_1$ 的公称值为 0.3 mm,最大余量为 0.35 mm,最小余量尚有 0.11 mm。在这种情况下,加工时一般不会产生困难。又如 $Z_2$ 的最大余量为 0.4 mm,最小余量为 0.11 mm,也不会发生困难。当最小余量不够时,可适当增加余量的公称值。反之,当最大余量过大时,在能保证最小余量的情况下,可适当减小余量的公称值。若余量变化量过大,则只是在增加加工困难不大的情况下,可适当压缩有关工序尺寸的公差;或重新调整工艺路线,改变有关尺寸链的组成。

关于粗加工工序尺寸的加工余量,一般在查得毛坯的总余量后,再经计算(减去以后加工工序的余量)后得到。$Z_7$、$Z_8$、$Z_{10}$ 的加工余量分别为 2.5 mm、3.0 mm、3.0 mm。工序尺寸⑨是加工孔深,无所谓余量。

(6)确定各工序尺寸的公称值。

先确定与保证设计尺寸有关的工序尺寸,而且首先要确定直接保证设计尺寸的工序尺寸。

如工序尺寸①,直接保证[1]号设计尺寸(50$^{+0.05}_{-0.00}$ mm),因工序尺寸与设计尺寸的偏差相同(均为上偏差),所以工序尺寸①的公称值可直接定为 50 mm。同理,工序尺寸④的公称值应定为 70 mm。

工序尺寸②,不是直接保证某一设计尺寸的,而是与工序尺寸①一起间接保证[2]号设计尺寸的。由于工序尺寸①(50$^{+0.05}_{-0.00}$ mm)以及工序尺寸②的偏差(+0.1 mm)都已确定,所以工序尺寸②的公称值必须进行计算。

设工序尺寸②为$H_{\Delta h_x}^{\Delta h_s}$，根据尺寸链方程可得

$$10=H-50 \Rightarrow H=60 \text{ mm}$$
$$0=\Delta h_s-0 \Rightarrow \Delta h_s=0$$
$$-0.15=\Delta h_x-0.05 \Rightarrow \Delta h_x=0.1 \text{ mm}$$
$$H_{\Delta h_x}^{\Delta h_s}=60_{-0.0}^{+0.0} \text{ mm}$$

按入体尺寸标注原则（最大实体尺寸为基本尺寸）进行标注，即工序尺寸②为$59.9_{-0.0}^{+0.1}$ mm。

必须指出，这种计算是为了保证封闭环（设计尺寸）的极限尺寸，因此，当需要确定几个工序尺寸的公称值（在保证一个设计尺寸的尺寸链中）时，可先按各表面间的基本尺寸及有关余量来确定工序尺寸的公称值，最后留下一个尺寸进行计算，即可保证设计尺寸的最大、最小极限尺寸的要求。

当全部确定了与保证设计尺寸有关的工序尺寸的公称值后，则工件上各表面线之间实际加工后的距离的公称值也完全确定。

其他和保证设计尺寸无关的工序尺寸，其公称值可按有关表面的距离，再加上（或减去）有关余量的公称值而得。例如：

工序尺寸③$=H_{AB}+Z_1=9.9+0.3=10.2$ mm；

工序尺寸⑤$=H_{AC}-Z_2=59.9-0.3=59.6$ mm；

工序尺寸⑥$=H_{AD}+Z_4=70+1=71$ mm；

工序尺寸⑦$=H_{AB}+Z_6+Z_3+Z_1=9.9+1+0.6+0.3=11.8$ mm；

工序尺寸⑧$=H_{AD}+Z_6+Z_4=70+1+1=72$ mm；

工序尺寸⑨$=H_{AC}-Z_2-Z_5+Z_6=59.9-0.3-1+1=59.6$ mm；

工序尺寸⑩$=H_{AD}+Z_4+Z_6+Z_8=70+1+1+3=75$ mm。

## 3.2.4 数控加工切削用量的选择

对于高效率的金属切削机床加工来说，在被加工材料、切削刀具、机床功率的约束下，合理选择切削用量，决定着加工时间、刀具寿命和加工质量。经济、有效的加工方式，要求必须合理地选择切削用量。编程人员在确定切削用量时，要根据被加工工件材料、硬度、切削状态、背吃刀量、进给量、刀具耐用度确定，最后选择合适的切削速度。

1. 切削用量的选择原则

合理选择切削用量的原则是：在保证加工质量和刀具耐用度的前提下，充分发挥机床性能和刀具切削性能，使切削效率高、加工成本低。

粗加工时，一般以提高生产率为主，但也应考虑经济性和加工成本，通常选择较大的背吃刀量和进给量，采用较低的切削速度。

半精加工和精加工时，应在保证加工质量的前提下，兼顾切削效率、经济性和加工成本，通常选择较小的背吃刀量和进给量，并选用切削性能高的刀具材料和合理的几何参数，以尽可能提高切削速度。

2. 车削切削用量的选择

数控车削加工中的切削用量包括背吃刀量$a_p$、主轴转速$n$或切削速度$v_c$（用于恒线速度切削）、进给速度$v_f$或进给量$f$。这些参数均应在机床给定的允许范围内选取。

（1）背吃刀量的选择。粗加工时，除留下精加工余量外，一次走刀尽可能切除全部余量；也可分多次走刀。精加工的加工余量一般较小，可一次切除。在中等功率机床上，粗加工的背吃刀量可达 8~10 mm；半精加工的背吃刀量取 0.5~5 mm；精加工的背吃刀量取 0.2~1.5 mm。

（2）进给速度（进给量）的确定。粗加工时，由于对工件的表面质量没有太高的要求，这时主要根据机床进给机构的强度和刚性、刀杆的强度和刚性、刀具材料、刀杆和工件尺寸以及已选定的背吃刀量等因素来选取进给速度。精加工时，则按表面粗糙度要求、刀具及工件材料等因素来选取进给速度。

进给速度 $v_f$ 可以按公式 $v_f = fn$ 计算，式中 $f$ 表示每转进给量，粗加工时一般取 0.3~0.8 mm/r；精加工时常取 0.1~0.3 mm/r；切断时常取 0.05~0.2 mm/r。

（3）切削速度的确定。切削速度 $v_c$ 可根据已经选定的背吃刀量、进给量及刀具耐用度进行选取。实际加工过程中，也可根据生产实践经验或采用查表（见表3-2）的方法选取。

表3-2　数控车削用量推荐表

| 工件材料 | 加工方式 | 背吃刀量/mm | 切削速度/<br>$(m \cdot min^{-1})$ | 进给量/<br>$(mm \cdot r^{-1})$ | 刀具材料 |
|---|---|---|---|---|---|
| 碳素钢<br>$\sigma_b$>600 MPa | 粗加工 | 5~7 | 60~80 | 0.2~0.4 | YT 类 |
| | 粗加工 | 2~3 | 80~120 | 0.2~0.4 | |
| | 精加工 | 0.2~0.3 | 120~150 | 0.1~0.2 | |
| | 车螺纹 | | 70~100 | 导程 | |
| | 钻中心孔 | | 500~800 r/min | | W18Cr4V |
| | 钻孔 | | ~30 | 0.1~0.2 | |
| | 切断（宽度<5 mm） | 70~110 | 0.1~0.2 | | YT 类 |
| 合金钢 $\sigma_b$=<br>1 470 MPa | 粗加工 | 2~3 | 50~80 | 0.2~0.4 | YT 类 |
| | 精加工 | 0.1~0.15 | 60~100 | 0.1~0.2 | |
| | 切断（宽度<5 mm） | | 40~70 | 0.1~0.2 | |
| 铸铁<br>200HBS 以下 | 粗加工 | 2~3 | 50~70 | 0.2~0.4 | YG 类 |
| | 精加工 | 0.1~0.15 | 70~100 | 0.1~0.2 | |
| | 切断（宽度<5 mm） | | 50~70 | 0.1~0.2 | |
| 铝 | 粗加工 | 2~3 | 600~1 000 | 0.2~0.4 | YG 类 |
| | 精加工 | 0.2~0.3 | 800~1 200 | 0.1~0.2 | |
| | 切断（宽度<5mm） | | 600~1 000 | 0.1~0.2 | |
| 黄铜 | 粗加工 | 2~4 | 400~500 | 0.2~0.4 | YG 类 |
| | 精加工 | 0.1~0.15 | 450~600 | 0.1~0.2 | |
| | 切断（宽度<5 mm） | | 400~500 | 0.1~0.2 | |

### 3. 铣削切削用量的选择

在铣削过程中，如果能在一定的时间内切除较多的金属，就有较高的生产率。显然，增大背吃刀量、切削速度和进给量，都能增加金属切除量。但是，影响刀具寿命最显著的因素是切削速度，其次是进给量，而背吃刀量对刀具影响最小。为了保证合理的刀具寿命，应当优先采用较大的背吃刀量，其次选择较大的进给量，最后才是根据刀具的寿命要求选择合适的切削速度。

（1）选择背吃刀量。在铣削加工中，一般根据工件切削层的尺寸选择铣刀。例如，用面铣刀铣削平面时，铣刀直径一般应大于切削层宽度；若用圆柱铣刀铣削平面，铣刀长度一般应大于切削层宽度。当加工余量不大时，应尽量一次进给铣去全部加工余量。只有当工件的加工精度要求较高时，才分粗铣和精铣两步进行。

（2）选择切削量（见表3-3）。应视粗、精加工要求分别选择进给量。

表 3-3　铣刀的进给量 （单位：mm/z）

| 工件材料 | 圆柱铣刀 | 面铣刀 | 立铣刀 | 杆铣刀 | 成形铣刀 | 高速钢嵌齿铣刀 | 硬质合金嵌齿铣刀 |
|---|---|---|---|---|---|---|---|
| 铸铁 | 0.2 | 0.2 | 0.07 | 0.05 | 0.04 | 0.3 | 0.1 |
| 软（中硬）钢 | 0.2 | 0.2 | 0.07 | 0.05 | 0.04 | 0.3 | 0.09 |
| 硬钢 | 0.15 | 0.15 | 0.06 | 0.04 | 0.03 | 0.2 | 0.08 |
| 镍铬钢 | 0.1 | 0.1 | 0.05 | 0.02 | 0.02 | 0.15 | 0.06 |
| 高镍铬钢 | 0.1 | 0.1 | 0.04 | 0.02 | 0.02 | 0.1 | 0.05 |
| 可锻铸铁 | 0.2 | 0.15 | 0.07 | 0.05 | 0.04 | 0.3 | 0.09 |
| 铸铁 | 0.15 | 0.1 | 0.07 | 0.05 | 0.04 | 0.2 | 0.08 |
| 青铜 | 0.15 | 0.15 | 0.07 | 0.05 | 0.04 | 0.3 | 0.1 |
| 黄铜 | 0.2 | 0.2 | 0.07 | 0.05 | 0.04 | 0.3 | 0.21 |
| 铝 | 0.1 | 0.1 | 0.07 | 0.05 | 0.04 | 0.2 | 0.1 |
| Al-Si 合金 | 0.1 | 0.1 | 0.07 | 0.05 | 0.04 | 0.18 | 0.08 |
| Mg-Al-Zn 合金 | 0.1 | 0.1 | 0.07 | 0.04 | 0.03 | 0.15 | 0.08 |
| Al-Cu-Mg 合金 Al-Cu-Si 合金 | 0.15 | 0.1 | 0.07 | 0.05 | 0.04 | 0.2 | 0.1 |

粗加工时，影响进给量的主要因素是切削力。进给量主要根据铣床进给机构的强度、刀柄刚度、刀齿强度以及机床—夹具—工件系统的刚度来确定。在强度和刚度许可的情况下，进给量应尽量选取得大一些。精加工时，影响进给量的主要因素是表面粗糙度。为了减小工艺系统的振动，降低已加工表面的残留面积的高度，一般应选择较小的进给量。

（3）选择进给速度（见表3-4）。在背吃刀量$a_p$与每齿进给量$f_z$确定后，可在保证合理的铣刀寿命的前提下确定切削速度$v_c$。

表 3-4  铣刀的切削速度　　　　　　　　　　　　　　（单位：m/min）

| 工件材料 | 铣刀材料 | | | | | |
|---|---|---|---|---|---|---|
| | 碳素钢 | 高速钢 | 超高速钢 | Stellite | YT | YG |
| 铝 | 75～150 | 150～300 | | 240～460 | | 300～600 |
| 黄铜 | 12～25 | 20～50 | | 45～75 | | 100～180 |
| 青铜（硬） | 10～20 | 20～40 | | 30～50 | | 60～130 |
| 青铜（最硬） | | 10～15 | 15～20 | | | 40～60 |
| 铸铁（软） | 10～12 | 15～25 | 18～35 | 28～40 | | 75～100 |
| 铸铁（硬） | | 10～15 | 10～20 | 18～28 | | 45～60 |
| 铸铁（冷硬） | | | 10～15 | 12～28 | | 30～60 |
| 可锻铸铁 | 10～15 | 20～30 | 25～40 | 35～45 | | 75～110 |
| 铜（软） | 10～14 | 18～28 | 20～30 | | 45～75 | |
| 铜（中） | 10～15 | 15～25 | 18～28 | | 40～60 | |
| 铜（硬） | | 10～15 | 12～20 | | 30～45 | |

①粗铣时，确定切削速度必须考虑机床的允许功率。如果超过允许功率，则应适当降低切削速度。

②精铣时，一方面，应考虑合理的切削速度，以抑制积屑瘤的产生，提高表面的质量；另一方面，由于刀尖磨损往往会影响加工精度，因此，应选择耐磨性较好的刀具材料，并应尽可能使之在最佳的切削速度范围内。

## 3.3  计算机辅助车削数控编程

### 3.3.1  数控编程概述

计算机辅助数控编程，是利用计算机图形显示器上展示的零件设计三维模型，借助 CAM 编程软件系统，自动地生成数控加工程序的编程过程。其工作过程如下：用户利用带有人机交互功能的图形显示器，并借助三维造型 CAD 软件，将被加工零件的图形呈现在屏幕上；然后在相应的 CAM 编程软件系统的支持下，编程者通过输入必要的工艺参数，用光标指向被加工部位，CAM 编程软件系统便会自动计算刀具加工路径，展示加工状态，同时呈现路径和刀具形状，供用户检查走刀轨迹。

计算机辅助数控编程的一个显著特点是用户无须编写源程序，省去了烦琐的调试过程，这也是其胜过 APT 语言编程的优点之一。其刀具轨迹的展示由于是通过图形显示器实时完成的，从而更具有直观性和形象性。该系统模拟了刀具路径与被加工零件之间的关系，便于快速发现并纠正错误，从而减少了试切次数，大大提高了产品的合格率。采用 CAD/CAM 软件系统进行数控编程，效率和可靠性进一步提高。此外，CAD/CAM 软件系统还可以处理复杂特征和曲面的建模与数控编程，实现设计制造的一体化。计算机辅助数控编程一般包括以下步骤。

### 1. 零件的几何实体定义

零件的几何实体定义一般都需借助计算机和 CAD 软件来完成。设计时，零件的几何实体通常被立即建立，若基于网络、资源共享，即可实现零件设计和制作的异地化；否则需要编程人员或工艺人员采用 CAD 软件，根据设计图纸重新建立零件的几何实体。在计算机辅助数控编程中，工艺人员或编程人员还需要根据情况，建立辅助面、辅助线等编程过程中应用到的几何元素。

### 2. 零件的工艺处理

零件的工艺处理通常需要进行多个加工工序，工艺人员可以使用计算机辅助工艺规划（CAPP）软件进行工艺规划。工艺规划的内容包括制订加工方案、选择机床类型、确定加工用量等内容。

### 3. 刀具轨迹生成

在数控加工编程过程中，刀具轨迹生成是十分重要的一步。使用 CAM 软件生成刀具轨迹的方法取决于加工类型（车、铣、仿形铣等）和零件的复杂程度。编程人员需要根据图纸要求的工艺参数，如所选 NC 设备的类型、刀具规格、装夹方式、找正方法、余量大小、容差值、进刀方式、走刀路线、转速、进给率等进行编程。

### 4. 刀具轨迹验证

为确保刀具轨迹的正确性，编程人员需要进行刀具轨迹验证，刀具轨迹仿真、机床运动仿真和物理仿真是常用的验证方法，主要用于检验加工过程中是否出现干涉、过切等问题。

### 5. 后置处理

使用 CAM 软件生成的刀具轨迹需要进行后置处理，转变成可供数控系统和数控机床使用的 NC 程序。一些后置处理程序由 CAM 软件厂商开发和定制处理，而另一些则需要用户自行根据需求进行开发。

数控编程的重要部分是根据工件形状与加工要求进行刀具轨迹规划，计算机辅助刀具轨迹规划包括以下七段。

（1）安全面以上段落：该阶段的刀具在安全面之上，其任何方向上的运动均不会碰到任何障碍物，也就是无障碍平面。如图 3-13 所示，在安全面之上，可以指定刀具从哪一个点开始运动，加工结束后返回哪一个点，但这两个点也可以不指定。在这个阶段，进给速度可以设置为机床可承受的最大极限速度，例如 G0。

（2）快速接近段落：该阶段的刀具从安全面的起点开始下降到离工件比较近的地方，这个过程中刀具不会与工件、毛坯或者夹具发生接触或碰撞。在这个过程中，刀具运动速度可以稍微快一点，但是需要避免使用 G0 这样的机床最高速度，具体的进给速度取值还要考虑机床本身的运动特性，不能超过机床达不到的运动速度。

（3）进刀切入段落：该阶段的刀具从离工件毛坯很近的位置开始逐渐切入工件毛坯的过程。这个阶段中，刀具负载从 0 过渡到正常切削时的负载，进刀切入段落的进给速度可以设定为正常切削段落的速度，为避免突然受力对刀具造成不利影响，进刀切入段落的进给速度取值可适当减小，即低于正常切削段落的进给速度。

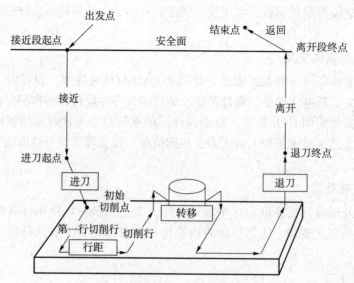

图 3-13　数控加工刀具轨迹的构成

（4）正常切削段落：该阶段的刀具稳定铣削整个工件的过程，该段落中的进给速度取值需要综合考虑机床功率、刀具直径、刀具切削齿数、每齿切削量、刀具切削额定线速度（与加工材料有关）、刀具切削深度等因素进行计算确定。若第一行切削刀具轨迹的切削量较大，第一行切削行的进给速度取值也可适当减小，避免因载荷过大造成刀具折断。在之字形（Zig-Zag）行切走刀方式下，还存在行间横越（Step Over）问题，刀具在行间横越时，切削量可能会突然增大到满刃切削，此时行间横越切削进给速度可以适当降低，以避免受力过大造成刀具折断。

（5）岛屿避让段落：在加工区域内某个位置存在凸起的特征实体，即岛屿，该特征实体需要在正常的刀具轨迹中避开。遇到岛屿时，刀具需要先抬刀，然后快速通过，最后再下降到加工工件表面进行正常切削，该过程的刀具轨迹即为岛屿避让段落。该阶段刀具的抬刀和落刀过程遵循之前的进刀和退刀过程，而刀具横越岛屿上方时，可采用单独控制的进给速度。在确认安全的情况下，刀具可以不用抬高到安全面之上。为保证安全，岛屿避让段落的进给速度可稍微低于安全面以上段落的进给速度，当然，在确保无碰撞干涉的情况下，也可以采用 G0 进给速度。

（6）退刀离开段落：该阶段指的是刀具在加工到最后一行结束点时从工件上离开的过程。在正常情况下，退刀离开段落中刀具不再处于切削状态，即负载为零。但是这段轨迹中，刀具有可能与工件的其他部位发生接触，如果退刀离开速度过快，则会导致刀具折断或啃伤工件的情况发生，尤其在圆弧退刀过程中更可能发生这种情况。因此，退刀离开段落的进给速度以低速为主，不要太快。

（7）快速离开段落：刀具在加工完最后一个点时，需要以较高的速度返回指定的安全高度，也就是安全面高度。快速离开段落刀具最好是沿着刀轴方向直接高速离开工件，避免走斜线，因为沿着刀轴方向离开零件，一般不会发生碰撞应力。然而，当使用 T 形刀具时，退刀距离不够的情况下，刀具直接沿着刀轴方向离开。

## 3.3.2　车削数控编程工艺规划

### 1. 工艺路线规划

以图 3-14 所示工件在 NX12.0 软件上进行车削数控编程过程为例说明计算机辅助车削数控编程。

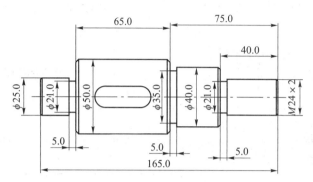

**图 3-14　轴工件示意图**

该轴类零件车削加工的表面包括 $\phi25$ mm、$\phi50$ mm、$\phi40$ mm 阶梯轴表面以及 $M24\times2$ 螺纹,阶梯表面之间为宽 5 mm 的沟槽。为加工该零件,采用左侧圆锥心轴定位,三爪卡盘夹紧,心轴顶尖处为机床坐标原点。先以 $\phi25$ mm 端圆心为定位基准进行编程,规划表 3-5 所示的程序一内容,加工 $\phi40$ mm 外圆、$M24\times2$ 螺纹以及 $\phi35$ mm、$\phi21$ mm、宽 5 mm 沟槽;然后以 $M24\times2$ 端圆心定位,规划表 3-5 所示的程序二内容,加工 $\phi25$ mm、$\phi50$ mm 外圆与 $\phi21$ mm、宽 5 mm 沟槽。

**表 3-5　车削工艺规划**

| 加工位置 | 工步 |
| --- | --- |
| 程序一 | |
| （图示） | 工步1:粗车端面,去除端面材料 |
| （图示） | 工步2:粗车外圆轮廓,大量去除毛坯材料 |
| （图示） | 工步3:精车外圆轮廓,达到最终尺寸 |
| （图示） | 工步4:沟槽精车,对零件外径沟槽进行加工 |
| （图示） | 工步5:车削螺纹 |

| 加工位置 | 工步 |
|---|---|
| 程序二 | |
| 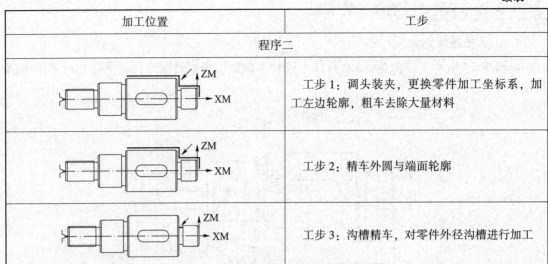 | 工步 1：调头装夹，更换零件加工坐标系，加工左边轮廓，粗车去除大量材料 |
| | 工步 2：精车外圆与端面轮廓 |
| | 工步 3：沟槽精车，对零件外径沟槽进行加工 |

**2. 刀具选择**

为车削加工选择刀具。粗车加工包括车端面与车外圆，选择 C（菱形 80°）刀片［见图 3-15（a）］与 L 样式车削刀杆［见图 3-15（b）］。

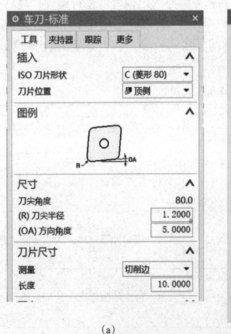

（a）

（b）

图 3-15 粗车刀具选择

精车采用轮廓车削，选用 D（菱形 55°）刀片［见图 3-16（a）］，而刀杆采用 Q 样式［见图 3-16（b）］。选择刀尖半径为 0.2 mm，这样可以确保精车进行轮廓车削时的可达性。精车时，为减少振动，切削深度应大于或等于刀尖半径。

(a)　　　　　　　　　　　　　　　　(b)

**图 3-16　精车刀具选择**

螺纹车削刀片选用全牙型标准刀片（见图3-17）与刀杆，车削公制螺纹。

沟槽车刀刀片选用标准槽刀［见图3-18（a）］，刀片宽度为3 mm，在零件设计时应注意槽宽大于标准刀片宽度，以保证切削加工经济性。刀杆选用0°方柄［见图3-18（b）］，便于径向进给。

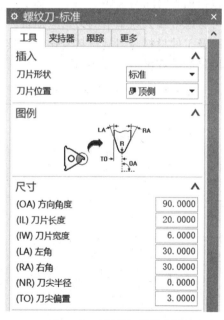

**图 3-17　螺纹刀片选择**

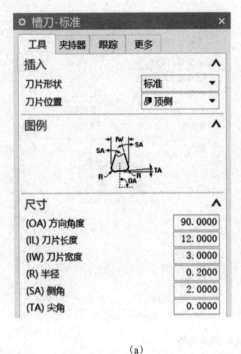

（a）                                 （b）

**图 3-18　沟槽车刀选择**

### 3. 切削用量选择

车削加工切削用量选择要综合考虑生产率、机床功率以及加工经济性与加工质量等方面的约束，衡量生产率的指标包括加工时间与金属去除率，加工经济性主要考虑能耗，可用净功率与加工时间相乘；另外可考虑金属去除率下的刀具磨损量，刀具供货商一般提供各类负荷下的标准刀具磨损曲线，以及工件材料与刀具材料变化时刀具磨损量的修正参数，能够核算刀具磨损成本。车削切削用量的计算可参考表 3-6。

**表 3-6　车削切削用量计算公式**

| 切削用量 | 计算公式 | 参数 | | |
| --- | --- | --- | --- | --- |
| 切削速度/(m·min$^{-1}$) | $v_c = \dfrac{\pi \times D_m \times n}{1\,000}$ | 符号 | 名称 | 单位 |
| 主轴转速/(r·min$^{-1}$) | $n = \dfrac{v_c \times 1\,000}{\pi \times D_m}$ | $D_m$ | 加工直径 | mm |
| 加工时间/min | $t_c = \dfrac{l_m}{n \times f_n}$ | $f_n$ | 每转进给量 | mm/r |
| | | $a_p$ | 切削深度 | mm |
| 金属去除率/(cm$^3$·min$^{-1}$) | $Q = v_c \times a_p \times f_n$ | $v_c$ | 切削速度 | m/min |
| 单位切削力 | $k_c = k_{c1} \times \left(\dfrac{1}{h_m}\right)^{m_c} \times \left(1 - \dfrac{\gamma_0}{100}\right)$ | $n$ | 主轴转速 | r/min |
| | | $l_m$ | 加工长度 | mm |
| 平均切削厚度 | $h_m = f_n \times \sin \kappa_r$ | $\kappa_r$ | 主偏角 | 度（°） |
| 净功率/kW | $P_c = \dfrac{v_c \times a_p \times f_n \times k_c}{60 \times 10^3}$ | $\gamma_0$ | 有效前角 | 度（°） |

在理想的切削条件下，刀具相对工件做进给运动时，在加工表面遗留的切削层残留面积（见图3-19），形成理论粗糙度，其最大高度 $H$ 可由刀具形状、进给量按几何关系求得。设进给量为 $f_n$，刀尖圆弧半径为 $r$，则有

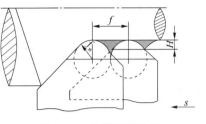

图3-19　车削残留面积

$$H = \frac{f_n}{8r} \qquad (3.9)$$

数控机床的切削速度一般是通过设置主轴转速获得的。对于本例的车削加工，车削端面或者车削外圆轮廓，要获得一致的表面质量，需要维持一致的切削速度。NX 软件提供了 RPM（转/分钟）、SFM（表面英尺[①]/分钟）、SMM（表面米/分钟）三种主轴转速设置，在此，车削端面与外圆采用 SMM 单位设置［见图3-20（a）］；而沟槽车削主要是径向进给，则采用 RPM 设置［见图3-20（b）］。

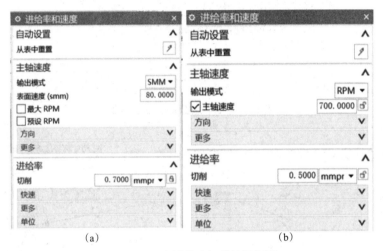

（a）　　　　　　　　　　（b）

图3-20　主轴转速与进给量设置

#### 4. 车削工序设定

（1）加工坐标系设定。

如前所述，数控编程要对加工坐标系进行设定，本例中加工坐标系设置在工件理论右端面圆心上。图3-21是 NX 软件加工坐标系的设定界面，通常缺省加工坐标系与设计坐标系重合，而车床工作平面缺省为 ZM-XM，加工坐标系以轴向为 ZM 轴。因此，需要操作坐标轴旋转手柄调整加工坐标系。

（2）工件设定。

通常直接选择 CAD 零件模型作为加工的工件，然后需要对工件指定毛坯与毛坯的位置，通常在工件定义时直接指定毛坯即可，例如定义包容体以及尺寸偏置。但是，如果需要对车削工件毛坯进行准确定义，则可在工件定义完成后，定义工件的毛坯边界，如图3-22所示，该方法可准确设定毛坯对加工坐标系的相对位置。

---

① 1 英尺 = 0.304 8 m。

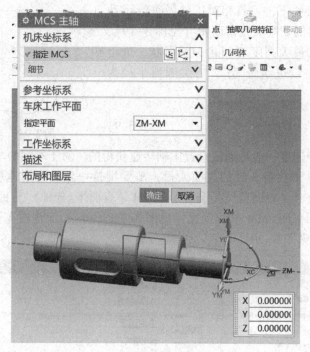

图 3-21　加工坐标系的设定界面

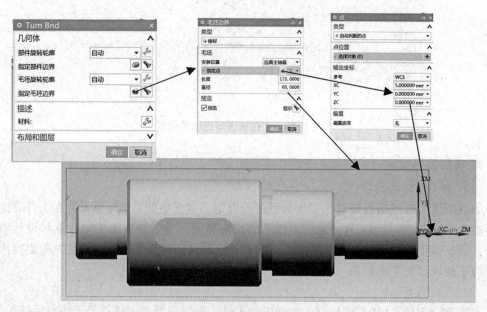

图 3-22　车削毛坯的设置

（3）刀轨规划。

首先进行安全面设置，在 NX 软件中，对于车削而言，安全面是一个圆柱形的"桶形"面，它可以通过定义半径或指定点来获取其径向安全位置。图 3-23 显示刀轨从出发点出发到最后返回起点的整个过程，刀具在返回起点或者切换到下一个刀轨起点的空行程上能够返回径向某个足够安全的位置，这样可保证空行程退到安全高度，同时也能够为转移至下一个区域加工起点做好准备。在 NX 软件的几何体按钮后选择"避让几何体"，设置"径向安全平面"。

在安全面设置的几何体下面定义的工序，其空行程的刀轨均按照该安全面进行规划。切削的路径规划是通过工序定义界面进行的，主要是定义车削刀轨样式，各种车削刀轨样式主要取决于加工阶段，如粗车、精车、车槽等，在此基础上细分，可考虑加工效率与表面质量的要求，如粗车刀轨包括单向线性、往复线性、倾斜单向、轮廓车削等多种样式，精车刀轨由于切削余量很小，其刀轨设置样式较少。刀轨还需要设置切削方向，如图 3-23 所示的粗车方向为 XM 的 180°夹角方向，每次进刀的切削深度为 2 mm。软件系统根据该设置规划切削刀轨。

还需要对非切削移动刀轨进行定义，对于本例而言，需要定义本道工序的起点、逼近刀轨、退刀返回等。

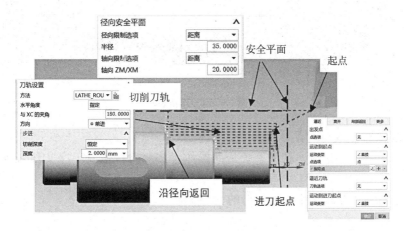

图 3-23 刀轨设置

如不设置切削区域，软件系统默认所选中的切削方法对可适用的所有工件区域进行加工，因此要对切削区域进行设置，可在工件轴向与径向设置切削区域。一般而言，车削在轴向划分切削区域，NX 软件提供在加工平面内的投影剪切设置。如图 3-24 所示的粗车外圆，其切削区域为工件右端面到大圆右轴肩的所有表面，可看作工件投影剪切毛坯投影，故设置轴向修剪平面的轴向终止点。

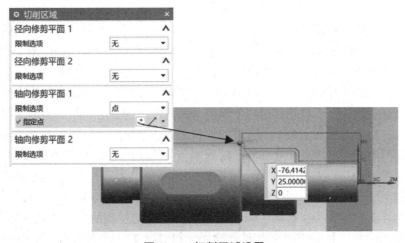

图 3-24 切削区域设置

（4）切削用量设置。

根据前述在工序中对主轴转速、进给量进行设置。

（5）刀轨验证与仿真切削。

CAM 软件显示各道工序的刀轨，并提供刀轨的仿真运动过程，其间还可进行过切检查与碰撞检查，帮助编程者直观地检查刀轨的可行性。刀轨仿真如图 3-25 所示。

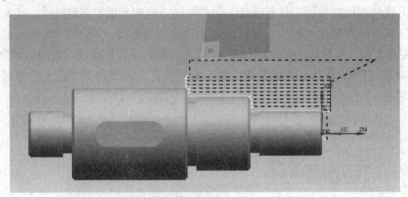

图 3-25　刀轨仿真

（6）工序文件生成与后置处理。

当工序刀轨确认无误后，软件系统帮助操作者按照模板生成工序文件与 APT 编程语言描述的工序过程。然而，APT 语言的程序通常不能直接在数控机床上运行，需要针对具体的数控系统进行后置处理，生成可执行的 G 代码程序。

## 3.4　计算机辅助铣削数控编程

### 3.4.1　铣削参数选择

#### 1. 顺铣与逆铣

在加工过程中，铣刀的进给方向有两种：顺铣和逆铣。对着刀具的进给方向看，如果工件位于铣刀进给方向的左侧，则进给方向定义为顺时针，当铣刀旋转方向与工件进给方向相同时，即为顺铣，如图 3-26（a）所示。如果工件位于铣刀进给方向的右侧，则进给方向定义为逆时针，当铣刀旋转方向与工件进给方向相反，即为逆铣，如图 3-26（b）所示。顺铣时，刀齿开始和工件接触时，切屑厚度最大，且从表面硬质层开始切入，刀齿受到很大的冲击载荷，铣刀变钝较快，刀齿切入过程中没有滑移现象。逆铣时，切屑由薄变厚，刀齿从已加工表面切入，对铣刀的磨损较小。逆铣时，铣刀刀齿接触工件后不能马上切入金属层，而是在工件表面滑动一小段距离，且在滑动过程中，由于强烈的摩擦产生大量的热量，同时在待加工表面易形成硬化层，刀具的耐用度降低，影响工件表面粗糙度，给切削带来不利影响。一般情况下，应尽量采用顺铣加工，以降低被加工零件表面粗糙度，保证尺寸精度。此外，顺铣的功耗要比逆铣小，在同等切削条件下，顺铣比逆铣的功耗要低 5%～15%，同时顺铣也更有利于排屑。但在切削面上有硬质层、积渣以及工件表面凹凸不平较显著的情况下，应采用逆铣，例如加工锻造毛坯。

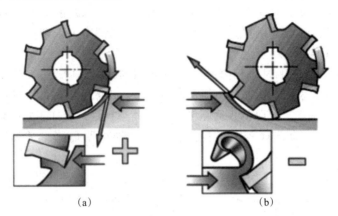

（a） （b）

**图3-26 顺铣与逆铣**

（a）顺铣；（b）逆铣

### 2. 切削用量选择

铣削为多齿切削，在考虑加工效率、机床功率、表面质量因素时，根据其特点参数计算公式如表3-7所示。

**表3-7 数控铣削用量计算公式**

| 切削用量 | 计算公式 | 参数 |
|---|---|---|
| 工作台进给速度/（mm·min⁻¹） | $v_f = f_z \times n \times z_c$ | |
| 切削速度/（m·min⁻¹） | $v_c = \dfrac{\pi \times D_{cap} \times n}{1\,000}$ | |
| 主轴转速/（r·min⁻¹） | $n = \dfrac{v_c \times 1\,000}{\pi \times D_{cap}}$ | 符号　名称　单位<br>$a_e$　切削宽度　mm<br>$a_p$　切削深度　mm<br>$D_{cap}$　$a_p$对应的　mm |
| 每齿进给量/mm | $f_z = \dfrac{v_f}{n \times z_c}$ | 切削直径<br>$f_z$　每齿进给量　mm |
| 每转进给量/（mm·r⁻¹） | $f_n = \dfrac{v_f}{n}$ | $v_c$　切削速度　m/min<br>$z_c$　有效齿数 |
| 金属去除率/（cm³·min⁻¹） | $Q = \dfrac{a_p \times a_e \times v_f}{1\,000}$ | $h_m$　平均切屑厚度　mm |
| 单位切削力 | $k_c = k_{c1} \times \left(\dfrac{1}{h_m}\right)^{m_c} \times \left(1 - \dfrac{\gamma_0}{100}\right)$ | $\kappa_r$　主偏角　度（°）<br>$\gamma_0$　有效前角　度（°） |
| 扭矩/（N·m） | $\dfrac{P_c \times 30 \times 10^3}{\pi \times n}$ | |
| 净功率/kW | $P_c = \dfrac{v_c \times a_p \times f_n \times k_c}{60 \times 10^3}$ | |

（1）切削深度主要由机床、工件和刀具的刚度决定。如果条件许可，最好一次切净余量，提高加工效率。为了改善表面粗糙度和加工精度，也可以留少量余量，如 0.2 ~ 0.5 mm，最后精取余量。若切削宽度和深度越大，则切削力、残余应力、振动越大，加工表面粗糙度越高，精度越低。

（2）切削宽度是指加工时每相邻两切削行之间的距离，即端铣时工件被切部分宽度，又称为行距，一般用$a_e$表示。粗加工切削宽度由刀具、机床、零件的刚性决定；精加工可根据零件的表面粗糙度确定。要降低表面粗糙度，可缩小行距，但加工效率降低。因此，在保证行距不变的前提下，应选择较大半径的刀具，这样可明显降低残留高度，如图 3-27 所示。

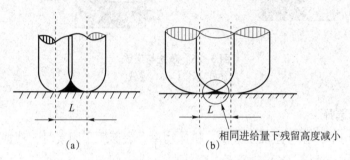

相同进给量下残留高度减小

（a）　　　　　　　　　　　（b）

**图 3-27　切削宽度与刀具半径、残留高度的关系**
（a）较小半径刀具切削的残留高度；（b）较大半径刀具切削的残留高度

（3）主轴转速的确定要根据切削材料、切削力的大小，配合刀具商家提供的切削参数查表计算。主轴转速与刀具切削线速度有关。刀具切削线速度可通过刀具厂商提供的切削数据表查询，它与刀具材料、被切削材料、切削深度、切削宽度、冷却状态等有关。

（4）进给速度是指刀具每分钟移动的距离，也称为进给量，程序中一般采用 $F$ 表示。应根据零件的加工精度和表面粗糙度要求以及刀具和工件材料选择。

### 3.4.2　二维轮廓数控加工

**1. 二维轮廓数控加工特点**

二维轮廓数控加工在数控加工中所占的比重很大，二维轮廓通常是指垂直于刀轴平面的二维曲线轮廓，一般为 XM-YM 平面的曲线轮廓、平面。二维轮廓数控加工中主要是垂直于刀轴平面的二坐标加工，刀轴轴向运动时，机床只做单坐标运动。

**2. 二维轮廓数控加工的应用范围**

一般来说，二维轮廓数控加工方法可加工大部分规则形状非曲面类零件。二维轮廓数控加工主要应用在以下几个方面。

（1）平面。

平面铣范围是平面轮廓、平面孤岛或有垂直台阶的平面（方肩铣）。平面铣的刀具轨迹规划在二维轮廓加工中具有代表性。在 NX 软件中，可选择底壁铣、平面铣、手工平面铣等方法，平面与台阶的铣削轨迹分为跟随部件与跟随周边两种。

跟随部件［见图 3-28（a）］认为平面内外边界都是部件，按照内外边界做等距偏置，交叉处进行修剪；刀轨步进的行进方向为朝向部件，即朝向内外边界行进。下刀点总是位于离内外边界最远的位置，所以是非常安全的。

跟随周边［见图3-28（b）］的周边指的是零件、毛坯或修剪边界中最外侧的边界。刀轨计算方法是按照最外侧的边界向内做等距偏置，步进的行进方向分向内和向外。设置为向内时，下刀点由轮廓外侧向内步进，设置为向外时，下刀点由轮廓中心向外侧步进［见图3-28（c）］。跟随周边的优点是刀具轨迹计算不考虑轮廓边缘的约束，刀具轨迹比较规则，其缺点是平面轮廓在遇到凸起或下凹台阶时必须小心处理。

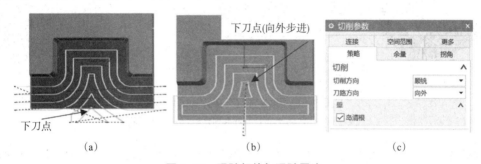

图3-28　跟随部件与跟随周边
（a）跟随部件；（b）跟随周边；（c）步进的行进方向选择

计算外轮廓线的等距线，存在尖点过渡的选取方式，通常有尖角过渡和圆角过渡两种方式，如图3-29所示。

采用延伸法进行尖角过渡［见图3-29（a）］时刀具在尖点空切处容易退刀、进刀，容易保证尖角，尖角较小时，必然造成很长距离的空切，且尖角处容易造成进给速度与方向的切换，不利于提高加工效率与表面质量的一致性；采用图3-29（b）所示的方式可以减少锐角空切行程，但是无法避免进给速度与方向的切换；圆角过渡［见图3-29（c）］可以使轨迹距离最短，但刀具外侧面绕尖点切削，有时难以保证尖角。这三种方式各有所长，因此要根据需加工零件的具体要求灵活运用。但是，从工程和工艺角度来讲，工件尖角经常做倒角处理。因此，可以说圆角过渡方式最常用。

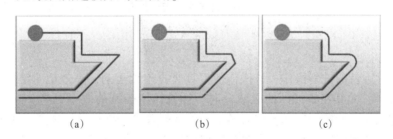

图3-29　尖角过渡方式
（a）延伸法尖角过渡；（b）延伸并修剪法尖角过渡；（c）圆角过渡

二维型腔分为简单型腔和带岛型腔，型腔铣用于粗加工型腔或型芯区域。它根据型腔或型芯的形状，将要切除的部位在深度方向上分成多个切削层进行切削，型腔铣可用于加工侧壁与底面不垂直的部位。

（2）型腔铣。

型腔铣是最基本的铣削加工形式，主要用于粗加工，可以切除大部分毛坯材料，几乎适用于加工任意形状的几何体，可以应用于大部分的粗加工和直壁，以及斜度不大的侧壁的精加工，也可以用于清根操作。型腔铣以固定刀轴快速而高效地粗加工平面和曲面类几何体。型腔铣和平面铣一样，刀具是侧面的刀刃对垂直面进行切削，底面的刀刃切削工件底面的材料，不同之处在于定义切削加工材料的方法不同。平面铣主要定义平面轮廓边界，而型腔铣主要利用实体的表面、片体或曲线定义加工区域。型腔铣定义实体加工区域如图 3-30 所示。

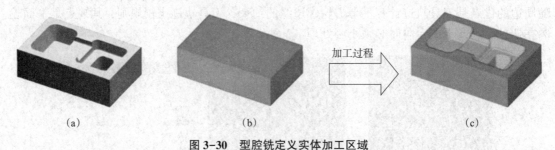

图 3-30　型腔铣定义实体加工区域

（a）部件几何体；（b）毛坯几何体；（c）加工结果

型腔铣的刀具轨迹可设置为深度优先 ［见图 3-31 （a）］ 与层优先 ［见图 3-31 （b）］。深度优先方式下，刀具轨迹将优先计算局部型腔形状，以局部型腔加工为优先。深度优先适用于复杂型腔加工 ［见图 3-31 （c）］，减少局部型腔之间的跨越切削行程，提高加工效率；而层优先适用于大面积简单型腔切削，型腔内部无特殊形状，层优先方式易于获得一致的表面质量，加工效率高。

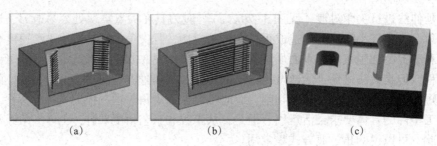

图 3-31　深度优先与层优先

（a）深度优先；（b）层优先；（c）复杂型腔加工

（3）插铣。

插铣是一种独特的铣削操作，该操作使刀具竖直连续运动，高效地对毛坯进行粗加工。在切除大量材料（尤其在非常深的区域）时，插铣比型腔铣的效率更高。插铣加工的径向力较小，这样就有可能使用更细长的刀具，而且保持较高的材料切削速度。插铣是金属切削最有效的加工方法之一，对于难加工材料的曲面加工、切槽加工以及刀具悬伸长度较大的加工，其加工效率远远高于常规的层铣加工。

如图 3-32 所示，刀具在 ZM-YM 平面内沿 ZM 轴进行主要切削进给，沿 YM 轴进行连续进给，两轴数控即可完成。

（4）等高轮廓铣。

等高轮廓铣是一种固定的轴铣削操作，通过多个切削层加工零件表面轮廓。在等高轮廓铣操作中，除了可以指定部件几何体外，还可以指定切削区域作为部件几何体的子集，方便限制切削区域。如果没有指定切削区域，则对整个零件进行切削。在创建等高轮廓铣路径时，系统自动追踪零件几何形状，检查几何体的陡峭区域，定制追踪形状，识别可加工的切

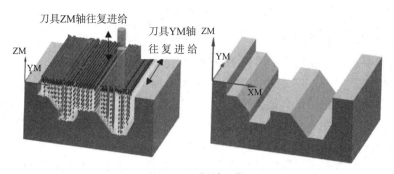

图 3-32 插铣刀轨

削区域，并在所有的切削层上生成不过切的刀轨。等高轮廓铣的一个重要功能就是能够指定"陡角"，以区分陡峭与非陡峭区域，因此可以分为一般等高轮廓铣和陡峭区域等高轮廓铣。如图 3-33 所示的零件中有陡峭区域与非陡峭区域，等高线刀轨设置时，陡峭空间范围设置为"仅陡峭的"，角度为 45°，即小于 45°的侧壁不进行切削。刀轨算法即判断非陡峭区域，当等高线切削接近非陡峭区域时，通过非切削移动避开该区域后继续进行等高线切削。

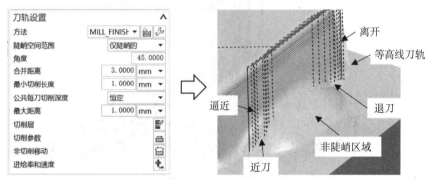

图 3-33 等高线刀轨设置

（5）孔加工。

孔加工包括钻孔（Drilling）、铰孔（Reaming）、镗孔（Boring）和攻螺纹（Tapping）等操作，要求的几何信息仅为平面上的二维坐标点，孔的大小一般由刀具保证（大直径孔的铣削加工除外）。孔加工常采用固定循环指令进行加工，图 3-34 所示为常见的孔加工类型。

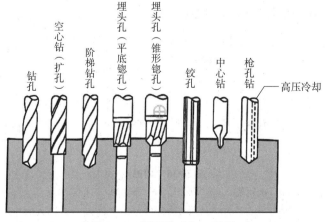

图 3-34 常见的孔加工类型

### 3.4.3　三坐标数控编程

绝大多数需要进行数控加工的零件为空间曲面，需用两轴以上的机床联动方可实现，而三坐标加工可以加工 80% 左右的曲面零件。三坐标加工中，一个显著的特点是刀轴方向是固定的，要么是竖直方向，要么是水平方向，分别对应的是立式三坐标加工机床和卧式三坐标加工机床。另一个特点是机床可以实现三个方向的联动加工，即 $X$、$Y$ 和 $Z$ 三个方向的同步运动，从而可实现曲线和曲面加工。

三坐标加工的应用领域较为广泛，可用于以下零件或特征的加工：①点位加工；②空间曲线槽加工；③曲面区域加工；④组合曲面加工；⑤曲面交线区域加工；⑥曲面间过渡区域加工；⑦裁剪曲面加工；⑧复杂多曲面加工；⑨曲面型腔加工。

**1. 三坐标加工参数**

图 3-35 所示为一个典型的三坐标加工自由曲面示意图。

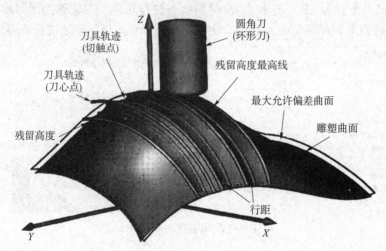

**图 3-35　典型的三坐标加工自由曲面示意图**

（1）切触点。

切触点是指刀具在加工过程中与被加工零件曲面的理论接触点。对于曲面加工，不论采用什么刀具，从几何学的角度来看，刀具与加工曲面的接触关系均为点接触。图 3-36 给出了几种不同刀具在不同加工方式下的切触点。

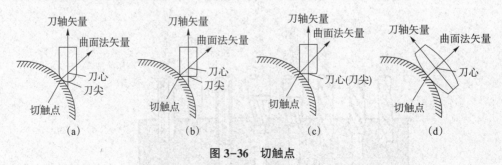

**图 3-36　切触点**

（a）球头刀；（b）环形刀；（c）平底端刀；（d）鼓形刀

（2）切触点曲线。

切触点曲线是指刀具在加工过程中由切触点构成的曲线。切触点曲线是生成刀具轨迹的基本要素，既可以显式地定义在加工曲面上，如曲面的等参数线、两曲面的交线等，也可以隐式定义，使其满足一些约束条件，如约束刀具沿导动线运动。而导动线的投影可以定义刀具在加工曲面上的切触点，还可以定义刀具中心轨迹，切触点曲线由刀具中心轨迹隐式定义。这就是说，切触点曲线可以是曲面上实在的曲线，也可以是对切触点的约束条件所隐含的"虚拟"曲线。

（3）刀位点数据。

刀位点数据是指准确确定刀具在加工过程中每一位置所需的数据。一般来说，刀具在工件坐标系中的准确位置可以用刀具中心点和刀轴矢量来进行描述，其中刀具中心点可以是刀心点，也可以是刀尖点，视具体情况而定。

（4）刀具轨迹曲线。

刀具轨迹曲线是指在加工过程中由刀位点构成的曲线，即曲线上的每一点包含一个刀轴矢量。刀具轨迹曲线一般由切触点曲线定义刀具偏置计算得到，计算结果存放于刀位文件中。

（5）导动规则。

导动规则是指曲面上切触点曲线的生成方法（如参数线法、截平面法）及一些有关加工精度的参数，如步长、行距、两切削行间的残留高度、曲面加工的盈余容差和过切容差等。

（6）残留高度。

残留高度是指相邻两行刀具轨迹加工后留下的零件面相对于理论设计曲面的最大高度。

（7）刀具偏置。

刀具偏置是指由切触点生成刀位点的计算过程。

**2. 三坐标加工刀具轨迹生成方法**

（1）参数线法。

参数线法是多坐标数控加工中生成刀具轨迹的主要方法，特点是切削行沿曲面的参数线分布，即切削行沿 $u$ 线或 $v$ 线分布，适用于网格比较规整的参数曲面的加工。参数域内一点与零件面的对应关系如图3-37所示。

以 CAD/CAM 软件中参数线法常用的等参数曲线为例，其刀具轨迹的生成可分为三个步骤。

第一步：根据第一行第一个切触点计算当前刀位点。

第二步：根据当前刀位点计算同一切削行内的下一个刀位点。

第三步：计算下一行的第一个刀位点。然后以此类推计算所有切削行的刀位点。

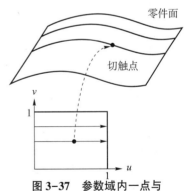

图3-37 参数域内一点与零件面的对应关系

假设一个环形刀刀具半径为 $R_2$，刀具圆角半径为 $R_1$，加工内容差为 $\tau_i$，加工外容差为 $\tau_o$。三坐标加工曲面示意图如图3-38所示，其中 $r_{CL}$ 为刀位点，$r_{CC}$ 为切触点，三坐标的刀位点计算公式如式（3.10）所示。注意此公式没有考虑加工余量。

$$\begin{cases} r_{CL}=r_{CC}+R_1 \cdot n+(R_2-R_1) \cdot \dfrac{n-(a \cdot n) \cdot a}{\sqrt{1-(a \cdot n)^2}}, \ a \cdot n \neq 1 \\ r_{CL}=r_{CC}+R_1 \cdot a \perp (R_2-R_1) \cdot f, \ a \cdot n=1 \end{cases} \quad (3.10)$$

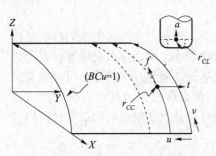

图 3-38 三坐标加工曲面示意图

式中 $a$——刀轴矢量，在三坐标加工中，$a=(0,0,1)$；

$f$——切触点沿进给方向的单位切矢；

$n$——当前曲面上切触点的单位法矢。

式（3.10）中，从坡底部向坡顶部方向进行向上铣的过程采用"—"，从坡顶部向坡底部进行向下铣的过程采用"+"，且有 $t=f×n$。

在计算步长和行距时，首先，需要分别计算出切触点处沿进给方向 $f$ 和沿 $t$ 方向的曲率半径 $R_f$ 和 $R_t$，凸曲面为正，凹曲面为负。然后，分别计算出所用环形刀在切触点处沿进给方向 $f$ 和沿 $t$ 方向的有效半径 $p_f$ 和 $p_t$。因此，进给方向的步长计算可采用式（3.11）和式（3.12）：

$$\lambda_{CC}=2R_f\cdot\{1-[(R_f+p_f-\tau_i)/(R_f+p_f)]^2\}^{1/2} \tag{3.11}$$

$$\lambda_{CL}=2[2\tau_i\cdot(R_f+p_f)-\tau_i^2]^{1/2} \tag{3.12}$$

行距的计算公式为

$$\omega_{CC}=\frac{|R_t|\sqrt{4(R_t+p_t)^2(R_t+\eta)^2-[R_t^2+2R_tp_t+(R_t+\eta)^2]^2}}{(R_t+p_t)(R_t+\eta)} \tag{3.13}$$

式中 $\eta$——加工后的残留高度，也叫坡峰高度。

刀位点之间的行距计算可用简化的式（3.14）计算：

$$\omega_{CL}=\frac{\sqrt{4(R_t+p_t)^2(R_t+\eta)^2-[R_t^2+2R_tp_t+(R_t+\eta)^2]^2}}{(R_t+\eta)} \tag{3.14}$$

在三坐标加工中，如果需要采用参数线法进行加工，可将驱动方法选择为"曲面区域"驱动，驱动几何体中指定切削方向沿 $u$ 向或 $v$ 向设置刀轨。NX 软件参数线法加工如图 3-39 所示。

图 3-39　NX 软件参数线法加工

（2）截平面法。

截平面法的基本思想是指一组截平面去截取加工表面，截出一系列交线，刀具与加工表面的切触点沿这些交线运动，完成曲面加工。

通常这组截平面为一组与刀轴平行的平行等距面，平行截面与 $X$ 轴的夹角可以为任意

角度。截平面法一般采用球头刀加工。其刀心实际是在加工表面的等距面上运动，此等距面的距离（$\Delta H$）为

$$\Delta H = R + P_s \tag{3.15}$$

式中　$R$——球头刀半径；

$P_s$——零件面所留余量，当 $P_s > 0$，留有正余量，即未加工到位；当 $P_s = 0$，即刚好加工到理论型面；当 $P_s < 0$，留有负余量，即零件加工后比理论型面小。

根据已获得的刀具切触点，无论是环形刀还是球头刀，此处都可采用式（3.10）进行刀位点的计算。在 NX 软件中采用流线驱动方式可利用截平面法进行刀轨计算，如图 3-40 所示。

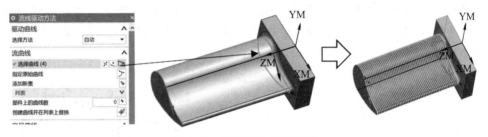

图 3-40　截平面法刀轨规划

除了前面介绍的方法外，刀具轨迹规划还有其他一些方法，例如投影法、等残留高度法、构型空间法、Z-map 法等。读者可自行查阅相关资料。

### 3.4.4　多轴数控编程

在三坐标加工基础上再增加一个旋转轴坐标，即为四坐标加工。此旋转坐标的实现根据机床的结构可以是工作台旋转或者是主轴头旋转，四坐标以上的加工统称为多轴加工。相对于三坐标加工，四坐标加工的优点是在刀具切削过程中可以实现工件绕某个旋转轴的连续调整。对可以实现回转加工的零件而言，四坐标加工通过一次装夹即可完成零件的加工，从而避免三坐标加工的翻面加工问题，提高了加工效率，可减少加工时间。

当加工需要分度零件或零件型面由始终垂直于某轴的直纹面形成的零件时，常用到四坐标数控编程。如图 3-41 所示的零件，所切的曲面槽虽然比较复杂，但是其表面为直纹面，加工中刀轴始终垂直于 ZM 轴，所以采用四坐标加工即可。

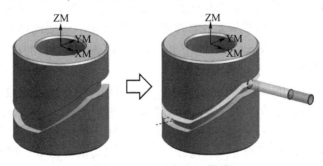

图 3-41　四坐标加工零件

四坐标加工主要应用在：①回转件的孔加工；②叶片类零件加工；③螺杆类零件加工；

④直纹面类零件加工。

多轴加工中触点的计算是完全一样的，不同的仅仅是刀轴方向。因此，参数线法、截平面法、投影法等都可以应用到四坐标加工中。在 CAM 软件编程中，例如 NX 软件，其四坐标加工编程与五坐标加工编程提供了多种刀轴的定义方法，其中专用的四坐标加工的刀轴定义包括：四坐标，垂直于部件（零件面法矢）；四坐标，垂直于驱动体（驱动面法矢）；四坐标，相对于部件（相对于零件面）；四坐标，相对于驱动体（相对于驱动面）。这四种刀轴设定方式都需要指定一个旋转轴，通过指定矢量的方式来确定。旋转轴方向一定要和机床的旋转工作台所绕的旋转轴方向平行，也就是说，如果机床旋转工作台绕 Z 轴旋转，那么在编程时的旋转轴必须沿着加工坐标系的 Z 轴方向。刀具将以指定的旋转角绕旋转轴进行旋转，刀轴旋转前的位置与当前切触点所在零件面或驱动面的法矢有关。此外，四坐标加工的刀轴也可选用"侧刃驱动体"，切削方向沿曲面边界切向设置，如图 3-42 所示。

**图 3-42　刀轴按侧刃驱动体设置**

五坐标加工又比四坐标加工增加了一个控制坐标。三坐标加工仅能实现 X、Y、Z 三个坐标轴的联动，而四坐标加工在三坐标加工的基础上增加了一个绕 X 轴旋转的 A 坐标或绕 Y 轴旋转的 B 坐标或绕 Z 轴旋转的 C 坐标；五坐标加工在三坐标加工的基础上增加了两个坐标，或者是 A、B 坐标，或者是 A、C 坐标，或者是 B、C 坐标。当零件面加工必须考虑刀心三轴联动加刀轴摆动时，常用到五坐标加工。从理论上讲，五坐标加工可完成任意型面的加工，但实际上还受刀具、机床等因素的制约。与三坐标加工相比，五坐标加工有很多优势，包括更快的材料去除率，更高的加工表面质量，更少的手工操作。五坐标加工主要应用于某些狭窄通道及在 Z 坐标方向上不单调的某些曲面，有时在不增加辅助夹具的前提下，加工空间斜孔和斜平面，利用五坐标数控编程，可一次装夹完成所要求的加工面，缩短了工期，减少了夹具和装夹误差。

五坐标加工走刀路线的规划除了可以沿用三坐标加工中的刀具轨迹生成方法外，有时还要考虑采用其他方法进行计算。在三坐标中无法加工到的位置，在考虑干涉检查情况下，五坐标加工就可以做到。例如在 NX 软件中，在五坐标加工中，常用的驱动方法有曲面方法、边界方法、曲线或点方法、螺旋方法、流线方法、径向切削方法等，可用于不同的加工要求。曲面方法、边界方法、曲线或点方法的应用类似于三坐标加工。螺旋方法适用于回转类加工的零件，例如叶片类零件。流线方法适用于加工叶轮等零件的轮毂面或流线面。如图 3-43 所示的叶轮加工，其中 A 面的特征是上边缘与下边缘所占周长比例相同，并符合流线拓扑模型，即为流线面，采用可变流线铣；$B$、$C$ 面为叶片侧面，便于进行曲面建模，故采用曲面驱动铣。

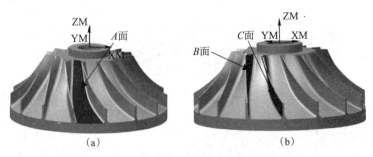

图 3-43 叶轮五坐标铣

（a）可变流线铣区域；（b）曲面驱动铣区域

NX 软件提供了丰富的可变轴轮廓铣方法，这些方法的刀轨计算在设置时驱动方法、刀轴和投影矢量三个参数相辅相成，通过不同的搭配会有不同的结果，读者可参考相关资料进行学习。

## 3.5 后置处理

### 3.5.1 后置处理的一般过程

在数控编程中，将刀具轨迹计算过程称为前置处理。前置处理系统将刀具轨迹计算统一在工件坐标系中进行，经计算产生刀位文件。刀位文件不能直接控制数控机床加工，必须将前置处理系统计算所得的刀位数据转换成指定机床能执行的程序代码，该过程称为后置处理。

手工编程方法根据零件的加工要求与所选数控机床的数控指令集直接编写数控程序，并将程序输入数控机床的控制系统中，不用经过后置处理即可控制加工。数控加工中经常面临的复杂零件，特别是曲面类零件，由于数据量庞大和刀位轨迹计算算法复杂等，无法采用手工编程方法进行编程，而采用数控编程软件系统进行刀位让算，必须面向具体机床进行后置处理。

后置处理是将刀位文件转换为数控机床可用的数控加工程序的过程。数控加工程序中包含的工艺及技术信息包括切削参数设定、坐标轴位移与方向，以及其他辅助动作，如原点设定、装刀、换刀、冷却、走刀起停和各种固化动作。将刀位文件中包含的所有信息按设备特性进行转换，并增补加工程序所必需的附加指令，即构成完整数控加工程序。后置处理过程原则上是解释执行，分析该记录类型是运动指令还是非运动指令，根据记录类型确定是否进行指令数据转换，然后进行文本格式转换，生成一众完整的数控程序段，并写到数控程序文件中，直到刀位文件结束。

如图 3-44 所示的工件，通过 NX 软件规划计算刀具轨迹后，生成表 3-8 所示的刀位文件。

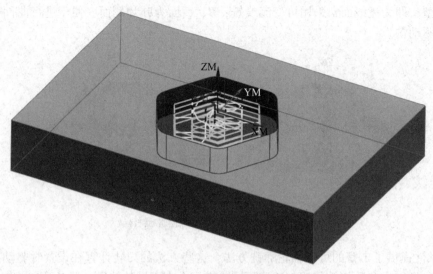

图 3-44　型腔铣刀具轨迹

表 3-8　刀位文件示例

| 行号 | 程序 | 说明 |
|---|---|---|
| 1 | TOOL PATH/CAVITY_MILL，TOOL，D6R0 | 指明刀位文件的加工过程名（Operation）和刀具名 |
| 2 | TLDATA/MILL，6.0000，0.0000，30.0000，0.0000，0.0000 | 刀具类型和参数，分别代表刀具直径、底刃半径、刀具长度、侧刃斜度、底刃斜度 |
| 3 | MSYS/0.0000，0.0000，10.0000，1.0000000，0.0000000，0.0000000，0.0000000，1.0000000，0.0000000 | 加工坐标系信息，包含一个点位坐标和两个单位矢量。点位坐标指明编程原点在绝对坐标系中的坐标位置，两个单位矢量第一个是编程坐标系的 $X$ 轴在绝对坐标系中的矢量方向，第二个是 $Y$ 轴 |
| 4 | PAINT/PATH | 在 CAM 软件中显示刀具轨迹 |
| 5 | PAINT/SPEED，10 | 在 CAM 软件中显示的速度 |
| 6 | LOAD/TOOL，1，ADJUST，1 | 加载刀具，数字 1 表示要加载的是刀具库中编号为 1 的刀具。ADJUST 是校准刀具位置和尺寸的指令。数字 1 表示校准切削刃的位置和长度 |
| 7 | PAINT/COLOR，186 | 在 CAM 软件中显示的颜色，用颜色来区分程序段刀轨 |
| 8 | RAPID | 快速移动 |
| 9 | GOTO/-1.9024，0.5082，3.0000，0.0000000，0.0000000，1.0000000 | 直线插补，并给出刀轴方向 |
| 10 | PAINT/COLOR，42 | 标出刀轨颜色 |

续表

| 行号 | 程序 | 说明 |
|---|---|---|
| 11 | FEDRAT/MMPM，2500.0000 | 指定进给速度 |
| 12 | CIRCLE/0.0000，−1.4077，−0.9800，0.0000000，0.0000000，−1.0000000，2.7000，0.0400，0.5000，6.0000，0.0000 | 圆弧插补，参数包括圆心坐标（0，−1.4077，−0.98）、圆回转轴的矢量（0，0，−1）、圆半径（2.7）、圆插补精度（0.04）和其他参数 |
| 13 | GOTO/0.0000，1.2923，−0.9800 | 圆弧插补终点 |
| 14 | PAINT/COLOR，31 | 标出刀轨颜色 |
| …… | …… | …… |
| 242 | GOTO/3.7172，−2.1462，−4.9000 | 直线插补 |
| 243 | GOTO/3.7172，−2.1462，−1.9000 | 直线插补 |
| 244 | PAINT/COLOR，211 | 标出刀轨颜色 |
| 245 | RAPID | 快速移动 |
| 246 | GOTO/3.7172，−2.1462，3.0000 | 直线插补 |
| 247 | PAINT/SPEED，10 | 显示的速度 |
| 248 | PAINT/TOOL，NOMORE | 在 CAM 软件中结束显示 |
| 249 | END OF PATH | 刀位文件结束 |

该刀位文件中包含的指令有 TOOL PATH、TOOL、TLDATA、MSYS、PAINT、GOTO、FEDRAT、CIRCLE 和 END OF PATH，子指令有 SPEED、COLOR、MMPM、MILL、PATH，各关键指令的意义和处理方式如表3-9所示。

表3-9 刀位文件各关键指令的意义和处理方式

| 序号 | 关键指令 | 参数意义 | 后置处理文字 |
|---|---|---|---|
| 1 | TOOL PATH | 文件开始标志 | 开始后置处理，输出程序头 |
| 2 | TOOL | 指定刀具名称 | 读取其后的刀具名字 |
| 3 | TLDATA | 刀具详细参数 | 可作为加工程序注释 |
| 4 | MILL | 刀具类型 | 铣刀 |
| 5 | MSYS | 加工坐标系在造型文件绝对坐标系中的定义 | 不做输出 |
| 6 | PAINT | 显示参数 | 不做输出 |
| 7 | GOTO | 直线插补 | 输出直线运动指令 |
| 8 | FEDRAT | 进给速度 | 输出指定的进给速度 |
| 9 | CIRCLE | 圆弧插补 | 输出圆弧运动指令 |
| 10 | END OF PATH | 刀位文件结束标志 | 输出程序尾，结束后置处理 |

| 序号 | 关键指令 | 参数意义 | 后置处理文字 |
|---|---|---|---|
| 11 | SPEED | 在刀具轨迹编辑中显示刀具轨迹的回放速度 | 不做输出 |
| 12 | COLOR | 在刀具轨迹编辑中显示刀具轨迹的颜色 | 不做输出 |
| 13 | MMPM | 进给速度的单位 | 公制毫米每分钟 |
| 14 | PATH | 在刀具轨迹编辑中开始显示刀具轨迹 | 不做输出 |

该刀位文件通过 NX 软件通用后置处理，得到表 3-10 所示的数控指令程序文件。

表 3-10　后置处理结果示例

| 行号 | 程序 | 说明 |
|---|---|---|
| 1 | % | 程序分隔符 |
| 2 | N0010 G40 G17 G90 G71 | 清空上个程序的设置：刀具半径补偿、选择 X-Y 平面、选择绝对进给、选择毫米作为长度的计量单位 |
| 3 | N0020 G91 G28 Z0.0 | Z 轴回到原点位置 |
| 4 | N0030 T01 M06 | 换 T01 刀具 |
| 5 | N0040　G0　G90　X.0201　Y - .0749　B0.0 S1500 M03 | 快速移动到绝对坐标 X.0201 Y-.0749，主轴转速 1 500 r/min，正转 |
| 6 | N0050 G43 Z.1181 H06 | 刀具长度补偿 |
| 7 | N0060 G3 X-.0441 Y-.0254 Z-.0386 I.0279 J.1026 K.0285 F49.2 | 圆弧插补，进给量 49.2 mm |
| 8 | N0070 G1 X-.0294 Y-.0509 F9.8 M08 | 直线插补，开冷却液 |
| …… | …… | …… |
| 150 | N0320 G0 Z.1181 | 沿 Z 轴快速移动 |
| 151 | M02 | 程序结束 |
| 152 | % | 程序分隔符 |

上述数控指令文件可通过网络上传或拷贝到数控机床控制器中执行。主要执行指令又称 G 指令或 G 功能，由字母 G 及其后的二位或三位数字组成。常用的 G 指令有从 G00 到 G99 共 100 种，很多现代数控系统的准备功能已经扩大至 G150。G 指令的主要作用是指定数控机床运动方式，为数控系统的插补运算做好准备。各种 G 指令的规定如表 3-11 所示。

**表 3-11 ISO 标准对准备功能 G 指令的规定**

| 代码 | 功能 | 说明 | 代码 | 功能 | 说明 |
|------|------|------|------|------|------|
| G00 | 点定位 | | G57 | $X$-$Y$ 平面直线位移 | |
| G01 | 直线插补 | | G58 | $X$-$Z$ 平面直线位移 | |
| G02 | 顺时针圆弧插补 | | G59 | $Y$-$Z$ 平面直线位移 | |
| G03 | 逆时针圆弧插补 | | G60 | 准确定位（精） | 按规定公差定位 |
| G04 | 暂停 | 执行本段程序前暂停一段时间 | G61 | 准确定位（中） | 按规定公差定位 |
| G05 | 不指定 | | G62 | 快速定位（粗） | 按规定的较大公差定位 |
| G06 | 抛物线插补 | | G63 | 攻丝 | |
| G07 | 不指定 | | G64~G67 | 不指定 | |
| G08 | 自动加速 | | G68 | 内角刀具偏置 | |
| G09 | 自动减速 | | G69 | 外角刀具偏置 | |
| G10~G16 | 不指定 | | G70~G79 | 不指定 | |
| G17 | 选择 $X$-$Y$ 平面 | | G80 | 取消固定循环 | 取消 G81~G89 的固定循环 |
| G18 | 选择 $Z$-$Y$ 平面 | | G81 | 钻孔循环 | |
| G19 | 选择 $Y$-$Z$ 平面 | | G82 | 钻或扩孔循环 | |
| G20~G32 | 不指定 | | G83 | 钻深孔循环 | |
| G33 | 切削等螺距螺纹 | | G84 | 攻丝循环 | |
| G34 | 切削增螺距螺纹 | | G85 | 镗孔循环 1 | |
| G35 | 切削减螺距螺纹 | | G86 | 镗孔循环 2 | |
| G36~G39 | 不指定 | | G87 | 镗孔循环 3 | |
| G40 | 取消刀具补偿 | | G88 | 镗孔循环 4 | |
| G41 | 刀具补偿-左侧 | 按运动方向看，刀具在工件左侧 | G89 | 镗孔循环 5 | |
| G42 | 刀具补偿-右侧 | 按运动方向看，刀具在工件右侧 | G90 | 绝对值输入方式 | |
| G43 | 正补偿 | 刀补值加给定坐标值 | G91 | 增量值输入方式 | |
| G44 | 负补偿 | 刀补值从给定坐标值中减去 | G92 | 预置寄存 | 修改尺寸字而不产生运动 |
| G45 | 用于刀具补偿 | | G93 | 按时间倒数给定进给速度 | |
| G46~G52 | 用于刀具补偿 | | G94 | 进给速度（mm/min） | |
| G53 | 直线位移功能取消 | | G95 | 进给速度（主轴）（mm/r） | |
| G54 | $X$ 轴直线位移 | | G96 | 主轴恒线速度（m/min） | |
| G55 | $Y$ 轴直线位移 | | G97 | 主轴转速（r/min） | 取消 G96 的指定 |
| G56 | $Z$ 轴直线位移 | | G98~G99 | 不指定 | |

简单的三坐标固定轴数控加工程序后置处理是后置处理任务中最简单的一类，后置处理过程中不需要对坐标轴数据进行旋转计算，刀位文件中的轴坐标值和机床运动坐标相同，仅在不同的数控系统中对圆弧插补的指令数据按要求输出，如表 3-10 中圆弧插补圆心坐标地址字 I、J、K 需要按刀位文件数据进行计算来获得。一般而言，三坐标加工程序的刀轴方向平行于 Z 轴或 Y 轴，若平行于 Z 轴则加工平面定义为 G17，若平行于 Y 轴则加工平面定义为 G18，而平行于 X 轴、加工平面为 G19 的数控加工设备很少见。

当处理固定轴数控加工程序且刀轴和 G17、G18、G19 指定平面不垂直，或处理变轴数控加工程序时，刀位文件中的刀轴矢量必须进行对应计算处理，以获得旋转轴坐标值，其直线轴坐标值也可能需要转换，这就必须进行四坐标或五坐标数控加工后置处理。

后置处理的关键在于根据不同坐标联动控制的机床开发后置处理算法。后置处理算法主要面向数控程序运动指令的旋转轴数值计算和直线轴跟随旋转轴运动后的刀位点计算。用于后置处理的刀位文件编程坐标系必须和机床坐标系同位，否则无法直接进行后置处理，但也可以先后置处理再进行数控加工程序转换。刀位数据中的刀轴方向矢量一般按单位矢量给定，机床旋转轴在相应角度可使主轴指向刀轴矢量方向，机床旋转轴角度直接由刀轴矢量计算得出。当机床旋转轴运动后，刀尖点和工件的相对位置发生变化，刀位文件中的刀位点无法达到实际加工点，因此需要根据旋转轴运动引起的位置变化规律，计算刀位点运动后的位置，以此作为数控加工程序的直线轴刀位坐标值。

随着机电控制技术的发展，数控机床的结构类型呈现多样化。四坐标机床一般为三直线运动副加工作台旋转；五坐标机床包括三直线轴加两旋转轴的五运动副串联结构和并联机床两大类。并联机床运动副较多，结构各有不同，设计方案很多，均保证至少五个自由度，因结构不同而求解方式各异。本书所涉及的五坐标加工过程主要应用于五运动副五坐标串联机床，其根据旋转轴拓扑结构可分为三大类：双摆工作台式、双摆主轴头式和摆头摆盘式，又由旋转轴和直线轴的关系分为直摆和斜摆两类。各种结构的多坐标数控机床后置处理算法不同，读者可查阅相关书籍与论文详细了解和研究。

## 3.5.2　通用后置处理系统原理

后置处理系统分为专用后置处理系统和通用后置处理系统。前者一般是针对专用数控编程系统和特定数控机床而开发的专用后置处理程序，通常直接读取刀位原文件中的刀位数据，根据特定的数控机床指令集及代码格式将其转换成数控程序输出，这类后置处理系统在一些专用（非商品化的）数控编程系统中比较常见，这是因为其刀位原文件格式简单，不受 IGES（Initial Graphics Exchange Specification，初始图形交换规范）标准的约束，机床特性一般直接编入后置处理程序中，而不要求输入数控系统数据文件，后置处理过程的针对性很强，一般只用到数控机床的部分指令，程序的结构比较简单，实现起来也比较容易。

通用后置处理系统一般是指后置处理程序功能的通用化，要求针对不同类型的数控系统对刀位原文件进行后置处理，输出数控程序。

一般来说，一个通用后置处理系统是某个数控编程系统的子系统，要求输入的刀位原文件经刀具轨迹计算生成，其格式由该数控编程系统规定。如果某数控编程系统输出的刀位原文件格式符合 IGES 标准，那么只要其他某个数控编程系统输出的刀位原文件格式也符合 IGES 标准，该通用后置处理系统便能处理其输出的刀位原文件，即后置处理系统在不同的数控编程系统之间具有通用性。目前商品化 CAD/CAM 集成系统中数控编程系统的刀位原文件格式都符合标准的 APT 编程语言规范，它们所带的通用后置处理系统一般可以通用。

数控系统数据文件（后置处理系统中针对特定数控系统指令格式的规定文件）的格式说明附属于通用后置处理系统说明中。一般情况下，软件商提供给用户应用较为广泛的 ASCII 码编写的数控系统数据文件，或者由软件商提供给用户一个生成数控系统数据文件的交互式对话程序，用户只要运行该程序，依次回答其中的问题，便能生成一个所需数控机床的数控系统数据文件。NX 系统即采用了这种模式，一方面提供用户一个典型的数控机床数据文件（default.mdf），另一方面还提供用户一个生成数控系统的机床数据文件（.md）的交互式对话程序，用户运行该程序，依次回答其中的问题，便能生成一个特定数控系统的机床数据文件。

尽管不同类型数控机床（主要是指数控系统）的指令和程序段格式不尽相同，彼此之间有一定差异，但仍然可以找出它们之间的共性，主要体现在以下几个方面：

（1）数控程序都由字符组成；

（2）地址字符定义基本相同，如表 3-12 所示；

（3）准备功能 G 代码和辅助功能 M 代码功能的标准化；

（4）文字地址加数字的指令结合方式基本相同，如 G01、M03. F2、X103. 456. Y-25. 386；

（5）数控机床坐标轴的运动方式种类有限。

不同类型的数控机床的这些共性是通用后置处理系统设计的前提条件。

表 3-12　地址字符定义

| 字符 | 意义 | 字符 | 意义 |
|---|---|---|---|
| A | 关于 X 轴的角度尺寸 | M | 辅助功能 |
| B | 关于 Y 轴的角度尺寸 | N | 顺序号 |
| C | 关于 Z 轴的角度尺寸 | O | 程序号 |
| D | 刀具半径偏置号 | P | 平行于 X 轴的第三尺寸，或固定循环参数 |
| E | 第二进给功能 | Q | 平行于 Y 轴的第三尺寸，或固定循环参数 |
| F | 第一进给功能 | R | 平行于 Z 轴的第三尺寸，或圆弧半径等 |
| G | 准备功能 | S | 主轴转速功能 |
| H | 刀具长度偏置号 | T | 刀具功能 |
| I | 平行于 X 轴的插补参数螺纹参数导程 | U | 平行于 X 轴的第二尺寸 |
| J | 平行于 Y 轴的插补参数螺纹参数导程 | V | 平行于 Y 轴的第二尺寸 |
| K | 平行于 Z 轴的插补参数螺纹参数导程 | W | 平行于 Z 轴的第二尺寸 |
| L | 固定循环或子程序返回次数 | X, Y, Z | 基本尺寸 |

# 3.6　小结

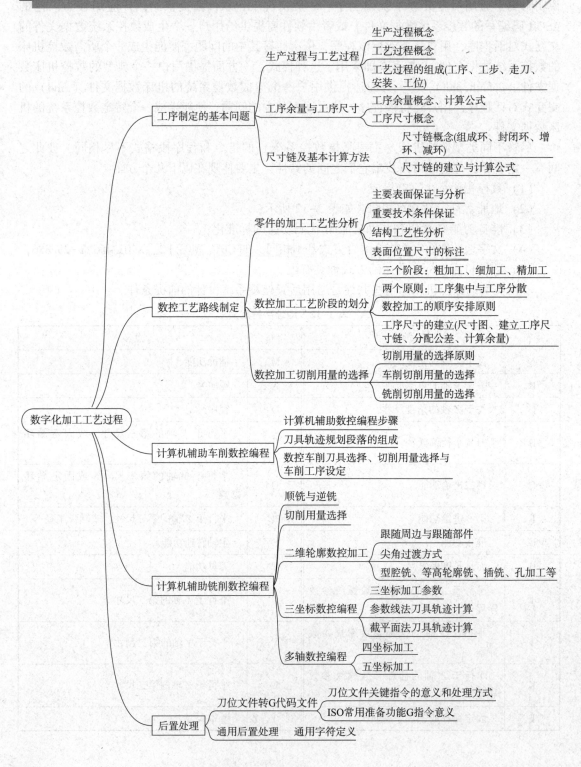

生产过程与工艺过程
- 生产过程概念
- 工艺过程概念
- 工艺过程的组成(工序、工步、走刀、安装、工位)

工序余量与工序尺寸
- 工序余量概念、计算公式
- 工序尺寸概念

尺寸链及基本计算方法
- 尺寸链概念(组成环、封闭环、增环、减环)
- 尺寸链的建立与计算公式

**工序制定的基本问题**

零件的加工工艺性分析
- 主要表面保证与分析
- 重要技术条件保证
- 结构工艺性分析
- 表面位置尺寸的标注

数控加工工艺阶段的划分
- 三个阶段：粗加工、细加工、精加工
- 两个原则：工序集中与工序分散
- 数控加工的顺序安排原则
- 工序尺寸的建立(尺寸图、建立工序尺寸链、分配公差、计算余量)

数控加工切削用量的选择
- 切削用量的选择原则
- 车削切削用量的选择
- 铣削切削用量的选择

**数控工艺路线制定**

**数字化加工工艺过程**

计算机辅助车削数控编程
- 计算机辅助数控编程步骤
- 刀具轨迹规划段落的组成
- 数控车削刀具选择、切削用量选择与车削工序设定

计算机辅助铣削数控编程
- 顺铣与逆铣
- 切削用量选择
- 二维轮廓数控加工
  - 跟随周边与跟随部件
  - 尖角过渡方式
  - 型腔铣、等高轮廓铣、插铣、孔加工等
- 三坐标数控编程
  - 三坐标加工参数
  - 参数线法刀具轨迹计算
  - 截平面法刀具轨迹计算
- 多轴数控编程
  - 四坐标加工
  - 五坐标加工

后置处理
- 刀位文件转G代码文件
  - 刀位文件关键指令的意义和处理方式
  - ISO常用准备功能G指令意义
- 通用后置处理　通用字符定义

# 3.7 习题

1. 什么是工序集中和工序分散？各有什么特点？

2. 什么是机械加工工艺过程？其组成是怎样的？

3. 什么是工序余量？影响工序余量的因素有哪些？

4. 什么是尺寸链？什么是增环、减环和封闭环？尺寸链的特征是什么？

5. 简述计算机辅助数控编程的步骤。

6. 数控编程的刀具轨迹段落一般由哪些组成？

7. 进行轮廓铣削的尖点过渡方式有哪几种？各有什么特点？

8. 什么是后置处理？

9. 请解释下列准备指令的意义：

T01 M06

G1 X-.0294 Y-.0509 F9.8 M08

G43 Z.1181 H06

G3 X-.0441 Y-.0254 Z-.0386 I.0279 J.1026 K.0285 F49.2

10. 请解释下列刀位文件语句的意义：

PAINT/PATH

PAINT/SPEED, 10

PAINT/COLOR, 186

FEDRAT/MMPM, 8000.0000

GOTO/225.0125, -83.4828, 209.3263, 0.9289708, -0.2132665, 0.3025402

CIRCLE/0.0000, -1.4077, -0.9800, 0.0000000, 0.0000000, -1.0000000, 2.7000, 0.0400,

0.5000, 6.0000, 0.0000

PAINT/TOOL, NOMORE

11. 什么是顺铣与逆铣？其优缺点是什么？

12. 数控铣削中的跟随部件与跟随周边刀具轨迹规划有何特点？

13. 多轴加工的切触点、刀位点、残余高度分别是什么？

14. 简述参数线法计算刀具轨迹的步骤。

15. 用硬质合金车刀以 $v=100$ m/min 的切削速度车削一根材料为 45 钢的轴。假设切削面积保持不变，当分别选用 $a_p=3$ mm、$f=0.3$ mm/r 和 $a_p=1.5$ mm、$f=0.6$ mm/r 的切削用量切削时，试分别求出各自的切削功率 $P_m$。

16. 使用刀尖半径为 0.2 mm 车刀进行车削，要求残余高度 $H$ 不大于 12.3 μm，求进给量 $f_n$。

17. 试指出图 3-45 中结构工艺性方面存在的问题，并提出改进意见。

18. 采用调整法加工图 3-46 所示轴上的槽面。试标注以左端面轴向定位时的铣槽工序尺寸及其极限偏差。

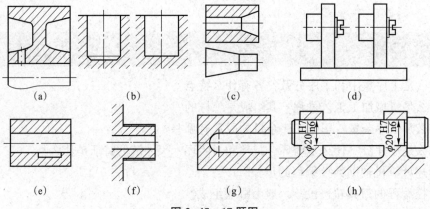

图 3-45　17 题图

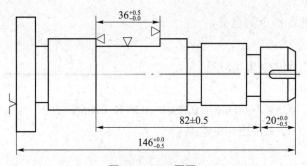

图 3-46　18 题图

19. 用环形铣刀进行三坐标铣削某固定曲率曲面局部，铣刀的法向半径为 $p_t = 2.5$ mm，法向曲率半径为 $R_t = 40$ mm，要求表面残余高度 $\eta$ 不大于 0.01 mm，求切触点行距 $\omega_{CC}$ 与刀位点行距 $\omega_{CL}$。

20. 欲加工一套筒零件，其轴向尺寸如图 3-47（a）所示，有关工序简图如图 3-47（b）、图 3-47（c）所示。试求工序尺寸 $L_1$ 和 $L_2$ 及其极限偏差。

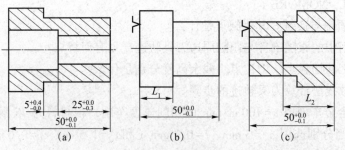

图 3-47　20 题图

# 第4章
# 加工过程的智能监测与控制

**知识目标**：了解加工过程的常用智能监测手段，包括机器视觉、无损检测等，掌握智能监测的基本原理；了解智能诊断的内容、专家系统结构，掌握智能诊断数据处理常用方法；掌握影响加工质量的因素，了解加工过程的振动及其抑制方法；了解生产过程中的智能分析与控制过程，掌握统计分析方法。

**能力目标**：能够利用机器视觉进行直线与圆的检测，能够根据加工特点选用合适的无损检测方法；能够利用聚类方法进行异常点分析与加工时域特征提取；根据工件质量问题分析其影响因素并进行主成分分析与因素分析。

## 4.1 智能检测技术

### 4.1.1 机器视觉

机器视觉（Machine Vision）是通过光学的装置和非接触的传感器自动地接收和处理一个真实物体的图像，通过分析图像获得所需信息或用于控制机器运动的装置。

机器视觉系统是一种非接触式的光学传感器，它同时集成软硬件，能够自动地从所采集的图像中获取信息或产生控制动作。一般一个典型的机器视觉系统应该包括光源、光学成像系统、图像采集系统、图像数字化模块、数字图像处理模块、智能判断决策模块和机械控制执行模块。机器视觉系统的构成如图4-1所示。

机器视觉系统是一种相对复杂的系统。制造过程中的监测对象一般是运动物体，系统与运动物体的匹配和协调动作尤为重要，所以要求系统各部分的动作和处理过程的协同时间短而准确。

虽然机器视觉应用多样，但一般都包括以下几个过程。

（1）图像采集：光学系统采集图像，图像转换成数字格式并传入计算机存储器。

（2）图像处理：处理器运用不同的算法提高对检测有重要影响的图像像素。

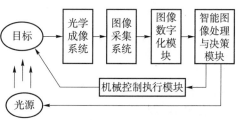

**图4-1 机器视觉系统的构成**

（3）特征提取：处理器识别并量化图像的关键特征，如位置、数量、面积等，然后将这些数据传送到控制程序。

（4）判决和控制：处理器的控制程序根据接收到的数据得出结论，如位置是否合乎规格，或者执行机构如何移动去拾取某个部件。

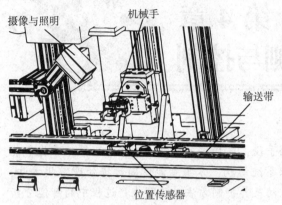

图4-2　自动化流水线的机器视觉系统

图4-2是自动化流水线的机器视觉系统。在流水线上，零件经过输送带到达位置传感器时，摄像单元立即打开照明，拍摄零件图像；机械手夹持工件偏转角度，随即图像数据被传递到处理器，处理器根据像素分布和亮度、颜色等信息进行运算来抽取目标的特征：面积、长度、数量、位置等；再根据预设的判据输出结果：尺寸、角度、偏移量、个数、合格/不合格、有/无等；通过现场总线与PLC（可编程逻辑控制器）通信，指挥执行机构（如气泵）弹出不合格产品。

## 1. 尺寸测量

无论是在产品生产过程中还是在产品生产完成后的质量检验中，尺寸测量都是必不可少的。机器视觉在尺寸测量方面具有独特的优势，包括对零部件的尺寸测量，如距离、角度、直径，以及对零部件的形状匹配，如圆形、矩形等。这种测量方法具有速度快、非接触、易于自动化和精度高的特点。相比传统的接触式测量方法，非接触式测量方法可以避免对被测对象的损坏，并适用于高温、高压、流体、危险环境等场合。机器视觉系统可以同时对多个尺寸进行测量，能够快速完成测量工作，适用于在线测量。此外，机器视觉系统还可以利用高倍镜头放大被测对象，实现对微小尺寸的测量。

一般用于尺寸测量的机器视觉系统由监视器、照明系统、图像传感器、图像采集卡、控制器、计算机、后台图像处理程序和数据库等组成。在光源的照射下，被测工件的外形尺寸检测项目信息（如高度、宽度等）被特定的背景所包围，其影像经过光学系统获取，并透过透镜滤掉杂光后聚焦在CCD（电荷耦合器件）传感器上。CCD传感器将其接收到的光学影像转换成视频信号输出给图像采集卡，图像采集卡再将数字信号转换成数字图像信息供计算机处理和显示器显示。计算机运用图像处理算法对图形数据进行处理运算，从而确定图像中需要测量的边界点的坐标，并求得被测工件的尺寸值。最后，与预先设定的标准尺寸进行比较，判断工件是否合格。同时，计算机自动统计生成检测结果，并将其保存到数据库系统中，也可以选择将测量结果通过报表系统打印输出。其基本流程如图4-3所示。

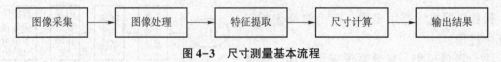

图4-3　尺寸测量基本流程

下面以openCV为例简要介绍检测过程。

（1）直线检测。

用Python语言处理图4-4所示工件，图像经过标定校正，首先转换为灰度图像。

```
# 转换为灰度图像
gray = cv2.cvtColor(img, cv2.COLOR_BGR2GRAY)
```

对图像进行二值化处理，图像二值化是将灰度图像转换为二值图像的过程，通过将图像像素值分为两个部分，使目标物体和背景更加明显。在图像二值化中，最简单的方法是全局阈值法，即将图像所有像素的灰度值与一个事先设定好的阈值进行比较，大于阈值的像素设为 255，小于阈值的像素设为 0，最终得到一个二值图像。

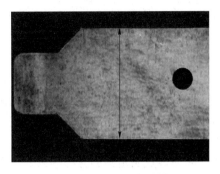

图 4-4　工件宽度测量

```
# 二值化图像
thresh = cv2.threshold(gray, 0, 255, cv2.THRESH_BINARY_INV + cv2.THRESH_OTSU)
```

进行边缘检测。边缘检测是图像处理中常用的技术之一，它能够识别出图像中的物体边缘，常用于目标检测、图像分割、视觉跟踪等领域。常用的边缘检测算法包括 Sobel、Prewitt、Canny 等。

```
# 边缘检测
edges = cv2.Canny(thresh, 50, 150, apertureSize=3)
```

进行直线检测。识别边缘中的直线。霍夫变换（Hough Transform）是一种用于图像分析的计算机视觉算法。它最初被开发用于检测直线，但后来被扩展用于检测其他形状，如圆形和椭圆形。霍夫变换的基本思想是将每个像素点在参数空间（也称为霍夫空间）中表示成一个曲线或形状，然后在这个空间中找到这些曲线或形状的交点，从而找到对应的实际图像中的形状。

对于检测直线的情况，霍夫变换将每个像素点表示为两个参数：极坐标系下的角度和与原点的距离。在参数空间中，这些像素点将构成一条直线。通过找到这个空间中的最大峰值，就可以找到原始图像中的直线。

```
# 进行直线检测
lines = cv2.HoughLines(edges, 1, np.pi/180, 200)
```

最后在直线中找到最长的两条平行直线并计算距离。

```
# 找到最长的两条平行直线
longest_lines = []
for line in lines:
    x1, y1, x2, y2 = line[0]
    if abs(x1 - x2) > abs(y1 - y2):
        longest_lines.append(line)
longest_lines.sort(key=lambda x: x[0][0])

# 计算两条直线之间的距离
distance = longest_lines[-1][0][0] - longest_lines[0][0][0]
```

（2）圆检测。

霍夫变换同样也可以用于圆检测。圆的方程可以表示为

$$(x-a)^2+(y-b)^2=r^2 \tag{4.1}$$

式中　（$a$，$b$）——圆心坐标；

$r$——半径。

将上式展开可以得到

$$x^2+y^2-2ax-2by+a^2+b^2-r^2=0 \tag{4.2}$$

可以看出，对于已知圆心坐标 $(a, b)$ 和半径 $r$ 的圆，上式左侧是一条二次曲线。

圆检测的目标就是在一张给定的图像中找到所有符合圆的方程的点。类似于直线检测，这也是一个参数空间中的问题。我们可以定义一个三维的参数空间 $(a, b, r)$，在参数空间中，每一个参数组合代表着一个圆。对于给定的图像中的一个点 $(x_i, y_i)$，在参数空间中寻找所有使该点满足圆的方程的参数组合 $(a_i, b_i, r_j)$。将这些点在参数空间中累加，得到的最大值就是图像中圆心坐标和半径的最佳估计。圆的参数空间表示如图4-5所示。

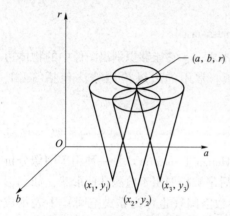

图4-5　圆的参数空间表示

上述方法被称为圆的霍夫变换。和直线检测不同的是，在圆检测中需要对圆的半径进行遍历，这使圆的霍夫变换更加耗时。因此，通常情况下需要先对图像进行一些预处理，例如边缘检测，以减少计算量。同时，相似大小的圆可能会出现重叠的情况，需要额外的后处理步骤进行筛选。

在工业零件视觉检测的应用中，常需要对工件中的一些角度进行测量，如螺母正视图中每条边相互的夹角大小是否相等、零件底面与侧面的垂直度检测等，都是比较常见的角度测量应用。角度检测的关键是对所测角度的两条边线的提取，即采用之前介绍的直线或者线段提取方法，得出两条直线的方程，其夹角就可以利用斜率得出。

以下代码是利用 openCV 的霍夫变换函数进行圆检测的例子。

```python
import cv2
import numpy as np

# 读取图片并转为灰度图像
img = cv2.imread('circle.jpg')
gray = cv2.cvtColor(img,cv2.COLOR_BGR2GRAY)

# 需要进行降噪处理，可以使用高斯滤波器
blur = cv2.GaussianBlur(gray, (5,5),0)

# 进行圆检测
circles = cv2.HoughCircles(blur,cv2.HOUGH_GRADIENT,1,20,param1=50,param2=30,minRadius=0,maxRadius=0)

# 将检测到的圆形绘制出来
if circles is not None:
    circles = np.round(circles[0,:]).astype("int")
    for (x,y,r) in circles:
        cv2.circle(img, (x,y), r, (0,255,0), 2)
        cv2.circle(img, (x,y), 2, (0,0,255), 3)

# 显示结果
cv2.imshow("Circle Detection", img)
cv2.waitKey(0)
```

**2. 表面缺陷和质量检测**

常用的机器视觉技术进行表面缺陷和质量检测的应用主要有以下几方面。

（1）光学成像：使用光学成像技术对表面进行检测，如利用显微镜、摄像机等成像设备获取样本表面的图像。通过对图像进行处理和分析，可以检测表面的缺陷和质量问题。

（2）X射线成像：使用X射线成像技术对物体进行检测，可以检测物体内部的缺陷和质量问题。在工业生产中，X射线成像技术常用于金属、合金、铸件等材料的检测。

（3）红外热成像：利用红外热成像技术可以检测表面的温度分布情况，通过分析温度分布可以检测表面的缺陷和质量问题。

（4）激光扫描：利用激光扫描技术可以对物体表面进行三维扫描，通过分析扫描结果可以检测表面的缺陷和质量问题。

在实际应用中，这些技术通常会结合使用，如利用光学成像技术获取样本表面的图像，然后通过图像处理和分析技术对图像进行缺陷和质量问题的检测。对于大批量的生产，通常会采用自动化检测设备进行检测，这些设备通常使用计算机视觉技术进行缺陷和质量问题的自动检测，可以大大提高生产效率和产品质量。

例如，使用机器视觉进行金属表面缺陷检测。在金属制造过程中，表面缺陷可能会导致产品的失效，因此需要对表面进行检测，以保证质量。利用机器视觉技术可以快速、准确地检测金属表面的缺陷。检测流程通常包括以下几个步骤。

（1）图像采集：使用摄像头等设备采集金属表面的图像。

（2）图像预处理：对采集到的图像进行预处理，包括去噪、平滑、灰度化等操作。

（3）特征提取：根据缺陷的特点，提取适当的特征。例如，对于裂纹缺陷可以提取边缘特征或纹理特征，对于气孔缺陷可以提取形状特征。

（4）缺陷检测：利用机器学习算法、图像处理算法等技术对提取的特征进行分析和处理，检测金属表面的缺陷。

（5）缺陷分类：根据缺陷的类型、大小、位置等信息对缺陷进行分类。

（6）报告生成：生成缺陷检测报告，包括缺陷类型、数量、位置等信息。

使用神经网络进行金属表面裂纹缺陷分类是一种常用的方法。对金属表面缺陷图像进行标注后，将采集到的图像转换成神经网络可以处理的格式，例如将图像转换成矩阵或向量。同时，对图像进行预处理操作，例如图像增强、噪声去除、图像平滑等，以提高模型的性能。

选择适当的神经网络模型和超参数，例如卷积神经网络（CNN）或循环神经网络（RNN），并根据数据集训练模型。对训练好的模型进行评估，例如计算分类准确率、精确率、召回率等指标，以检验模型的性能。最后，使用训练好的模型对新的金属表面缺陷图像进行分类，以实现缺陷检测的自动化。

对图4-6的训练集进行机器学习，以下是一个简单的金属表面裂纹缺陷分类的神经网络示例代码。

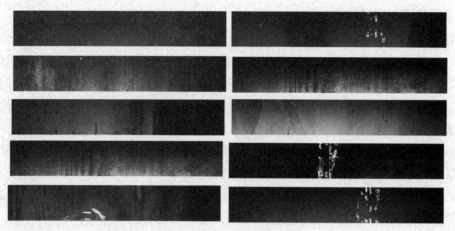

图 4-6　金属表面裂纹缺陷训练集部分内容

```python
import tensorflow as tf
from tensorflow.keras.models import Sequential
from tensorflow.keras.layers import Conv2D, MaxPooling2D, Flatten, Dense, Dropout

# 构建神经网络模型
model = Sequential([
    Conv2D(32, (3, 3), activation='relu', input_shape=(1600, 256, 3)),
    MaxPooling2D((2, 2)),
    Conv2D(64, (3, 3), activation='relu'),
    MaxPooling2D((2, 2)),
    Conv2D(128, (3, 3), activation='relu'),
    MaxPooling2D((2, 2)),
    Flatten(),
    Dense(128, activation='relu'),
    Dropout(0.5),
    Dense(1, activation='sigmoid')
])
# 训练模型
model.fit(train_images, train_labels, epochs=10,
          validation_data=(test_images, test_labels))

# 评估模型
test_loss, test_acc = model.evaluate(test_images, test_labels, verbose=2)
print('\nTest accuracy:', test_acc)

# 应用模型
predictions = model.predict(new_images)
```

该示例中使用了一个简单的卷积神经网络模型，将输入图像大小设置为 1 600 像素×256 像素。程序使用了三个卷积层和三个池化层，最后使用全连接层将输出压缩成一个二元分类结果。程序使用了 Adam 优化器和二元交叉熵作为损失函数。

## 4.1.2　无损检测技术

无损检测技术就是利用声、光、磁和电等特性，在不损害或不影响被检对象使用性能的前提下，检测被检对象中是否存在缺陷或不均匀性，给出缺陷的大小、位置、性质和数量等信息，进而判定被检对象所处技术状态（如合格与否、剩余寿命等）的所有技术手段的总称。无损检测由源头、变化、探测、显示、解释等部分组成。

源头：声场、热场、电场、磁场等；

变化："源"与被检物体相互作用引起变化；

探测：探测器探测到上述变化；

显示：显示和记录由探测器发出的信号；

解释：结合被检材料对信号进行解释。

无损检测技术按其工作顺序包括：

无损探伤：探测缺陷有无及其位置、大小、形状、性质等；

无损检测：除了对缺陷进行检测，还要测量过程工艺参数，如温度、压力、应力等；

无损表征：就材料化学成分、组织性能、弥散不连续性和缺陷群等特征做出描述；

无损评价：在无损表征基础上，综合评价材料属性、功能、状态、安全性和剩余寿命等。

常用无损检测包括超声波检测（Uitrasonic Testing，UT）、射线检测（Radiographic Testing，RT）、涡流检测（Eddy Current Testing，ET）、磁粉检测（Magnetic Particle Testing，MT）、渗透检测（Penetration Testing，PT）。

### 1. 超声波检测

超声波探伤的工作原理是将完好工件视为连续、均匀、各向同性的弹性传声介质，根据既定的声学规律传播超声波。当超声波在传播中遇到不连续的部位时，由于其与工件本身在声学特性上的差异，声波的正常传播会受到干扰、阻碍、反射或折射。这些不连续部位就是工件或材料中的缺陷或伤。

超声波探伤采用相应的测量技术，将非电量的机械缺陷转换为电信号，并找出二者的内在关系。据此，可以判断和评价工件的质量。超声波探头与试块或耦合剂构成超声波探伤的传感器。

超声波检测技术主要利用超声波的反射、折射和衰减等物理性质。为了完成这项技术，任何一种超声波仪器都需要发射超声波，并将超声波接收回来并转换成电信号。这项工作需要使用超声波换能器或超声波探头，它们负责完成发射和接收两个部分。超声波探头有多种类型，包括压电式、磁致伸缩式和电磁式等。

超声波通过工件时，在界面和底部分别形成始波和底波的反射波，由波峰大小看出能量衰减的程度。在遇到缺陷时，由于能量衰减较多，反射波的波峰较低，据此分辨有无缺陷。脉冲反射法测量原理如图4-7所示。

超声波反射法分为直接接触法与液浸法。直接接触法具有方便灵活、耦合层薄、声能损失小等优点；但其检测精度容易受多种因素的影响，例如探头施加的压力大小、耦合层的厚度、接触面积大小以及工件表面凹坑的填充程度等。此外，探头容易磨损，探测速度也较慢。

液浸法通过在探头和工件之间设置一层液体传声层，使超声波经过液体传声层后再进入工件进行探测。该方法通常采用水作为耦合剂，因此也被称为水浸法探伤。该方法的优点在于探头与工件无须直接接触，且液体传声层可以使超声波传播得更加均匀。图4-8所示为采用液浸法对高铁机车驱动轮轴探伤。

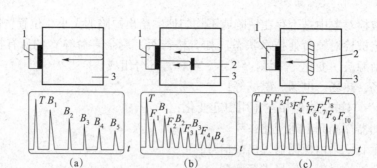

图 4-7　脉冲反射法测量原理

（a）无缺陷；（b）小缺陷；（c）大缺陷

1—探头；2—缺陷；3—工件

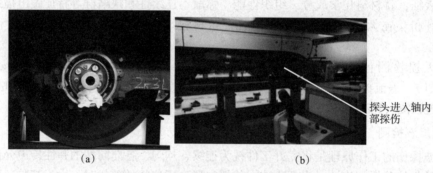

图 4-8　采用液浸法对高铁机车驱动轮轴探伤

（a）探伤部位；（b）探伤工作状态

除反射法外，超声波检测法还包括透射法与横波检测法等。透射法是一种评估试件内部质量的方法，利用超声波穿透试件后的能量变化情况，通过将发射探头和接收探头置于试件的两个相对面上来实现。

透射法的优点是简单易懂、便于实施，无须考虑反射脉冲幅度，而且裂纹的遮蔽作用不受缺陷粗糙度或缺陷方位等因素的影响。其缺点是一对探头单收单发的情况下，只能判断缺陷的有无和大小，不能确定缺陷的方位；当缺陷尺寸小于探头波束宽度时，该方法的探测灵敏度低；往往需要专门的扫查装置。

横波检测法是一种常用的非破坏性检测方法，通常用于检测金属材料中的内部缺陷。该方法是通过将超声波沿一定的斜角（通常为 45°）射入被测材料中，使其在材料内部传播，并被材料中的缺陷反射或散射。这些反射或散射信号会被接收探头接收并转化成电信号，然后进行信号处理和分析，以确定被测物体的内部结构和缺陷情况。

2. 射线检测

射线检测是一种利用射线在物质中的吸收、散射和衍射等特性，对物体进行非破坏性检测的方法。其原理基于射线（如 X 射线、γ 射线等）在物质中的吸收性和散射性不同，通过测量射线经过物体后的削弱程度，可以判断物体内部的缺陷、材质、密度等信息。

在射线检测中，通常会使用一台发射射线的射线源和一台接收射线的探测器。射线源会向物体发射射线，经过物体后，残余的射线会到达探测器。射线在物体中的传播路径和强度受物体材料、密度、厚度和内部缺陷等因素的影响，因此探测器可以通过测量残余射线的强度和能量来确定物体的内部结构和缺陷情况。

射线检测可以检测许多不同类型的缺陷，如气孔、夹杂、裂纹、金属疲劳等。它在工业制造、航空航天、核能安全等领域得到广泛应用。但是，射线检测也存在着一些潜在的安全风险，因为射线具有一定的辐射能量，需要严格的操作规程和防护措施来保障工作人员的安全。

目前工业上使用的射线检测方法包括照相法、电离检测法、荧光屏直接观察法和电视观察法等。

照相法是将感光材料（胶片）放置于被检测试件后面来接收透过试件的不同强度的射线。通过暗室处理后，可以得到透照影像，根据影像的形状和黑度情况来评定材料中有无缺陷及缺陷的形状、大小和位置。照相法具有灵敏度高、直观可靠和重复性好等优点，是最常用的射线检测方法之一。照相法射线检测示意图如图4-9所示。

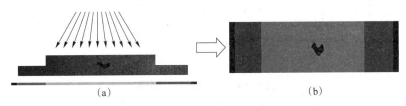

**图4-9　照相法射线检测示意图**

(a) 感光胶片；(b) 缺陷成像

电离检测法是利用气体的电离效应来检测射线的强度。电离检测法具有自动化程度高、成本低等优点，但对缺陷性质的判别较困难，只适用于形状简单、表面平整的工件，因此一般应用较少，但可制成专用设备。

荧光屏直接观察法是将透过试件的射线投射到涂有荧光物质（如ZnS/CaS）的荧光屏上时，在荧光屏上会激发出不同程度的荧光，通过观察荧光屏上的可见影像来直接辨认缺陷。荧光屏直接观察法具有成本低、效率高、可连续检测等优点，适用于形状简单、要求不严格的产品的检测。

### 3. 涡流检测

涡流检测是利用涡流的原理来探测电导率材料中的裂纹、孔洞等缺陷。涡流检测的基本原理是交流电磁场在导体中感生涡流的现象。当交流电磁场通过导体时，其会在导体中感生出一个涡流，这个涡流会产生一个反向电磁场，导致原始电磁场减弱。如果导体表面存在缺陷，涡流在缺陷处受到阻碍，导致反向电磁场的减弱程度发生变化，通过测量减弱的程度就可以判断材料中是否存在缺陷。

涡流检测的方法包括单频涡流检测和多频涡流检测两种。单频涡流检测是指在一定频率下进行检测，它适用于对缺陷的定性检测。多频涡流检测则是在多个频率下进行检测，通过对不同频率下的反向电磁场减弱程度进行比较，可以实现对缺陷的定量检测。

涡流检测的具体实现方法是将交流电源连接到探测线圈中，使线圈内产生交变磁场，当线圈靠近导体表面时，导体中的涡流会对线圈中的电流产生影响。这个影响可以通过检测线圈中的电压信号来获取，进而分析材料中是否存在缺陷。

涡流检测具有检测速度快、适用于各种形状的材料、能够检测各种类型的缺陷等优点。但是，涡流检测也存在一些限制，例如只适用于导电性好的材料，不能检测非导电性材料，对于深层缺陷的检测效果也不理想。因此，在具体应用时需要根据实际情况选择合适的检测方法和参数，以保证检测的准确性和可靠性。

涡流效应的测量通常采用涡流传感器，它是一种电感式传感器，通过探头与被测物体之间的电磁感应作用来测量涡流效应。涡流传感器由一组线圈和铁芯组成，当交变电流通过线圈时，会在铁芯内产生交变磁场，而当磁场作用于被测物体时，将产生涡流效应。涡流效应又会在被测物体内部产生电磁场，这个电磁场会对涡流传感器中的线圈产生电磁感应，因此通过检测线圈内的电压或电流的变化，就可以测量涡流效应的变化。

涡流检测方式分为三种类型，如图 4-10 所示。

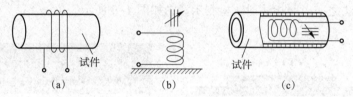

**图 4-10 涡流检测方式分类**
（a）穿过式线圈法；（b）探头式线圈法；（c）插入式线圈法

（1）穿过式线圈法检测线圈套在试件上，其内径与试件外径接近，用于检测棒材、管材、丝材等。

（2）探头式线圈法平面检测线圈直接置于试件表面进行局部检测扫查，为了提高检测的灵敏度，通常在线圈中加有磁芯，以提高线圈的品质因数。

（3）插入式（内探头）线圈法将螺管式线圈插入管材或试件的孔内做内壁检测，线圈中也多装有磁芯，以提高检测灵敏度。

涡流检测的应用包括涡流探伤、材质检验、涡流测厚等。

（1）涡流探伤。涡流探伤能发现导电材料表面和近表面的缺陷，具有简便、无须用耦合剂和易于实现高速、自动化检测等优点，故而在金属材料及其零部件的探伤中得到了广泛应用。用高速、自动化的涡流探伤装置可以对成批生产的金属管材进行无损检测。管材从自动上料进给装置等速、同心地进入并通过涡流检测线圈，然后分选下料机构根据涡流检测结果，按质量标准规定，将经过探伤的管材分别送入合格品、次品和废品料槽。涡流探伤在金属管材（如铜管和钢管行业）的检测中广泛应用。管道缺陷涡流检测信号波形如图 4-11 所示。

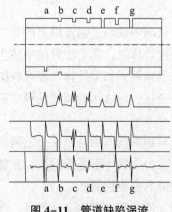

**图 4-11 管道缺陷涡流检测信号波形**

（2）材质检验。材料的电导率是影响检测线圈阻抗的重要因素，故而在涡流检测中，可以据此来评价材料的材质及其他性能。例如在铜的生产中，用测定电导率的方法可以估计铜中杂质的含量。

由于相同的材料经过不同的热处理后不仅硬度不同，而且电导率也不同，因而可以用测量电导率的方法来间接评定合金的热处理状态或硬度。例如，通过测量电导率，可以对沉淀硬化材料（如 Al、Ti、Mg 合金）的硬度变化进行准确的跟踪。

涡流检测也可以用于评价某些材料的强度。钛合金 Ti6Al4V 的强度与电导率之间存在对应关系，通过测定电导率即可评价其强度。

如果混料或零部件的电导率的分布带不互相重合，就可以利用涡流法先测出混料的电导率，再与已知牌号或状态的材料和零部件的电导率相比较，从而将混料区分开。

（3）涡流测厚。通过涡流法可以非破坏性地测量金属基体上的覆层以及金属薄板的厚度，如可以测定覆盖在金属材料表面的涂层、镀层或渗层的厚度。当探头式线圈靠近被测工件时，线圈阻抗的变化量不仅受材料电导率、检测频率等因素的影响，而且受线圈与工件表面距离变化的影响，即提离效应。如果其他检测参数保持不变，那么探头式线圈的阻抗将随着材料表面覆层厚度的变化而变化，从而实现了覆层厚度的测量。这一厚度一般在几毫米至几百毫米。

除了测量覆层厚度，涡流法还可以用于测量金属薄板或箔的厚度。使用涡流法测量金属薄板厚度设备简单，检测方便。随着板材厚度的减小，涡流法的测量精度也会提高。

#### 4. 磁粉检测

磁粉检测主要用于检测金属表面裂纹、裂缝、疲劳等缺陷。它是利用电磁感应的原理，将被测对象通以电流或磁场，产生磁力线，当金属材料表面存在裂纹或裂缝时，磁力线会集中于裂纹周围，从而形成一个磁通量漏磁场。将磁粉涂抹在金属表面，磁粉会被漏磁场吸附在裂纹周围，形成磁粉堆积，从而形成裂纹的可见性。磁粉探伤原理如图 4-12 所示。

磁粉检测主要用到的材料是磁粉和显影剂。磁粉通常是铁磁性粉末，可以分为湿式和干式两种。湿式磁粉需要添加水和表面活性剂来制成磁粉浆，干式磁粉则是直接将粉末撒在被测物体表面。显影剂是一种可见性好的液体或粉末，能够使磁粉颜色更鲜艳，从而更容易观察裂纹。

磁粉检测方法分为湿法和干法两种。

湿法是将磁粉与水或油混合，形成磁粉浆液，通过喷涂、浸泡、喷撒等方式涂敷在被测

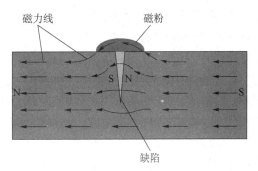

图 4-12　磁粉探伤原理

工件表面，再利用磁场激发磁性缺陷，使磁粉在缺陷处聚集，形成明显的磁粉沉积线。湿法磁粉检测的灵敏度高，适用于表面缺陷和近表面的内部缺陷检测，但需要进行后续的清洗和处理工作。

干法是将干燥的磁粉通过喷撒或粉尘吸附等方式涂敷在被测工件表面，再利用磁场激发磁性缺陷，使磁粉在缺陷处聚集，形成明显的磁粉沉积线。干法磁粉检测相对于湿法磁粉检测而言，不需要进行后续的清洗和处理工作，但其灵敏度相对较低。

磁粉在工件上的分布通过机器视觉进行判断，例如采用工业彩色线扫相机进行图像采集，图像传输到上位机后，通过深度学习进行智能分析，判断是否有裂缝缺陷存在，并给出结果信息。彩色线扫相机进行图像采集时，工件可旋转，以保证全部表面信息被采集到。

深度学习需要大量的数据样本进行分析学习，故为提高判断的准确性，需要有针对性地进行训练。如图 4-13 所示的石油管接头磁粉探伤图片部分训练集，进行深度学习与测试集的验证后，可用于实际生产线上。

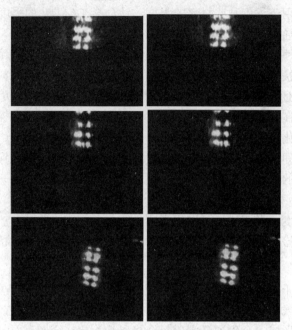

图 4-13 石油管接头磁粉探伤图片部分训练集

5. 其他无损检测技术

（1）红外热成像。

红外热成像技术是一种新发展起来的无损检测技术，可用于探测材料温度变化、缺陷和应力。任何物体都会发射或吸收热辐射，无论其温度高低。这种辐射性能可用于测量物体表面温度场。红外照相机利用物体的这种辐射性能来捕捉物体表面的热分布，并在显示屏上反映出物体各点的温度和温度差，从而扩展人们的视觉范围。

红外热成像技术可分为被动式和主动式两种。被动式红外热成像技术利用物体自身发射的红外辐射波来捕捉热像。主动式红外热成像技术则在红外检测时通过加热注入热量，使被测物体失去热平衡，并在它的内部温度尚不均匀时进行红外检测来捕捉热像。物体缺陷类型对表面温度分布的影响如图 4-14 所示。

目前，红外热成像技术在电力、石油化工、机械、材料、建筑、农业、医学等状态监测领域以及研究开发领域得到了广泛应用，并随着当代科技的不断发展显示出越来越强大的生命力。

（2）激光全息检测。

激光全息检测技术是一种利用激光作为光源的全息术。它能够记录三维物体的光学信息，并且可以在不同角度和距离下重建物体的完整三维图像。

激光全息检测技术基于全息术的原理，即利用干涉的原理来记录光学信息。干涉是指两束光线相遇并产生光学干涉，这种干涉将产生干涉图案，其中包含物体的三维形状和表面特征信息。

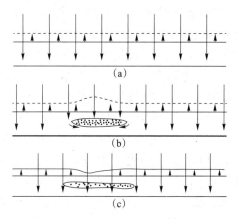

**图4-14 物体缺陷类型对表面温度分布的影响**

（a）无缺陷均质体表面温度分布；（b）隔热型缺陷表面温度分布；（c）导热型缺陷表面温度分布

激光全息检测技术使用激光光束将光线聚焦到物体上，光线经过物体后被分为两束：一束是直接从物体表面反射回来的参考光束；另一束是经过物体后反射回来的物体光束。这两束光线在记录介质上相遇并产生干涉，干涉图案将记录物体的三维形状和表面特征。

## 4.2 智能诊断

### 4.2.1 智能诊断概述

设备是工业生产的重要工具，其可靠性、利用率和能效是关键。制造过程涉及多个因素，包括人、机器、原材料和方法，因此存在许多未建模的因素，如设备老化、转子变形等，同时还会受外部干扰和不可观测状态的影响，如环境变化、工质变化、温度场和腐蚀过程等。这些因素共同作用构成了一个复杂的过程，很难简单地分解为各个因素。因此，问题的多样性、不确定性、多源性及传播性是智能诊断技术方面的难点。在这种情况下，传统制造中的设备与制造机理模型面临很大的挑战，需要统计学习模型和经验模型等其他技术手段来支持智能诊断的数据分析。在智能诊断中，不同模型具有不同的优势。例如，在处理摩擦方面，机理模型能够更好地刻画微观物理与电化学过程，经验模型则更擅长描述宏观趋势。因此，大数据分析成为连接微观和宏观的重要技术手段，以支持业务应用的中观层面的决策。

设备状态可以分为三种：故障状态、异常状态和正常状态。故障是设备运行状态的一种特殊情况。根据发生速度，故障可分为两类。

第一类为渐发性故障，它是各种原因导致设备劣化或老化逐渐发展而产生的故障。其主要特点是给定时间内发生故障的概率与设备的使用时间有关。设备使用时间越长，发生故障的概率越大。这类故障与零件表面材料的磨损、腐蚀、疲劳及蠕变等密切相关，具有征兆，可以通过早期检测或试验来预测。

第二类为突发性故障，它是各种不利因素及偶然的外界影响共同作用的结果，这种作用超出了设备的承受限度。突发性故障往往在设备使用一段时间后发生，其主要特征是给定时间内发生故障的概率与设备的已使用时间无关。例如，润滑油中断导致零件变形或产生裂纹，设备使用不当或超载运行导致零件断裂，各项参数达到极限值（载荷大、剧烈振动、温度升高等）导致零件变形或断裂。

智能诊断需要识别、判断和预报设备运行状态，并充分利用特征量和各种经验知识（包括设备结构、失效机理、运动学或动力学原理、设计、制造、安装、运行、维修知识等），以确定设备状态是否正常，并定位故障原因、部位及严重程度。例如，机床（包括电机、主轴、传动机构、控制系统、导轨等）的故障指设备功能异常或动态性能劣化导致其不符合技术要求，包括失稳、异常振动和噪声、工作转速和输出功率变化，以及介质的温度、压力、流量异常等。不同的故障原因会导致不同的现象，因此需要全面、综合地分析旋转设备的故障诊断。然而，设备故障通常是由多种因素共同作用的结果，因此需要综合考虑多种因素进行诊断。

智能诊断可分为数据处理、状态监测、故障诊断、故障预测和健康管理等几个方面。根据状态监测信息，状态异常能被及时发现。相比于传统的 SCADA（监控与数据采集）、DCS（分布式控制系统）阈值报警，智能诊断需要处理更复杂的报警规则，如基于多个时间序列的异常模式检测和异常趋势识别，并利用多个传感器的融合和趋势分析来消除虚假报警。同时，统计分析方法也可以为传统的 SCADA、DCS 阈值报警规则提供更合适的阈值估计。

故障预测基于设备退化过程和故障征兆指示进行建模，可以预测设备的剩余寿命、失效时间和失效风险。当系统、分系统或部件可能出现小缺陷和早期故障时，可以通过相关检测方式和设计预测系统来检测这些异常情况，以便装备维护人员能够预测故障发生时间，并采取预防性维修措施，从而避免被动响应。故障征兆是指在故障模式发生前或故障模式演变初期可以观测到的异常。

健康管理是指在各系统处于运行状态或工作状态时，通过各种方式监测系统的运行参数，并判断系统在当前状况下是否能正常工作（任务能力）。健康评估与诊断为提高装备的可靠性、可维护性和有效性开辟了一条新的道路。为了避免某些运行过程发生故障而引起整个装备系统瘫痪，必须在故障发生后迅速处理，维持基本功能正常，提高装备的利用率和使用安全性，保证安全可靠的运行。

## 4.2.2 数据处理

数据处理主要涉及处理从检测传感器获取的数据，包括数据清洗和特征提取两个步骤。数据清洗主要是异常检测与滤波。异常检测找出异常信息并确定其位置，包括数据缺失、类型错误、时间戳错误以及异常点检测等；滤波作用是消除噪声的影响，包括时域和频域方法。

异常点数据往往代表一种偏差或新模式的开始，对离群点数据的识别有时比对正常数据的识别更有价值，简单的数据滤除可能导致很多有用的信息丢失。

传感器异常数据是指在数据集中与大部分数据不一致或偏离正常行为模式的数据。异常点数据的产生原因主要有三点：①由设备状态变化引起，这类异常中可能隐藏着重要的知识或规律；②由设备工作环境变化（如温度）引起，需要在分析时将这类异常作为一种特定场景进行单独处理；③由传感器故障、环境干扰、网络传输错误等引起，在分析时需要对原始数据进行特殊处理，以保证分析是有意义的。

简单的异常点检测可以在时域信号中观察，例如长时间未变化、变化过大或者测量值超过量程等或者对比多个同类传感器数据。例如，在温度变化的惯性和测量元器件的热惯性作用下，温度应该是连续变化的，如果出现了突然的降温或升温，可以认为是传感器的噪声而不是设备故障。

然而在偶发故障或出现夹杂多个异常规律的情况下，数据分析可以帮助识别异常，并提示规律。常用的数据分析方法包括分类、聚类、统计分析等。

分类法需要利用样本进行训练，构造分类器，并对分类器进行测试与调参，提高分类器的准确性。分类器可采用神经网络、支持向量机、贝叶斯网络等技术。

聚类法对数据进行分组，将相似的数据分簇，与分类法相比较，聚类法是无监督或半监督学习，分析流程相对简单。依据对异常的基本假设情况可进行三类判断：一是假设正常数据对象都能归入某个簇，而稀疏异常数据对象不属于任何簇；二是假设正常数据对象与它所在簇的质心比较近，而异常数据对象与它所在簇的质心比较远；三是假设正常数据对象属于较大且较密集的簇，而异常数据对象属于较小且较稀疏的簇。聚类常用的典型算法有 K-Means 及其衍生算法。

图 4-15（a）是采用 K-Means 算法对数据集进行聚类法分析的图示效果，对稀疏异常数据集的分析有较好的效果。下面是 K-Means 分析的代码例子。

```python
import numpy as np
import matplotlib.pyplot as plt
from sklearn.cluster import KMeans
import pandas as pd

# 从CSV文件中读取数据集
df = pd.read_csv('data.csv')
X = df.values

# 使用K-Means算法进行聚类分析
kmeans = KMeans(n_clusters=3, random_state=0).fit(X)
labels = kmeans.labels_

# 确定异常点
centers = kmeans.cluster_centers_
distances = np.sqrt(np.sum((X - centers[labels]) ** 2, axis=1))
outlier_threshold = np.percentile(distances, 95)  # 求出95%百分位数的值作为阈值
outliers = np.where(distances > outlier_threshold)[0]

# 绘制分类结果以及异常点
plt.figure(figsize=(8, 6))
plt.scatter(X[:,0], X[:,1], c=labels)
plt.scatter(X[outliers,0], X[outliers,1], s=100, facecolors='none', edgecolors='r')
plt.title('K-Means Clustering')
plt.show()
```

对于时域连续信号，首先要对数据集进行傅里叶变换，转换为频域信号数据集（离散数据），再对频域信号进行聚类。图 4-15（b）是频谱分布形态，不同特征的频谱集采用了不同颜色标出；图 4-15（c）是根据频谱特征对时域信号集按颜色分类进行列表。

统计法的核心假设是正常数据的分布在一个随机模型的大概率区间内，而异常数据的分布在该随机模型的小概率区间内。首先使用训练集和领域知识来建立随机模型，然后检测测试集中的数据对象是否有可能是由该随机模型生成的。根据是否已知随机模型的具体参数，统计法的检测方法可以分为两类：参数化检测和非参数化检测。参数化检测主要包括基于高斯模型和回归模型的异常检测方法，而非参数化检测主要包括基于直方图和核函数的异常检测方法。

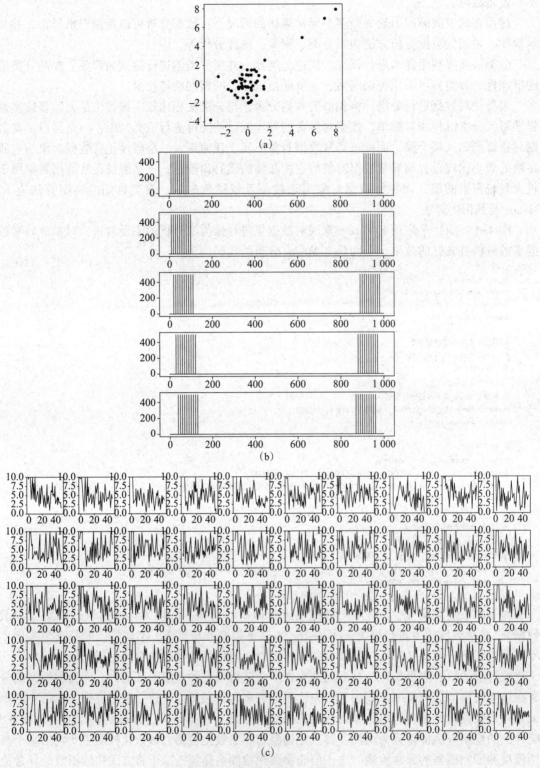

**图 4-15  聚类法分析（附彩图）**

（a）聚类法分析稀疏异常数据集；（b）频谱分布形态；（c）时域信号集按颜色分类

进行特征提取。利用数据处理的分类、聚类或统计模型，可以进行特征提取以概括系统的运行状态。检测量通常包括动态信号（记录信号波形）和静态信号，不论是动态信号还是静态信号，常用的判别特征包括最大值、最小值、平均值、峰值等，这些特征提取算法相同，可以统一设计成统计类基本函数，为典型的领域图谱（如轴心轨迹等）提供刻画其几何结构的相似度基本算子，并支持后续的相似度计算。分析基本信号在某个时间窗口内上升或下降的程度，需要设计时间窗口基本算子。利用信号分析的基本技术，可以提取更具体的指标来表征设备的运行状态。

【例 4-1】 加工过程中工件温度特征提取。

某种工件在特定切削参数下进行加工时，需要监控工件的温度变化。在加工过程中，工件温度会随着时间的推移而发生变化，温度呈现从初期的急剧上升到中期的上升变缓再到后期的温度保持不变的趋势。为了分析这种趋势，我们需要从数据集 T 中提取温度特征。

```python
# 提取温度特征
max_T = np.maximum.accumulate(T)
min_T = np.minimum.accumulate(T)
avg_T = np.convolve(T, np.ones(50)/50, mode='same')
slope_T = np.diff(avg_T)
std_T = np.std(T)
```

其中，max_T 为温度累积最大值，采用离散卷积中间值作为温度平均值，并计算曲线斜率 slope_T 与标准差 std_T，采用 Matplotlib 进行图形绘制，得到温度变化特征曲线，如图 4-16 所示。

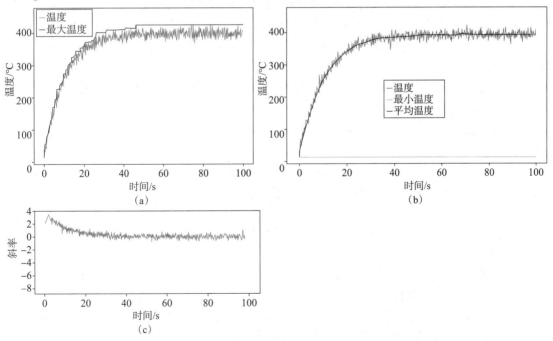

**图 4-16　温度变化特征曲线（附彩图）**
（a）温度累积最大值特征；（b）温度平均值特征；（c）温度变化斜率特征

### 4.2.3 监测与诊断

状态监测是指对设备或系统的运行状态进行实时监测与预测，以实现预防性维护。传统的数值报警是状态监测的基本手段之一，包括基于给定阈值的报警和基于统计量的偏差报警。基于给定阈值的报警通常用于 SCADA 系统的单变量报警；而基于统计量的偏差报警，则是通过对历史时序数据的统计或对类似设备、工况的统计，进行变量的偏差检验，不仅适用于单变量，也适用于多变量。但是，这种方法需要采集一定量的数据后才有置信度，且计算速度相对较慢，因此适用于非紧急状态的报警。

异常检测与预警包括异常模式匹配、异常趋势识别、虚假报警消除和同源异常合并。异常模式匹配可以发现典型的异常模式，从而及时采取措施。异常趋势识别则可以发现缓慢但持续的变化趋势，可能预示着加工状态或设备状态趋向更差的方向。虚假报警消除可以消除正常操作或环境因素引起的"异常"，提高报警的准确率。同源异常合并可以将相同原因导致的多条报警合并，消除报警风暴，降低对现场操作的干扰。

故障诊断包括故障定位、维修建议及故障类型判断。故障定位通常需要结合设备机理，数据统计方法可以定量给出不同点位故障的可能性。维修建议通常来自先验知识，文本分析等技术可以在一定程度上帮助匹配类似历史案例。故障类型判断可以采用机理模型、专家规则或数据驱动方法。数据驱动方法的故障类型判断一般采用分类算法学习不同故障的显著特征。

专家知识库是一种基于人工经验和知识的计算机程序，可以被用于故障诊断和故障处理。专家知识库通常由一组规则、逻辑语句和知识库组成。这些规则和语句是由领域专家编写和维护的，包含在特定领域内发现故障和处理故障所需的知识和经验。

专家知识库的核心思想是利用专家的经验和知识来解决问题，将这些知识存储在计算机中，然后让计算机根据这些知识来诊断和解决问题。因此，专家知识库通常包含以下几个方面的内容。

（1）专家规则：包括诊断和处理问题的基本规则和决策树。这些规则和决策树由领域专家制定，通常基于经验和知识。

（2）问题库：包括可能出现的各种问题及故障的描述和分类，以及与之对应的诊断和处理方法。这些问题和故障通常是由专家通过分析历史数据和试验数据得出的。

（3）知识库：包括领域专家的经验和知识，例如关于设备、工艺、材料、环境等方面的知识。这些知识通常是通过文献资料、试验数据和专家经验得出的。

专家知识库的使用过程通常包括以下几个步骤。

（1）数据收集：采集设备运行状态和参数数据，并进行预处理和清洗，以确保数据的准确性和完整性。

（2）数据分析：基于数据分析方法，提取数据特征和规律，并与专家知识库中的故障模式进行对比，以识别可能存在的故障。

（3）故障诊断：通过专家知识库中的规则和决策树，对可能存在的故障进行诊断和分类，确定故障的位置和类型，并给出解决方案和建议。

（4）故障处理：根据专家知识库中的建议，采取相应的措施处理故障，例如更换零件、调整参数、保养维护等。智能诊断专家知识库结构如图 4-17 所示。

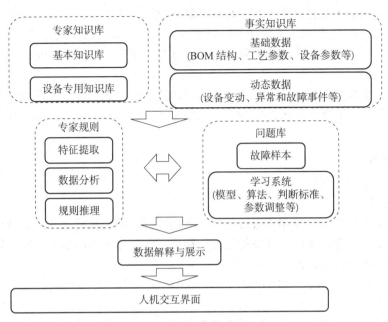

图 4-17　智能诊断专家知识库结构

## 4.3　影响机械加工质量的因素

质量问题是工业生产中的核心问题，质量是人、机、料、法、环等多种因素共同作用的结果，其还包括大量不可测（或测不准）、不可控（或设备工程能力不支持）因素；而优质、高产、低消耗，是对每一个制造型企业的基本要求。不断提高产品质量，提高其使用效能与使用寿命，同时要最大限度地节约材料和人力的消耗，是制造型企业追求的目标。因此，质量控制的目标是在向客户提供满足功能、性能、外观等要求的产品的同时，平衡质量经济性。为达到这个目标，需要在制造过程中进行良好的质量分析。如果想将生产质量分析落地，就要在对业务和工艺的整体了解上，客观认识大数据和数据分析技术，在质量管理体系下，将技术落实到合适的环节。因此，要对问题进行系统的梳理，结合一些专家经验和浅层次的机理知识，再结合大数据分析技术，从而解决很多繁杂、模糊、不精准的生产质量问题。

机器零件的加工质量是整台机器质量的基础，机器零件的加工质量指标有两种：一是加工精度；二是加工表面质量。本节就加工精度及表面质量的分析进行研究。

### 4.3.1　加工误差产生的原因

机械加工精度是指加工零件的尺寸、形状、位置和表面粗糙度等方面与图纸或要求规范的允许偏差之间的差距。机械加工精度的大小对加工零件的质量、精度、使用寿命等方面都有很大的影响。

在机械加工中，零件的尺寸、几何形状和表面间相对位置的形成，归结到一点，其取决于工件和刀具在切削运动过程中相互位置的关系，而工件和刀具，又安装在夹具和机床上，并受夹具和机床的约束。因此，在机械加工时，机床、夹具、刀具和工件就构成了一个完整的系统，称为机械加工工艺系统。加工精度问题也就涉及整个工艺系统的精度问题。工艺系统中的种种误差，在不同的具体条件下，以不同的程度复映到工件上，形成工件的加工误差。工艺系统的误差是"因"，是根源；加工误差是"果"，是表现。因此，把工艺系统的误差称为原始误差。

研究零件的机械加工精度，就是研究工艺系统原始误差的物理、力学本质，掌握其基本规律，分析原始误差和加工误差之间的定性与定量关系，这是保证和提高零件加工精度必要的理论基础。

1. 原始误差

原始误差包括以下几种。

（1）理论误差。

理论误差的产生是由于采用了近似的加工运动或近似的刀具轮廓等。在某些比较复杂的型面加工中，为了简化机床设备或切削工具的结构，常采用近似的加工方法。但是这种误差应较小，一般不应超过公差的 10%~20%。

（2）机床、夹具和切削工具的误差。

①机床误差。

机床的定位精度、刚度、运动平稳性等性能会直接影响工件加工精度。机床精度越高，加工精度就越高。

其中，主轴回转误差是机床中较为常见的误差之一，回转误差一般可分为三种基本形式：径向跳动、角度摆动和轴向窜动。主轴回转误差的基本形式如图 4-18 所示。

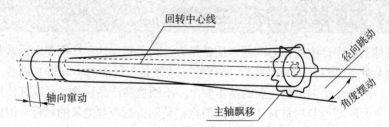

**图 4-18　主轴回转误差的基本形式**

导轨误差是机床精度影响因素中比较重要的一部分，包括直线度误差、平行度误差、垂直度误差等。这些误差会导致工件在加工过程中位置不稳定，从而引起加工误差。导轨的直线度（弯曲）会影响工具切削刃的运动轨迹，从而产生加工误差。在垂直面、水平面内的直线度误差，对于不同的加工方式，其影响是不同的。导轨直线度对误差的影响如图 4-19 所示。

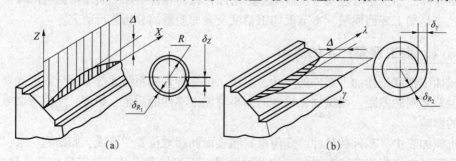

**图 4-19　导轨直线度对误差的影响**
（a）误差非敏感方向；（b）误差敏感方向

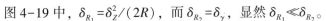

图 4-19 中，$\delta_{R_1}=\delta_Z^2/(2R)$，而 $\delta_{R_2}=\delta_y$，显然 $\delta_{R_1}\ll\delta_{R_2}$。

另外，导轨间的平行度（扭曲）误差，也会影响刀架和工件之间的相对位置，从而引起工件的形状误差。

传动误差对成形运动有一定速度关系时，会直接影响加工精度，如加工螺纹和滚切齿形时，工件和切削工具的速度比应保持恒定不变。因此，传动键中各传动零件的制造和安装精度，会影响传动精度，从而使工件产生加工误差。

为提高传动精度，一般工艺上采取的措施有：首先是缩短传动键，以减少传动链中的元件数目，使误差环节减少；其次是提高传动元件的制造精度，采用消除间隙机构等。

②夹具误差。

夹具上的定位元件、刀具引导件、分度机构以及夹具体等的制造误差，都会影响工件的加工精度，对于由夹具制造误差而引起的加工误差，在设计夹具时，应根据工序公差予以分析和计算。一般夹具的制造公差占工序公差的 1/5～1/2。

③切削工具误差。

在下列情况下，切削工具误差，会直接影响加工精度：

a. 用定尺寸切削工具，如用钻头、铰刀、键槽铣刀、拉刀等加工时；

b. 用定形切削工具，如成形车刀、成形铣刀、成形砂轮等加工时。

对于一般的切削工具，如普通车刀、铣刀、镗刀等，主要是磨损引起的误差。

（3）安装与调整误差。

工件在夹具或机床上安装，以及机床、夹具和切削工具的调整，都会影响工件相对于切削工具的空间位置，因此，这些环节的误差都会影响工件的加工精度。

安装误差包括定位误差和夹紧误差。定位误差主要与定位基准及定位方法的选择、定位基准及定位件上定位表面的制造精度有关。夹紧误差主要与夹紧力和夹紧机构的选择有关。

调整误差主要与机床、夹具、刀具的调整精度有关。机床上的定程机构，如行程挡块、凸轮、靠模等，以及影响工件与切削工具相对位置的其他机构的调整，都会影响工件的加工精度。

由于调整误差的影响因素较多，调整过程也比较复杂，所以往往需要进行试加工、测量和调整，有时需要经过几个工件的试加工，才能调整到较为理想的状态。

2. 工艺系统的受力变形

在机械加工过程中，由机床—夹具—刀具—工件组成的工艺系统，在切削力、夹紧力、重力、惯性力等作用下，要产生变形，从而改变已调整好的工件与切削工具的相对位置，引起加工误差。

工艺系统是由很多零件和部件按一定的连接方式组合起来的总体，其受力后的变形是比较复杂的。系统受力后的变形，取决于系统中各环节的刚度。刚度是指抵抗外力使其变形的能力，即加到系统上的作用力与由它引起的在作用力方向上的位移之间的比值。

一方面，刚度对加工精度的影响体现在工艺系统中部件的变形，主要是连接表面间的接触变形与低刚度零件本身的变形。另外，当系统中存在间隙时，在第一次加载后就能消除。但是，当加工过程中要改变受力的方向时，间隙就要影响位移，从而影响加工精度。

另一方面，加工过程受力变化对加工精度造成影响。在机械加工过程中，整个工艺系统处于受力状态，加工后工件的尺寸误差和形状误差，将随系统的受力状态和刚度的变化而变化。对加工精度的影响，一般有下列几种主要形式。

（1）误差复映。

由于加工余量和材料硬度的变化，切削力和工艺系统受力发生变化。图 4-20 所示为加工一个偏心的毛坯，其最大余量为 $a_{p1}$，最小余量为 $a_{p2}$，在工件每一转中，切削力将从最小变到最大，工艺系统的变形也相应地从最小变到最大。因此，加工后的工件，仍是有偏心的，即 $\gamma_1 > \gamma_2$，这种现象称为误差复映。

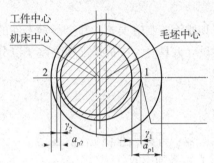

图 4-20　余量不均的误复映

（2）切削力作用点位置的改变。

工艺系统的刚度是随受力点的位置改变而变化的。因此，切削力作用点改变，使加工后的工件尺寸不一而产生形状误差。

（3）其他作用力的影响。

工艺系统在加工过程中，除切削力外，还有其他作用力使某些环节产生变形，从而造成加工误差。例如，夹紧力作用下工件产生的弹性变形、高速旋转工件的不平衡而产生的离心力、工件的重力等，均会影响变形而造成加工误差。

减少工艺系统的受力变形，一般可采取两方面的措施：一方面是提高工艺系统的刚度；另一方面是减小切削力和其他作用力，以及其在加工过程中的变化，如合理地选择切削工具，改善材料的加工性能，并选择合理的加工用量以减小切削力。

**3. 工艺系统的受热变形**

在机械加工过程中，工艺系统由于受热而变形，从而影响工件的加工精度。尤其是精密加工时，由热变形而引起的加工误差，据统计占总加工误差的 40%~70%。

首先是切削加工时产生的切削热以及机床运动部分的摩擦热、动力源产生的热。另外，还有加热装置的辐射热、空气对流而传来的热等，这些都要影响工艺系统的变形。

由于工件受热后产生的变形，其大小与材料的膨胀系数、工件的尺寸和温差有关，在切削过程中，工件往往不是均匀受热，这将因各部位变形不同而造成形状误差。

此外，在装夹工件时，也应考虑加工时由受热而引起的膨胀，若没有伸长的余地，工件就要在刚度较低的部位产生变形，从而造成形状误差。

机床热变形对加工精度也有影响。各种机床的结构和工作条件是很不相同的，所以引起机床热变形的情况也是多种多样的。机床热变形对加工精度的影响，主要是主轴位置的变化、影响切削工具与工件位置的传动丝杆的伸长、导轨和工作台的翘曲等。

当加工精密件时，为减少机床热变形的影响，常使机床空转一段时间，待机床基本上达到热平衡后再进行加工。

**4. 工件内应力引起的变形**

内应力是在没有外加载荷的情况下，存在于工件材料内部的应力。工件经过冷热加工后，一般都会产生内应力。通常状态下，内应力处于平衡状态。对具有内应力的工件进行加工时，内应力的平衡遭到破坏，在重新平衡时，将使工件产生变形。

在生产过程中，为减少内应力对变形的影响，常采取下列工艺措施。

（1）适当安排热处理工序，以消除或减小热加工和切削加工（主要是粗加工）产生的内应力。对于精密件的加工，有时要安排多次热处理，以消除内应力，使其变形减小和尺寸稳定。

（2）将工艺过程划分阶段，使内应力变形逐渐减小。

（3）控制加工用量和切削工具的磨损，使工件在加工过程中产生的内应力变形得以控制。

（4）采用某些特种加工方法，如电解加工、电抛光、化学铣切等，以减小或消除因本工序加工而产生的内应力。

## 4.3.2　加工表面质量分析

### 1. 研究表面质量的意义

零件的表面质量对其使用性能有十分重大的影响，其原因如下。

（1）表面上有各种引起应力集中的根源，如裂纹、裂痕、加工痕迹和各种缺陷。在动载荷的作用下，它们都可引起应力集中而导致零件破坏。

（2）表面是金属的边界，由于晶粒的完整性受到破坏，表面层的力学性能下降，而零件表面层实际上承受着外界载荷引起的最大应力。

（3）机械加工（或特种加工）后，零件表面层的物理、力学、冶金和化学性能都变得和基体材料不同，这些变化对零件的工作性能和使用寿命有重大的影响。

（4）有相对运动的零件的磨损，发生在表面层上，所以表面层状态对零件耐磨性有决定性的影响。

### 2. 加工表面质量的基本概念

经过机械加工或特种加工后，零件表面上形成的结构和影响所及的与基体金属性能有所变异的表面层状态，称为加工表面质量。

加工表面质量的主要内容包括：

（1）表面的几何形状特征——表面光洁度（或表面粗糙度）和波度；

（2）表面层的物理、力学性能的变化——表面层因塑性变形引起的冷作硬化、表面层因切削热引起的金相组织变化和表面层因力或热的作用而产生的残余应力。

表面质量的控制就是对表面完整性的控制。表面完整性的内容包括描述和控制在制造过程中零件表面层可能产生的各种变化及其对零件使用性能的影响。表面完整性的研究通常是对某些关键性零件所用的材料及有关最终工序的加工方法以不同的工艺参数进行试验，研究加工后的表面质量，主要是表面层的金相变化、残余应力和疲劳性能，然后根据试验的极限加工条件（如最佳的和不良的，最大的和最小的）来确定。

### 3. 切削加工后的表面光洁度

影响表面光洁度的几何因素是刀具相对工件做进给运动时，在工件表面上遗留下来的切削层残留面积（见图4-21）。切削层残留面积越大，表面光洁度就越低。残留面积的减小可通过减小进给量 $f$，减小刀具的主、副偏角 $\kappa_r$、$\kappa_r'$，增大刀尖半径 $r$ 来实现。此外，提高刀具的刃磨质量，避免刀口的粗糙度在工件表面复映，也是提高表面光洁度的有效措施。

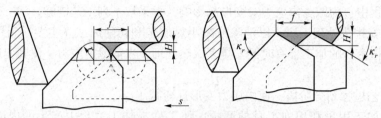

图 4-21 切削层残留面积

在低切削速度下加工塑性材料时，常容易出现积屑瘤与鳞刺，使加工表面光洁度严重恶化，成为切削加工中获得较好表面光洁度的主要障碍。

积屑瘤是切削过程中切屑底层与前刀面发生冷焊的结果，积屑瘤形成后并不是稳定不变的，而是不断地形成、长大，然后黏附在切屑上被带走或留在工件上，如图 4-22（a）所示。由于积屑瘤有时会伸出切削刃之外，其轮廓又不是很规则，因而使加工表面上出现深浅和宽窄都不断变化的刀痕，大大地降低了表面光洁度。

鳞刺是加工表面上出现的鳞片状毛刺般的缺陷。加工中出现鳞刺是由于切屑在前刀面上的摩擦和冷焊作用造成周期性的停留，代替刀具推挤切削层，造成切削层和工件之间出现撕裂现象，如此连续发生，就在加工表面上出现一系列的鳞刺，构成已加工表面的纵向粗糙度，如图 4-22（b）所示。鳞刺的出现并不依赖积屑瘤，但积屑瘤的存在会影响鳞刺的生成。

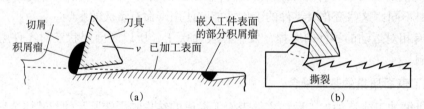

图 4-22 切削加工时积屑瘤与鳞刺的产生
（a）积屑瘤的产生；（b）鳞刺的产生

从物理因素看，要提高表面光洁度，主要应采取措施减少加工时的塑性变形，避免产生积屑瘤与鳞刺。下面分述几个主要的影响因素。

（1）切削速度的影响。

由试验得知，切削速度 $v$ 越高，切削过程中切屑和加工表面的塑性变形程度越小，因而表面光洁度也越高。积屑瘤和鳞刺都在较低的切削速度时产生，此速度（实际上为速度范围）随不同的工件材料、刀具材料、刀具前角等而变化。

（2）被加工材料性质的影响。

一般来说，韧性较大的塑性材料，加工后的表面光洁度较差，而脆性材料的加工表面光洁度则比较接近纯几何因素所形成的表面光洁度。对于同样的材料，晶粒组织越粗大，加工后的表面光洁度也越差，因此为了增大加工后的表面光洁度，常在切削加工前进行调质或正常化处理，以得到均匀细密的晶粒组织和较高的硬度。

（3）刀具的几何形状、材料、刃磨质量的影响。

刀具的前角 $\gamma_0$ 对切削过程的塑性变形有很大影响。$\gamma_0$ 增大时，塑性变形减小，表面光洁度提高。$\gamma_0$为负值时，塑性变形增大，表面光洁度将减小。后角$\alpha_0$过小时会增加摩擦，刃倾角$\lambda_s$的大小又会影响刀具的实际前角，因此都会影响加工表面光洁度。

此外，合理选择冷却润滑液，提高冷却润滑效果，常能抑制刀瘤、鳞刺的生成，减少切削时的塑性变形，有利于提高表面光洁度。

磨削加工与切削加工有许多不同之处。磨削加工表面是由砂轮上大量的磨粒刻划出的无数极细的沟槽（刻浪）形成的。单位面积上刻痕越多，即通过单位面积的磨粒数越多，以及刻痕的等高性越好，则加工后的表面光洁度也就越高。

#### 4. 与切削用量有关的因素

加工时，金属表面层塑性变形导致冷作硬化，冷作硬化的本质是通过塑性变形来增加材料的强度和硬度。具体来说，在加工过程中，材料受外部应力的影响而发生塑性变形，此过程中原子、分子重新排列，因此产生了较多新的位错，使晶界的移动、滑动和再结合变得困难，从而导致材料抗拉强度、抗压强度和硬度增加。这种冷作硬化作用的特点是硬度增加，但脆性也大幅增加，可靠性降低，易断裂。

切削热也会对金属表面造成一定的影响，具体包括以下几个方面。

（1）表面硬度变化：切削热会使金属原子晶格结构发生改变，从而影响其硬度。在某些情况下，切削热可能造成退火，使金属表面硬度降低，而在冷却速度较快时形成淬火，有可能使其硬度增加。

（2）表面残余应力：切削热还会引起金属表面的应力分布发生变化，特别是在高速切削加工中，切削温度急剧升高导致产生大量的残余应力，可能会导致零部件的失效寿命缩短。

（3）表面粗糙度：切削热会使金属表面粗糙度产生变化，通常情况下，切削热越高，所产生的表面粗糙度就越大，这会对零部件的密封性和润滑性产生影响。

（4）表面质量：切削热也会影响金属表面质量。高温下金属表面易氧化，形成氧化物，导致表面质量变差。此外，切削过程中如果出现振动或磨损，也会使表面质量受到影响。

切削速度$v$、进给量$f$和切削深度$a_p$对切削力$p$、切削温度$t$和冷作硬化的深度$h$、程度$N$的影响如图4-23所示。

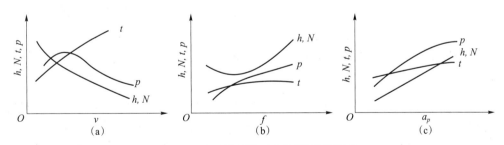

**图4-23　切削用量与表面层性质的关系**

（a）切削速度与表面层性质的关系；（b）进给量与表面层性质的关系；（c）切削深度与表面层性质的关系

当$v$很低时，切削温度$t$也很低，所以不会产生恢复现象，而有较大的冷作硬化（$h$及$N$）。当$v$继续增高时，切削温度提高，且切削热也有一定的作用时间，因此部分冷作硬化有恢复现象，同时因切削温度升高后，可能使一部分待切削金属软化而使切削力有所降低，从而使冷作硬化降低。当 $v$ 很高时，出现脆性断裂，表面层中不发生塑性变形，因此，硬化极小。切削速度和残余应力的关系则比较复杂，它因零件材料、原来的状态及加工的具体条件而有很大的变化。一般在中等速度进行切削加工时，产生残余拉伸应力，这是因为温度影响较大。在速度很低或很高时，则产生残余压缩应力。

进给量 $f$ 对冷作硬化影响很大。$f$ 增加时，切削厚度增加，因此使切削力增加。随着 $f$ 的增加，温度有缓慢的升高，而热量作用在零件上的时间缩短，减少了冷作硬化产生恢复的可能性。

以上这些原因的综合，在一定的进给量范围内，表面层的冷作硬化随进给量的增加而增加。当 $f$ 很低时，由于刀具的圆角半径对零件的挤压次数增多（在单位长度内），因此冷作硬化较大。残余应力的大小和波及深度均随进给量的增加而增加。

切削深度 $a_p$ 对冷作硬化的影响与进给量的影响相似，但作用较弱。残余应力随 $a_p$ 的增加而稍有提高。

### 4.3.3 表面质量对零件使用性能的影响

#### 1. 对耐磨性的影响

表面粗糙度和冷作硬化都对零件表面耐磨性有较大的影响。

干摩擦时，两个相互摩擦的表面，最初只在粗糙的峰部接触，例如车削、镗削、铰削或铣削后的表面，摩擦时实际接触面积只有计算面积的 15%～25%，细磨后的表面面积为 30%～50%，因此峰部产生很大的挤压应力。这种应力能使粗糙表面产生弹性变形和挤压塑性变形。当表面相互移动时，将有一部分材料被剪切掉。湿摩擦时，情况要复杂一些，但在最初阶段仍可发现粗糙的峰部划破油膜而产生与类似的现象。这种比较剧烈的初期磨损（见图 4-24 中的Ⅰ），很快使接触面积增加至 65%～75%，单位面积的压力减小，磨损进入缓和的第Ⅱ阶段，如图 4-24 中的Ⅱ所示。到达某一点后，磨损又剧烈增加，这是因为接触面紧密贴合（过于光滑），润滑油被挤出而减小润滑作用，同时也增大了相互摩擦表面间的分子亲和

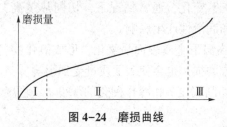

图 4-24 磨损曲线

力，使磨损加快，如图 4-24 中第Ⅲ阶段斜率增大的情况。因此，对于某一工作条件而言，有一个最合适的表面光洁度使表面磨损量最小。表面冷作硬化后能显著增加耐磨性。

#### 2. 对耐蚀性的影响

腐蚀破坏，尤其是应力腐蚀破坏是零件常见的一种破坏形式。其产生原因是金属零件处于特殊的腐蚀环境中，如发动机的很多零件经常受燃气的侵蚀，在一定的拉伸应力作用下，表面便会产生裂纹并进一步扩展，引起晶间破坏；或者使表面受腐蚀而氧化，降低耐蚀性，应力腐蚀现象一般要经过数月或数年才会导致破坏，因而不易检查。

表面质量对零件耐蚀性的影响很大，表面光洁度越高，零件的耐蚀性也越强。越粗糙的表面，大气中的气体及水汽越易在表面的凹谷聚集，逐步在谷底形成裂纹，并在拉伸应力作用下扩展以致破坏。

有残余拉伸应力或冷作硬化的表面层，都使零件的耐蚀性降低。

高强度钢的表面层如有非回火马氏体（微硬度离于基体）或过回火马氏体（软化）时，则耐蚀性降低。

**3. 对疲劳强度的影响**

金属受交变载荷后的疲劳破坏往往发生在零件表面或冷作硬化表面的一定深度下，因此零件的表面质量对其疲劳强度的影响很大。

（1）表面粗糙度的影响。

在周期性的交变载荷作用下，加工痕迹的谷底的应力比作用于表面层的平均应力一般要大 $50\% \sim 150\%$，因此它是应力集中根源地，并且为裂纹产生创造了条件。提高表面光洁度将提高疲劳强度。

（2）冷作硬化的影响。

表面层冷作硬化对疲劳强度的影响，一般来说，在低温工作时起提高的作用，因为强化过的表面层会妨碍已有疲劳裂纹的扩大和新裂纹的产生。同时，冷作硬化会减少表面外部缺陷和表面粗糙度的有害影响，对残余拉伸应力的有害影响也有所减弱。

（3）残余应力的影响。

金属的疲劳破坏都是在承受交变载荷的过程中，零件疲劳微观裂纹的形成和扩展。渗入微观裂纹表面的活化物质，在变形过程中会挤压裂纹的缝壁，从而迫使裂纹扩展。当表面具有残余压缩应力时，由于它能使微观裂纹合拢，将使零件的疲劳强度显著提高。此外，对于拉伸强度低于压缩强度的材料，表面层含有残余压缩应力也将使疲劳强度提高。表面层中有残余拉伸应力时，将稍微降低疲劳强度，这是由于产生应力的同时，必然伴随着表面层的冷作硬化。残余拉伸应力的有害作用使冷作硬化的有利作用减弱。

喷丸强化、表面滚压、内孔挤压等强化工艺，经常用来提高零件的疲劳强度。某些表面热处理方法（如渗氮、渗碳等）也能使表面层产生残余压缩应力，提高疲劳强度。此外，用振动光饰和机械抛光等光整加工来提高零件表面光洁度，也对提高疲劳强度有利。

### 4.3.4 工艺系统振动与控制途径

机械加工过程中，有时会产生振动。振动时，工艺系统的正常切削过程受到干扰和破坏，工件和刀具除做正常的相对切削运动外，还做周期性相对摆动——振动，从而在已加工表面留下振动的痕迹——波纹，这是一种极其有害的现象。在车削、镗削和铣削时，振动通常表现得比较剧烈，不仅严重恶化加工的表面质量，缩短机床和刀具的使用寿命，而且会发出刺耳的噪声。为了避免振动的产生，常常被迫采用较小的切削用量工作，限制了生产率的提高。磨削时的振动，虽不如车削、镗削或铣削时那样剧烈，但其危害性并不亚于它们。磨削通常是零件的精加工工序，而磨削振动会留下振痕，使工件表面粗糙度大大增加，有时还会引起振动烧伤，严重影响工件的表面质量。

**1. 机械加工过程中振动的基本类型及其特点**

金属切削加工时，振动的基本类型有两种：强迫振动和自激振动。这两种都是不衰减而且危害性很大的振动。此外，在切削加工过程中，还会出现自由振动，它是由切削力突然变化或其他外界冲击等原因所引起的。但这种振动是迅速衰减的，因此对切削加工过程的影响不大。

强迫振动的主要特点有以下几点。

（1）强迫振动是在外界周期干扰力的作用下产生的，但振动本身并不能引起干扰力的变化。

（2）强迫振动的频率总是与外界干扰力的频率相同。

（3）强迫振动的振幅大小在很大程度上取决于干扰力的频率与系统自然频率的比值。当这一比值等于或接近于 1 时，振幅将达到最大。此时的振动通常称为共振。强迫振动的振幅大小还与干扰力、系统刚度及阻尼有关。干扰力越大，刚度及阻尼越小，则振幅越大。

消除或减弱强迫振动的途径：消除或尽量减少外界干扰力，或采用隔离措施，使干扰力不传到系统中；避免出现共振现象，增大系统的刚度和阻尼。

自激振动的主要特点有以下几点。

（1）自激振动是一种不衰减的振动。振动过程本身能引起某种力周期性的变化，而振动系统能通过这种力的变化，从不具备交变特性的能源中周期性地获得能量补充，从而维持这个振动。当振动停止，则这种力的周期性变化和能量的补充过程也都立即随之停止。

（2）自激振动的频率等于或接近系统的自然频率。

（3）自激振动的振幅大小以及振动本身能否产生，取决于在每一振动周期内，系统所获得的能量与所消耗的能量的对比情况。当振幅为某一数值时，如果所获得的能量大于所消耗的能量，则振幅将不断增大；相反，如果所获得的能量小于所消耗的能量，则振幅将不断减小，一直增加（或减小）到所获得的能量等于所消耗的能量为止。

减弱和消除自激振动的根本途径是尽量减少振动系统所获得的能量，以及增加它所消耗的能量。

**2. 机械加工过程中的振动现象及其消除措施**

（1）车削和镗削时的振动现象及其消除措施。

车削和镗削时的振动主要是振动频率不随切削速度而改变的自激振动。

车削时的自激振动有两类：低频振动和高频振动。前者主要是工件系统的弯曲振动，其频率接近工件的自然频率；后者是车刀的弯曲振动，其频率接近车刀的自然频率。镗削时镗杆的自激振动有弯曲振动与扭转振动，前者属于低频振动，后者则类似于镗刀的高频振动。

低频振动的主要外观特征是：振动频率较低（50~250 Hz），振动时发出的噪声比较低沉；切削表面留下的振痕深而宽；振动比较剧烈，常常使机床部件松动，使硬质合金刀片碎裂。

高频振动的主要外观特征是：振动频率很高（500~5 000 Hz），振动噪声很刺耳；切削表面留下的痕迹细而密；只是刀具本身在振动，而工件及机床部件一般不振动。

一般低频振动和高频振动并不是同时出现的。这两类振动的产生原因和消除措施也不相同。

车削时的低频振动中，通常工件系统及刀架系统都在振动（在多数情况下，工件系统的振动占主要地位），它们时而相离，时而趋近。两者所受的力，即为大小相等、方向相反的作用力和反作用力。在振动过程中，对工件系统来说，当工件与刀具做相离运动时，切削力 $F_{相离}$ 与工件位移方向相同，因而所做的功为正值，如图 4-25（a）所示；当工件趋近刀具时，切削力 $F_{趋近}$ 所做的功为负值，如图 4-25（b）所示。

车削过程产生自激振动的根本原因是振动过程引起了切削力的变化，并使 $F_{相离}>F_{趋近}$。这样，在每一振动周期中，切削力对工件（或刀具）所做的正功总是大于它对工件（或刀具）所做的负功，因而使工件（或刀具）获得了能量补充。

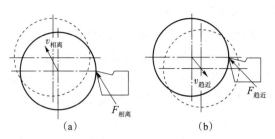

**图 4-25 振动时切削力与工件运动的方向**

（a）相离；（b）趋近

在低频振动中，起主导作用的通常是系统沿 $Y$ 方向的振动，或者说主要是由于 $Y$ 方向的振动引起了切削力的变化，使 $F_{相离} > F_{趋近}$，因而产生了自激振动。因此，增加系统沿 $Y$ 方向的刚度和阻尼，减少切削分力 $F_y$ 以及阻止刀具"啃"入工件（阻止工件与刀具沿 $Y$ 方向的相对位移）的因素，通常都能减弱或消除振动。

①提高工艺系统的刚度，如细长工件采用中心架、跟刀架，尽量避免镗刀杆细而长，防止机床主轴轴承松动、顶尖与顶尖锥孔配合不良等。

②刀具选取消振的几何参数，如用大的主偏角或适当加大刀具前角以减小 $F_y$，或后刀面上磨出消振棱〔见图4-26（a）〕等。

③改变切削用量，如在某些情况下，适当减小切削深度，同时加大进给量，可获得消振效果。

车刀的高频振动主要沿工件的切线方向（即 $Z$ 方向）进行。这类振动通常在车刀的悬伸很长、横截面很小、切削速度很快，以及刀具后刀面磨损较大等条件下出现。

防止高频振动的措施主要有加强刀杆刚度、减小刀具悬伸、及时更换后刀面磨损过大的刀具、改变切削速度等。此外，使用各种减振器也是一种有效方法。图4-26（b）所示为一种车床上用的螺栓式冲击消振器的构造。刀具振动时，外壳也振动，但由于刀具与外壳是弹性连接，振动相位相差一定的角度，所以外壳对车刀发生相对运动，产生冲击而耗散能量，因此能消除振动。

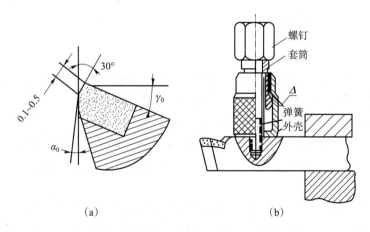

（a）　　　　　　　　　　　（b）

**图 4-26 车削防振措施**

（a）车刀消振棱结构；（b）车刀螺栓式冲击消振器

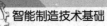
（2）磨削和铣削时的振动现象及其消除措施。

在铣床上加工时，由于切削过程是不连续的，因此往往会出现强迫振动，其频率等于每秒切入工件的刀齿数。此外，在每个铣刀刀齿切削过程中，有时还伴随着自激振动。

磨削时的振动一般都是强迫振动，其引起原因主要是电动机质量不好、砂轮不平衡和机床主轴轴承间隙较大等。磨削不连续表面或砂轮硬度不均也会引起振动。

消除强迫振动的主要途径是找出干扰力的来源，并予以消除或减小。

磨削时，除了出现强迫振动外，在一定条件下还可能出现自激振动。引起自激振动的原因在于：不合理地延长砂轮两次修整间的磨削时间；砂轮上有油污；砂轮选择不当；工艺系统刚度不足等。提高工艺系统的刚度和阻尼，对减小自激振动有很大的作用。尤其要注意加强前后顶尖的刚度，做好顶尖与工件顶尖锥孔的配合，以及顶尖与套筒、套筒与尾架等的配合。工件本身刚度不足时，应采用中心架。在保证不超过砂轮轴承温升限度条件下，尽量减小轴承间隙，以提高轴承的刚度。一般来说，磨床自激振动的振幅较小，其危害性不如强迫振动严重，但随着生产技术的发展，对磨削加工的精度和表面光洁度的要求越来越高，故磨床自激振动日益被人们重视。

应当指出，大多数切削加工处在稳定区域，只有少数情况下才会出现振动，切削振动的产生一般是不正常现象，因此必须设法消除。但磨削加工情况则有所不同，生产实践和科学研究表明，大多数磨削加工处在不稳定区域，也就是说，磨削振动往往是不可能完全避免的，问题在于找出振动原因，采取相应措施，以尽量减小振动并抑制振动的发展。

# 4.4 生产过程智能分析与控制方法

目前，随着智能检测技术日益广泛的应用，以及工业互联网的构建，智能制造的决策系统可与现场数据进行整合。因此，结合大数据分析技术进行生产过程分析，可以提高质量管理水平，辅助各级管理人员在企业质量管理运作中更为准确及时地实施质量管控。

## 4.4.1 统计分析方法

### 1. 描述统计

描述统计是一种分析数据的方法，通过使用图表或数学方法对数据进行整理和分析，以估计和描述数据的分布状态、数字特征以及随机变量之间的关系。它通常包括三个主要方面：集中趋势分析、离散趋势分析和相关性分析。

（1）集中趋势分析通过使用平均数、中位数、众数等指标来表示数据的集中趋势。例如，可以使用这些指标来描述轴的外径尺寸的平均值是多少，以及数据是否呈现正偏态或负偏态分布。

（2）离散趋势分析主要使用全距、四分位差、平均差、方差（或协方差，用于衡量两个随机变量之间的关系）和标准差等指标来研究数据的离散趋势。例如，如果想比较两组切削用量得到的表面光洁度分布是否相似，就可以使用这些指标来计算它们的差异，如方差或百分位数。

（3）相关性分析是用于研究两个或更多变量之间的关系。相关性是指变量之间的相互关联程度，它可以用来预测变量之间的行为和可能发生的结果。

在相关性分析中，通常使用相关系数来描述变量之间的关系。相关系数是一个介于−1~1的数字，它表示变量之间的相关强度和方向。当相关系数为正值时，意味着变量之间存在正相关关系；当相关系数为负值时，表示变量之间存在负相关关系。如果相关系数接近于0，则表示变量之间不存在线性相关关系。

有了相关系数，就可以根据回归方程，进行 A 变量到 B 变量的估算，这就是所谓的回归分析，因此，相关性分析是一种完整的统计研究方法，它贯穿于提出假设、数据采集、数据分析、数据研究的始终。

除了计算相关系数之外，还可以使用散点图来可视化两个变量之间的关系。散点图显示了两个变量之间的数据点，可以帮助我们看出是否存在某种模式或趋势。

### 2. 推断统计

推断统计是一种利用样本数据来推断总体特征的统计方法。在统计学中，总体是指一个包含所有感兴趣的个体或事物的集合，而样本则是指从总体中抽取出的一部分个体或事物的集合。其特点在于基于随机抽样观测的样本数据以及问题的条件和假设，对未知事物进行概率描述形式的推断。具体而言，推断统计以概率论为基础，通过对抽样样本的总体分布进行参数估计和假设检验等方法，实现对总体特征的推断研究。如图 4-27 所示，推断统计主要涉及与概率分布、参数估计和假设检验相关的算法。

（1）概率分布。

概率分布方法是通过观察统计试验样本的直方图，从概率分布中选择一个参数分布，并将其作为假设分布。概率分布包括二项分布、泊松分布、几何分布；连续分布包括均匀分布、正态分布、$t$ 分布、$\chi^2$ 分布、$F$ 分布、指数分布等。

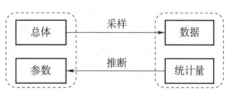

图 4-27 推断统计

（2）参数估计。

参数估计是使用样本数据来推断总体参数的值，通常用于研究总体中某个关键特征的值，例如总体均值、总体方差等。假设我们对总体均值感兴趣，但因为不能直接观察全部个体，所以必须依赖样本数据进行推断。参数估计的目标就是利用样本数据来估计总体参数的值。

在参数估计中，通常会使用点估计和区间估计两种方法。点估计是指根据样本数据估计总体参数的一个单一数值，例如样本均值、样本方差等。区间估计则是指在一个置信水平下，给出总体参数的一个估计区间，该区间内的真实值有一定的概率落在其中。

参数估计的准确性取决于多个因素，例如样本大小、样本的抽样方法、总体分布的类型等。同时，不同的参数估计方法也有不同的特点和适用范围。因此，在实际应用中，需要谨慎选择合适的参数估计方法，并对结果进行评估和解释。

（3）假设检验。

假设检验与参数估计都利用样本对总体进行推断，假设检验对统计量的值提出某种假设，并通过样本信息验证该假设是否成立。假设检验的一般步骤如下：

①给出原假设 $H_0$ 和与之对立的备择假设 $H_1$；

②设定显著性水平 $\alpha$，通常取 0.05 或 0.01；

③根据样本数据计算检验统计量；

④看统计量是否落入 $\alpha$ 的拒绝域中，如果是则拒绝 $H_0$，反之则接受 $H_0$。

目前有大量商用软件或开源软件用于统计分析，常见的统计软件有 SAS、SPSS、STATA、R 等，在这些统计软件的帮助下，可以快速实现采样数据的描述统计和推断统计，其中，R 是基于 R 语言进行统计分析及绘图的操作环境，结合了与时俱进的第三方软件包，具有强大的统计分析功能。

### 4.4.2 影响因素分析

当研究产品质量、设备故障时，往往面临多种因素的影响，其中部分因素影响是显著的，而另一部分因素是次要的，甚至是噪声。为找到显著影响因素，需要对多个因素组成的数据集合进行降维，找到主要因素，合并类似影响作用的因素。数据分析降维算法比较多，在此介绍统计方法中的主成分分析与因子分析。

主成分分析（Principal Component Analysis，PCA）是一种常用的多元统计分析方法，它可以将高维数据降维到低维空间中，同时保留数据的主要结构信息。主成分分析的主要思想是找到一些新的变量，它们是原始变量的线性组合，使这些新变量能够解释原始数据中的大部分方差。主成分分析的结果可以作为因子分析的因子提取方法。

具体来说，主成分分析的步骤如下。

（1）标准化处理：将原始数据进行标准化处理，使每个变量的均值为 0，方差为 1。

（2）计算协方差矩阵：计算标准化数据的协方差矩阵。

（3）求解特征值和特征向量：对协方差矩阵进行特征值分解，得到特征向量和特征值。

（4）选择主成分：根据特征值的大小，选择前 $k$ 个主成分，这些主成分可以解释大部分方差。

（5）生成新的变量：将原始数据投影到所选的主成分上，得到新的变量。

主成分分析的优点是可以有效地降低数据的维度，减少冗余信息，并且能够发现数据中的隐藏结构，方便数据的可视化和分析。在实际应用中，主成分分析广泛应用于数据预处理、特征提取和数据压缩等领域。

因子分析（Factor Analysis，FA）也是一种常用的多元统计分析方法，用于探索一组变量之间的共同变异性。因子分析的基本思想是，通过将一组相关变量转换为一组较少的潜在因子，可以简化数据分析，并增强对数据结构的理解。

主成分分析和因子分析都是常用的多元统计分析方法，用于降维和数据分析。虽然它们在某些方面相似，但是它们的目的和实现方式有明显的区别。

主成分分析主要是通过线性变换，将原始变量转换为一组新的不相关的变量，称为主成分，使这些主成分能够最大限度地解释原始数据的方差。主成分分析假设原始数据中的每个变量都是直接可观测和可测量的，主要用于降维和数据预处理，使数据更易于可视化、分析和模型建立。

因子分析主要是用来探索数据中的潜在因素结构，从而解释变量之间的关系。因子分析假设原始数据中的每个变量都不是直接可观测和可测量的，而是由一些潜在因素所决定，因子分析通过寻找这些潜在因素来解释变量之间的关系。因子分析的目的是理解数据的内在结构，从而提取出关键因素并进行分析。

因此，主成分分析和因子分析的区别在于它们的目的和应用场景。主成分分析主要用于降维和数据预处理，而因子分析主要用于探索数据中的潜在因素结构。在实际应用中，需要根据具体问题和数据特征来选择合适的方法。

**【例4-2】** 设备监控因子分析计算。

针对一个包含6个传感器（温度、流量、压力、蒸汽量、电流、电压）的食品杀菌釜数据集：

（1）确定因子数量：在实际应用中，通常需要进行试验和验证来确定最佳的因子数量。例如在PCA中，可使用最大似然估计进行因子数量的自动选取或在一定范围内遍历可行的因子数量，通过交叉验证值与因子分析的交叉验证共同取得最优的因子数量。在本例中，假设需要提取3个因子来解释原始变量的共同变异性。

（2）因子提取：使用主成分分析（PCA）来提取因子。PCA通过降低变量间的相关性来提取主成分，从而解释原始变量中的共同变异性。

（3）因子旋转：因子旋转的目标是使因子载荷矩阵中的某些元素为零或接近零，而其他元素则更大，这样可以使因子更具可解释性和实际意义。

（4）因子解释：对因子进行解释。通过因子载荷和因子得分来获得结果。因子载荷是指每个传感器与每个因子之间的相关性，因子得分是指每个观测值在每个因子上的得分。代码如下：

```python
from sklearn.decomposition import FactorAnalysis

# 因子分析
fa = FactorAnalysis(n_components=2)
fa.fit(data)

# 提取因子载荷矩阵
loadings = pd.DataFrame(fa.components_, columns=data.columns)

print("因子载荷矩阵: ")
print(loadings)
```

|  | PC1 | PC2 | PC3 |
|---|---|---|---|
| 电流 | 0.46 | 0.04 | -0.28 |
| 电压 | 0.56 | 0.04 | -0.01 |
| 压力 | -0.07 | -0.04 | 0.89 |
| 蒸汽量 | 0.19 | 0.78 | 0.00 |
| 温度 | 0.90 | -0.09 | -0.05 |
| 流量 | 0.85 | 0.10 | -0.02 |
|  | PC1 | PC2 | PC3 |
| 方差值 | 2.50 | 1.48 | 1.02 |
| 因子解释度 | 0.50 | 0.30 | 0.21 |

从结果中可以看出：

第一个因子（PC1）与温度、流量高度相关，而与电流、电压和蒸汽量的相关性较小。这个因子可能代表着"流场"因素。

第二个因子（PC2）与蒸汽量高度相关，而与其他变量的相关性较小。这个因子可能代表着"气体成分"因素。

第三个因子（PC3）与压力高度相关，而与其他变量的相关性较小。这个因子可能代表着"压力"因素。

### 4.4.3　加工参数优化

在已知的加工参数种类下，加工参数优化通过寻找合理的参数组合使加工质量最优。利用正交试验进行参数组合的查找是常用的方法，但是在很多情况下，由于参数种类多以及出于对成本与时间的考虑，进行专门试验往往比较困难。通过智能制造过程进行数据采集，也可利用生产过程积累的数据进行加工参数优化。

在明确加工参数内部影响关系的情况下，可考虑构建质量与参数及其他因素（如设备健康状态等）的回归模型，找出输出质量理想的参数控制区间和在线控制策略。

【例4-3】利用线性回归模型进行参数优化。

针对数控机床加工某零件，用不同切削速度和刀尖半径下的机械加工精度进行了测试，并记录了每组测试数据。通过回归算法对数据进行分析，找到最优的切削速度和刀尖半径组合，以达到最佳的加工精度。

数据集包含了不同切削速度和刀尖半径下的机械加工精度，数据如表4-1所示。

**表4-1　回归参数优化数据集**

| 切削速度/(m·s⁻¹) | 刀尖半径/(×0.1 mm) | 机械加工精度/μm |
|---|---|---|
| 10 | 5 | 20 |
| 20 | 5 | 18 |
| 30 | 5 | 16 |
| 10 | 10 | 15 |
| 20 | 10 | 12 |
| 30 | 10 | 11 |
| 10 | 15 | 14 |
| 20 | 15 | 10 |
| 30 | 15 | 9 |

以 Python 编程为例说明数据分析过程。

1. 数据预处理

首先对数据进行探索和预处理，以便更好地进行回归分析。使用 Python 中的 Pandas 库来加载和处理数据集。

首先，将数据集加载到 Pandas 的 DataFrame 中，然后使用 Pandas 的 describe（）方法来了解数据的基本统计信息：

```
import pandas as pd

df = pd.read_csv('data.csv')
print(df.describe())
```

输出结果如表4-2所示。

表 4-2　输出结果

| 指标 | 切削速度/（m·s⁻¹） | 刀尖半径/（×0.1 mm） | 机械加工精度/μm |
|---|---|---|---|
| count | 9.000 000 | 9.000 000 | 9.000 000 |
| mean | 20.000 000 | 10.000 000 | 13.333 333 |
| std | 8.366 601 | 4.000 000 0 | 4.146 427 |
| min | 10.000 000 | 5.000 000 | 9.000 000 |
| 25% | 10.000 000 | 5.000 000 | 11.000 000 |
| 50% | 20.000 000 | 10.000 000 | 14.000 000 |
| 75% | 30.000 000 | 15.000 000 | 16.000 000 |
| max | 30.000 000 | 15.000 000 | 20.000 000 |

### 2. 回归分析

选择线性回归模型来分析数据，使用 Scikit-Learn 库来训练模型。

首先，需要将数据集分为训练集和测试集，使用 Scikit-Learn 的 train_test_split（）方法来实现：

```
X = df[['切削速度（m/s）', '刀具半径（mm）']]
y = df['机械加工精度（μm）']

X_train, X_test, y_train, y_test = train_test_split(X, y, test_size=0.2, random_state=1)
```

选择一个线性回归模型，并使用训练集来训练模型：

```
from sklearn.linear_model import LinearRegression

model = LinearRegression()
model.fit(X_train, y_train)
```

在使用线性回归模型训练时，对测试集大小的比例参数 test_size 进行适当调整，以获得最优的训练效果，可以使用该模型来预测不同切削速度和刀尖半径下的机械加工精度，然后通过比较预测结果来找到最优的切削速度和刀尖半径组合。

具体地，使用线性回归模型的 predict（）方法来预测测试集中的机械加工精度，并计算预测结果与真实值之间的均方误差（MSE）和决定系数（R2）：

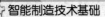
```
from sklearn.metrics import mean_squared_error, r2_score
y_pred = model.predict(X_test)
mse = mean_squared_error(y_test, y_pred)
r2 = r2_score(y_test, y_pred)
print('MSE:', mse)
print('R2:', r2)
```

输出结果如下：

MSE：1. 285 289 345 592 205；

R2：0. 857 190 072 711 977 2。

从上面的结果可以看出，预测结果的 MSE 为 1.285，R2 为 0.857，说明模型预测能力尚可，如要提高预测精度，需要增加样本的数量。

最后，使用该模型来预测不同切削速度和刀尖半径下的机械加工精度，并比较预测结果来找到最优的切削速度和刀尖半径组合。例如，选择切削速度为 15 m/s、20 m/s、25 m/s、30 m/s 和刀尖半径为 0.75 mm、1.25 mm、1.75 mm 的组合来进行预测。

输出结果如表4-3 所示。

表4-3　输出结果

| 序号 | 切削速度/(m·s⁻¹) | 刀尖半径/(×0.1 mm) | 机械加工精度/μm |
|---|---|---|---|
| 0 | 15.0 | 7.5 | 16.577 519 |
| 1 | 15.0 | 12.5 | 13.430 233 |
| 2 | 15.0 | 17.5 | 10.282 946 |
| 3 | 20.0 | 7.5 | 15.372 093 |
| 4 | 20.0 | 12.5 | 12.224 806 |
| 5 | 20.0 | 17.5 | 9.077 519 |
| 6 | 25.0 | 7.5 | 14.166 667 |
| 7 | 25.0 | 12.5 | 11.019 380 |
| 8 | 25.0 | 17.5 | 7.872 093 |
| 9 | 30.0 | 7.5 | 12.961 240 |
| 10 | 30.0 | 12.5 | 9.813 953 |
| 11 | 30.0 | 17.5 | 6.666 667 |

从上面的结果可以看出，预测结果中最优的切削速度和刀尖半径组合为切削速度 30 m/s、刀尖半径 1.75 mm，此时的机械加工精度约为 6.7 μm。因此，可以选择这个组合作为最优的切削速度和刀尖半径组合来进行机械加工。

对于控制参数影响机制不明确的情况，可根据质量评价指标，在历史数据中筛选出若干理想批次，从理想批次中总结出最佳参数控制区间及在线控制策略。对该情况，可采用聚类或参数分布拟合方法进行优化。

### 4.4.4　控制参数优化

控制参数优化是一种用于设计控制系统的技术，其目的是优化系统的性能和稳定性。控制系统将输入信号转换为输出信号，以控制系统的行为。控制参数包括比例增益、积分时间和微分时间等，它们可以调整控制系统的响应速度、稳定性和抗干扰能力等。

控制参数优化的目标是找到最佳的控制参数设置，以实现最佳的系统性能。通常，控制参数优化的过程可以分为两个步骤：首先，通过试错法或经验法选择一组初始参数；其次，使用优化算法（如支持向量机、遗传算法、粒子群算法或模拟退火算法等）来搜索最佳的控制参数设置。

下面用支持向量回归的方法举例说明 PID 控制优化的过程。支持向量机（Support Vector Machine，SVM）是一种常用的机器学习算法，可以用于分类、回归和异常检测等任务。在控制参数优化中，SVM 可以用于建立控制系统的模型，并预测最佳的控制参数设置。

其中，支持向量回归（Support Vector Regression，SVR）是一种基于 SVM 的回归方法。与传统的回归方法不同，SVR 不仅考虑到了数据的均值和方差，还考虑到了数据的分布情况，从而可以更好地处理非线性问题和噪声数据。

SVR 的基本思想是在高维空间中构建一个最优的超平面，使距离该超平面最近的一些训练样本点到该超平面的距离最大。这些距离最近的训练样本点被称为支持向量，它们决定了超平面的位置和形状。SVR 的目标是最小化预测值与真实值之间的误差，同时保持超平面的间隔尽可能大。

SVR 的核心问题是如何选择核函数和超参数。核函数是将原始特征映射到高维空间的一种方法，常用的核函数包括线性核、多项式核、径向基核等。超参数包括正则化参数 $C$ 和核函数参数，它们的选择会影响模型的性能和泛化能力。

【例 4-4】　食品杀菌釜的控制参数优化。

图 4-28 是一个蒸汽杀菌釜，其工作原理是釜内食品放置在食品箱笼内，蒸汽从各个蒸汽口排入容器内部。循环风扇带动釜内空气循环，空气压入循环通道形成内外压差，从而形成容器内部与循环通道之间的气流。气流在内部的循环流动带动热量传播到整个容器内部，达到温度场的均衡。

第一步：通过传感器采集数据（见表 4-4）。

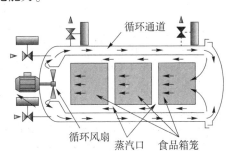

图 4-28　蒸汽杀菌釜

表 4-4　通过传感器采集的数据

| 空气压力/atm① | 蒸汽流量/(m³·min⁻¹) | 温度/℃ | 能耗/kW |
|---|---|---|---|
| 1.19 | 18.43 | 108.99 | 71.504 555 |
| 1.30 | 18.36 | 72.50 | 47.255 819 |
| 1.07 | 19.91 | 85.95 | 33.642 859 |
| 1.12 | 19.23 | 45.22 | 41.702 007 |

---

①　1 atm=101.325 kPa。

续表

| 空气压力/atm① | 蒸汽流量/(m³·min⁻¹) | 温度/℃ | 能耗/kW |
|---|---|---|---|
| 1.23 | 19.04 | 86.43 | 38.468 195 |
| 1.44 | 18.37 | 37.38 | 31.162 432 |
| 1.18 | 19.87 | 45.84 | 38.962 160 |
| … | … | … | … |

**第二步**：使用 SVR 进行优化。首先，需要将数据集分为训练集和测试集，将 80% 的数据用于训练，20% 的数据用于测试，以 Python 语言与机器学习包 Scikit-Learn 实现。

```python
import pandas as pd
from sklearn.model_selection import train_test_split
df = pd.read_csv('data.csv')
X = df['压力', '流量', '温度']
y = df['能耗']

X_train, X_test, y_train, y_test = train_test_split(X, y, test_size=0.2, random_state=42)
```

**第三步**：使用 GridSearchCV 来搜索最优的超参数组合。GridSearchCV 会对给定的参数空间进行网格搜索，找到最优的超参数组合。

此处指定了三个超参数 C、gamma 和 kernel 的取值范围。C 控制着模型的复杂度，gamma 控制着核函数的宽度，kernel 指定了核函数的类型。使用五折交叉验证来评估模型的性能，并使用均方误差（MSE）作为评价指标。

```python
from sklearn.model_selection import GridSearchCV
from sklearn.svm import SVR

param_grid = {
    'C': [0.1, 1, 10],
    'gamma': [0.01, 0.1, 1],
    'kernel': ['linear', 'rbf', 'poly']
}

svr = SVR()
grid_search = GridSearchCV(svr, param_grid, cv=5, scoring='neg_mean_squared_error')
grid_search.fit(X_train, y_train)
```

**第四步**：使用最优的超参数组合来训练 SVR 模型，并在测试集上进行预测和评估。

```python
from sklearn.metrics import mean_squared_error
best_svr = grid_search.best_estimator_
y_pred = best_svr.predict(X_test)
mse = mean_squared_error(y_test, y_pred)
print("MSE:", mse)
```

以上代码在实际应用中需要根据具体情况进行调整。特别是在定义 SVR 模型时，需要根据数据特点选择适当的核函数和超参数，以及进行特征归一化等预处理操作，以提高模型的性能和泛化能力。

# 4.5 小结

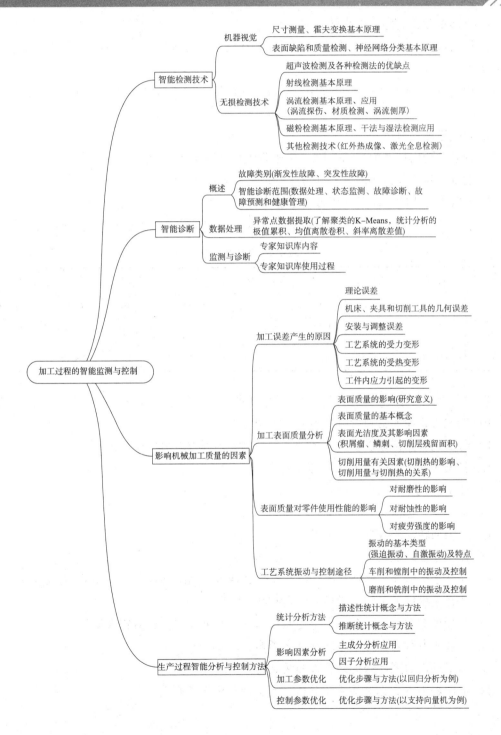

## 4.6 习题

1. 机器视觉检测的一般步骤有哪些？

2. 用 openCV API 编写一个程序，对放置在白纸上的直尺进行识别，计算直尺边缘直线的角度。

3. 用 openCV API 编写一个程序，对放置在白纸上的圆形物体进行识别，计算圆心坐标与半径。

4. 射线检测的特点是什么？

5. 磁粉的功用是作为显示介质，其种类和适应条件是什么？

6. 设备故障可分为哪两类？其特点分别是什么？

7. 异常点分析的作用及常用方法是什么？

8. 表 4-5 是一组经过处理的数据集，请采用 K-Means 算法编程对其进行聚类计算。

表 4-5　8 题数据集

| $X_1$ | 1.76 | 0.98 | 1.87 | 0.95 | -0.10 | 0.14 | 0.76 | 0.44 |
|---|---|---|---|---|---|---|---|---|
| $X_2$ | 0.40 | 2.24 | -0.98 | -0.15 | 0.41 | 1.45 | 0.12 | 0.33 |
| $X_1$ | 1.49 | 0.31 | -2.21 | 11.46 | 17.08 | -7.82 | -1.87 | |
| $X_2$ | -0.21 | -0.85 | 10.61 | 5.03 | 2.18 | 7.25 | 13.88 | |

9. 进行时域连续信号的特征提取，通常提取哪些特征值，采用什么计算方法？

10. 专家知识库通常包含哪些方面的内容？

11. 什么是原始误差？影响机械加工精度的原始误差有哪些？

12. 影响表面光洁度的因素有哪些？

13. 加工误差是如何产生的？

14. 机床误差包括哪几个方面？

15. 主轴回转误差有哪三种类型？

16. 什么是误差复映？

17. 什么是机械加工的强迫振动？它有什么特点？消除和控制强迫振动的措施有哪些？

18. 什么是机械加工的自激振动？它有什么特点？

19. 车削加工中的自激振动产生的原因是什么？可采取什么措施来消除？

20. 残余应力对表面疲劳强度有什么影响？

21. 加工过程的统计分析方法有哪两大类？

22. 根据表 4-6 数据进行因子分析计算，并分析因子影响。

表4-6　22题数据

| 序号 | 温度 | 蒸汽流量 | 釜内气压 | 风扇转速 | 序号 | 温度 | 蒸汽流量 | 釜内气压 | 风扇转速 |
|---|---|---|---|---|---|---|---|---|---|
| 0 | 53. 902 02 | 75. 374 79 | 1. 346 524 | 398. 315 1 | 32 | 45. 362 48 | 56. 977 16 | 1. 316 376 | 256. 101 7 |
| 1 | 79. 966 27 | 146. 559 9 | 1. 597 945 | 832. 536 3 | 33 | 96. 357 35 | 202. 924 3 | 2. 150 75 | 1 106. 001 |
| 2 | 32. 624 51 | 34. 051 57 | 1. 212 242 | 43. 910 4 | 34 | 76. 321 65 | 135. 244 1 | 1. 631 986 | 771. 887 5 |
| 3 | 96. 267 89 | 202. 592 4 | 2. 105 951 | 1 104. 466 | 35 | 119. 778 4 | 299. 003 6 | 2. 553 794 | 1 496. 364 |
| 4 | 97. 109 7 | 205. 726 4 | 2. 219 864 | 1 118. 596 | 36 | 107. 295 | 245. 517 8 | 2. 209 274 | 1 288. 171 |
| 5 | 59. 055 34 | 87. 653 22 | 1. 485 956 | 484. 257 4 | 37 | 51. 848 25 | 70. 728 15 | 1. 372 632 | 364. 146 |
| 6 | 89. 909 85 | 179. 684 6 | 1. 874 173 | 998. 373 2 | 38 | 81. 681 52 | 152. 038 6 | 1. 885 054 | 861. 382 3 |
| 7 | 65. 227 86 | 103. 525 2 | 1. 585 981 | 587. 129 8 | 39 | 102. 360 2 | 225. 806 9 | 1. 924 213 | 1 205. 721 |
| 8 | 109. 118 9 | 253. 008 2 | 2. 348 618 | 1 318. 678 | 40 | 49. 358 5 | 65. 283 61 | 1. 336 062 | 322. 655 1 |
| 9 | 99. 862 81 | 216. 141 1 | 2. 226 996 | 1 164. 443 | 41 | 63. 437 98 | 98. 791 94 | 1. 493 99 | 557. 236 3 |
| 10 | 95. 442 94 | 199. 544 1 | 2. 234 514 | 1 090. 859 | 42 | 51. 850 17 | 70. 732 41 | 1. 277 99 | 364. 083 3 |
| 11 | 77. 284 31 | 138. 189 9 | 1. 890 687 | 788. 174 4 | 43 | 92. 108 4 | 187. 453 5 | 1. 984 961 | 1 035. 09 |
| 12 | 66. 017 6 | 105. 647 5 | 1. 482 328 | 600. 175 3 | 44 | 60. 202 91 | 90. 507 96 | 1. 616 251 | 503. 494 7 |
| 13 | 65. 845 34 | 105. 182 8 | 1. 696 875 | 597. 521 8 | 45 | 113. 008 5 | 269. 353 | 2. 472 797 | 1 383. 565 |
| 14 | 61. 159 53 | 92. 921 22 | 1. 300 875 | 519. 107 | 46 | 110. 550 1 | 258. 963 7 | 2. 255 899 | 1 342. 415 |
| 15 | 112. 298 4 | 266. 331 6 | 2. 380 535 | 1 371. 65 | 47 | 110. 334 2 | 258. 061 2 | 2. 396 882 | 1 338. 962 |
| 16 | 118. 216 | 292. 024 9 | 2. 334 554 | 1 470. 131 | 48 | 79. 932 4 | 146. 452 7 | 1. 912 979 | 832. 287 5 |
| 17 | 62. 464 96 | 96. 263 67 | 1. 550 539 | 541. 092 1 | 49 | 67. 725 27 | 110. 307 8 | 1. 771 501 | 628. 897 2 |
| 18 | 82. 902 15 | 155. 997 2 | 1. 914 306 | 881. 735 1 | 50 | 88. 783 73 | 175. 767 1 | 1. 862 138 | 979. 611 3 |
| 19 | 82. 002 03 | 153. 073 2 | 1. 871 154 | 866. 704 9 | 51 | 51. 417 79 | 69. 772 05 | 1. 326 343 | 356. 932 6 |
| 20 | 32. 093 78 | 33. 213 73 | 1. 030 833 | 34. 892 25 | 52 | 48. 949 29 | 64. 408 53 | 1. 449 753 | 315. 955 4 |
| 21 | 81. 411 71 | 151. 170 3 | 1. 851 608 | 856. 856 5 | 53 | 88. 810 67 | 175. 860 9 | 2. 026 058 | 980. 223 7 |
| 22 | 108. 594 5 | 250. 843 3 | 2. 220 776 | 1 309. 819 | 54 | 37. 300 99 | 41. 839 89 | 1. 369 69 | 121. 931 1 |
| 23 | 53. 696 5 | 74. 903 48 | 1. 478 3 | 395. 025 | 55 | 94. 083 53 | 194. 570 3 | 2. 173 138 | 1 068. 164 |
| 24 | 55. 788 14 | 79. 766 01 | 1. 326 097 | 429. 698 6 | 56 | 49. 082 63 | 64. 693 06 | 1. 274 572 | 318. 000 4 |
| 25 | 104. 354 7 | 233. 675 7 | 2. 125 979 | 1 239. 131 | 57 | 73. 168 | 125. 809 9 | 1. 794 794 | 719. 541 9 |
| 26 | 108. 425 4 | 250. 147 3 | 2. 423 536 | 1 307. 207 | 58 | 104. 621 2 | 234. 737 1 | 2. 166 587 | 1 243. 609 |
| 27 | 81. 394 77 | 151. 115 9 | 1. 755 296 | 856. 478 2 | 59 | 55. 120 36 | 78. 197 75 | 1. 431 697 | 418. 685 7 |
| 28 | 52. 798 21 | 72. 859 95 | 1. 396 277 | 379. 986 4 | 60 | 86. 470 35 | 167. 853 9 | 2. 021 326 | 941. 252 6 |
| 29 | 103. 409 6 | 229. 930 7 | 2. 107 668 | 1 223. 378 | 61 | 84. 499 | 161. 250 9 | 2. 025 817 | 908. 434 2 |
| 30 | 107. 549 6 | 246. 556 6 | 2. 289 568 | 1 292. 49 | 62 | 72. 152 65 | 122. 843 1 | 1. 719 728 | 702. 561 3 |
| 31 | 109. 702 2 | 255. 427 3 | 2. 351 471 | 1 328. 393 | 63 | 79. 016 18 | 143. 567 4 | 1. 801 637 | 816. 921 |

续表

| 序号 | 温度 | 蒸汽流量 | 釜内气压 | 风扇转速 | 序号 | 温度 | 蒸汽流量 | 釜内气压 | 风扇转速 |
|------|------|----------|----------|----------|------|------|----------|----------|----------|
| 64 | 87. 767 82 | 172. 270 4 | 1. 950 924 | 962. 785 1 | 82 | 71. 972 94 | 122. 321 5 | 1. 711 678 | 699. 561 1 |
| 65 | 59. 950 68 | 89. 876 74 | 1. 458 902 | 499. 137 7 | 83 | 30. 570 08 | 30. 860 54 | 1. 120 702 | 9. 612 588 |
| 66 | 118. 619 | 293. 817 3 | 2. 431 875 | 1 476. 938 | 84 | 33. 789 81 | 35. 924 09 | 1. 152 983 | 63. 253 34 |
| 67 | 31. 878 61 | 32. 876 74 | 0. 878 845 | 31. 157 75 | 85 | 30. 281 21 | 30. 423 13 | 1. 090 663 | 4. 772 765 |
| 68 | 76. 112 61 | 134. 608 5 | 1. 573 058 | 768. 348 | 86 | 103. 639 3 | 230. 838 2 | 2. 255 536 | 1 227. 35 |
| 69 | 38. 630 79 | 44. 187 69 | 1. 059 982 | 143. 762 6 | 87 | 115. 894 | 281. 804 | 2. 497 62 | 1 431. 633 |
| 70 | 48. 642 6 | 63. 756 33 | 1. 272 949 | 310. 672 2 | 88 | 81. 856 85 | 152. 604 2 | 1. 922 106 | 864. 338 7 |
| 71 | 93. 315 73 | 191. 788 3 | 2. 099 363 | 1 055. 306 | 89 | 33. 543 45 | 35. 524 45 | 1. 121 951 | 59. 120 47 |
| 72 | 54. 162 83 | 75. 974 95 | 1. 347 236 | 402. 658 3 | 90 | 77. 163 07 | 137. 817 2 | 1. 825 469 | 786. 090 6 |
| 73 | 58. 278 3 | 85. 745 15 | 1. 464 044 | 471. 297 7 | 91 | 37. 834 53 | 42. 774 8 | 1. 075 625 | 130. 520 6 |
| 74 | 58. 607 85 | 86. 551 93 | 1. 379 234 | 476. 7 | 92 | 60. 893 73 | 92. 247 63 | 1. 608 415 | 514. 988 9 |
| 75 | 70. 067 71 | 116. 858 6 | 1. 813 367 | 667. 940 7 | 93 | 67. 124 05 | 108. 656 | 1. 695 483 | 618. 810 9 |
| 76 | 107. 748 1 | 247. 368 2 | 2. 202 241 | 1 295. 708 | 94 | 62. 350 14 | 95. 967 4 | 1. 425 101 | 539. 054 9 |
| 77 | 98. 067 3 | 209. 320 2 | 2. 042 468 | 1 134. 363 | 95 | 101. 973 6 | 224. 297 | 2. 258 567 | 1 199. 619 |
| 78 | 70. 197 57 | 117. 227 1 | 1. 794 394 | 670. 083 9 | 96 | 85. 461 93 | 164. 46 | 2. 123 894 | 924. 565 |
| 79 | 40. 387 66 | 47. 379 89 | 1. 314 112 | 173. 268 7 | 97 | 55. 836 52 | 79. 880 2 | 1. 334 008 | 430. 512 |
| 80 | 93. 040 93 | 190. 797 4 | 2. 121 153 | 1 050. 753 | 98 | 89. 432 58 | 178. 019 4 | 1. 992 161 | 990. 544 6 |
| 81 | 117. 546 6 | 289. 060 1 | 2. 503 732 | 1 459. 155 | 99 | 86. 179 85 | 166. 872 7 | 1. 839 399 | 936. 233 9 |

23. 根据表 4-7 数据进行回归分析。

表 4-7  23 题数据

| 序号 | $x_1$ | $x_2$ | $y$ | 序号 | $x_1$ | $x_2$ | $y$ |
|------|-------|-------|-----|------|-------|-------|-----|
| 0 | 1. 638 398 | 8. 861 812 | 0. 086 955 | 10 | 8. 787 763 | 9. 859 317 | 0. 050 898 |
| 1 | 4. 665 67 | 8. 468 235 | 0. 070 752 | 11 | 7. 588 431 | 5. 811 816 | 0. 069 443 |
| 2 | 3. 044 599 | 6. 750 166 | 0. 092 637 | 12 | 8. 659 157 | 8. 271 025 | 0. 055 772 |
| 3 | 1. 636 733 | 2. 866 071 | 0. 181 726 | 13 | 6. 869 473 | 5. 228 221 | 0. 076 349 |
| 4 | 8. 046 864 | 5. 061 534 | 0. 070 88 | 14 | 2. 620 923 | 9. 409 646 | 0. 076 743 |
| 5 | 0. 710 529 | 7. 534 401 | 0. 108 167 | 15 | 7. 224 602 | 8. 685 766 | 0. 059 135 |
| 6 | 9. 260 608 | 9. 564 555 | 0. 050 441 | 16 | 1. 487 159 | 7. 936 995 | 0. 095 931 |
| 7 | 7. 263 442 | 7. 603 576 | 0. 063 024 | 17 | 9. 078 423 | 6. 365 364 | 0. 060 813 |
| 8 | 2. 027 373 | 9. 623 783 | 0. 079 044 | 18 | 8. 636 25 | 4. 878 194 | 0. 068 897 |
| 9 | 7. 870 843 | 4. 083 015 | 0. 077 197 | 19 | 4. 957 873 | 0. 757 354 | 0. 148 915 |

# 第 5 章
# 智能决策

**知识目标**：了解决策的概念与用途，掌握优化模型的一般数学形式；了解制造企业供应链战略决策与运作决策的常见内容，掌握决策模型建模方法；了解生产运作决策常见内容，掌握决策模型建模方法；了解智能制造数据挖掘中关于数据仓库、数据抽取与清洗、数据分析与可视化过程。

**能力目标**：学会根据优化模型的一般数学形式，对供应链、生产等常见决策问题建立优化问题的数学表示方法；学会利用 Excel 表进行线性规划或混合整数规划问题求解。

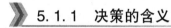

## 5.1 智能决策概述

### 5.1.1 决策的含义

制造型企业主要向市场与客户提供产品来实现客户价值并获取自身的收益，向客户提供实际价值的过程由一系列的业务活动组成，即形成所谓的"价值链"。企业的业务活动一般分四个层级：战略层、管理层、运作层与操作层。

（1）战略层责任是确定企业目标、把握企业方向、决定企业组织架构与变革，其业务活动包括企业战略决策、投融资、风险控制、经营审计等。

（2）管理层分解企业目标，规划部门职能，制订计划并控制计划的执行，其业务活动包括预算、各类标准与规章制度的制定与执行情况的审计、制订各类计划（销售、采购、生产、质量等）、人力资源管理等。

（3）运作层负责开展各类日常业务活动，如市场、销售、采购、生产、财务等，这些业务活动应在规则、规章制度框架下执行，并实现企业所制订的各类计划。

（4）操作层即企业活动的各个微观方面，例如生产工序操作、仓库管理操作、物料运输操作等。

企业的上述各层业务中都存在着决策过程，而其决策方法、目标及形式各有不同。

战略决策是为了适应外部环境的变化所采取的对策，是事关组织未来生存与发展的大政方针方面的决策。目前的人工智能技术尚不能在这一层级替代人进行决策，其原因在于战略决策依赖决策者的经验、创造力、灵活性乃至个人性格特点，但是人工智能可对战略决策提供决策支持。在大数据应用比较深入的条件下，通过人工智能方法可向决策者提供面向各个关注的主题范围内的定量化数据分析与汇总以及预测。

管理决策又叫战术决策或策略决策，它是对组织中人、财、物等有限资源进行调动或改变其结构的决策，是为了实现战略决策而做出的带有局部性的具体决策。它直接关系着为实现战略决策所需要的资源的合理组织和利用，例如营销计划与营销策略组合、产品开发方案、职工招收与工资水平、机器设备的更新等。目前在这一层级上，人工智能技术可以部分替代人进行决策或辅助决策。例如，一些经营分析系统可以进行客户分类与客户需求分析与预测，给出优化的产品定位与产品定价；而某些供应链系统可对财务流与物流进行多目标优化，合理地配置资金与物料，以获取较好收益。

业务决策是为了解决企业运作层业务活动中的问题而做出的决策，具有琐碎性、短期性与日常性等特点。它是针对短期目标，考虑当前条件而做出的决定，大部分属于影响范围较小的常规性、技术性的决策，直接关系到组织的生产经营效率和工作效率的提高。因此，它往往是与操作层作业控制结合起来进行的。例如车间作业排程，依据制造 BOM、设备产能、交货期等约束条件，把生产任务合理地分配到设备上，并准时地调度运输工具，向工序工站上的线边库准时准确地配置加工需要的物料。

决策问题的基本模式为

$$W_{ij}=f(x_i,y_j) \quad i=1,2,\cdots,m; \; j=1,2,\cdots,n \tag{5.1}$$

式中　$x_i$——决策者的第 $i$ 种策略或第 $i$ 种方案，属于决策变量，是决策者的可控因素；

　　　$y_j$——决策者和决策对象（决策问题）所处的第 $j$ 种环境条件或第 $j$ 种自然状态，属于状态变量，是决策者的不可控因素。在定量决策的优化问题模型的构建中，它常作为约束条件；

　　　$W_{ij}$——决策者在第 $j$ 种状态下选择第 $i$ 种方案的结果，是决策问题的价值函数值，一般叫益损值、效用值。

按照 H. A. 西蒙（H. A. Simon）的观点，"管理就是决策"，他提出有限理性的原则，即满意原则，而不是最优原则，即通过决策过程所选择的方案相对较优。这是因为最优方案的获得需要：①收集与决策有关的全部信息（信息原则）；②根据目标和信息制定所有可能的备选方案，或者从人工智能的角度而言是遍历可行解空间的所有元素（可行性原则）；③要适应不断变化的情况（动态性原则）。然而，在很多情况下，上述三个条件是无法满足的，故在时间与成本的限制下，获得较优的方案才是可行的。例如，很多的供应链规划问题与车间作业排程问题是单目标或多目标的混合整数规划问题，而混合整数规划问题模型为 NP（非决定性多项式时间）完全问题，在决策变量数量 $m$ 较大的情况下，无法在有限的时间内求得全局最优解 $W_{ij}$。因此，绝大多数求解此类问题的人工智能算法是寻求一定时间与空间范围内的局部最优解 $W'_{ij}$。

## 5.1.2　数据管理与智能决策

决策方案优选的可信程度依赖于收集信息的深度与广度，而智能制造企业实施由物联网到互联网的数据通信网络集成以及各类应用软件系统的使用，企业大数据时代已经到来，这为智能决策的实施提供了有利条件，对企业产生的影响也更为深远。现在企业对大数据的应用程度将成为提高企业智能化赋能的主要手段。在大数据时代，人工智能手段能够帮助人们充分挖掘大数据中所蕴含的价值，将其转化成企业管理的有效资源，并依此制定更准确的决策，为企业发展带来持续不断的竞争力。

企业要做好大数据应用，需要建立数据管理体系，有效地挖掘数据内存价值，从而为智能决策打下基础。数据的利用水平可分为四个层次。

（1）数据化业务。这一层次是用数据指标指示业务活动状态与水平，并评价发生的结果，发现问题，及时监控业务的进度。该层次应用主要面向业务指导管理，通过数据收集、监控、追踪等手段透视业务，通过分析、挖掘等方式发现问题，从而指导业务的提升。其面向的业务范畴包括生产、销售、库存、财务、客服、人力资源等业务单元，其主要监控手段是通过数据可视化向管理者展示监控数据的动态变化以及状态的预警。

（2）数据化经营。这一层次的目标是发现规律，分析事件发生的原因，统计规律，帮助管理者进行企业诊断，做出经营决策。该层次的应用主要是利用各类人工智能手段，如分类、聚类、降维、回归、拟合等进行经营分析，包括各类绩效指标分析、资金分析、库存分析、供应链分析、客户关系分析等。

（3）数据化战略。该层次的数据应用目标是通过研究事物发展规律，进行趋势预测，帮助人们制定战略方案并进行综合评估，找到发展的路径，提前做好准备或者采取措施。其应用包括宏观经济环境分析、行业环境分析、经营环境分析、内部资源分析、企业竞争力分析、战略目标规划、战略可操作性评估等。

（4）数据化运营。本层次是数据价值利用的最高层次，其核心价值在于将数据作为生产力投入运营。其体现在于：①数据应用直接投入生产一线的决策，例如物流站点的选址决策、生产线优化决策等；②数据间接投入运营，例如向决策者提供各类分析与综合数据报表，使决策者做出正确的判断；③发现运营行为范式，指导企业运作，例如汽车冲压件厂向不同主机厂提供冲压件，通过订单周期与数量分析可发现主机厂的要货模式、订单到达概率、旺季与淡季等，从而有针对性地安排生产周期与采购周期。

利用 IT 技术辅助进行决策，通常以建立决策支持系统来实现。在决策支持系统中，按人工参与的程度不同可分为以下三种决策。

（1）结构化决策，能够用计算机可识别的模型以及计算机可执行的程序、脚本，以适当的算法计算产生决策方案，该方案一般是通过优化计算获得的。

（2）非结构化决策，是指决策过程复杂，不可能用确定的模型和语言来描述其决策过程，无法利用计算获得最优方案的决策。此类决策一般层级较高，依赖人员的经验、洞察力、前瞻力和决断力，而决策支持系统提供数据处理结果供人员参考。

（3）半结构化决策，是介于以上二者之间的决策，这类决策采用迭代的人机交互的方式进行，由人工进行数据挖掘与钻取，利用系统提供的算法进行分析与优化计算产生决策方案，再由人工进行选择或在深度与广度上重复上述过程。

建设决策支持系统是一个随着企业的信息水平与人工智能应用水平的提升而渐进的过程。总体而言，需要建立以下子系统。

（1）数据集成。数据集成的作用是从业务数据库、文件、互联网数据等各类数据来源，按照数据抽取、清洗，将异构的数据结构映射为目标数据模型，并按目标数据模型进行存储。数据集成是建立决策支持系统必须要做的基础性工作，这是因为无论是结构化决策支持还是非结构化决策支持，其所需的数据是综合性的，经过"深加工"处理后的数据；而业务数据来源广泛、数量巨大而繁杂，不经过处理是无法使用的，甚至海量数据无法存储于单一的关系型数据库。以著名的开源数据集成工具 Hadoop 为例来说明数据集成功能架构。Hadoop 软件库是一个框架，允许使用简单的编程模型在计算机集群之间对大型数据集进行分布式处理。它旨在从单个服务器扩展到数千台计算机，每台计算机都提供本地计算和存储。它本身不依靠硬件来提供高可用性，而是旨在检测和处理应用程序层的故障，进行动态调度，因此在计算机集群（每台计算机都可能容易出现故障）之上提供高可用性服务。

如图 5-1 所示，各种数据源的数据经过数据流处理，数据流处理主要是按照数据的时序对数据进行排序或者加上时间戳，以标志其先后顺序。Hadoop 的数据映射模块对数据进行抽取、清洗，整理为统一的键值对，然后交给数据归约模块进行数据压缩，以减少冗余，提高存储效率。经过归约处理的大数据被提交到各自的大数据文件中，由 Hadoop 分布式文件系统（HDFS）对大数据文件切块进行分布式存储。数据的需求者，例如决策支持系统中的数据库、知识库，可以从 HDFS 中检索数据。

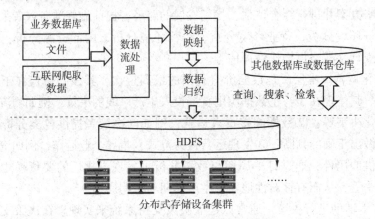

图 5-1 基于 Hadoop 的数据集成

（2）语言系统。语言系统提供给决策者的所有语言能力的总和称为语言系统（LS）。一个语言系统包含检索语言与计算机编程语言。决策者利用语言系统的语句、命令、表达式等来描述决策问题，编制程序在计算机上运行，得出辅助决策信息。

（3）知识系统。知识系统是问题领域的知识。最基本的知识存储在数据文件或数据库中。数据库的一条记录表示一个事实。更广泛的知识是对问题领域的规律性描述。该描述在模型库与方法库的支持下可用定量方式表示，模型一般用方程、方法等形式描述客观规律性。这种形式的知识称为过程性知识。模型库用于存储决策支持活动中所需要的各类分析过程的实现，即所谓模型，这些模型一般是语言系统。这些模型完成数据查询、组织、分析、计算等任务，能够从方法库中调用所需的计算工具，可结合数据可视化手段进行结果展现。模型库需要专业人员进行开发。方法库主要是决策支持活动中所需的算法包，包括数值分析、数据挖掘、机器学习、图像识别、语音识别、自然语言处理、推理等各个方面的应用。算法包通常提供编程语言调用的 API（应用程序接口），便于在模型库中使用。用定性方式描述，一般表现产生式规则。除了数理逻辑中的公式、微积分公式等精确知识外，一般表现为经验知识，它们是非精确知识。Metabase 中的模型脚本如图 5-2 所示。

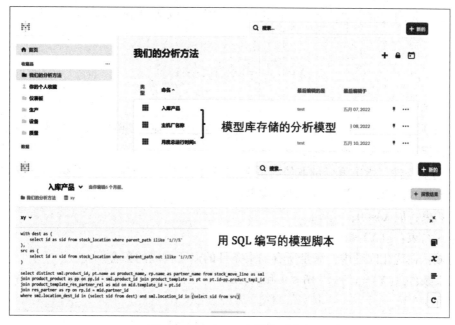

图 5-2　Metabase 中的模型脚本

（4）问题处理系统。问题处理系统是对描述的决策问题进行识别、分析和求解问题的过程，是决策支持系统的核心功能。它的功能包含信息收集、问题识别、模型生成、问题求解等。

①信息收集是问题处理的基础，其来源是用户与知识系统。来自用户的信息借助语言系统经过编译技术转换成问题处理系统所需要的条件、约束、环境等信息；来自知识系统的信息是对数据的存取和对模型的调用，为问题处理系统服务。

②问题识别是将实际问题转换成计算机能进行求解的过程。其要通过对问题的分解、分析，并建立问题求解的总框架模型实现。这种总框架模型包括各组成部分的目标、功能、数据和求解要求。它们一定是能够在计算机上解决的，或者是把它们变换成计算机能够求解的。

③模型生成是按问题求解框架安排、组合、连接所需的模型，可能是新建模型或是重用已建立的模型，将各个模型纳入一个决策支持系统总模型框架中。

④总模型连接所需的基本模型、所需要的数据，通过它们之间的接口技术和系统集成技术，把它们组成一个有机整体，进行问题求解，得到支持决策的信息并反馈给决策用户。

## 5.1.3　最优化数学模型

结构化决策中的大部分问题为最优化问题，最优化数学模型是描述实际优化问题目标函数、变量关系、有关约束条件的数学表达式，并能反映各主要因素的内在联系，是进行最优化的基础。

1. 基本概念

（1）决策变量，也称优化变量，实际上是一组变量，可用一个列向量表示。优化变量的数目称为优化问题的维数，如 $n$ 个优化变量，则称为 $n$ 维优化问题。

$$X = \begin{bmatrix} x_1 \\ x_2 \\ \vdots \\ x_n \end{bmatrix} = [x_1, x_2, \cdots, x_n]^{\mathrm{T}}$$

优化问题的维数表征优化的自由度。优化变量越多，则问题的自由度越大，可供选择的方案越多，但难度越大，求解越复杂。

（2）约束条件，指决策变量取值时受到的各种资源条件的限制。约束又可按其数学表达形式分成等式约束和不等式约束两种类型。

等式约束：$h(X) = 0$；

不等式约束：$g(X) \leqslant 0$。

可行域：在优化问题中，满足所有约束条件的点所构成的集合。

如约束条件 $g_1(X) = x_1^2 + x_2^2 - 16 \leqslant 0$ 和 $g_2(X) = 2 - x_2 \leqslant 0$ 的二维设计问题的可行域 $D$，如图 5-3 所示。

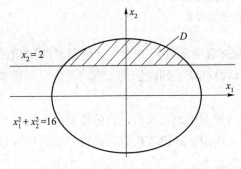

图 5-3　约束条件规定的可行域 $D$

不可行域：$\bar{D}$。

可行点和不可行点：约束边界上的可行点为边界点，其余可行点为内点。

（3）目标函数，是决策变量的函数。

为了对优化进行定量评价，必须构造包含优化变量的评价函数，它是优化的目标，称为目标函数，以 $f(X)$ 表示。

$$f(X) = f(x_1, x_2, \cdots, x_n)$$

在优化过程中，通过优化变量不断向 $f(X)$ 值改善的方向自动调整，最后求得 $f(X)$ 值最好或最满意的 $X$ 值。在构造目标函数时，目标函数的最优值可能是最大值，也可能是最小值。

在优化问题中，可以只有一个目标函数，称为单目标函数。当在同一设计中要提出多个目标函数时，这种问题称为多目标函数的最优化问题。

2. 优化问题一般数学形式

设优化变量向量：

$$X = [x_1, x_2, \cdots, x_n]^{\mathrm{T}}$$

求目标函数：

$$f(X) \rightarrow \min$$

满足约束条件：

$$g_j(X) \leqslant 0, \quad j = 1, 2, \cdots, m$$
$$h_k(X) = 0, \quad k = 1, 2, \cdots, l$$

即

$$\min f(\boldsymbol{X}) = f(x_1, x_2, \cdots, x_n), \quad \boldsymbol{X} \in \mathbf{R}^n$$
$$\text{s. t. } g_j(\boldsymbol{X}) \leqslant 0, j = 1, 2, \cdots, m$$
$$h_k(\boldsymbol{X}) = 0, k = 1, 2, \cdots, l \tag{5.2}$$

对于上式而言，需说明的是，可利用添加 $m$ 个决策变量的方式，使不等式约束 $g_j(\boldsymbol{X}) \leqslant 0$，$j = 1, 2, \cdots, m$ 变为等式约束 $g_j(\boldsymbol{X}) + b_j = 0$，$j = 1, 2, \cdots, m$，而最大值目标函数可通过一定的变换，使之变为等价的最小值目标函数，例如目标函数为线性函数且约束条件的可行域为凸集时，最大值问题可转换为求最小值的对偶问题。

## 5.2　供应链运作层决策

### 5.2.1　运作层决策概述

以下情况属于运作层规划关心的决策范围。

（1）一个汽车主机厂每天制订配送需求计划，把配件订单的时序和大小送到其第三方物流处。

（2）一个纸箱印刷机制造厂，制订未来四周时间内的产品类型和等级的生产计划。

（3）一个冲压件生产厂，制订一个接下来一个月时间内按类别和周倒班数目的计划。

（4）一个第三方物流公司，制订一个在本地把产品递送给客户的车辆行程和调度计划。

这些问题均是运作层决策问题，其特征是在规划范围内有很大程度的确定性，易于建立数学模型进行计算求解。在这种情况下，需求指的是来自客户和对产成品可靠预测的订单。需求也可以指在公司的供应链上为了上游阶段的产量对下游阶段的内在需求，如配送中心对来自特定工厂的产品的补充需求和装配车间对来自制造配件工厂的配件需求。

具体来说，运作层决策问题的特征如下。

（1）运作层规划是一个短期范围的计划，在这个范围内为人们所熟知的是，产成品、流程、原材料的订单和从供货商处得到的配件。

（2）运作层规划关注的是单个工厂或者地区内的活动的决策制定，这个工厂或地区相对于公司服务的整个供应链来说是较小的。

（3）运作层规划协调一系列时间上相互依赖的决策和管理这些活动的决策。

### 5.2.2　生产资源分配

在此仅描述离散制造的生产资源分配。离散制造指的是每台机器制造许多可拆分的零件，产品最后由零件装配而成。离散制造生产规划的范围从几天到几周不等。在每个规划时期内，企业对产成品的需求假定是已知的。通过产成品或半成品的存货满足这些需求，也就是说，生产或是按库存生产（Make-to-Stock）标准化的产品，例如冰箱或电视机；或者是按库存组装（Assemble-to-Stock）小数量的定制化产品，例如汽车或印刷电路板；或者在生产周期比较长的情况下采用按订单生产（Make-to-Order）。

离散制造资源分配决策主要为以下决策类型：

（1）最小化可避免的短期成本，尤其是机器设置成本、加班成本和库存成本；

（2）多种产品生产的生产能力规划；

（3）在制品（Work in Process，WIP）和产成品的库存规划；

（4）集成具有不同产品交货时间的多阶段生产。

**【例5-1】** 简单生产计划。

假设一个工厂生产A、B、C三种产品，需要制订一个生产计划来满足市场需求。该工厂有一条生产线可以用于生产这三种产品，但是每个月的可用时间有限。同时，这三种产品的月度销售量有一个基本预测，即销售量范围有约束。通过混合整数规划方法来制订最优生产计划，以实现利润最大化。

其目标函数为

$$\max : 20x_1 + 35x_2 + 30x_3$$

约束条件：

$$5x_1 + 6.5x_2 + 6x_3 \leqslant 6\,000$$
$$x_1 \geqslant 200$$
$$x_2 \geqslant 120$$
$$x_3 \geqslant 100$$
$$x_1 \leqslant 600$$
$$x_2 \leqslant 400$$
$$x_3 \leqslant 200$$

式中，$x_1$、$x_2$和$x_3$是决策变量，为整数，分别表示生产A产品、B产品和C产品的数量。

这是一个混合整数规划问题，可在Excel表中求解，为此可建立图5-4所示的表格。

| | A | B | C | D | E | F |
|---|---|---|---|---|---|---|
| 1 | | | | | | |
| 2 | A | B | C | 总利润 | | |
| 3 | 单位利润 | 20 | 35 | 30 | 0 | |
| 4 | | | | | | |
| 5 | A产品数量 | B产品数量 | C产品数量 | | | |
| 6 | | | | | | |
| 7 | | | | | | |
| 8 | | | | | | |
| 9 | | | | | | 总可用时间 |
| 10 | 单位生产时间 | 5 | 6.5 | 6 | | 6000 |
| 11 | A销售量下限 | 200 | | | | |
| 12 | B销售量下限 | 120 | | | | |
| 13 | C销售量下限 | 100 | | | | |
| 14 | A销售量上限 | 600 | | | | |
| 15 | B销售量上限 | 400 | | | | |
| 16 | C销售量上限 | 200 | | | | |

图5-4 系数与约束条件

其中单元格F3为总利润公式：SUMPRODUCT（B6：D6，B3：D3）；

单元格F10为总可用时间约束公式：SUMPRODUCT（B6：D6，C10：E10）。

设置线性规划求解，如图 5-5 所示。

图 5-5　Excel 线性规划求解

在"通过更改可变单元格"一栏中将决策变量单元格位置录入。点击求解可得结果：$x_1 = 440$，$x_2 = 400$，$x_3 = 200$，总利润为 28 800 元。

上例没有考虑多阶段生产计划以及库存量的影响，而实际的规划中是需要纳入考虑因素的。

【例 5-2】 多阶段生产计划。

为增加利润，一家公司希望提高其最畅销产品的产量。在未来的六个月内，计划生产四种元件，型号分别为 X43-M1、X43-M2、Y54-N1、Y54-N2。这些元件的产量受产能变化的影响，并且每次产能改变后都需要重新进行控制和调整，故会带来不可忽略的费用。因此，公司希望最小化这些改变带来的费用，以及生产和库存的成本。

表 5-1 中列出了每种产品每个时期内的需求量、生产和库存成本、初始库存量，以及最后希望保留的库存量。当产量发生变化时，需要对机器和控制系统进行重新调整，由此带来的费用与产量较前一个月的改变量（提高或上升）成正比。产量每提高一个产品单位，则需要支出 1 元；产量每降低一个产品单位，只需要支出 0.5 元。

表 5-1 四种产品的数据

| 产品型号 | 产品需求/件 | | | | | | 成本/万元 | | 库存量/件 | |
|---|---|---|---|---|---|---|---|---|---|---|
| | 1月 | 2月 | 3月 | 4月 | 5月 | 6月 | 生产 | 库存 | 初始 | 最终 |
| X43-M1 | 1 500 | 3 000 | 2 000 | 4 000 | 2 000 | 2 500 | 20 | 0.4 | 10 | 50 |
| X43-M2 | 1 300 | 800 | 800 | 1 000 | 1 100 | 900 | 25 | 0.5 | 0 | 10 |
| Y54-N1 | 2 200 | 1 500 | 2 900 | 1 800 | 1 200 | 2 100 | 10 | 0.3 | 0 | 10 |
| Y54-N2 | 1 400 | 1 600 | 1 500 | 1 000 | 1 100 | 1 200 | 15 | 0.3 | 0 | 10 |

为最小化由产量改变引起的费用，以及生产和库存成本，应采取何种生产方案？

**解：** 令 PRODS 为元件集合，$\text{MONTHS}=\{1,\cdots,\text{NT}\}$ 为规划的时段，$\text{DEM}_{p,t}$ 为在时段 $t$ 内产品 $p$ 的需求量，$\text{CPROD}_p$ 和 $\text{CSTOCK}_p$ 分别为生产和存储一个单位的产品 $p$ 的成本，$\text{ISTOCK}_p$ 和 $\text{FSTOCK}_p$ 分别为产品 $p$ 的初始库存量和要求的最终库存量。

变量 $\text{produce}_{p,t}$ 和 $\text{store}_{p,t}$ 分别表示在时间 $t$ 内生产出的产品 $p$ 数量以及在时段 $t$ 结尾时存储的产品 $p$ 的数量。约定 $\text{store}_{p,0}=\text{ISTOCK}_p$，则库存平衡约束条件可以表示为式（5.3），最终的库存量约束条件可以表示为式（5.4）。

$$\forall p\in\text{PRODS},\ t\in\text{MONTHS}：\text{store}_{p,j}=\text{store}_{p,t}+\text{produce}_{p,t-1}-\text{DEM}_{p,t} \tag{5.3}$$

$$\forall p\in\text{PRODS}：\text{store}_{p,\text{NT}}\geqslant\text{FSTOCK}_p \tag{5.4}$$

为度量产量的改变，需要使用另外一组变量 $\text{reduce}_t$ 和 $\text{add}_t$，分别表示在时段 $t$ 内产量的减少量或增加量。产量的改变即在时段 $t$ 内和在时段 $t-1$ 内生产出的产品数目之间的差值。如果此数值为正数，则产量增长；如果该数值为负数，则产量降低。可以用变量 $\text{add}_t-\text{reduce}_t$ 来表示产量的变化。

由于产量不可能同时增长和降低，因此这两个变量必定有一个自动取值为 0，而此时另一个变量即表示产量的增长或降低，这样就可以得到式（5.5）。

$$\forall t\in\{2,\cdots,\text{NT}\}：\sum_{p\in\text{PRODS}}\text{produce}_{p,t}-\sum_{p\in\text{PRODS}}\text{produce}_{p,t-1}=\text{add}_t-\text{reduce}_t \tag{5.5}$$

用变量 CADD 和 CRED 分别表示产量增长和降低一个单位带来的额外费用。产量变化带来的额外费用与产量变化的数值成正比，这样就得到了目标函数的第二部分式（5.6）。

$$\min\sum_{p\in\text{PRODS}}\sum_{t\in\text{MONTHS}}\text{CPROD}_{p,t}+\text{CSTORE}_p\cdot\text{store}_{p,t}$$

$$+\sum_{t=2}^{\text{NT}}\text{CRED}\cdot\text{reduce}_t+\text{CADD}\cdot\text{add}_t \tag{5.6}$$

注意，由于在规划中的第一个时期不存在产量的增长或降低，因此不存在变量 $\text{reduce}_1$ 或 $\text{add}_1$。

这样式（5.3）和式（5.4），再加上所有变量的非负约束式（5.5）和式（5.6），就组成了此问题的完整线性规划系统。

$$\min\sum_{p\in\text{PRODS}}\sum_{t\in\text{MONTHS}}\text{CPROD}_{p,t}+\text{CSTORE}_p\cdot\text{store}_{p,t}+\sum_{t=2}^{\text{NT}}\text{CRED}\cdot\text{reduce}_t+\text{CADD}\cdot\text{add}_t$$

$$\forall p\in\text{PRODS},\ t\in\text{MONTHS}：\text{store}_{p,t}=\text{store}_{p,t-1}+\text{produce}_{p,t}-\text{DEM}_{p,t}$$

$$\forall p \in \text{PRODS} : \text{store}_{p,\text{NT}} \geqslant \text{FSTOCK}_p$$

$$\forall t \in \{2, \cdots, \text{NT}\} : \sum_{p \in \text{PRODS}} \text{produce}_{p,t} - \sum_{p \in \text{PRODS}} \text{produce}_{p,t-1} = \text{add}_t - \text{reduce}_t$$

$$\forall t \in \{2, \cdots, \text{NT}\} : \text{reduce}_t \geqslant 0, \text{add}_t \geqslant 0$$

$$\forall p \in \text{PRODS}, t \in \text{MONTHS} : \text{produce}_{p,t} \geqslant 0, \text{store}_{p,t} \geqslant 0$$

通过求解此问题，得到最低总成本为 683 929 元。前四个时期每个时期的总产量为 7 060 个单位，在第 5 个时期总产量降低到 6 100 个单位，并保持此水平直到最后一个时期。表 5-2 列出了一个对应的生产方案（存在多种可行方案）。

表 5-2　最优生产方案

| 产品型号 | 1 月 | 2 月 | 3 月 | 4 月 | 5 月 | 6 月 |
|---|---|---|---|---|---|---|
| X43-M1 | 1 490 | 3 000 | 2 000 | 4 000 | 2 000 | 2 550 |
| X43-M2 | 1 300 | 800 | 800 | 1 000 | 1 100 | 910 |
| Y54-N1 | 2 150 | 1 500 | 3 640 | 1 060 | 1 200 | 2 130 |
| Y54-N2 | 2 120 | 1 760 | 620 | 1 000 | 1 800 | 510 |
| 总计 | 7 060 | 7 060 | 7 060 | 7 060 | 6 100 | 6 100 |

## 5.2.3　选址问题

物料运输规划与设施布局、运输路线、供货频次、运输能力与运输成本等因素有关。设施布局通常需要根据产品的生产流程及其制造 BOM（物料清单）所需的各类物料配送时间与成本进行综合规划。产品进入设施，在多个工艺流程中流动，流程中，它们根据制造 BOM 进行转换，并作为处理过的产品离开设施。一般而言，每一流程将由多个 BOM 组成，而每一 BOM 可以接受多种输入产品并生产多种输出产品。处理过的产品可能是产成品，然后配送到市场上，或者是半成品，运输到公司供应链的其他设施处进一步加工。越来越多的公司开始开发和使用最优化建模系统来提高特别制造或配送活动的水平。

【例 5-3】仓库位置设置。

有一家物流公司准备开设一些新的仓库，以向一些制造单位供货。每开设一个新仓库都有一些固定费用。货物将从仓库运输到附近的制造单位。每次运输的运费取决于运输的距离。这两种类型的费用非常不同：仓库开设费用属于投资支出，通常在若干年后勾销，而运输费用属于运营成本。假定这两种费用可比，为此可能需要以年为单位计算运营费用。

有 12 个可以建造新仓库的位置，并且需要从这些仓库向 12 个客户位置供货。

表 5-3 给出了每个仓库完全满足每个客户（销售中心）需求所需的总成本，表 5-4 给出了仓库建设费用与容量限制。例如从仓库 1 向客户 9（由表 5-5 可以看到此客户总需求量为 30 t）供货的单位成本为 60 000 元/30 t，即供货的单位成本为 2 000 元/t。如果无法进行送货，则对应的成本标记为无穷大∞。

### 表 5-3 满足客户需求所需的总成本

| 仓库 | 客户需求所需的总成本/千元 | | | | | | | | | | | |
|---|---|---|---|---|---|---|---|---|---|---|---|---|
| | 1 | 2 | 3 | 4 | 5 | 6 | 7 | 8 | 9 | 10 | 11 | 12 |
| 1 | 100 | 80 | 50 | 50 | 60 | 100 | 120 | 90 | 60 | 70 | 65 | 110 |
| 2 | 120 | 90 | 60 | 70 | 65 | 110 | 140 | 110 | 80 | 80 | 75 | 130 |
| 3 | 140 | 110 | 80 | 80 | 75 | 130 | 160 | 125 | 100 | 100 | 80 | 150 |
| 4 | 160 | 125 | 100 | 100 | 80 | 150 | 190 | 150 | 130 | $\infty$ | $\infty$ | $\infty$ |
| 5 | 190 | 150 | 130 | $\infty$ | $\infty$ | $\infty$ | 200 | 180 | 150 | $\infty$ | $\infty$ | $\infty$ |
| 6 | 200 | 180 | 150 | $\infty$ | $\infty$ | $\infty$ | 100 | 80 | 50 | 50 | 60 | 100 |
| 7 | 100 | 80 | 50 | 50 | 60 | 100 | 120 | 90 | 60 | 70 | 65 | 110 |
| 8 | 120 | 90 | 60 | 70 | 65 | 110 | 140 | 110 | 80 | 80 | 75 | 130 |
| 9 | 140 | 110 | 80 | 80 | 75 | 130 | 160 | 125 | 100 | 100 | 80 | 150 |
| 10 | 160 | 125 | 100 | 100 | 80 | 150 | 190 | 150 | 130 | $\infty$ | $\infty$ | $\infty$ |
| 11 | 190 | 150 | 130 | $\infty$ | $\infty$ | $\infty$ | 200 | 180 | 150 | $\infty$ | $\infty$ | $\infty$ |
| 12 | 200 | 180 | 150 | $\infty$ | $\infty$ | $\infty$ | 100 | 80 | 50 | 50 | 60 | 100 |

### 表 5-4 仓库建设费用与容量限制

| 仓库 | 1 | 2 | 3 | 4 | 5 | 6 | 7 | 8 | 9 | 10 | 11 | 12 |
|---|---|---|---|---|---|---|---|---|---|---|---|---|
| 费用/元 | 3 500 | 9 000 | 10 000 | 4 000 | 3 000 | 9 000 | 9 000 | 3 000 | 4 000 | 10 000 | 9 000 | 35 000 |
| 容量/t | 300 | 250 | 100 | 180 | 270 | 300 | 200 | 220 | 270 | 250 | 230 | 180 |

### 表 5-5 客户总需求量数据

| 客户 | 1 | 2 | 3 | 4 | 5 | 6 | 7 | 8 | 9 | 10 | 11 | 12 |
|---|---|---|---|---|---|---|---|---|---|---|---|---|
| 需求量/t | 120 | 80 | 75 | 100 | 110 | 100 | 90 | 60 | 30 | 150 | 95 | 120 |

任何时候都要保证满足客户需求，可以从多个仓库向同一个客户送货。应在哪些位置开办仓库才能使总的建设成本以及运输成本最低，同时仍然能够满足所有客户需求？

根据上节所述的优化问题一般模型建立该问题的数学模型，用变量 $DEM_c$ 表示客户 $c$ 的需求量，用 $CAP_d$ 表示仓库 $d$ 的最大容量。建造仓库 $d$ 的固定费用为 $CFLX_d$，从仓库 $d$ 向客户 $c$ 运输 1 t 货物的运输成本为 $COST_{cd}$。此外，令 DEPOTS 为所有可建造仓库的位置的集合，CUST 为将要向其进行送货的客户集合。

为求解此问题，我们需要了解将要在哪些位置开办仓库。因此，可以定义一个二值决策变量 $build_d$，如果在位置 $d$ 处开办了仓库，则 $build_d$ 取值为 1，否则为 0。此外，我们也需要知道有哪个或哪些仓库向某个客户供货。因此引入决策变量 $fflow_{dc}$，表示客户 $c$ 从仓库 $d$ 那里接收到的货物量占总需求量的比例。这些变量的取值范围为 [0，1]，因此可以得到约束条件式（5.7）：

$$\forall d \in \text{DEPOTS}, \ c \in \text{CUST}: \text{fflow}_{dc} \leqslant 1 \tag{5.7}$$

每个客户的需求都应完全满足:

$$\forall c \in \text{CUST}: \sum_{d \in \text{DEPOTS}} \text{fflow} = 1 \tag{5.8}$$

现在需要建模表示离开仓库 $d$ 的货物总量 不可超过此仓库的总容量 $\text{CAP}_d$,但如果此仓库尚未修建,则此流出值为0,因此有约束条件式(5.9):

$$\forall d \in \text{DEPOTS}: \sum_{c \in \text{CUST}} \text{DEM}_c \cdot \text{fflow}_{dc} \leqslant \text{CAP}_d \cdot \text{build}_d \tag{5.9}$$

上式中由于 $\text{fflow}_{dc}$ 是客户 $c$ 从仓库 $d$ 那里收的货物占其总需求量的比例,因此 $\text{DEM}_c \cdot \text{fflow}_{dc}$ 就是客户 $c$ 从仓库 $d$ 那里收到的货物量。如果仓库 $d$ 已经开办($\text{build}_d = 1$),则从仓库 $d$ 流出的货物总量不能超过 $\text{CAP}_d$;如果仓库 $d$ 尚未开办($\text{build}_d = 0$)则此货物流出值必须为0。要最小化的总成本由仓库建设费用和运输费用两部分组成,即目标函数(5.6)由两个求和组成,这样完整的数学模型就可以写成

$$\min: \sum_{d \in \text{DEPOTS}} \text{CFLX}_d \cdot \text{build}_d + \sum_{d \in \text{DEPOTS}} \sum_{c \in \text{CUST}} \text{COST}_{dc} \cdot \text{fflow}_{dc}$$
$$\forall d \in \text{DEPOTS}, \ c \in \text{CUST}: \text{fflow}_{dc} < 1$$
$$\forall c \in \text{CUST}, \sum_{d \in \text{DEPOTS}} \text{fflow}_{dc} = 1$$
$$\forall d \in \text{DEPOTS}, \sum_{c \in \text{CUST}} \text{DEM}_c \cdot \text{fflow}_{dc} \leqslant \text{CAP}_d \cdot \text{build}_d$$
$$\forall d \in \text{DEPOTS}, \ c \in \text{CUST}: \text{fflow}_{dc} \geqslant 0$$
$$d \in \text{DEPOTS}, \ \text{build}_d \in \mathbf{N}$$

在实际求解中,为便于计算,得到仓库运输量的整数解,$\text{fflow}_{dc}$ 被实际运输量(整数)tansmount 所代替,这样修正目标函数为

$$\min: \sum_{d \in \text{DEPOTS}} \text{CFLX}_d \cdot \text{build}_d + \sum_{d \in \text{DEPOTS}} \sum_{c \in \text{CUST}} \text{COST}_{dc} \cdot \text{tansmount}_{dc}/\text{DEM}_c$$

优化算法求得最低总成本为 18 713 000 元。应在五个位置开设仓库,即位置1、4、5、8、9,如图5-6所示。

| 仓库 | 1 | 2 | 3 | 4 | 5 | 6 | 7 | 8 | 9 | 10 | 11 | 12 |
|---|---|---|---|---|---|---|---|---|---|---|---|---|
| 建设费用 | 3500 | 9000 | 10000 | 4000 | 3000 | 9000 | 9000 | 3000 | 4000 | 10000 | 9000 | 35000 |
| 容量上限 | 300 | 250 | 100 | 180 | 275 | 300 | 200 | 220 | 270 | 250 | 230 | 180 |
| 仓库建设决策变量 build | 1 | 0 | 0 | 1 | 1 | 0 | 0 | 1 | 1 | 0 | 0 | 0 |
| 实际建库容量 | 300 | 0 | 0 | 180 | 275 | 0 | 0 | 220 | 270 | 0 | 0 | 0 |

图 5-6 用 Excel 计算仓库位置

图5-7列出了从这些仓库向客户送货的方案。除了位置5上的仓库之外,其他仓库都完全利用了库存能力,总成本为 18 713 000 元。值得指出的是,不同的求解工具对于不同的问题模型,其优化能力是有差异的,相同的问题可能得到不同的优化解。

| O | P | Q | R | S | T | U | V | W | X | Y | Z | AA | AB |
|---|---|---|---|---|---|---|---|---|---|---|---|---|---|
|  |  | 120 | 80 | 75 | 100 | 110 | 100 | 90 | 60 | 30 | 150 | 95 | 120 |
| 运量决策变量 |  |  |  |  |  |  |  |  |  |  |  |  |  |
|  |  |  |  |  |  |  | 客户 |  |  |  |  |  |  |
|  | 仓库 | 1 | 2 | 3 | 4 | 5 | 6 | 7 | 8 | 9 | 10 | 11 | 12 |
|  | 1 | 0 | 0 | 0 | 5 | 0 | 0 | 85 | 60 | 30 | 0 | 0 | 120 |
|  | 2 | 0 | 0 | 0 | 0 | 0 | 0 | 0 | 0 | 0 | 0 | 0 | 0 |
|  | 3 | 0 | 0 | 0 | 0 | 0 | 0 | 0 | 0 | 0 | 0 | 0 | 0 |
|  | 4 | 0 | 0 | 0 | 70 | 110 | 0 | 0 | 0 | 0 | 0 | 0 | 0 |
|  | 5 | 120 | 35 | 0 | 0 | 0 | 0 | 5 | 0 | 0 | 0 | 0 | 0 |
|  | 6 | 0 | 0 | 0 | 0 | 0 | 0 | 0 | 0 | 0 | 0 | 0 | 0 |
|  | 7 | 0 | 0 | 0 | 0 | 0 | 0 | 0 | 0 | 0 | 0 | 0 | 0 |
|  | 8 | 0 | 45 | 75 | 0 | 0 | 100 | 0 | 0 | 0 | 0 | 0 | 0 |
|  | 9 | 0 | 0 | 0 | 25 | 0 | 0 | 0 | 0 | 0 | 150 | 95 | 0 |
|  | 10 | 0 | 0 | 0 | 0 | 0 | 0 | 0 | 0 | 0 | 0 | 0 | 0 |
|  | 11 | 0 | 0 | 0 | 0 | 0 | 0 | 0 | 0 | 0 | 0 | 0 | 0 |
|  | 12 | 0 | 0 | 0 | 0 | 0 | 0 | 0 | 0 | 0 | 0 | 0 | 0 |
| 总运量=需求量约束 |  | 120 | 80 | 75 | 100 | 110 | 100 | 90 | 60 | 30 | 150 | 95 | 120 |
| 仓库运量和<=容量上限约束 |  | 300 | 0 | 0 | 180 | 160 | 0 | 0 | 220 | 270 | 0 | 0 | 0 |
| 目标函数 | 18713 |  |  |  |  |  |  |  |  |  |  |  |  |

图 5-7　用 Excel 计算配送方案

### 5.2.4　运输问题

企业运营的物料配送中常见问题是行程规划，可以被建模为单独车辆离开仓库、途经多个用户（站）最后回到仓库的行程选择问题。在选择行程时遇到的约束条件通常包括不能超过每辆车运送货物的装载能力，通常有一个行程的最大时限。每次递送的时间窗都和可能只被送一次货的每个客户有关。一个合理的行程要遵守不同的车辆装载能力和时间限制。下面以一个例子简要描述运输问题。

【例 5-4】向多个地点配送产品。

有一个企业需要将产品从位于 A 地的工厂运输到一些客户那里。这些客户分别位于 B、C、D、E、F、G 等地，表 5-6 中列出了每个地方的需求量。

表 5-6　产品需求量

| B 需求量 | C 需求量 | D 需求量 | E 需求量 | F 需求量 | G 需求量 |
|---|---|---|---|---|---|
| 14 000 | 3 000 | 6 000 | 16 000 | 15 000 | 5 000 |

表 5-7 中列出了工厂及客户之间的距离。

表 5-7　工厂及客户之间的距离

| 工厂及客户 | A | B | C | D | E | F | G |
|---|---|---|---|---|---|---|---|
| A | 0 | 148 | 55 | 32 | 70 | 140 | 73 |
| B | 148 | 0 | 93 | 180 | 99 | 12 | 72 |

| 工厂及客户 | A | B | C | D | E | F | G |
|---|---|---|---|---|---|---|---|
| C | 55 | 93 | 0 | 85 | 20 | 83 | 28 |
| D | 32 | 180 | 85 | 0 | 100 | 174 | 99 |
| E | 70 | 99 | 20 | 100 | 0 | 85 | 49 |
| F | 140 | 12 | 83 | 174 | 85 | 0 | 73 |
| G | 73 | 72 | 28 | 99 | 49 | 73 | 0 |

此公司使用容量为 39 000 kg 的卡车进行运输。请选择运输路线，使向所有客户运输的总里程数最少。

这个问题可以看作著名的旅行商问题（TSP）的推广形式，在这个例子中，我们有多个旅行商，每个旅行商的行程都需要从 A 出发，最后又回到 A。

引入变量 $prec_{ij}$，如果在路线中城市 $j$ 紧随城市 $i$，则此变量取值为 1，否则为 0。令 SITES = $\{1, \cdots, NS\}$ 为地点集合，地点 1 即为此工厂，因此可以得到一个子集 CLIENTS = $\{2, \cdots, NS\}$，对应于送货的目标地点。令 $DIST_{ij}$ 为两个城市 $i$ 和 $j$ 之间的距离，$DEM_i$ 为客户 $i$ 定购的产品数量，CAP 为油罐车的容量上限。此外也加入变量 $quant_i$，表示在通往客户 $i$ 的路径上送出去的燃油总量，包括给客户 $i$ 的燃油量。例如，如果包含客户 10 的路径为 1、3、11、10、6、1，则 $quant_{10}$ 的值为 $DEM_3 + DEM_{11} + DEM_{10}$。借助于这些符号，我们可以写出以下的数学模型：

$$\min \sum_{i \in CLIENTS} \sum_{j \in SITES, i \neq j} DIST_{ij} \cdot prec_{ij} \tag{5.10}$$

$$\forall j \in CLIENTS, \sum_{i \in SITES, i \neq j} prec_{ij} = 1 \tag{5.11}$$

$$\forall i \in CLIENTS, \sum_{j \in SITES, i \neq j} prec_{ij} = 1 \tag{5.12}$$

$$\forall i \in CLIENTS: DEM_i \leq quant_i \leq CAP \tag{5.13}$$

$$\forall i \in CLIENTS: quant_i \leq CAP + (DEM_i - CAP) \cdot prec_{1i} \tag{5.14}$$

$$\forall i, j \in CLIENTS, i \neq j:$$
$$quant_j \geq quant_i + DEM_j - CAP + CAP \cdot prec_{ij} + (CAP - DEM_j - DEM_i) \cdot prec_{ji} \tag{5.15}$$

$$\forall i \in CLIENTS: quant_i \geq 0 \tag{5.16}$$

$$\forall i, j \in SITES, i \neq j: prec_{ij} \in 0, 1 \tag{5.17}$$

此问题的目标函数是式（5.10），即最小化总里程数。应向每个客户送货一次，即有约束条件式（5.11）和式（5.12），送货车辆只进入和离开每个城市一次。

数量 $quant_i$ 必须至少等于客户 $i$ 的定购量，且应不超过油罐车的容量上限 CAP，即式（5.13）。

此外，如果客户 $i$ 是路径上的第一个客户，则 $quant_i$ 就等于此客户的定购量。此约束条件可以表示为式（5.13）和式（5.14）。实际上，如果 $i$ 是路线上的第一个客户，则 $prec_{1i}$ 取值为 1，因此约束条件式（5.14）可以化简为（5.18）：

$$quant_i \leq DEM_i \tag{5.18}$$

从式（5.14）~式（5.17）可以看到，$quant_i$ 等于客户 $i$ 的需求量。如果 $i$ 不是路径上的第个客户，则$prec_{1i}$为0，约束条件式（5.14）等价于约束条件式（5.19），由于在式（5.13）中已经表示了此关系，因此这个约束条件是多余的。

$$quant_i \leqslant CAP \tag{5.19}$$

现在考虑$i$不是路径上的第一个客户的情形。此时$quant_i$必须等于工厂和客户$i$之间向所有客户送出的产品总量。这表示如果在路线中客户$j$是客户$i$之后的下一个客户，则我们可以得到$quant_i$必须等于从工厂到客户$i$送出去的燃油总量加上$j$的订货量。此关系可以表示为约束条件式（5.19）。如果在路线中客户$j$紧随客户$i$之后，则为$prec_{ij}$为1，$prec_{ji}$为0，因此约束条件式（5.15）可以化为式（5.20）。

$$quant_j \geqslant quant_i + DEM_i \tag{5.20}$$

如果$j$和$i$之间还有其他客户，则约束条件式（5.15）仍然正确。如果$j$为$i$的前一个客户，则约束条件式（5.15）变为式（5.21）。

$$quant_j \geqslant quant_i - DEM_i \tag{5.21}$$

这个约束条件意味着从工厂到客户$j$为止送出的燃油总量必须不小于从工厂到$j$之后的下一个客户为止送出的燃油总量减去客户$i$的订货量。如果$j$是$i$之前的第一个客户，则$i$就是$j$之后的第一个客户。因此，可以通过交换式（5.21）中的索引值，得到约束条件式（5.22）。

$$quant_i \geqslant quant_j + DEM_j \tag{5.22}$$

约束条件式（5.21）和式（5.22）组合起来即等价于式（5.23）。

$$quant_i = quant_j + DEM_j \tag{5.23}$$

如果在送货路径中$i$和$j$不相邻，则可以得到约束条件式（5.15）。由于此不等式右边的项小于或等于$DEM_j$，因此这个约束条件也可以包含在约束条件式（5.24）中，即这个约束条件是冗余的。

$$quant_j \geqslant quant_i + DEM_i - CAP \tag{5.24}$$

最终，约束条件式（5.16）和式（5.17）将保证变量$quant_i$为非负值，且$prec_{ij}$为二值变量。

在这个解中，油罐车只进入和离开每个节点各一次，因此能够满足约束条件式（5.11）和式（5.12）；但是由于路线不通过工厂，因此此解不可行。为路线上的每个节点定义严格递增的变量$quant_i$将能够避免出现这种解。

该模型用Scilib实现代码如下。

首先，我们需要将数据存储到一个名为e4deliver.dat的文件中。该文件应包括以下内容：

```
7                    ！客户数（包括炼油厂）
0 10 20 30 40 35 25  ！每个客户的需求量
0 2 3 6 5 8 6        ！炼油厂到各个客户的距离
2 0 4 9 8 3 7        ！客户 A 到其他客户的距离
3 4 0 15 12 14 10    ！客户 B 到其他客户的距离
6 9 15 0 9 9 17      ！客户 C 到其他客户的距离
5 8 12 9 0 11 6      ！客户 D 到其他客户的距离
8 3 14 9 11 0 6      ！客户 E 到其他客户的距离
6 7 10 17 6 6 0      ！客户 F 到其他客户的距离
39000                ！油罐车容量
```

然后执行下列代码：

```
M = mopen('e4deliver.dat', 'r');
NS = mgetl(M);
[DEM, DIST, CAP] = mscanf(M, '%d %d %d', [3 NS]);
mclose(M);

x = zeros(NS, NS);
f = [];

for i = 1:NS-1
    for j = i+1:NS
        if i == 1 & j ~= NS then
            x(i,j) = DEM(i);
        else
            f = [f DIST(i,j)];
            x(i,j) = optizero(DIST(i,j), CAP, DEM(j));
        end
    end
end

constraints = [];

for j = 2:NS-1
    constraints = [constraints; sum(x(:,j)) == 1];
    constraints = [constraints; sum(x(j,:)) == 1];
end

for i = 2:NS-1
    constraints = [constraints; x(1,i) * CAP + sum(x(:,i) .* DEM') == x(i,NS) * CAP + optizero(DEM(i), CAP, 0)];
end

for i = 2:NS-1
    for j = i+1:NS-1
        constraints = [constraints; x(i,j) * CAP + sum(x(:,j) .* DEM') >= x(i,NS) * CAP + optizero(DEM(j), CAP, 0)];
    end
end

prob = milp(f, constraints);
status = prob.status;

if status == 0 then
    sol = prob.solution;
    route1 = ['A', letter(find(sol.x(2:NS-1,NS)' ~= 0))];

    flow1 = sum(sol.x(1:NS-1,2:NS-1)(1:$-1,:) .* repmat(DEM(2:NS-1)', NS-2, 1));
    route2 = ['A', letter(find(sol.x(1,2:NS-1)' ~= 0)), 'G', letter(find(sol.x(5,6:NS-1)' ~= 0)), 'C'];
    flow2 = sum(sol.x([1, find(sol.x(1,2:NS-1)' ~= 0)],2:NS-1)(1:$-1,:).*repmat(DEM([1, find(sol.x(1,2:NS-1)' ~= 0)])', 1, NS-2)

    disp("路径\t流量")
    printf("%s\t%d\n", route1, flow1)
    printf("%s\t%d\n", route2, flow2)
else
    disp("无可行解")
end
```

上述代码执行后，输出如下结果：

| 路径 | 流量 |
| --- | --- |
| A->D->E | 22 000 |
| A->F->B->G->C | 37 000 |

## 5.3  供应链战略决策

### 5.3.1  市场预测

针对市场与产品进行市场销售预测是战略决策的重要依据。虽然预测与未来的事实会出

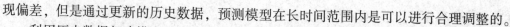
现偏差，但是通过更新的历史数据，预测模型在长时间范围内是可以进行合理调整的。

利用历史数据与建模人员专业知识组合预测模型创建多种产品（产品系列）的需求数据，这些产品需求可能发生在多个时期多处地理位置，需要有针对性地对不同位置的多个市场建立和使用预测模型。

预测模型的类型包括以下几种。

（1）时间序列模型。时间序列模型有指数平滑、移动平均和更复杂的模型。时间序列模型可以应用于短期预测，规划期为一周到三个月，或者应用于中期预测，规划期为三个月到一年。

如图5-8所示需求预测，对各个周期的需求进行指数平滑，其中1~4个时间周期是已经实现的实际订单数，尚未完全实现订单的周期内，白色部分是已经确认的订单，灰色部分是预测量与已实现订单的差额。

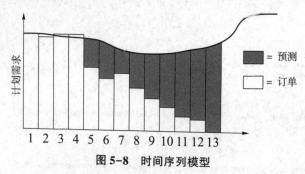

图5-8 时间序列模型

（2）因果模型。因果模型使用统计回归方法关联需求变量与条件变量，这些条件变量可以包括较早时点的同一需求变量，也可以包括其值被认为会影响需求的其他变量。例如一个预测汽车零件需求的模型，这一需求与汽车销售数据、经济景气度指标［例如消费者物价指数（CPI）、生产者物价指数（PPI）、采购经理人指数（PMI）等］进行关联关系挖掘。因果模型对一年或一年以上的长期预测很重要。

（3）新产品模型。新产品供应链的战略设计是决策的重要领域。描述新产品增长预期形式的模型参数可能是从已有的类似产品的历史数据获得，这些分析为管理层提供了新产品销售的先验预测。

【例5-5】时间序列数据挖掘。

某公司从历史物料需求数据中获取各种需求波动样式，依此建立各类物料需求的预测模型。其思路是对其库存物料订货量的各月数据进行汇总，用层次聚类法得到类似的波动样式。

第一步：数据汇总。选取一年的订货数据，按月进行汇总，如图5-9所示。

| 序号 | 商品编号 | 1 | 2 | 3 | 4 | 5 | 6 | 7 | 8 | 9 | 10 | 11 | 12 |
|---|---|---|---|---|---|---|---|---|---|---|---|---|---|
| 126 | 3041918 | 59 | 0 | 0 | 0 | 0 | 78 | 131 | 108 | 154 | 0 | 0 | 47 | 72 |
| 127 | 3042038 | 7 | 0 | 0 | 0 | 0 | 0 | 0 | 0 | 0 | 58 | 367 | 0 |
| 128 | 364058103 | 0 | 0 | 0 | 0 | 23 | 166 | 67 | 128 | 0 | 1 | 57 | 4 |
| 129 | 364058101 | 0 | 0 | 0 | 0 | 30 | 0 | 8 | 0 | 91 | 0 | 8 | |
| 130 | 3042403 | 0 | 0 | 0 | 0 | 33 | 89 | 31 | 0 | 57 | 0 | 3 | 18 |
| 131 | 3042571 | 0 | 0 | 0 | 68 | 67 | 3 | 28 | -1 | 46 | 0 | 0 | 11 |
| 132 | 930303000002 | 0 | 0 | 0 | 29 | 0 | 71 | 35 | 24 | 0 | 6 | 22 | 0 |
| 133 | 3042885 | 0 | 0 | 132 | 26 | 0 | 52 | 38 | 28 | 0 | 30 | -2 | 0 |

图5-9 初步汇总数据

第二步：数据预处理。由于各种物料的需求量大小不一，两种需求量相差较大的物料，

其波动样式可能是相同的，如果数据不进行归一化处理，则有可能导致聚类时出现误判。归一化处理为

$$\text{fine\_val}_i = \frac{k\left[\text{val}_i - \text{avg}(V)\right]}{\max(V) - \min(V)} \tag{5.25}$$

式中　$\text{fine\_val}_i$——处理后数值；

　　　$\text{val}_i$——原始数值；

　　　$k$——大于 1 的放大系数，提高数值间距，以提高聚类的分辨能力。

处理后的数据如图 5-10 所示。

| 126 | 0.41504329 | -0.351190476 | -0.35119 | -0.35119 | -0.35119 | 0.661797 | 1.350108 | 1.051407 | 1.64881 | -0.35119 | 0.259199 | 0.583874 |
| 127 | -0.059945504 | -0.098092643 | -0.09809 | -0.09809 | -0.09809 | -0.09809 | -0.09809 | -0.09809 | -0.09809 | 0.217984 | 1.901907 | -0.09809 |
| 128 | -0.223895582 | -0.223895582 | -0.2239 | -0.2239 | 0.053213 | 1.776104 | 0.583333 | 1.318273 | -0.2239 | -0.21185 | 0.462851 | -0.1757 |
| 129 | -0.128205128 | -0.128205128 | -0.12821 | -0.12821 | 0.531136 | -0.12821 | 0.047619 | -0.12821 | -0.12821 | 1.871795 | 0.047619 | -0.06227 |
| 130 | -0.216292135 | -0.216292135 | -0.21629 | -0.21629 | 0.525281 | 1.783708 | 0.480337 | -0.21629 | 1.064607 | -0.21629 | -0.14888 | 0.188202 |
| 131 | -0.268115942 | -0.268115942 | -0.26812 | 1.702899 | 1.673913 | -0.18116 | 0.543478 | -0.2971 | 1.065217 | -0.26812 | -0.26812 | 0.050725 |
| 132 | -0.219483568 | -0.219483568 | -0.21948 | 0.597418 | -0.21948 | 1.780516 | 0.766432 | 0.456573 | -0.21948 | -0.05047 | 0.400235 | -0.21948 |
| 133 | -0.189054726 | -0.189054726 | 1.781095 | 0.199005 | -0.18905 | 0.587065 | 0.378109 | 0.228856 | -0.18905 | 0.258706 | -0.21891 | -0.18905 |

**图 5-10　处理后的数据**

第三步：进行聚类计算。本例采用 Python Scikit-Learn 机器学习包提供的 Agglomerative-Clustering 层次聚类算法进行计算。代码如下：

```
def plot_dendrogram(model, **kwargs):
    # Create linkage matrix and then plot the dendrogram

    # create the counts of samples under each node
    counts = np.zeros(model.children_.shape[0])
    n_samples = len(model.labels_)
    for i, merge in enumerate(model.children_):
        current_count = 0
        for child_idx in merge:
            if child_idx < n_samples:
                current_count += 1  # leaf node
            else:
                current_count += counts[child_idx - n_samples]
        counts[i] = current_count

    linkage_matrix = np.column_stack(
        [model.children_, model.distances_, counts]
    ).astype(float)

    # Plot the corresponding dendrogram
    dendrogram(linkage_matrix, **kwargs)
```

### 绘图源代码

```
# 利用pandas读取样本数据
xlsx_feature = pd.read_excel('req.xls',
                sheet_name='Sheet2',
                usecols=[1, 2, 3, 4, 5, 6, 7, 8, 9, 10, 11, 12, 13])
x = xlsx_feature.values
# setting distance_threshold=0 ensures we compute the full tree.
model = AgglomerativeClustering(distance_threshold=0, n_clusters=None)  # 初始化分层聚类的类

model = model.fit(x)  # 调用算法计算
plt.title("Hierarchical clustering")
# plot the top three levels of the dendrogram
plot_dendrogram(model, truncate_mode="level", p=5)  # 绘图，显示5层
plt.xlabel("Number of points in node (or index of point if no parenthesis).")
plt.show()
```

计算源代码

通过计算获得的分层聚类结果如图 5-11 所示。

图中横轴所示数据为最终层分类的样本数量。分类的细致程度由聚类距离阈值 distance_threshold 进行调节，该值的设定由分析人员根据经验进行设定。由图中分析结果可看到聚类后每种样本的数量有很大差异，其中样本数量较大的类型说明其日常需求量大，应予以重点关注。图 5-12 为聚类距离较远的两种时间序列，可见其需求规律的明显不同。

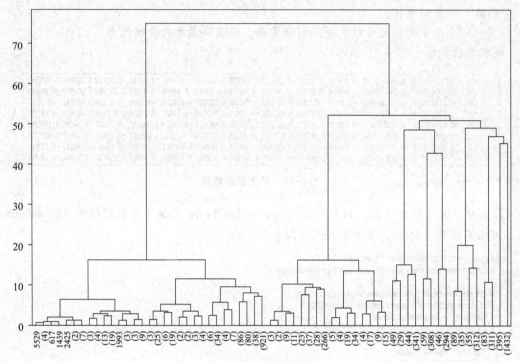

图 5-11　分层聚类结果

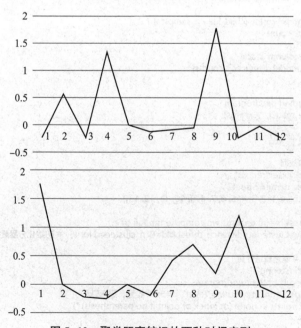

图 5-12　聚类距离较远的两种时间序列

### 5.3.2 战略决策的内容

制造型企业的战略规划从对未来长期公司产品潜在销量的预测开始。一般战略分析的时间范围以年计，例如在下一年之前提前三个季度进行，这一提前期的设置要足以为第二年引入一项新产品或者建设一个新工厂。

以某公司为例，该公司生产 A、B、C、D 四种产品，其中 D 产品为新产品。

表 5-8 给出了公司对现有的市场和开发的新市场三年的销售量预测。所有的决策将基于该预测寻求最大化三年规划期的折现净收入。

表 5-8　销售量预测

| 第一年 | | | | 第二年 | | | | 第三年 | | | |
|---|---|---|---|---|---|---|---|---|---|---|---|
| A | B | C | D | A | B | C | D | A | B | C | D |
| 3 000 | 2 000 | 2 000 | 500 | 6 000 | 1 000 | 2 000 | 1 000 | 3 000 | 2 500 | 2 000 | 2 000 |
| 1 500 | 1 000 | 500 | 300 | 2 000 | 500 | 1 000 | 600 | 1 000 | 1 500 | 1 000 | 1 500 |
| 1 200 | 1 000 | 750 | 300 | 1 800 | 500 | 1 500 | 600 | 1 000 | 1 200 | 1 500 | 1 200 |

构建一个一体化的供应链模型，如图 5-13 所示。这是对公司供应链网络的一个高度抽象的描述，将其扩展为一个公司决策选择、约束和目标的综合模型。因为它考虑了公司供应链的很多组成部分，细化的公司战略模型会比较复杂，通过一些子模型将它组装起来，这些子模型包括以下几种。

（1）现有工厂生产模型：每一年的描述现有工厂生产能力的生产模型，并且可以选择扩张该工厂的生产能力，以及在该厂生产新产品 D；

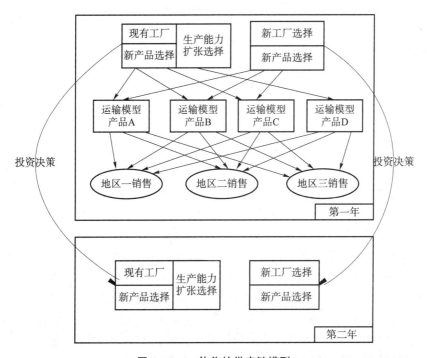

**图 5-13　一体化的供应链模型**

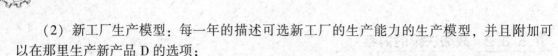

（2）新工厂生产模型：每一年的描述可选新工厂的生产能力的生产模型，并且附加可以在那里生产新产品 D 的选项；

（3）运输模型：每一年和每一产品的描述从工厂到市场的产品物流的运输模型；

（4）销售模型：每一年和每一产品的销售模型，将每一市场的销量限制在它的最大限量上或者低于这个限量；

（5）投资约束：投资选择上的多项选择约束；

（6）收入模型：每一年的净收入函数和整个规划期上加总的折现净收入函数。

图 5-13 描绘了这些子模型的集成。真实的战略模型细节（决策变量与约束条件）要更为繁杂，是生产计划、运输、布局、劳动力分配等模型的综合应用。在此为了说明战略规划的框架，进行了简化。

### 5.3.3　战略决策模型的建立

**1. 第一年决策变量与约束**

对于现有工厂的决策变量，包括在现有工厂的生产和在现有工厂的投资，产品生产决策变量：

$MAXPL_t$ = 第 $t$ 年在现有工厂生产的 A 的数量（$t$ = 1，2，3）；

$MBXPL_t$ = 第 $t$ 年在现有工厂生产的 B 的数量（$t$ = 1，2，3）；

$MCXPL_t$ = 第 $t$ 年在现有工厂生产的 C 的数量（$t$ = 1，2，3）；

$MDXPL_t$ = 第 $t$ 年在现有工厂生产的 D 的数量（$t$ = 1，2，3）；

如图 5-14 所示，上述决策变量在单元格 D9：G9 设置。

现有工厂投资决策变量。

$$XPL_t = \begin{cases} 1 & \text{现有工厂在第 } t \text{ 年扩张}（t=1，2，3）\\ 0 & \text{否} \end{cases}$$

该变量在单元格 O8：Q8 指定。

$$DELTAX = \begin{cases} 1 & \text{开发的新产品在现有工厂生产}\\ 0 & \text{否} \end{cases}$$

该变量在 R8 指定。

$$DELTAN = \begin{cases} 1 & \text{开发的新产品在新工厂生产}\\ 0 & \text{否} \end{cases}$$

该变量在 R29 指定。

描述影响现有工厂投资选择的约束为：

$$XPL_1 + XPL_2 + XPL_3 \leq 1$$
$$DELTAX + DELTAN \leq 1$$

第一个约束（在单元格 O9 中指定）指出可以为了公司运作选择在三年规划期中的最多一年扩张现有工厂。第二个约束指出（在单元格 O10 中指定）新产品可以在现有工厂生产，也可以在新工厂生产，或者既不在现有工厂生产，也不在新工厂生产。

这些 0-1 投资变量也被用于控制"在现有工厂的生产"这部分中列出的现有工厂的约束。例如，图 5-14 中的生产劳动力约束被扩展（在单元格 I7 中指定）为

$$10MAXPL_1 + 15MBXPL_1 + 20MCXPL_1 + 22MDXPL_1 - 33\,000XPL_1 \leq 100\,000$$

**第一年净收入 4337656**

|  | | 产品 | A | B | C | D | 使用的生产能 | | 没有扩张的生产能力 | 扩张后的生产能力 | | 现有工厂的投资 | | | |
|---|---|---|---|---|---|---|---|---|---|---|---|---|---|---|---|
|  |  | 产品 | A | B | C | D |  |  |  |  |  |  | 在第一年扩张现有工厂 | 在第二年扩张现有工厂 | 在第三年扩张现有工厂 | 在现有工厂生产新产品 |
|  |  |  | 1 | 1 |  |  | 5000 <= | 6000 | 8000 | 生产线1 |  |  |  |  |  |  |
|  |  |  |  |  | 1 | 1 | 1711 <= | 2400 | 3200 | 生产线2 |  |  |  |  |  |  |
|  |  |  | 10 | 15 | 20 | 22 | 94222 <= | 100000 | 133000 | 劳动力 |  | 投资成本 | 2834000 | 834000 | 834000 | 775000 |
|  |  | 单位成本 | 1000 | 1175 | 2250 | 2100 |  |  |  |  |  | 0-1变量 | 0 | 1 | 1 | 1 |
|  |  | 生产量 | 3000 | 2000 | 1711 | 0 | <=> | 0 | 产品D固定成本约束 |  |  | 投资变量和 | 0 | 1 |  | 1 |
|  |  |  |  |  |  |  |  |  |  |  |  | 新产品变量 | 0 | <= |  | 1 |

**从现有工厂出发的货运 / 从现有工厂到市场的运输成本**

| 到 | A | B | C | D | 到 | A | B | C | D |
|---|---|---|---|---|---|---|---|---|---|
| 地区一 | 3000 | 2000 | 1711 | 0 | 地区一 | 22 | 19 | 27 | 27 |
| 地区二 | 0 | 0 | 0 | 0 | 地区二 | 52 | 48 | 58 | 58 |
| 地区三 | 0 | 0 | 0 | 0 | 地区三 | 50 | 46 | 56 | 56 |
| 总运量 | 3000 | 2000 | 1711 | 0 |  |  |  |  |  |
|  | <=> | <=> | <=> | <=> |  |  |  |  |  |
| 运量约束目标 | 3000 | 2000 | 1711 | 0 |  |  |  |  |  |

**在新工厂的生产 / 使用的生产能力 / 生产能力 / 投资建设新厂**

|  | 产品 | A | B | C | D | 使用的生产能力 | | 生产能力 | | 在第一年建立新工厂 | 在第二年建立新工厂 | 在第三年建立新工厂 | 在新工厂生产新产品 |
|---|---|---|---|---|---|---|---|---|---|---|---|---|---|
|  |  | 1 | 1 |  |  | 4700 <= | 5000 | 生产线1 |  |  |  |  |  |
|  |  |  |  | 1 | 1 | 1539 <= | 2000 | 生产线2 |  |  |  |  |  |
|  |  | 9 | 14 | 18 | 20 | 80000 <=> | 80000 | 劳动力 |  | 22250000 | 22250000 | 22250000 | 775000 |
|  | 单位成本 | 925 | 1100 | 2125 | 1900 |  |  |  |  | 0-1变量 | 1 | 0 | 0 |
|  | 生产量 | 2700 | 2000 | 1539 | 0 | <=> | 0 | 产品D固定成本约束 |  | 投资变量和 | 1 | <=> | 1 |

**从新工厂出发的货运 / 从新工厂到市场的运输成本**

| 到 | A | B | C | D | 到 | A | B | C | D |
|---|---|---|---|---|---|---|---|---|---|
| 地区一 | 0 | 0 | 289 | 0 | 地区一 | 72 | 48 | 58 | 58 |
| 地区二 | 1500 | 1000 | 500 | 0 | 地区二 | 20 | 17 | 25 | 25 |
| 地区三 | 1200 | 1000 | 750 | 0 | 地区三 | 30 | 26 | 35 | 35 |
| 总运量 | 2700 | 2000 | 1539 | 0 |  |  |  |  |  |
|  | <=> | <=> | <=> | <=> |  |  |  |  |  |
| 运量约束目标 | 2700 | 2000 | 1539 | 0 |  |  |  |  |  |

**销售 / 最大销售预测**

| 地区 | A | B | C | D |  | A | B | C | D |
|---|---|---|---|---|---|---|---|---|---|
| 地区一 | 3000 | 2000 | 2000 | 0 |  | 3000 | 2000 | 2000 | 500 |
| 地区二 | 1500 | 1000 | 500 | 0 |  | 1500 | 1000 | 500 | 300 |
| 地区三 | 1200 | 1000 | 750 | 0 |  | 1200 | 1000 | 750 | 300 |
| 总运量 | 5700 | 4000 | 3250 | 0 |  |  |  |  |  |
| 单位收入 | 1350 | 1650 | 3000 | 2500 |  |  |  |  |  |

**第二年净收入 5078500**

|  | 产品 | A | B | C | D | 使用的生产能力 | | 没有扩张的生产能力 | 扩张后的生产能力 | |
|---|---|---|---|---|---|---|---|---|---|---|
|  |  | 1 | 1 |  |  | 7300 <= | 6000 | 8000 | 生产线1 |  |
|  |  |  |  | 1 | 1 | 2500 <= | 2400 | 3200 | 生产线2 |  |
|  |  | 10 | 15 | 20 | 2050 | 129500 <= | 100000 | 133000 | 劳动力 |  |
|  | 单位成本 | 1000 | 1175 | 2250 | 2050 |  |  |  |  |  |
|  | 生产量 | 6000 | 1300 | 2500 | 0 | <=> | 0 | 产品D固定成本约束 |  |  |

**从现有工厂出发的货运 / 从现有工厂到市场的运输成本**

| 到 | A | B | C | D | 到 | A | B | C | D |
|---|---|---|---|---|---|---|---|---|---|
| 地区一 | 6000 | 1000 | 2000 | 0 | 地区一 | 22 | 19 | 27 | 27 |
| 地区二 | 0 | 0 | 0 | 0 | 地区二 | 52 | 48 | 58 | 58 |
| 地区三 | 0 | 300 | 500 | 0 | 地区三 | 50 | 46 | 56 | 56 |
| 总运量 | 6000 | 1300 | 2500 | 0 |  |  |  |  |  |
|  | <=> | <=> | <=> | <=> |  |  |  |  |  |
| 运量约束目标 | 6000 | 1300 | 2500 |  |  |  |  |  |  |

**在新工厂的生产 / 使用的生产能力 / 生产能力**

|  | 产品 | A | B | C | D | 使用的生产能力 | | 生产能力 | |
|---|---|---|---|---|---|---|---|---|---|
|  |  | 1 | 1 |  |  | 4500 <= | 5000 | 生产线1 |  |
|  |  |  |  | 1 | 1 | 2000 <= | 2000 | 生产线2 |  |
|  |  | 9 | 14 | 18 | 20 | 80000 <=> | 80000 | 劳动力 |  |
|  | 单位成本 | 925 | 1100 | 2125 | 1850 |  |  |  |  |
|  | 生产量 | 3800 | 700 | 2000 | 0 | <=> | 0 | 产品D固定成本约束 |  |

**从新工厂出发的货运 / 从新工厂到市场的运输成本**

| 到 | A | B | C | D | 到 | A | B | C | D |
|---|---|---|---|---|---|---|---|---|---|
| 地区一 | 0 | 0 | 0 | 0 | 地区一 |  | 72 | 48 | 58 | 58 |
| 地区二 | 2000 | 500 | 1000 | 0 | 地区二 | 20 | 17 | 25 | 25 |
| 地区三 | 1800 | 200 | 1000 | 0 | 地区三 | 30 | 26 | 35 | 35 |
| 总运量 | 3800 | 700 | 2000 | 0 |  |  |  |  |  |
|  | <=> | <=> | <=> | <=> |  |  |  |  |  |
| 运量约束目标 | 3800 | 700 | 2000 | 0 |  |  |  |  |  |

**销售 / 最大销售预测**

| 地区 | A | B | C | D |  | A | B | C | D |
|---|---|---|---|---|---|---|---|---|---|
| 地区一 | 6000 | 1000 | 2000 | 0 |  | 6000 | 1000 | 2000 | 1000 |
| 地区二 | 2000 | 500 | 1000 | 0 |  | 2000 | 500 | 1000 | 600 |
| 地区三 | 1800 | 500 | 1500 | 0 |  | 1800 | 500 | 1500 | 600 |
| 总运量 | 9800 | 2000 | 4500 | 0 |  |  |  |  |  |
| 单位收入 | 1350 | 1650 | 3000 | 2500 |  |  |  |  |  |

图 5-14 规划模型

| | 第三年净收入 | | 从现有工厂出发的货运 | | | | | | 从现有工厂到市场的运输成本 | | | |
|---|---|---|---|---|---|---|---|---|---|---|---|---|
| | 5167786 | | | | | | | | | | | |
| | | 到 | A | B | C | D | | 到 | A | B | C | D |
| | | 地区一 | 3000 | 2500 | 2000 | 0 | | 地区一 | 22 | 19 | 27 | 27 |
| | | 地区二 | 0 | 0 | 0 | 0 | | 地区二 | 52 | 48 | 58 | 58 |
| | | 地区三 | 0 | 843 | 500 | 0 | | 地区三 | 50 | 46 | 56 | 56 |
| | | 总运量 | 3000 | 3343 | 2500 | 0 | | | | | | |
| | | | <=> | <=> | <=> | <=> | | | | | | |
| | | 运量约束目标 | 3000 | 3343 | 2500 | 0 | | | | | | |

| | | 在新工厂的生产 | | | | 使用的生产能力 | | 生产能力 | | | |
|---|---|---|---|---|---|---|---|---|---|---|---|
| | | 产品 | A | B | C | D | | | | | |
| | | | 1 | 1 | | | 4500 | <= | 5000 | 生产线1 | |
| | | | | | 1 | 1 | 2000 | <= | 2000 | 生产线2 | |
| | | | 9 | 14 | 18 | 20 | 80000 | <=> | 80000 | 劳动力 | |
| | | 单位成本 | 925 | 1100 | 2125 | 1850 | | | | | |
| | | 生产量 | 2000 | 1857 | 2000 | 0 | <=> | 0 | | 产品D固定成本约束 | |

| | 从新工厂出发的货运 | | | | | | 从新工厂到市场的运输成本 | | | |
|---|---|---|---|---|---|---|---|---|---|---|
| | 到 | A | B | C | D | | 到 | A | B | C | D |
| | 地区一 | 0 | 0 | 0 | 0 | | 地区一 | 72 | 48 | 58 | 58 |
| | 地区二 | 1000 | 1500 | 1000 | 0 | | 地区二 | 20 | 17 | 25 | 25 |
| | 地区三 | 1000 | 357 | 1000 | 0 | | 地区三 | 30 | 26 | 35 | 35 |
| | 总运量 | 2000 | 1857 | 2000 | 0 | | | | | | |
| | | <=> | <=> | <=> | <=> | | | | | | |
| | 运量约束目标 | 2000 | 1857 | 2000 | 0 | | | | | | |

| | 销售 | | | | | | 最大销售预测 | | | |
|---|---|---|---|---|---|---|---|---|---|---|
| | | A | B | C | D | | A | B | C | D |
| | 地区一 | 3000 | 2500 | 2000 | 0 | | 3000 | 2500 | 2000 | 2000 |
| | 地区二 | 1000 | 1500 | 1000 | 0 | | 1000 | 1500 | 1000 | 1500 |
| | 地区三 | 1000 | 1200 | 1500 | 0 | | 1000 | 1200 | 1500 | 1200 |
| | 总运量 | 5000 | 5200 | 4500 | 0 | | | | | |
| | 单位收入 | 1350 | 1700 | 3000 | 2500 | | | | | |

图 5-14 规划模型（续）

对于这条约束，如果 $XPL_1 = 1$，则第一年有 133 000 个劳动力小时可用于在现有工厂进行生产；而如果 $XPL_1 = 0$，将有 100 000 个劳动力小时。对于可用的生产线 1 和生产线 2，生产小时数也有类似的约束。最后，新产品 D 的生产由固定成本约束（在单元格 H9 中指定）控制：$MDXPL_1 - 1\ 100DELTAX \leq 0$。

对于这条约束，产品在现有工厂产量如要为正值（最多 1 100 台），只有当 DELTAX = 1 时才能发生；而数量的非负约束保证 DELTAX = 0 时，D 产品的产量为 0。1 100 台的限制是由第一年所有市场 D 产品的最大销量决定的，这些数据列在最大销量的预测部分。

"从现有工厂出发的货运" 部分列在单元格 D18 到 G18 中的约束说明了每种产品的运出量不能超过在现有工厂的生产部分计算的生产数量。因为该公司维持着非常低的库存，我们没有将它们包括进模型。因此，运出量将总等于生产量。

"在新工厂的生产" 的部分描述了与在现有工厂的生产部分相类似的模型设置。类似的 0-1 决策变量：

$$NPL_t = \begin{cases} 1 & \text{在第 } t \text{ 年建新工厂 } (t=1, 2, 3) \\ 0 & \text{否} \end{cases}$$

指出在三年的规划期内新工厂的 0-1 变量（O26：Q26）给出以下逻辑约束（在单元格 O27 中指定）：

$NPL_1 + NPL_2 + NPL_3 \leq 1$

这些变量用于开启在新工厂的生产。例如，令：

$MANPL_t =$ 第 $t$ 年在新工厂生产的产品 A 的数量；

$MBNPL_t =$ 第 $t$ 年在新工厂生产的产品 B 的数量；

$MCNPL_t$＝第 $t$ 年在新工厂生产的产品 C 的数量；

$MDNPL_t$＝第 $t$ 年在新工厂生产的产品 D 的数量。

生产劳动力约束（在单元格 I25 中指定）为

$$9MANPL_1+14MBNPL_1+18MCNPL_1+20MDNPL_1-80\,000NPL_1\leqslant 0$$

如前所述，如果 $NPL_1=1$，这个约束就被开启，并且新工厂第一年有 80 000 h 可用于产品的生产；而如果 $NPL_1=0$，就不建立工厂，从而新工厂的位置就不能供应任何产品。从数据上看，新工厂生产率较现有工厂更有效率。具体而言，所有产品的劳动生产率和单位成本较低。最后，新工厂产品 D 的固定成本约束（单元格 H27）和现有工厂的一样，也就是 $MDNPL_1-1\,100DELTAN\leqslant 0$。

销售部分汇总了从两个工厂运到每个市场的每种产品的数量。这些数量受"最大销量的预测"部分的上限的约束，约束列在销售约束部分。

**2. 第一年目标函数**

战略分析的目标是净收入的折现和最大化。假设年折现率是 10%，则

$$净收入的折现和=Z_1+0.9Z_2+0.81Z_3$$

式中，$Z_t$ 是第 $t$ 年的净收入，由下式给出：

$$Z_t=总销售收入-两个工厂的生产成本-从两个工厂到市场的运输成本-$$

扩张现有工厂、建设新工厂和开发新产品的投资成本

这些项目可以通过使用电子表格中适当的乘积以及乘积和计算得到。扩张现有工厂和建设新工厂的投资部分所列的成本是年度成本，从投资启动的第一年开始，每年支付，新产品成本则是第一年一次性支付。在此省略关于图 5-14 的规划计算过程。图中数据是经过规划计算后的结果。图中加上符号"<=>"意味着最优解中决策变量约束最大值，"<="表示还没达到约束最大值。

电子表格中第二年和第三年的部分和第一年基本相同，不同之处是对现有工厂和新工厂可用生产能力的处理上。具体而言，第 $t$ 年现有工厂扩张的生产能力和新工厂可用的生产能力取决于第 $t$ 年或之前任何一年是否进行了投资。

**3. 基本案例和情景分析**

表 5-9 总结了图 5-14 中用电子表格优化器得到的最优投资决策。投资的时机选择和规模决策使该公司现有的产品在所有年份和所有市场都能达到最大销量，称这一战略为基本案例，因为它是用以净收入最大化为目标的规划模型运行，未考虑修改某些约束条件。

表 5-9 供应链投资选择的模型解（基本案例）

| 选择 | 决策 |
| --- | --- |
| 建设新工厂 | 立即建设，以便第一年投入使用 |
| 扩张现有的工厂 | 扩张，以便第二年投入使用 |
| 开发新产品 | 拒绝 |

基于这一模型进行分析时，可调节一些决策变量，观察结果的变化，例如观察延迟到第二年或第三年再建立新工厂的情况。这一情景可以用图 5-14 中的模型进行评估，只要令单元格 O26 中的 0-1 变量＝0 并重新优化该模型。也可修改预测，例如第二年和第三年的最大

潜在销量比预测高 20% 会对最优解有什么影响，或者将它们调低 20% 再观察结果。

仔细观察最优解，可以发现第二年投资扩张现有工厂最重要的经济动因是提高劳动力资源，而不是生产线资源。如果观察到第二年和第三年劳动力资源几乎耗尽，而测试资源的消耗在那些年并不比它们在未扩张时的能力高多少，就会发现劳动力的因素影响明显。因此，可尝试每年在现有工厂增加一个劳动力加班时间的选择，观察对最优战略会有什么影响。

这一选择要求增加三个 0-1 变量，为三年中每一年的固定成本增加一个。它也要求增加三个连续变量，为三年中每一年发生的加班时间数量增加一个，加班时间不能超过允许的最大小时数。每年的固定成本和连续变量通过一个固定成本约束联系起来。固定和可变成本从每年的净收入函数中减去。

此外，可观察到新产品的投入生产一直不被规划结果所接受，如在竞争分析中认为新产品的投放势在必行，则需要考虑重新设计新产品，使它的销售价格上升或生产成本下降，然后修改参数重新进行规划计算，以评估新产品的适应性。

## 5.4 生产决策

### 5.4.1 生产模式

拉式生产是 JIT（准时制生产方式）之父大野耐一在其创立"丰田生产方式"时为应对需求的不确定性，减少生产库存，提高交货及时率而提出的生产方法论。与拉式生产相对应，精益生产研究者把另一种传统上应用的生产方式称为推式生产。将推与拉区分开的是引起制品在系统中运动的机制。二者根本性的定义在于生产投料决策（什么时机、数量多少）的触发是来自生产系统之外还是来自生产系统之内。其区别是：推式系统根据外部需求制订计划，根据计划决定在制品投放；拉式系统则根据系统自身的状态（库存标准）决定在制品投放。

另一种考察推与拉区别的方式是：推式系统由其内在属性决定了是接单生产（Make-to-Order），而拉式系统则为备货生产（Make-to-Stock）。也就是说，是订单（或预测），而不是系统状态驱动着推式系统的计划，拉式系统则以系统某处库存不足为批准投料的信号。从这个角度看，当基准库存点模型（Base Stock Model）的库存降低到某一特定水平之下，即触发订单，是拉的方法；MRP 根据客户订单建立规划，然后根据规划投放订单，是推的方法。

图 5-15 所示的 MRP 是典型的推式生产，生产的驱动来自需求预测与订单。一个较为常用的策略是比较需求预测与订单多少，取其中值较大的为决策的输入。例如 6 月的第 1 周，实际订货量大于预测量，计算库存消耗时，以订货量为准；其后的各周则以预测量为准。MPS（Master Production Schedule，主生产计划）的决策以预计现有库存量是否满足下期需求为准决定是否触发生产。MPS 的产出数量则按照某个准则决定，如图 5-15 中是固定批量生产。

拉式生产以各个工位基准库存为生产触发条件。如图 5-16 所示，用户订单到达后，最终产品库存降低，当库存降低至生产触发值，将触发最后一个工站的生产，向最终产品库存补货。该工站向它的上游工站传递补货看板（信息），上游工站接收看板后，用自己的缓冲库存向下游供货，当缓冲库存降低至生产触发点就会触发自己的生产。这样补货需求依次向上游传递，直到原材料库存。上游向下游供货时，看板跟随产品一起向下游回传，到最终库

| | 期初库存 | 6月 | | | | 7月 | | | |
|---|---|---|---|---|---|---|---|---|---|
| | 64 | 1 | 2 | 3 | 4 | 5 | 6 | 7 | 8 |
| 外部需求 | 需求预测 | 30 | 30 | 30 | 30 | 40 | 40 | 40 | 40 |
| 外部需求 | 用户订货 | 33 | 20 | 10 | 4 | 2 | | | |
| | 现有库存量 | 31 | 1 | 41 | 11 | 41 | 1 | 31 | 61 |
| | MPS | | | 70 | | 70 | | 70 | 70 |
| | 待分配库存量 | 11 | | 56 | | 68 | | 70 | 70 |

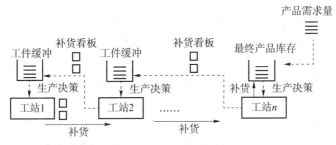

**图 5-15　MRP**

存位置后看板取下完成一次补货。目前生产线工位多已采用制造执行系统（MES）直接计算全部工位的补货生产指令，并通过电子屏发至每个工位，取代纸质看板。

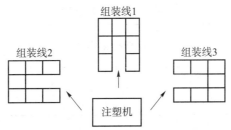

**图 5-16　拉式生产触发**

完全适用拉式生产的场景多见于大批量生产，如电子产品代工生产；而在大规模定制的生产条件下，单纯的拉式或推式均不能满足生产需要。一方面，产品的多样化定制需求使终端产品设置库存的代价过高；另一方面，同一种零部件或原材料由于需求可能来自多种终端产品而使其制订生产计划与采购计划比较困难。因此，应根据生产特点进行推拉混合的生产系统设计。

**【例 5-6】** 冰箱生产企业的推拉混合生产模式。

一个简化的电子产品生产车间如图 5-17 所示，企业在网络平台上接受客户定制产品订单，5 种定制产品中共同使用的两种塑料结构件由注塑机加工完成，其他零件均从工业园区的配套供货商处采购。成品生产实行按订单生产，网络订单集结为生产计划，按生产计划的交货期实行批对批供货，即订单需求多少就生产多少。此种生产方式实际上是只依照实际订货量做生产计划的推式生产。

**图 5-17　电子产品生产车间示意图**

这一场景下的生产属于大规模定制生产，由于市场变化越来越频繁，组装生产的需求计划变更也越来越频繁。在这种情况下，如果注塑机按固定生产计划生产将造成需要的零件生产不出来，不需要的零件堆成山的局面。为了改变这种局面，实行推拉混合的生产方式，组装线按订单生产，注塑机则为备货式生产，达到抛开不准确的预测，实际需要什么就生产什么的目标。

作为推拉界面，在注塑机和组装线之间存在在制品库存，设定在制品的最大库存量和最小库存量。理论上最大、最小库存量为（$Q$，$r$）模型中的 $Q$ 与 $r$，按理论计算需要估计需求到达概率密度，这在实际生产中对短期需求样本而言是比较困难的。因此需要实用方法进行数据统计，得到补充周期的产能数据与消耗数据，以便设定最大、最小库存量，实现拉式生产补货。

### 5.4.2 拉式生产决策

在实施拉动生产方式时，需要计算最大库存量和最小库存量。为了计算的方便，并不直接计算最大库存量和最小库存量，而是计算生产批量和缓冲库存量。

需要计算的两个参数分别如下。

生产批量 bs：生产批量就是每生产一次的批量，对照（$Q$，$r$）模型的决策变量有 bs = $Q-r$。

缓冲库存量 $r$：为了防止补货期间下游工序停工待料而建立的库存。

生产批量与缓冲库存量这两个参数与最大库存量和最小库存量间存在以下关系：

$$最小库存量 = r \tag{5.26}$$
$$最大库存量 = Q = r + bs \tag{5.27}$$

以表 5-10 所示的数据为例说明拉式生产决策的计算过程，表中数据说明如下。

日需求：是在一个 MRP 的需求时段内统计 3 条组装线对表中两种零件的平均日需求。

系统合格率：体现在最终客户的合格率。本例中，OP01 的系统合格率为 95%，意味着注塑机每生产 1 400 件 OP01 注塑件，送到客户手里只有 1 330 件是合格可用的。

CT：注塑机每注塑一个产品所需要的时间。本例中，注塑机生产一个 OP01 的时间是 6 s。

切换时间：由一种产品切换生产另一种产品花费的停机时间，如更换模具、工装、校准刀具等所需要的时间。本例中，注塑机切换生产 OP01 所需的时间是 40 min。

最小运输批量：本例中，注塑机每生产一次，可能要一批生产 4 000 个，但是没有必要等 4 000 个全部生产结束才把产品发送给客户，也许每 400 个就可以发货了。

表 5-10　生产基本参数表

| 产品编号 | 产品名称 | 日需求/件 | 系统合格率/% | CT/s | 切换时间/min | 最小运输批量/件 |
|---|---|---|---|---|---|---|
| OP01 | O 注塑件 | 2400 | 95 | 6 | 40 | 400 |
| OP02 | P 注塑件 | 3 800 | 95 | 7 | 50 | 600 |

根据系统合格率调整日需求，即

$$调整日需求 = 日需求 / 系统合格率 \tag{5.28}$$

再由实际日需求计算每日所需的生产时间：

$$生产时间 = CT \times 调整日需求 \tag{5.29}$$

物料需求计划中的每种产品，需要每隔一段时间进行一次补货生产，即采用轮番生产。之所以进行轮番生产是因为注塑机是共享的，而这段时间间隔就是补充周期 ST。补充周期的长短，取决于生产切换的频率，频率越高，周期越短。生产切换的频率，取决于可以用来进行切换的时间和切换花费的时间 $\sum CO$。

$$ST = \frac{\sum CO}{ACT} \tag{5.30}$$

上式中，ACT 为可用切换时间。可用切换时间是可用工作时间减去生产必需的时间后，剩余可用来进行换模的时间。可用工作时间是考虑停机因素后，注塑机可以用来进行生产的时间。在这个时间内，可以全力生产，也可以换模，甚至可以闲置。

本例中，每勤时间为 900 min，停机时间为 140 min，所以可用工作时间为 760 min。两种零件日生产时间为

OP01：　　　　　　　$2\,400 \div 95\% \times 6 \div 60 \approx 253$（min）

OP02：　　　　　　　$3\,800 \div 95\% \times 7 \div 60 \approx 467$（min）

　　　　　　　　　$ACT = 760 - 253 - 467 = 40$（min）

因此，

$$ST = \frac{\sum CO}{ACT} = \frac{90\ min}{40\ min/d} = 2.25(d)$$

如果两种零件轮番生产，每种零件间隔 2.25 d 生产一批；也可以安排切换 1 次 OP01，2 次 OP02，在这种情况下，切换时间变成了 $40+50+50 = 140$ min，补货周期则变为 3.5 d。每周期各种产品需要产出周期内的需求量，即为生产批量 bs。

$$bs(OP01) = 2\,400 \div 95\% \times 2.25 \approx 5\,684\ （件）$$

$$bs(OP02) = 3\,800 \div 95\% \times 2.25 \approx 9\,000\ （件）$$

生产流程在接受供货的生产指示后，无法立即供货，需要经过换模、加工、运输等一系列工作才能继续。这段时间内，组装线的生产还要继续，因此，必须保持恰当的缓冲库存量，以应对上述系列工作所花费的时间。这一系列时间一般包括切换时间、最小运输批量加工时间、运输时间、安全时间。安全时间是指为生产期间预留的应对随机事件的时间。计算过程如表 5-11 所示。

表 5-11　缓冲库存计算结果

| 产品编号 | 生产能力/(s·件$^{-1}$) | 生产批量或运输批量/件 | 最小运输批量加工时间/min | 切换时间/min | 运输时间/min | 安全时间/min | 缓冲时间/min | 调整后日需求/min | 每日工作时间/min | 调整后每分钟需求/件 | 缓冲库存/件 |
|---|---|---|---|---|---|---|---|---|---|---|---|
| OP01 | 6 | 400 | 40 | 40 | 30 | 180 | 290 | 2 526 | 480 | 5.26 | 1 526 |
| OP02 | 7 | 600 | 70 | 50 | 30 | 180 | 330 | 4 000 | 480 | 8.33 | 2 750 |

最小运输批量加工时间

OP01：400件×6 s/件 =2 400 s =40 min

70+50+30+180

4 000÷480

330×8.33

计算说明如下：

（1）最小运输批量加工时间：运输批量没有必要和生产批量一致。本例中，OP01的运输批量为400件，而生产这400件的时间为40 min。

（2）缓冲时间：缓冲库存的时间表达法。

缓冲时间=安全时间+切换时间+最小运输批量加工时间+运输时间

本例中，OP01的缓冲时间为290 min。

（3）缓冲库存：库存的数量表达法。我们可以说"3天的库存"，也可以说"1 500件库存"，二者可以互相转化。

缓冲库存（数量）=缓冲库存（时间）×调整后每分钟需求

本例中，OP01的缓冲库存是1 526件，OP02的缓冲库存是2 750件。

### 5.4.3 车间作业排程

当生产计划下达到车间，根据所生产产品的工艺路线安排各道工序的执行，包括分配到哪台加工设备，由哪个班组完成这些工序，工序应该在什么时间开始与结束，所需要的物料有哪些，加工工具是什么，配套工艺装备是什么等。这些工作在很多情况下需要进行车间作业排程，也就是说决定各个产品的工序任务在设备上的分配与任务顺序。这是因为两种情况：一是在一个时段内设备的产能是有限的，生产任务只能排序，按先后顺序完成；二是当产品工艺路线存在多道工序分支与汇入时，需要相对准确地安排时间，使汇入的工序不因上游分支产出不同步而产生物料不齐套的情况。例如装配工序，即使所需的上游半成品有一件未到达，本工序就只能等待。当生产任务多、工艺路线复杂的情况下，人工安排各道工序的生产任务是一项复杂的工作。在无人值守的自动调度柔性制造生产线，每批生产订单通过制造执行系统下达到各个加工中心执行。这样的情况下，人工安排每台设备的加工任务更是不可行的。因此，应研究各类车间任务排程的计算方法，实现生产任务指派的智能化。

1. 单机模型

瓶颈工序是决定一个工艺路线产能的关键，为便于研究，简化瓶颈模型，设置瓶颈设备只有一台，这台机器就称为关键机器或瓶颈机器。此时，很重要的一点就是尽可能地优化这台机器将要处理的任务计划，其是为在单台机器上的任务调度提供一个简单的模型，此模型可以结合多种不同的目标函数进行使用。

在一台机器上将要处理一组任务。任务的执行不具有抢先性（一旦一个任务开始执行，就不允许被打断）。每个任务$i$具有其发布时间和持续时间。表5-12中列出了问题要使用的各种数据。

对以下目标求最优值：计划总需时的最小值，平均处理时间的最小值，总超时时间的最小值。

表5-12 问题要使用的各种数据

| 任务 | 1 | 2 | 3 | 4 | 5 | 6 | 7 |
|---|---|---|---|---|---|---|---|
| 发布时刻 | 2 | 5 | 4 | 0 | 0 | 8 | 9 |
| 持续时间 | 5 | 6 | 8 | 4 | 2 | 4 | 2 |
| 规定完成时间 | 10 | 21 | 15 | 10 | 5 | 15 | 22 |

下面将依次处理不同的目标函数，但模型主体将保持不变。为编写一个同时对应于三个目标函数的模型，我们将使用二值变量rank$_{jk}$（$j,k \in$ JOBS $= \{1,\cdots,\mathrm{NJ}\}$），如果任务$j$的位置（顺序）为$k$，则变量取值为1，否则取值为0。每个顺序位置$k$上只能有一个任务，每个任务只能占用一个顺序位置，这样可以得到下面的约束条件式（5.31）和式（5.32）：

$$\forall k \in \mathrm{JOBS}: \sum_{j \in \mathrm{JOBS}} \mathrm{rank}_{jk} = 1 \tag{5.31}$$

$$\forall j \in \mathrm{JOBS}: \sum_{k \in \mathrm{JOBS}} \mathrm{rank}_{jk} = 1 \tag{5.32}$$

顺序位置$k$上的任务的处理时间可以表示为$\sum_{j \in \mathrm{JOBS}} \mathrm{DUR}_j \cdot \mathrm{rank}_{jk}$（其中$\mathrm{DUR}_j$为表5-12中给出的持续时间）。只有当顺序位置$k$上的任务为$j$时，变量rank$_{jk}$的值才为1。这样与任务$j$的时间长度相乘，我们就可以得到在顺序位置$k$上的任务的时间长度。通过这种技巧，我们可以写出问题的约束条件。如果start$_k$为顺序位置$k$上的任务的开始时间，则此值必须至少等于此任务的发布时间（表示为$\mathrm{REL}_j$）。因此可以得到约束条件式（5.33）：

$$\forall k \in \mathrm{JOBS}: \mathrm{start}_k \geqslant \sum_{k \in \mathrm{JOBS}} \mathrm{REL}_j \cdot \mathrm{rank}_{jk} \tag{5.33}$$

所有模型都要使用的另一个约束条件是无法同时执行两个任务。只有在顺序位置$k$上的任务完成执行后，位置$k+l$上的任务才可以执行，因此有约束条件式（5.34）：

$$\forall k \in \{1,\cdots,\mathrm{NJ}-1\}: \mathrm{start}_{k+1} \geqslant \mathrm{start}_k + \sum_{j \in \mathrm{JOBS}} \mathrm{DUR}_j \cdot \mathrm{rank}_{jk} \tag{5.34}$$

目标1：最小化计划的完成时间，即最小化最后一个任务（顺序位置为$k$的任务）的完成时间。式（5.35）即对此目标进行了建模。完整的模型为

$$\min: \mathrm{start}_{\mathrm{NJ}} + \sum_{j \in \mathrm{JOBS}} \mathrm{DUR}_j \cdot \mathrm{rank}_{j,\ \mathrm{NJ}} \tag{5.35}$$

$$\forall k \in \mathrm{JOBS}: \sum_{j \in \mathrm{JOBS}} \mathrm{rank}_{jk} = 1$$

$$\forall k \in \mathrm{JOBS}: \sum_{j \in \mathrm{JOBS}} \mathrm{rank}_{jk} = 1$$

$$\forall k \in \mathrm{JOBS}: \mathrm{start}_k \geqslant \sum_{k \in \mathrm{JOBS}} \mathrm{REL}_j \cdot \mathrm{rank}_{jk}$$

$$\mathrm{start}_{k+1} \geqslant \mathrm{start}_k + \sum_{j \in \mathrm{JOBS}} \mathrm{DUR}_j \cdot \mathrm{rank}_{jk}$$

$$\forall k \in \mathrm{JOBS}: \mathrm{start}_k \geqslant 0$$

$$\forall k \in \mathrm{JOBS}: \mathrm{rank}_{jk} \in \{0,1\}$$

目标2：总延迟时间最小化，首先也引入一些新的变量——这些变量用于度量任务超出规定期限的时间长度。令late$_k$为排序位置为$k$的任务的超时时间，其值等于任务$j$的完成时间与其预定时间之间的差值。如果此任务在预定时间前完成，则late$_k$的值为0。令$\mathrm{DLY}_j$为任务$j$的规定完成时间，因此有约束条件式（5.36）：

$$\forall k \in \mathrm{JOBS}: \mathrm{late}_k = \max\left(0, \mathrm{start}_k + \sum_{j \in \mathrm{JOBS}} \mathrm{DUR}_j \cdot \mathrm{rank}_{jk} - \sum_{j \in \mathrm{JOBS}} \mathrm{DLY}_j \cdot \mathrm{rank}_{jk}\right) \tag{5.36}$$

新的目标函数式（5.37）将最小化所有任务的总超时时间：

$$\min: \sum_{j \in \mathrm{JOBS}} \mathrm{late}_k \tag{5.37}$$

将第1个目标代入 Excel 中求解，如图5-18所示。得到任务执行顺序为5→4→1→7→6→2→3，此计划的最小总执行时间为31，最小总完成时间为103（平均值为103/7 =

14.71)，总超时时间为 21。第 2 个目标的结果为 5→1→4→6→2→7→3，其中任务 4 和 7 的超时时间为 1，任务 3 的超时时间为 16。

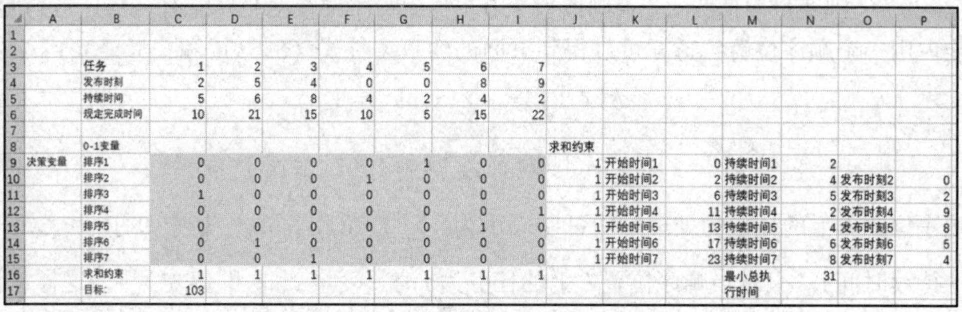

| | A | B | C | D | E | F | G | H | I | J | K | L | M | N | O | P |
|---|---|---|---|---|---|---|---|---|---|---|---|---|---|---|---|---|
| 1 | | | | | | | | | | | | | | | | |
| 2 | | | | | | | | | | | | | | | | |
| 3 | | 任务 | 1 | 2 | 3 | 4 | 5 | 6 | 7 | | | | | | | |
| 4 | | 发布时刻 | 2 | 5 | 4 | 0 | 0 | 8 | 9 | | | | | | | |
| 5 | | 持续时间 | 5 | 6 | 8 | 4 | 2 | 4 | 2 | | | | | | | |
| 6 | | 规定完成时间 | 10 | 21 | 15 | 10 | 5 | 15 | 22 | | | | | | | |
| 7 | | | | | | | | | | | | | | | | |
| 8 | | 0-1变量 | | | | | | | | 求和约束 | | | | | | |
| 9 | 决策变量 | 排序1 | 0 | 0 | 0 | 0 | 1 | 0 | 0 | 1 | 开始时间1 | 0 | 持续时间1 | 2 | | |
| 10 | | 排序2 | 0 | 0 | 0 | 1 | 0 | 0 | 0 | 1 | 开始时间2 | 2 | 持续时间2 | 4 | 发布时刻2 | 0 |
| 11 | | 排序3 | 1 | 0 | 0 | 0 | 0 | 0 | 0 | 1 | 开始时间3 | 6 | 持续时间3 | 5 | 发布时刻3 | 2 |
| 12 | | 排序4 | 0 | 0 | 0 | 0 | 0 | 0 | 1 | 1 | 开始时间4 | 11 | 持续时间4 | 2 | 发布时刻4 | 9 |
| 13 | | 排序5 | 0 | 0 | 0 | 0 | 0 | 1 | 0 | 1 | 开始时间5 | 13 | 持续时间5 | 4 | 发布时刻5 | 8 |
| 14 | | 排序6 | 0 | 1 | 0 | 0 | 0 | 0 | 0 | 1 | 开始时间6 | 17 | 持续时间6 | 6 | 发布时刻6 | 5 |
| 15 | | 排序7 | 0 | 0 | 1 | 0 | 0 | 0 | 0 | 1 | 开始时间7 | 23 | 持续时间7 | 8 | 发布时刻7 | 4 |
| 16 | | 求和约束 | 1 | 1 | 1 | 1 | 1 | 1 | 1 | | | | 最小总执行时间 | 31 | | |
| 17 | | 目标: | 103 | | | | | | | | | | | | | |

图 5-18　Excel 求解单机排程

2. 流水线车间模型

扩展单机模型为流水线，流水线车间中不同产品工艺路线所经过的设备顺序相同。与此相区别的是任务车间模型，产品加工的工艺路线经过多台设备，而经过的顺序依产品工艺路线而不同。一般而言，任务车间的工艺路线最为复杂，可能有路线的分支与合并。

以为汽车生产金属管件的车间为例，在此车间中有三台机器，分别用于弯折金属管、焊接连接处，以及装配各单元。此车间需要生产六种加工件，其加工时间列于表 5-13 中。每个加工件都需要首先进行弯折，然后进行焊接，最后进行装配。在进入工序之后，每项加工工序都不允许被打断，但在两道工序之间可以等待一段时间。

表 5-13　加工时间

| 加工件号 | 加工时间/min | | | | | |
|---|---|---|---|---|---|---|
| | 1 | 2 | 3 | 4 | 5 | 6 |
| 弯折 | 3 | 6 | 3 | 5 | 5 | 7 |
| 焊接 | 5 | 4 | 2 | 4 | 4 | 5 |
| 装配 | 5 | 2 | 4 | 6 | 3 | 6 |

每台机器每次只能处理一个加工件。在等候下一台机器处理时，不允许排在后面的加工件“插队”到前面。每台机器的在制品为 1，这样机器与产品在两道工序之间都可能存在等待时间。这样如果在一开始为所有加工件建立了一个加工顺序，则在每台机器上都将严格按照此顺序进行加工。应采取什么样的顺序才能使所有加工件完成加工所需的总时间最短？

MACH = {1, ⋯, NM} 表示机器集合，JOBS = {1, ⋯, NJ} 表示待加工的加工件（任务）集合。一个加工件 $j$ 在机器 $m$ 上所需的加工时间为 $\mathrm{DUR}_{mj}$。每个加工件都必须按照预定的顺序经过机器 1，⋯，NM 进行处理，不允许插队。因此，决定加工件的初始顺序即决定了整个加工过程方案。此加工方案的所需总时间就是机器 NM 完成最后一项工作的时间。

类似上例，可以借助二值变量 $\mathrm{rank}_{jk}$ 来定义任务序列，只有加工件 $j$ 在起始队列中排序（位置）为 $k$ 时，$\mathrm{rank}_{jk}$ 的值才为 1［式（5.38）］。由于每项任务都需要安排一个排序顺序

[式（5.39）]，在每个排序顺序只能安排一项任务 [式（5.40）]，因此起始位置序列 RANKS 与任务集合 JOBS 相同。

$$\forall j \in \text{JOBS}, k \in \text{RANKS}: \text{rank}_{jk} \in \{0,1\} \tag{5.38}$$

$$\forall k \in \text{RANKS}: \sum_{j \in \text{JOBS}} \text{rank}_{jk} = 1 \tag{5.39}$$

$$\forall j \in \text{JOBS}: \sum_{k \in \text{RANKS}} \text{rank}_{jk} = 1 \tag{5.40}$$

分析相邻两台机器与两个顺序加工的任务时间组成。引入两组变量$\text{empty}_{mk}$和$\text{wait}_{mk}$。变量$\text{empty}_{mk}$（$m$ 属于 MACH，$k$ 的值为1，…，NJ−1）表示在机器 $m$ 上处理排序为 $k$ 和 $k+1$ 的任务之间的等待时间，即机器 $m$ 在完成排序为 $k$ 的加工件之后的空闲时间。变量$\text{wait}_{mk}$（$m$ 取值为1，…，NM）为排序为 $k$ 的加工件在机器 $m$ 和 $m+1$ 上进行处理之间的等待时间。考查相邻两个设备的相邻两个任务，从第 $k$ 个任务进入第 $m$ 台设备到第 $k+1$ 个任务从第 $m+1$ 台设备产出，为相邻两个设备的相邻两个任务的总生产时间。如果引入变量 $\text{dnext}_{mk}$ 表示在机器 $m$ 上完成任务 $k$ 和在机器 $m+1$ 上开始任务 $k+1$ 之间的时间间隔，则总时间为 $\text{dnext}_{mk} + \text{dur}_{m+1,k+1}$。其中：

$$\forall m \in \text{MACH}, k \in \text{RANKS}: \text{dur}_{mk} = \sum_{j \in \text{JOBS}} \text{DUR}_{mj} \cdot \text{rank}_{jk} \tag{5.41}$$

从图5-19可知，容易看出递归等式式（5.42）成立。

$$\forall m = 1, \cdots, \text{NM}-1; k = 1, \cdots, \text{NJ}-1: \tag{5.42}$$
$$\text{dnext}_{mk} = \text{empty}_{mk} + \text{dur}_{m,k+1} + \text{wait}_{m,k+1} = \text{wait}_{mk} + \text{dur}_{m+1,k} + \text{empty}_{m+1,k}$$

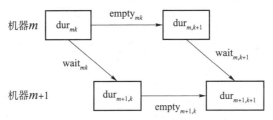

图5-19 加工总时间的构成

把上述分析扩展到全部工序上可以看到，在第一台机器处理加工件时，不需要等待前面的机器完成加工，因此变量 $\text{empty}_{lk}$ 都为0。类似地，序列中的第一个加工件在所有机器上加工时都不需要等待前面的加工件完成加工，因此变量 $\text{wait}_{ml}$ 的值也都是0。

想象在最后工序的机器边上进行计时，总加工时间为排序第一的任务的全部加工时间加上后续所有任务产出的时间间隔，即

$$\sum_{m=1}^{\text{NM}-1} \text{dur}_{m1} + \sum_{k=1}^{\text{NJ}-1} \text{empty}_{\text{NM},k} + \sum_{k=1}^{\text{NJ}} \text{DUR}_{\text{NM},k} \tag{5.43}$$

由于上式中最后一项为常数，所以求总时间最短的优化目标可描述为

$$\min: \sum_{m=1}^{\text{NM}-1} \text{dur}_{m1} + \sum_{k=1}^{\text{NJ}-1} \text{empty}_{\text{NM},k} \tag{5.44}$$

从递归等式式（5.42）进一步表达为约束条件：

$$\forall m = 1, \cdots, \text{NM}-1; k = 1, \cdots, \text{NJ}-1:$$
$$\text{empty}_{mk} + \sum_{j \in \text{JOBS}} \text{DUR}_{mj} \cdot \text{rank}_{j,k+1} + \text{wait}_{m,k+1}$$

$$= \text{wait}_{mk} + \sum_{j \in \text{JOBS}} \text{DUR}_{m+1,j} \cdot \text{rank}_{j,k} + \text{empty}_{m+1,k} \tag{5.45}$$

类似于上例，有

$$\forall k \in \text{RANKS}: \sum_{j \in \text{JOBS}} \text{rank}_{jk} = 1 \tag{5.46}$$

$$\forall j \in \text{JOBS}: \sum_{k \in \text{RANKS}} \text{rank}_{jk} = 1 \tag{5.47}$$

$$\forall m \in \text{MACH}, \, k = 1, \cdots, \text{NJ}-1: \text{empty}_{mk} \geq 0 \tag{5.48}$$

$$\forall m = 1, \cdots, \text{NM}-1, \, k \in \text{RANKS}: \text{wait}_{mk} \geq 0 \tag{5.49}$$

$$\forall k = 1, \cdots, \text{NJ}-1, \, \text{empty}_{mk} = 0 \tag{5.50}$$

$$\forall m = 1, \cdots, \text{NM}-1, \, \text{wait}_{mk} = 0 \tag{5.51}$$

把上述模型输入线性规划工具，可得到一个最优加工顺序 3→1→4→6→5→2。最后一台机器的最小等待时间为 9，总耗时为 35。表 5-14 中给出了一种能够使耗时为此最小值的调度方案（有多种可行方案）。

表 5-14　一种最优加工方案

| 序号 | 1 | 2 | 3 | 4 | 5 | 6 |
|---|---|---|---|---|---|---|
| 加工件号 | 3 | 1 | 4 | 6 | 5 | 2 |
| 机器 1 开始时间 | 0 | 3 | 6 | 11 | 18 | 23 |
| 机器 2 开始时间 | 3 | 6 | 11 | 18 | 23 | 29 |
| 机器 3 开始时间 | 5 | 11 | 16 | 23 | 29 | 33 |

### 3. 任务车间模型

任务车间模型是较为灵活的生产模型，不同的任务工艺路线在各个加工设备上的先后顺序可以不同，也可能存在回路与分支合并等情况。在此讨论简单的任务车间模型。

例如有三个任务需要在两台机器上加工，这两台机器分别是机器 A 和机器 B。每个任务都需要进行两个工序，第一个工序必须在机器 A 上完成，第二个工序则可以在机器 A 或机器 B 上完成。每个任务在机器 A 上的加工时间为 $t_A$，在机器 B 上的加工时间为 $t_B$。现在我们需要制定一种调度方案，以最小化所有任务的完成时间。

表 5-15 中是每个任务的加工时间。

表 5-15　任务加工时间

| 任务 | $t_A$ | $t_B$ |
|---|---|---|
| 任务 1 | 2 | 4 |
| 任务 2 | 3 | 2 |
| 任务 3 | 4 | 3 |

我们可以用线性规划解决这个问题。首先，我们需要定义变量和约束条件。

定义变量：对于每个任务 $i$，在机器 A 上的第一个工序结束时间为 $y_{i1}$，在机器 B 上的第二个工序开始时间为 $x_{i2}$ ，因此需要定义 $2 \times 3 = 6$ 个变量。

设定约束条件：

对于每个任务 $i$ ，其在机器 A 上的第一个工序结束时间必须 $\geq t_A$ ，且其在机器 B 上的第二个工序开始时间必须 $\geq t_A + t_B$ ，即

$$y_{i1} \geq t_A \quad x_{i2} \geq t_A + t_B (i = 1, 2, 3)$$

对于每个任务 $i$ ，其在机器 A 上的第一个工序结束时间必须早于其在机器 B 上的第二个工序开始时间，即

$$y_{i1} \leq x_{i2} (i = 1, 2, 3)$$

接下来，我们需要定义目标函数。由于我们的目标是最小化所有任务的完成时间，因此可以将目标函数设置为所有任务的完成时间之和。

综上所述，我们得到以下线性规划模型：

$$
\begin{aligned}
\min \quad & \sum_{i=1}^{3} x_{i2} \\
\text{s. t.} \quad & y_{i1} \geq t_A \\
& x_{i2} \geq t_A + t_B \\
& y_{i1} \leq x_{i2} \\
& (i = 1, 2, 3)
\end{aligned}
\tag{5.52}
$$

式中 $t_A$ , $t_B$——每个任务在机器 A 和机器 B 上的加工时间。

下面用 Python 再次计算该例。

```
! pip install pulp
```

```
import pulp as lp
```

接下来定义任务和机器的数量、加工时间等参数。

```
num_tasks = 3
num_machines = 2
t_A = [2, 3, 4]
t_B = [4, 2, 3]
```

然后，创建线性规划问题，并定义变量、目标函数和约束条件。

```python
# 创建线性规划问题
prob = lp.LpProblem('Scheduling', lp.LpMinimize)

# 定义变量
x = [[lp.LpVariable(f'x_{i+1}{j+1}', lowBound=0, cat='Continuous') for j in range(num_machines)] for i in range(num_tasks)]
y = [[lp.LpVariable(f'y_{i+1}{j+1}', lowBound=0, cat='Continuous') for j in range(num_machines)] for i in range(num_tasks)]

# 定义目标函数
prob += lp.lpSum(x[i][1] for i in range(num_tasks))

# 定义约束条件
for i in range(num_tasks):
    prob += y[i][0] >= t_A[i]
    prob += x[i][1] >= t_A[i] + t_B[i]
    prob += y[i][0] <= x[i][1]

# 解决线性规划问题
status = prob.solve()
```

最后打印每个任务的完成时间，并将其整理成表格。

```
# 打印每个任务的完成时间
print('任务完成时间: ')
for i in range(num_tasks):
    print(f'任务{i+1}的完成时间为{lp.value(x[i][1])}')

# 将每个任务的每个工序在对应机器上的开始时间和结束时间整理成表格
table = []
for i in range(num_tasks):
    row1 = ['任务'+str(i+1), '工序1', '机器A', 0, lp.value(y[i][0])]
    row2 = ['任务'+str(i+1), '工序2', '机器B', lp.value(y[i][0]), lp.value(x[i][1])]
    table.append(row1)
    table.append(row2)

# 打印表格
print('\n每个任务的每个工序在对应机器上的开始时间和结束时间: ')
print('+-------+-------+-------+-----------+-----------+')
print('| 任务  | 工序  | 机器  | 开始时间 | 结束时间 |')
print('+-------+-------+-------+-----------+-----------+')
for row in table:
    print(f'| {row[0]:^5} | {row[1]:^5} | {row[2]:^5} | {row[3]:^9} | {row[4]:^9} |')
print('+-------+-------+-------+-----------+-----------+')
```

运行代码后，我们得到以下结果。

任务完成时间：

任务 1 的完成时间为 6.0；

任务 2 的完成时间为 5.0；

任务 3 的完成时间为 10.0。

每个任务的每个工序在对应机器上的开始时间和结束时间：

| 任务 | 工序 | 机器 | 开始时间 | 结束时间 |
|------|------|------|----------|----------|
| 任务 1 | 工序 1 | 机器 A | 0.0 | 2.0 |
| 任务 1 | 工序 2 | 机器 B | 2.0 | 6.0 |
| 任务 2 | 工序 1 | 机器 A | 2.0 | 5.0 |
| 任务 2 | 工序 2 | 机器 B | 5.0 | 7.0 |
| 任务 3 | 工序 1 | 机器 A | 5.0 | 9.0 |
| 任务 3 | 工序 2 | 机器 B | 9.0 | 10.0 |

因此，通过使用线性规划，我们得到了每个任务的完成时间以及总完成时间的最小值，即 10。其中，任务 1 先在机器 A 上加工第一道工序，然后在机器 B 上加工第二道工序；任务 2 先在机器 A 上加工第一道工序，然后在机器 B 上加工第二道工序；任务 3 先在机器 A 上加工第一道工序，然后在机器 B 上加工第二道工序。需要注意的是，由于每个任务在机器 A 上的加工时间不同，因此任务 1 和任务 2 的加工顺序与任务 3 不同。

## 5.5　智能制造活动的测量与分析

智能制造的所谓"感知"，其来源有两个层次，低层次来源是从现场采集的设备数据与物流数据。操作层的决策机制甚至是自动控制系统"感知"此类数据，根据情况选择继续向上层系统转发或自行进行反馈控制。例如智能制造中的边缘计算技术，由现场设备或主控系统自主对变化做出响应。高层次来源是从运作活动产生的各类数据（业务数据库、互联网、大数据文件等）中进行数据挖掘，对数据进行统计分析形成各类指标来"感知"制造活动的情况，也就是对智能制造活动进行测量分析，分析结果用于运作层与战略层的决策活动。

### 5.5.1　供应链管理的关键绩效指标

供应链管理的任务是在尽可能保证供应的前提下，提高库存周转率，降低呆滞库存。因此，供应链关键绩效指标（KPI）可分为以下三个方面：

（1）OTD（On-Time Delivery）交货及时率；

（2）ITO（Inventory Turn-Over）库存周转率；

（3）E&O（Excess & Obsolesce）库存呆滞率。

这三个 KPI 是相互联系、相互制约的。一方面，要保证交货及时率，就要有库存保障，防止缺货，但是库存多了，说明库存周转率低，而且可能产生更大的库存呆滞率；另一方面，要想提高 ITO，就必须得提高 OTD，只有及时出货，才不能降低库存。OTD 与 ITO 控制好的同时，如果呆滞库存较多也是不行的。

#### 1. 及时交货率

及时交货率就是给客户及时交货的比率。这个指标实际上分为两个子指标，一个为客户需求交货及时率 OTDD（On-Time Delivery to Customer Demand），另一个为承诺交货及时率 OTDC（On-Time Delivery to Commitment）。例如，客户某时间段的原始需求是 100，但企业承诺出货 80，最终也做到了交货 80，那么 OTDC 为 100%，而 OTDD 为 80%。通常在数据统计中仅统计 OTDC。

#### 2. 库存周转率

库存周转率就是指库存周转的效率或次数。以多个财务核算周期来衡量，其标准公式为

$$库存周转率 = 物料总出库量/财务期末的平均库存 \tag{5.53}$$

实际应用过程中，一个财务核算周期一般为一个月，而库存周转率常用的计算时间段为季度，即每三个月计算一次库存周转率，以季度内总出库量除以季度内各月末库存的平均值。为统一计算单位，库存周转率的出库量与库存量按库存价值进行统计。

库存周转率越高，说明产品潜在的变现能力越高，理论上企业资产中库存占比就越少。之所以称潜在变现，是因为产品的最终变现还要落实到客户的按时付款上。

当产能与生产管理水平没有变化时，库存周转率应保持在小范围内波动。这是因为库存策略不变且管理良好的情况下，需求量固然导致出库量大，但是相应的安全库存（MRP 方式）或缓冲库存（拉式）也将相应上调，而反之则相应下调。因此，当 ITO 出现明显波动

时，应检查库存策略的设定是否根据当前的需求量进行了调整，另一个造成 ITO 波动的因素是出库物料计价随市场价格变动而变动。

### 3. 库存呆滞率

呆滞库存是指暂时不用或永远没有机会使用的具有风险的库存。

不同的行业对呆滞的理解与定义是不太一样的。电子行业通常以 90 天的需求为界限来定义 E&O。例如一种物料，现有库存为 100 K，按照 MPS 主生产计划，未来 90 天对这种料的需求为 90 K，那么这种物料的超量为 100 K - 90 K = 10 K；如果未来 90 天内对这种物料根本就没有需求，这 100 K 就是呆滞。

衡量 E&O 的目的就是看现有的库存里面，有多少是有风险库存，从物料管理角度是看库存的管理水平；从财务角度是看库存作为流动资产，其不良资产的比例。

在对上述三个 KPI 进行分析时，要讨论有哪些因素造成了它们的变动。也就是说，支持上述三个主目标的分解指标有哪些。这些分解指标构成了二级或三级 KPI，而下层 KPI 对上层 KPI 的影响实际上是比较复杂的，因为没有任何一个下一层次的 KPI 是只为第一层次的某个单独 KPI 服务的，也就是说，下层 KPI 实现了，并不能直接导致 OTD、ITO 的增加或 E&O 的减少，它必须是几个二级或者三级 KPI 共同作用的结果。

影响 OTD 的因素包括以下几个。

（1）库存数据的准确性（Inventory Data Accuracy，IDA）。库存数据不准确，无法掌握真实库存，就没有决策的依据。库存数据不准确将造成"该来的不来，不该来的都来了"，因为依据错误的数据决策可能造成重复采购或漏掉采购，一方面产生供货延迟，另一方面产生呆滞库存。采用自动化仓库，通过扫码或 RFID 等物料识别手段，与 5G 在途跟踪手段，可以有效帮助人们提高库存数据的录入效率，降低劳动强度并减少差错。

（2）主数据的准确性（Master Data Accuracy，MDA）。智能制造供应链主数据以制造 BOM 为主线，映射销售 BOM、采购 BOM、工艺 BOM，包含围绕产品提供的各个环节的物料、时间、方法、工具等必要参数。主数据不准确将带来一系列问题，例如，工艺 BOM 错漏或缺失，将导致工序物料需求错误，进而造成采购错误；再如，采购 BOM 中的采购提前期不准确，可能导致供货延迟，无计划的物料短缺就会导致库存居高不下而产生呆滞库存。

（3）供应商的交货及时率（Supplier On-Time Delivery，SOTD）。要保障供货商的交货及时率，需要对重要供应商进行详尽的评估。这是因为供货速度是在保证供货质量与相对合理价格的前提下才能谈及。评估的方面包括产品质量保证能力、物流系统能力与研发能力。一个汽车主机厂对其配件供应商的评估体系如表 5-16 所示。

表 5-16　供应商评估指标

| 质量能力评价 | 物流系统评估 | 研发能力评估 |
| --- | --- | --- |
| 质量管理体系 | 管理/组织/物流 | 研发能力 |
| 产品质量 | 物流规划 | 研发工具 |
| 供应链管理 | 采购 | 原型样件 |
| 产品竞争力 | 生产 | |

续表

| 质量能力评价 | 物流系统评估 | 研发能力评估 |
| --- | --- | --- |
| 生产过程 | 调度 | |
| 产品处理 | | |
| 文档 | | |
| 检测设备 | | |
| 人员资质 | | |

（4）供应商管理库存（Vendor Managed Inventory，VMI）的比例。VMI 是当前各类在行业内占主导地位的制造型企业常用的降低自身库存的手段。VMI 通常有两种方式：第一种方式是原材料或零部件供应商管理自己的库存；第二种方式是由专业物流公司提供第三方库存服务，由物流公司负责与供应商对接，并向企业及时配送。第二种方式相对于第一种方式的优点是不需要企业自身对接各类供应商并进行复杂的供应商管理，降低了供应商管理的综合成本与供货的不确定性。每个企业都期望理想情况下 VMI 比例为 100%，但是实际运作中过高的 VMI 比例可能提高管理复杂度，进而提高管理成本。对于 E&O 的减少，VMI 是把双刃剑，尤其是设计变更造成 BOM 变更或产品生命周期结束时，如果不提前沟通计划，也容易产生呆滞的责任。

（5）生产计划完成率。生产计划的按时完成，直接导致 OTD 指标的提高，OTD 达标了，库存就会减少，ITO 就会提高。

（6）成品、半成品库存（FGI/Semi-FGI）。详细采集需求数据是制定正确库存策略的基础，无论采用何种库存策略，采购提前期、生产提前期、需求速率等参数的准确性是计算 FGI/Semi-FGI 的基础。

## 5.5.2 生产管理的关键绩效指标

生产管理的目标是完成下达的生产补货需求，保证产品按时、按量、按质供应，即达成 OTD；与此同时降低生产成本，途径是提高生产率，充分利用需求时段的可用生产时间，并降低 WIP（在制品）库存。衡量生产率的综合指标为 OEE。

OEE 代表整体设备效能（Overall Equipment Effectiveness），是国际上衡量现场运营水平的通行绩效指标。它由有效利用率、性能指数以及质量指数三个关键要素组成，即

$$OEE = 有效利用率 \times 性能指数 \times 质量指数 \tag{5.54}$$

其中：

$$有效利用率 = L/A \tag{5.55}$$

式中　$L$——有效操作时间；

$A$——总计划时间。它主要是用来衡量停机带来的损失，包括导致停止生产的任何事件，例如原料短缺、设备故障以及更换规格等。

$$性能指数 = Q/L \tag{5.56}$$

有价值的操作时间指的是有效的操作时间中真正生产出好产品的时间，计算方式是用合格产品的数量乘以平均的周期时间。性能指数用来衡量速度损失和小停机带来的损失，包括任何影响设备不能以最快速度运行的因素，例如设备的老化、现场操作人员的动作损失等。

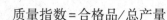

$$质量指数 = 合格品/总产量 \tag{5.57}$$

质量指数用来衡量质量问题带来的损失，包括成品中有质量问题的产品和可以返工的产品。

OEE 的时间分解如图 5-20 所示。

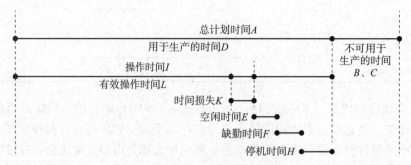

**图 5-20　OEE 的时间分解**

总计划时间 $A$ 可分为能够用于生产的时间 $D$ 与不可用于生产的时间 $B$ 与 $C$，其中 $B$ 包括非工作日 $B_1$ 与突发异常事件 $B_2$，$C$ 指设备由于试验、调试、升级、检修、移动等而不能用于正常生产的时间。时间段 $D$ 可分为以下几种。

操作时间 $I$。即设备实际工作时间与设备没有工作的时间，这个时间段是由各种因素构成的。

空闲时间 $E$。包括无计划（产能大于需求）$E_1$、操作工休息时间 $E_2$、就餐时间 $E_3$。

缺勤时间 $F$。包括计划缺勤 $F_1$，在工作时间内由计划性维修活动导致的停机时间 $F_2$，用来试验新产品、新工艺、技术改进、新产品预生产的时间 $F_3$。

停机时间 $H$。包括设备故障原因导致的停机时间 $H_1$，设备换型时间 $H_2$，工作循环时间 $H_3$，程序停止后或启动时设备的设定、预热等时间和等待物料时间 $H_4$，因质量问题而损失的时间 $H_5$，由于更换材料而损失的时间 $H_6$，由于人员的缺席（旷工、迟到、早退等）而导致的停机时间 $H_7$。

时间损失 $K$。在操作时间内，即设备运转期间仍有时间损失，包括设备低效运行（设备的周期时间要比标准时间慢）的损失 $K_1$，停机低于 15 min 的小停机损失 $K_2$。

有效操作时间 $L = D - (E + F + H + K)$。

此外，从生产率的损失角度出发可定义：

废品损失 $M$ 是指生产过程中废品造成的损失，标准的计算方法是用废品的数量乘以平均的周期时间。

明确的损失 $N = (E + F + H + K + M)$。

不明确的损失 $O = D - (N + Q)$。

总损失 $P$ 是明确的损失和不明确的损失之和，即 $P = N + O$。

这样可以通过在 CPS 的各个节点中进行时间测量与不良品测量，取得 OEE 值。

现场根据质量控制策略对产品进行检测。自动化加工设备的状态、生产任务的执行状态、质量检测数据通过网络上传到 MES 中进行综合的 OEE 指标计算，并对 OEE 指标进行跟踪监控。以某冲压车间 3 个工作日的数据为例。

从表 5-17 看出，通过现场数据综合计算获得的 OEE 值低于 OEE 阈值，被系统判定为异常。分析异常数据来源，除 $E_3$ 工间休息、$H_2$ 换模时间等固定时间之外，出现了停机待料 $H_4$ 的 2 h 与小停机 1 h，同时造成少量不合格品出现。其中，停机待料是库存错误造成缺料，小停机原因是压力机泄漏。

表 5-17　OEE 数据表　　　　　　　　　　单位：h

| 总计划时间 | | | | | | | | | | | 48 |
|---|---|---|---|---|---|---|---|---|---|---|---|
| 操作时间 | | | | | | | | | | | 48 |
| | | | | $E_1$ | 0 | $E_2$ | 0 | $E_3$ | 2 | 合计 | 2 |
| | | | | $F_1$ | 0 | $F_2$ | 0 | $F_3$ | 0 | 合计 | 0 |
| $H_1$ | 0 | $H_2$ | 4 | $H_3$ | 0 | $H_4$ | 2 | $H_5$ | 0 | $H_6$　合计 | 6 |
| 小停机时间 | | | | | | | | | | | 1 |
| 有效利用率/% | | | | | | | | | | | 83.33 |
| 性能指数/% | | | | | | | | | | | 97.5 |
| 质量指数/% | | | | | | | | | | | 99.93 |
| OEE/% | | | | | | | | | | | 81.16 |
| OEE 阈值/% | | | | | | | | | | | 85 |

从上面的分析可看出，提高 OEE 水平的途径在于减少操作时间内的浪费。所有的浪费都可以折算为时间浪费，例如合格率可把生产废品的时间看作浪费的时间。因此，可把影响 OEE 水平的因素归结为二级 KPI，包括合格率、切换时间（Change Over）、生产线平衡率（Line Balance）、设备平均无故障时间、设备平均修复时间。

（1）合格率。合格率是通过在人、机、料、法、环等五个方面的综合努力而提高的，其直接作用结果就是提高工艺过程能力指数 $C_p$。

（2）切换时间。切换时间是用于新一轮产品生产前后所做工作需要的时间。例如汽车焊接生产线进行轮番生产时，需要重新设置夹具定位件的位置，校正检查焊接机器人定位精度等；而冲压生产线在进行新一轮生产时则需要更换模具，并对首件产品进行首检，而生产结束时对最后一件产品进行尾检。

（3）生产线平衡率。采用生产线生产是常见的生产形式，是在进行细分后的多工序流水化连续作业，此时分工作业简化了作业难度，使作业熟练度容易提高，从而提高了作业效率。在经过作业细化分工后，各工序加工参数、方法不同，因此作业时间不易保持完全相同，其工序时间最大者就是瓶颈工序。瓶颈工序造成瓶颈后工位机器时间不能充分利用，并可能造成大量的瓶颈工序前 WIP，严重的还会造成生产中止。为了解决以上问题，必须使各工序的作业时间平均化，同时使作业标准化，以使生产线能顺畅活动。

$$平衡率 = [各工序时间总和/(工位数×CT)]×100 \tag{5.58}$$
$$= \left[ \sum t_i ÷ (工位数×CT) \right]×100$$

$$平衡损失率 = 1-平衡率 \tag{5.59}$$

平衡率改善的基本原则是通过调整工序的作业内容来使各工序作业时间接近或减少这一偏差。实施时可遵循以下方法：

①首先应考虑对瓶颈工序进行作业改善，作业改善的方法，可参照程序分析的改善方法及动作分析、工装自动化等 IE 方法与手段；

②将瓶颈工序的作业内容分担给其他工序；

③合并相关工序，重新排布生产工序，相对来讲在作业内容较多的情况下容易平衡；

④增加各作业员，只要平衡率提高，就相当于人均产量提高，单位产品成本也随之下降。

（4）设备平均无故障时间（Mean Time between Failure，MTBF）。智能制造系统进行生产数据采集时，应注意统计设备主要故障发生的间隔时间，以获取设备平均无故障时间：

$$\bar{t} = \frac{1}{N} \sum t_j \tag{5.60}$$

设备平均无故障时间越长，说明设备可靠性越高，设备可靠性与设备本身质量、设备负荷、设备保养水平及设备使用时间均相关，了解掌握 MTBF 有助于预测设备故障时间，安排设备定期维修计划，减少计划外停机的概率。

如图 5-21 所示，设备从新机投入使用到最后的报废要经过早期失效期、偶然失效期与耗损失效期。偶然失效期是系统工作进入正常状态期间，由于偶然而发生失效。偶然失效期的失效率最低，而且最稳定，可以说是系统的最佳状态期。从可靠性角度来说，是最有希望的时期。偶然失效期还是系统实际使用中较长的时期，在这一阶段设备平均无故障时间保持平稳。当 MTBF 出现持续明显上升时，应考虑设备进入耗损失效期，此时的 OEE 水平将受到明显的影响。

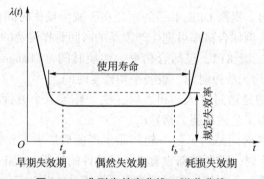

图 5-21　典型失效率曲线（浴盆曲线）

（5）设备平均修复时间（Mean Time to Repair，MTTR）。MTTR 是随机变量恢复时间的期望值。它包括确认失效发生所必需的时间，以及维护所需要的时间。它是衡量设备的可维护性或维护团队的保障能力的指标。

### 5.5.3　智能制造数据挖掘与可视化

智能制造数据以各种形式分散在系统中，而很多产品数据相关的人工智能应用是建立在具有目的性的数据整合基础上的，例如专家系统、客户需求分析等，通常数据整合的结果以及相关的数据挖掘计算是面向数据仓库建立的。数据整合是一个过程，首先是 ETL（抽取、转换、加载）过程，指从一个或多个数据源抽取数据，经过一个或多个转换步骤后，物理地存储到目标环境中，目标环境通常是数据仓库。图 5-22 是一个数据仓库架构的典型例子。图中有多个数据源系统，一个数据中转区，一个保存了所有历史数据的数据仓库和多个可以由终端用户访问的数据集市。这些组成部分之间都是由数据整合过程来完成的。

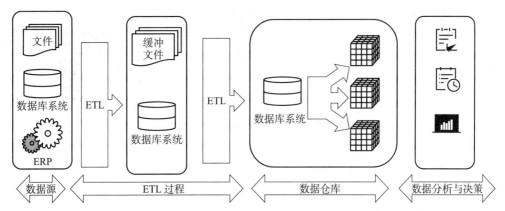

图 5-22 数据仓库架构

数据仓库通常是一系列经过整合后的面向主题的数据集合，便于进行数据分析与决策支持。其存储方式可以是各种数据库系统、文件系统，或者是上述系统的集群。与各类管理信息系统数据库面向事务处理不同，运行在数据仓库之上的是 OLAP 系统，即联机分析处理系统。联机分析处理系统集成各类数据挖掘算法进行数据分析计算，如分类、聚类、拟合、预测等，并通过数据可视化技术向用户提供各类数据分析结果图表或报表。

例如对某减速机齿轮与轴类零件进行产品数据挖掘，目的是建立设计参数、产品结构特征与客户对产品功能与性能需求的匹配关系，以便利用过往的产品设计经验，为新的客户订单需求向产品规划与设计人员提供参数与配置的决策支持。

实体-关系模型广泛用于关系型数据库设计，数据库模式用实体集和它们之间的联系表示。这种数据模型适用于联机事务处理（OLTP）。然而，数据仓库需要简明的、面向主题的模式，便于联机数据分析。常采用的数据仓库数据模型是多维数据模型。这种模型可以是星形模式、雪花模式或事实星座模式。

（1）星形模式（Star Schema）：最常见的形式是星形模式，其中数据仓库包括：①一个大的中心表（事实表），它包含大批数据并且不含冗余；②一组小的附属表（维表），每维一个。这种模式图很像星光四射，维表显示在围绕中心表的射线上。例如欲建立产品需求、产品结构、设计参数等三个维度的产品数据分析模型，如图 5-23 所示，以产品表为事实表，以设计参数表、需求指标表、功能部位表为三个维表。这可以比较形象地表示成一个数据立方体，当然数据立方体是多维数据集合的一种称谓，其维度可以是多个。常用的数据立方体的观察方式是切片（Slices），即从多维中的某个维度子集的固定取值出发，对多维数据进行统计分析活动。例如在功能部位维度上取"三级齿轮轴"，在需求指标维度上取"轻载荷扭矩（50~200 N·m）"，可能观察与统计设计参数在这两个维度切片上的特征。

（2）雪花模式（Snowflake Schema）：雪花模式是星形模式的变种，其中某些维表被规范化，因而把数据进一步分解到附加的表中。结果模式图形成类似于雪花的形状。雪花模式和星形模式的主要不同在于雪花模式的维表可能是规范化形式，以便关系型数据库存储。但是由于执行查询需要更多的连接操作，雪花结构可能降低浏览的效率。因此，系统的性能可能相对受到影响。因此，尽管雪花模式进行了规范化，但是在数据仓库设计中，雪花模式不如星形模式流行。

如图 5-24（a）所示，工艺路线由多道工序组成，而每道工序拥有多个工艺参数，因此

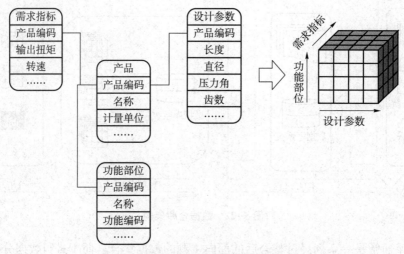

**图 5-23  星形数据仓库模型与数据立方体**

属于表中表结构。雪花模型依照关系型数据库的规范化要求，把表中表拆分为二级关联的数据库表结构。这样，当获取某个工艺参数时，需要进行多表连接操作。图 5-24（b）则通过数据抽取操作提前进行了连接与字段筛选处理，将其简化为星形模式。

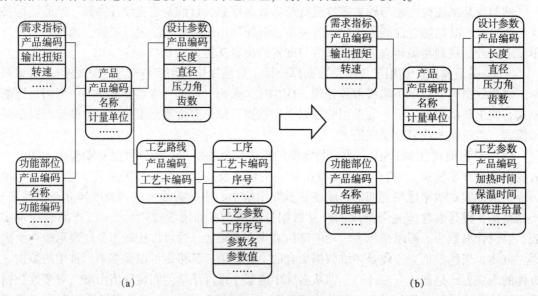

（a）                                                                        （b）

**图 5-24  雪花模式**

（a）雪花模式；（b）简化为星形模式

（3）事实星座（Faction Constellation）模式：复杂的应用可能需要多个事实表共享维表。这种模式可以看作星形模式的汇集，因此称作星系模式（Galaxy Schema）或事实星座模式。例如分析产品与客户需求与服务时，存在两个事实表：客户表与产品表，这两个表共享需求指标与质保两个维度表，如图 5-25 所示。

数据处理可分为三个阶段，ETL 阶段从数据源获取数据，经过抽取、清洗后保存到数据仓库中；数据分析阶段从数据仓库中获取数据，从多个角度对数据进行统计分析；数据展示阶段将数据分析结果通过图表进行展示。

ETL 是抽取、转换、加载的缩写。ETL 是将数据从各类数据源中转移到数据仓库中的一系列操作的集合。在实际情况中，数据来源于数据库系统、网站、平面文件、电子邮件系统、电子表单，以及像 Access 这样的个人数据库。而且 ETL 不仅用来将数据加载到数据仓库，还可以有其他用途，如加载数据集市、生成电子表格、使用数据挖掘模型进行数据分析等，一般来说，ETL 可以分为以下三个部分。

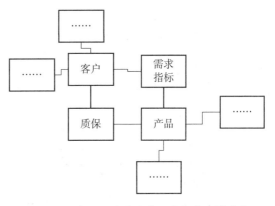

图 5-25　事实星座的多事实表与共享维度表

（1）抽取：一般抽取过程需要连接到不同的数据源，以便为随后的步骤提供数据。这一部分看上去简单而琐碎，实际上它是 ETL 解决方案成功实施的一个主要障碍。

（2）转换：在抽取和加载之间，任何对数据的处理过程都是转换。这些处理过程通常包括（但不限于）下面一些操作：

①移动数据；

②根据规则验证数据；

③数据内容和数据结构的修改；

④集成多个数据源的数据；

⑤根据处理后的数据计算派生值和聚集值。

（3）加载：将数据加载到目标系统的所有操作。

以开源 ETL 工具 Kettle（现名为 Pentaho Data Integration）为例简要介绍产品参数抽取、转换与加载过程。

第一步：定义数据输入。Kettle 支持多种数据来源，包括 CSV、XML、JSON 等多种格式的文件或网络传输的文件流、关系型数据库表、数据仓库处理的数据输出等。在本例中，数据来源是产品数据管理数据库表，故定义表输入，如图 5-26 所示。

这样，把参数、参数值、产品、产品参数明细等表输入设定完毕。

第二步：进行数据转换。把上述四表进行连接，使原有的级联关系表结构变为扁平化结构。在转换过程中，为方便查看可进行字段选择，去掉不关心的字段。表连接与字段选择如图 5-27 所示。事实上这一步已经基本得到了参数维表的数据，但是数据集以纵表形式展现，不利于数据分析操作。因此需要进行列转行操作，使之便于进行数据分析处理。

第三步：进行列转行操作。观察图 5-27 中产品参数名称即 attr_name 字段内容，均分布在各行中，而本步操作把这些参数名称变为列。列转行处理如图 5-28 所示。

从图 5-28 中可看出，原来分布在行中的产品参数名称转到了列上，这样就得到了可用的产品参数维的数据集。为保存该数据，可把列转行的结果通过表输出保存在数据仓库专用表中。上述三步完成了产品参数维表的抽取与转换工作，最后的表输出是一步加载环节。而这个转换定义需要开启 Kettle 的后台服务进行定期自动运行，故需要定义一个工作。

第四步：设置定时自动加载作业。该作业按照设定的时间向数据仓库的产品参数维表中加载增量数据。定时自动加载数据如图 5-29 所示。

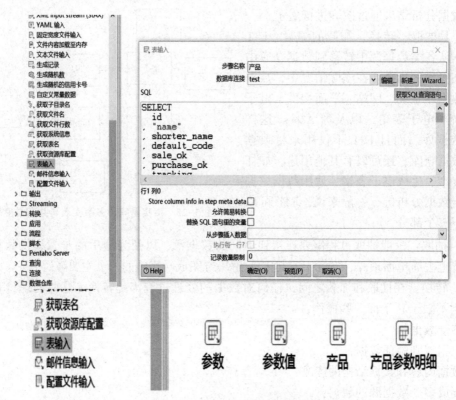

图 5-26　Kettle 中的定义表输入

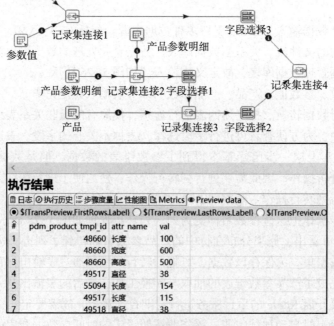

图 5-27　表连接与字段选择

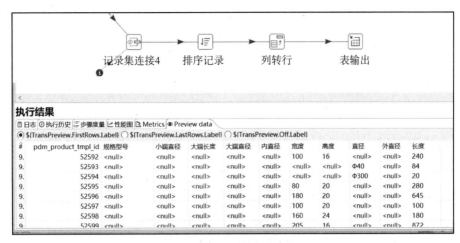

图 5-28　列转行处理

数据抽取到事实表与维度表后，可在各个维度进行数据统计分析，例如建立图 5-30 所示的星形维度表，其用于分析制造过程的关键绩效指标。

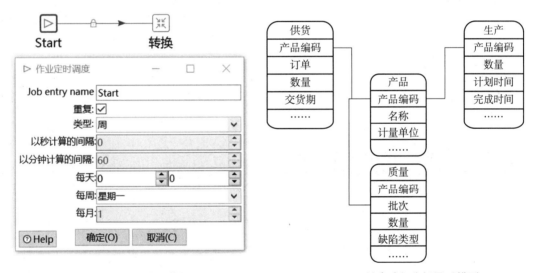

图 5-29　定时自动加载数据　　　　图 5-30　制造过程分析星形模型

商用或开源 BI（商业智能）平台可进行数据分析与可视化设计。以开源 BI 平台 Metabase 为例，准备进行生产（交货）及时率的分析。选取供货维度表 Stock Move Procurement 与客户信息表 Res Partner 进行关联，进行交货及时率的分析。首先进行入库产品的生产效率分析，对数据进行初步加工，统计某个时间段内各个客户每批产品的期望交货期与实际交货期，如图 5-31 所示。

在此基础上进行统计，获得及时率的平均值与标准差。及时率分析设置如图 5-32 所示。

图 5-32 中，将及时率<0.5 与≥2.0 的情况进行排除，删除异常数据；而及时率>1 则表明出现了超量生产，有盲目计划的情况。数据进行了两个层级的分组：主机厂客户名称

图 5-31　生产效率初步分析

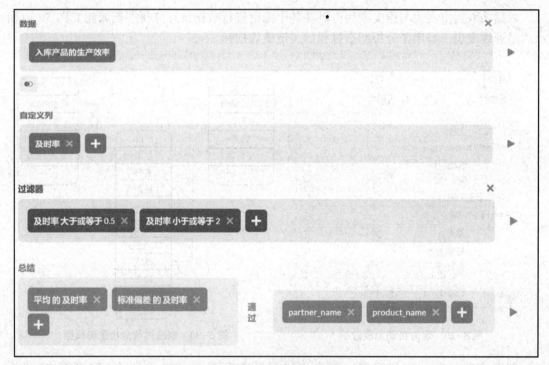

图 5-32　及时率分析设置

partner_name 与产品名称 product_name。按产品分组的生产及时率分析如图 5-33 所示。

　　图 5-33 虽然已经对全部产品的生产及时率进行了整理，但是可视化程度不好，因而以此为基础设计仪表板。仪表板是一个可布局的数据展示界面，上述的数据分析图表可在界面上进行展示，并对分析结果设置筛选条件分组查看，如图 5-34 所示。很多 BI 工具的仪表板可以嵌入其他互联网应用中进行访问，从而使数据分析结果灵活地进行展示。

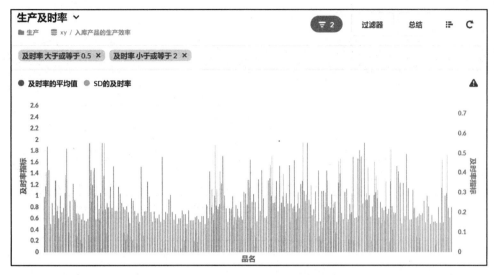

图 5-33 按产品分组的生产及时率分析

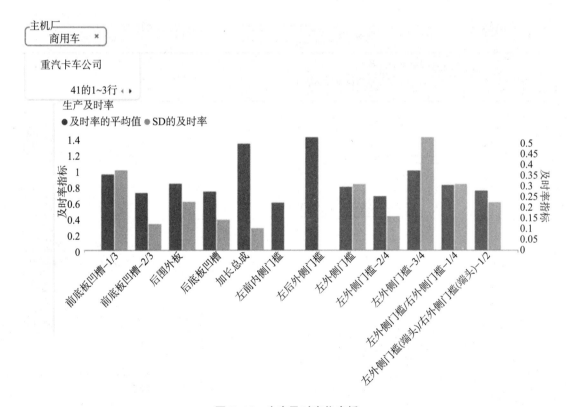

图 5-34 生产及时率仪表板

# 5.6 小结

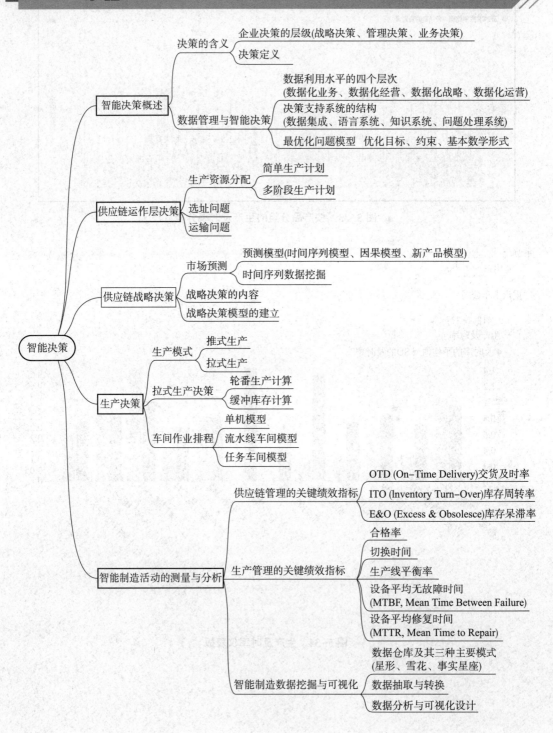

## 5.7　习题

1. 什么是决策？

2. 简述企业业务活动的层次。

3. 简述企业决策的层次。

4. 运作层决策的特征是什么？

5. 供应链战略决策一般包括哪些内容？

6. 简述推式生产模式与拉式生产模式，并分析它们的区别。

7. 什么是车间作业排程？

8. 影响 OTD 的因素包括哪些？

9. 影响 OEE 的因素包括哪些？

10. 简述数据抽取的步骤。

11. 什么是数据仓库？

12. 某公司需要在两个城市（A、B）之间建立一个新工厂，以生产一种产品。这些城市之间只有一条公路相连。建立工厂需要投资成本，而且不同城市的成本不同。每个城市的供应量也不同，如表 5-18 所示。

表 5-18　12 题数据

| 城市 | 建厂成本/万元 | 每年运营成本/万元 | 每单位产品成本/元 | 供应量/单位 |
|------|------|------|------|------|
| A | 200 | 20 | 4 | 2 000 |
| B | 250 | 25 | 5 | 3 000 |

该公司预计每年需要生产至少 4 000 单位产品。如果建立工厂的成本和运营成本已知，那么该如何选择最佳的位置来使总成本最小化？

13. 某汽车轮胎公司生产尼龙和玻璃纤维轮胎。在接下来的三个月，需要交付表 5-19 所示的轮胎。

表 5-19　13 题数据（一）

| 交付时间 | 尼龙轮胎/条 | 玻璃纤维轮胎/条 |
|------|------|------|
| 6 月 30 日 | 4 000 | 1 000 |
| 7 月 31 日 | 8 000 | 5 000 |
| 8 月 31 日 | 3 000 | 5 000 |

该公司拥有两台压力机 W 和 R，以及可用于生产这些轮胎的适当模具，未来几个月将提供以下生产时间（表 5-20）：

表 5-20 13题数据（二）

| 月份 | 生产时间/h | |
| --- | --- | --- |
| | W 机器 | R 机器 |
| 6 月 | 700 | 1 500 |
| 7 月 | 300 | 400 |
| 8 月 | 1 000 | 300 |

每台机器和轮胎组合的生产率（每条轮胎小时数）如表 5-21 所示。

表 5-21 13题数据（三）

| 轮胎 | 生产率/(h·轮胎$^{-1}$) | |
| --- | --- | --- |
| | W 机器 | R 机器 |
| 尼龙轮胎 | 0.15 | 0.16 |
| 玻璃纤维轮胎 | 0.12 | 0.14 |

生产轮胎的可变成本为每工作小时 30.00 元，无论使用哪种机器或生产哪种轮胎，每个轮胎每月还需支付 0.6 元的库存持有费。为了以最低的成本满足交货要求，应该如何安排生产？请列出目标与约束公式并求解。

14. 有 5 个生产订单需要分配给 3 条生产线。这 3 条生产线的可变生产成本估算如表 5-22 所示。

表 5-22 14题数据（一）

| 生产线 | 可变生产成本/千元 | | | | |
| --- | --- | --- | --- | --- | --- |
| | 订单 1 | 订单 2 | 订单 3 | 订单 4 | 订单 5 |
| 生产线 1 | 20 | — | 10 | 9 | 15 |
| 生产线 2 | 18 | 12 | 13 | 8 | 16 |
| 生产线 3 | — | 11 | 12 | 7 | 17 |

各条生产线对每个订单的所需机器时间及其可用时间总额如表 5-23 所示。

表 5-23 14题数据（二）

| 生产线 | 所需机器时间/h | | | | | 可用时间/h |
| --- | --- | --- | --- | --- | --- | --- |
| | 订单 1 | 订单 2 | 订单 3 | 订单 4 | 订单 5 | |
| 生产线 1 | 70 | — | 40 | 30 | 50 | 120 |
| 生产线 2 | 65 | 45 | 40 | 35 | 55 | 100 |
| 生产线 3 | — | 45 | 35 | 40 | 50 | 70 |

如何分配生产任务，使可变生产成本最低？列出目标与约束公式，并求解。

15. 某企业有 3 个车间，要完成 5 个任务。每个任务必须在这些车间中依次进行加工，在每个车间中只能同时处理 1 个任务。每个任务所需的加工时间如表 5-24 所示。

表 5-24　15 题数据

| 任务 | 加工时间/h | | |
| --- | --- | --- | --- |
| | 车间 A | 车间 B | 车间 C |
| 1 | 4 | 3 | 8 |
| 2 | 5 | 6 | 7 |
| 3 | 8 | 5 | 6 |
| 4 | 9 | 10 | 11 |
| 5 | 12 | 8 | 5 |

该企业希望确定一种最优的作业顺序，使完成所有任务所需的总加工时间最小化。列出目标与约束公式并求解。

16. 某工厂生产多种产品，并拥有多台设备用于加工和组装。为了优化生产效率和管理生产计划，该工厂需要建立一个数据仓库（Data Warehouse）系统。该系统需要跟踪每个产品的生产过程和质量情况，以及每台设备的使用情况和维护记录。

请根据上述需求，设计一个具有 3 个事实表和多个维度表的星形模型。其中，事实表分别表示生产、质量和设备的处理情况，维度表包括时间、产品、设备等。对于每个维度表，请说明其包含的属性和与其他维度表的关系。同时，请给出一个适当的查询语句，以演示如何从该星形模型中查询有关生产计划的信息。

# 第6章
# 工业互联网与边缘计算

**知识目标：** 了解以太网工作原理，了解工业以太网特点；了解以太网工业总线协议特点，掌握 FCS 概念，掌握边缘计算概念、基本网络架构与软件架构；了解虚拟技术，了解计算卸载步骤。

**能力目标：** 掌握车间局域网子网划分方法，掌握简单的 FCS 组网方法，掌握简单的静态路由器设置方法。

## 6.1 工业以太网

### 6.1.1 以太网

以太网是 20 世纪 70 年代由 Xerox 公司首创，后与 Intel 和 DEC 联合开发的一种基带局域网连接技术。它采用 CSMA/CD（Carrier Sense Multiple Access/Collision Detection，载波侦听多路访问/冲突检测）协议控制总线访问，最初可在同轴电缆上以 10 Mbps 速率运行。IEEE 802.3 委员会后来对其加以标准化，定义了以太网可以采用的各种传输介质和速率。以太网不是一种具体的网络，而是一整套广域网连接的技术规范。它定义了物理层和数据链路层的协议，被广泛应用于局域网和广域网中。这一标准规定了网络中可以采用的电缆类型、接口卡、信号编码与处理方法等。以太网分为 10 Mbps、100 Mbps、1 000 Mbps（千兆）、10 Gbps（万兆）等类型，采用双绞线、同轴电缆或光纤作为传输介质，速率从 10 Mbps 到 10 Gbps 不等。10Base-T 以太网因其低成本、高可靠性和 10 Mbps 传输速率，应用最为广泛。无线以太网技术（Wi-Fi）最高可达 11 Mbps。多数网络设备厂商的产品都兼容以太网标准，具有很强的兼容互连性。以太网简单、成熟且廉价，已成为连接企业级局域网和广域网的首选技术。它为互联网提供了高性价比的基础网络连接，带来了网络互联互通的新局面。

以太网根据总线类型可以分为以下不同类型。

（1）10 Mbps 以太网：最早的以太网标准，使用同轴电缆。

（2）100 Mbps 以太网：使用双绞线电缆，支持最大 100 Mbps 传输速率。

（3）1 000 Mbps 以太网（千兆以太网）：也称 Gigabit Ethernet，使用 4 对双绞线，支持 1 000 Mbps 传输速率。

（4）10 Gbps 以太网：使用光纤电缆，支持最大 10 Gbps 传输速率，用于连接高速网络骨干。

CSMA/CD 是一种控制总线或广播信道访问的方法，允许多个节点共享同一个信道。其工作方式如下。

（1）节点准备发送数据时，首先侦听信道。如果信道空闲，则可以发送数据。

（2）如果信道正在被其他节点使用，节点将延迟发送，持续侦听信道状态。一旦信道空闲，节点可以发送数据。

（3）如果两个或多个节点恰巧在同一时刻发送数据，就会发生数据冲突。每个节点在发送的同时也在侦听信道。

（4）一旦检测到信道上出现了其他节点发送的数据，就表明发生了冲突。每个节点检测到冲突后立即停止发送数据。

（5）发生冲突后，每个节点会等待一个随机时间再重试，这个随机等待时间由退避算法（BEB）控制，用以减少再次发生冲突的概率。

（6）直到信道空闲，退避时间最短的节点首先重试发送，其他节点继续等待。这个过程会持续，直到数据成功发送到接收节点。

（7）数据发送成功后，接收节点会返回确认帧（ACK），表示数据已经正确接收。

一开始的以太网采用同轴电缆连接设备。计算机通过名为"附加单元接口"（AUI）的收发器连接电缆。对小型网络而言，一条简单的网线很可靠；但对大型网络而言，线路或连接器故障会导致以太网的某几段不稳定。因为所有的通信信号都在共享的线路上传输，即使信息只是发给其中一个端点，所有其他计算机也会接收到发自某一台计算机的消息。通常情况下，网络接口卡会过滤不针对自己的信息，只有在接收到自己目标地址的信息时，网卡才会向 CPU 发送中断请求。但若网卡处于混杂模式（Promiscuous Mode）下，则可以监听线路上传输的所有信息。这种"一个人说话，众人皆听"的特性是以太网的共享介质安全上的弱点，因为以太网上的一个节点可以选择是否监听线路上传输的所有信息。同样，共享电缆也意味着共享带宽，这意味着在某些情况下，以太网的速度可能会非常慢。例如，当电源故障发生后，所有网络终端都必须重新启动。

在以太网中，所有节点都可以查看发送到网络上的所有信息，因此我们将其称为广播网络。以太网的工作过程如下。

（1）主机先监听网络信道，如果信道被占用，表示网络正忙，则持续监听直到信道空闲。

（2）如果信道空闲，则主机开始传输数据。

（3）在数据传输期间，主机一直保持对信道的监听。如果在此期间发现了冲突，则执行退避算法，等待随机时间后重新回到步骤（1）。注意，涉及冲突的计算机在发送完一个包或一个拥塞序列后，都会返回到监听的状态下。每台计算机一次只能发送一个包或一个拥塞序列，以便警告所有节点。

（4）如果没有发现冲突，则数据发送成功。在下一次尝试发送数据前，所有计算机都必须等待至少 9.6 μs 的时间（10 Mbps 运行速度下）。

以太网的帧是数据链路层的封装，网络层的数据包被加上帧头和帧尾成为可以被数据链路层识别的数据。虽然帧头和帧尾所用的字节数是固定不变的，但依被封装的数据包大小的不同，以太网的长度也在变化，其范围是 64~1 518 字节（不算 8 字节的前导字）。

以太网的数据传输需要 MAC 地址（Media Access Control Address）。MAC 地址又称物理

地址或 MAC 层地址，是 NIC（网络接口卡）的唯一标识符。它由 IEEE 组织统一管理与分配，一般使用十六进制数表示，长度为 48 位。48 位 MAC 地址格式为 6 组十六进制数，每组 2 位数，中间用"-"连接，如 00-0A-95-CD-AB-EF。

MAC 地址的首 6 位数字代表 NIC 制造商，后面部分是 NIC 出厂时硬件地址的一部分。每个 NIC 有一个唯一的 MAC 地址，全球不重复。MAC 地址用于在同一个局域网内唯一标识网络设备，主要应用于以下场景。

（1）生成通信帧的源 MAC 地址和目标 MAC 地址字段。发起通信的设备会在帧中填入自己的 MAC 地址作为源地址，填入目的设备的 MAC 地址作为目标地址。

（2）交换机学习 MAC 地址表。通过源 MAC 地址，交换机可以学习到设备所在端口，以便将来转发目标为这个设备的帧。

（3）网卡过滤接收的数据帧。网卡会过滤目标 MAC 地址与自己 MAC 地址不匹配的帧。

（4）网络管理员可以通过 MAC 地址了解网络中有哪些设备。

（5）一些认证服务使用 MAC 地址进行设备认证。

相比于传统以太网，要求工业以太网必须具备以下的技术特点。

（1）确定性。

由于以太网的 MAC 层协议是 CSMA/CD，该协议使网络上存在冲突，特别是在网络负载过大时，更加明显。对于一个工业网络，如果存在大量的冲突，就必须多次重发数据，这使网络间通信的不确定性大大增加。在工业控制网络中，这种从一处到另一处的不确定性，必然会带来系统控制性能的降低。

为了改善以太网负载较重时的网络拥塞问题，可以使用以太网交换机（Switch）。它采用将共享的局域网进行有效的冲突域划分技术。各个冲突域之间用交换机连接，以减少 CSMA/CD 机制带来的冲突问题和错误传输。这样可以尽量避免冲突的发生，提高系统的确定性。

（2）实时性。

在工业控制系统中，实时可定义为系统对某事件的反应时间的可测性。也就是说，在一个事件发生后，系统必须在一个可以准确预见的时间范围内做出反应。然而，工业上对数据传递的实时性要求十分严格，往往数据的更新是在数十毫秒内完成的。而同样由于以太网存在的 CSMA/CD 机制，当发生冲突时，网络就得重发数据，最多可以尝试 16 次之多。很明显，这种解决冲突的机制是以付出时间为代价的，而且，一旦出现掉线，哪怕是仅仅几秒钟的时间，都有可能造成整个生产的停止，甚至是设备、人身安全事故。

工业以太网的实时性改进可以从设备节点端和传输数据的交换机端实现。在设备节点端利用高性能的芯片设计嵌入式控制器，数据传输之前，应用 WBTPE（传输前等待优先权以太网）算法使重要信息优先控制信道的征用，并实现工业数据采集与闭环控制的区域化，避免网络负载过重。在工业以太网的数据传输过程中，使用兼容 IEEE 802.1P&O 的交换机来分割冲突域，并利用其优先级策略再次提高对紧急数据的实时交换。

（3）稳定性和可靠性。

以太网在设计之初，并不是从工业网应用出发的，当它应用到工业现场，面对恶劣的工况、严重的线间干扰等，必然会引起其可靠性降低。在生产环境中，工业网络必须具备较好的可靠性、可恢复性和可维护性，即保证一个网络系统中任何组件发生故障时，不会导致应用程序操作系统，甚至网络系统的崩溃和瘫痪。

下面简要介绍以太网典型网络拓扑结构。

（1）共享式以太网。

共享式以太网的典型代表是使用 10Base2/10Bases 的总线型网络和以集线器为核心的星形网络。在使用集线器的以太网中，集线器将很多以太网设备集中到一台中心设备上，这些设备都连接到集线器中的同一物理总线结构中。从本质上讲，以集线器为核心的以太网同原先的总线型以太网无根本区别。

集线器主要用于小规模以太网，它通过放大和重新发射机制连接多个网络设备。集线器自身具有电源，可以对接收信号进行放大和补偿。由于此特性，集线器有时也被称为"多端口中继器"。集线器与中继器一样，工作在物理层。共享式以太网的一个主要缺点是所有的节点都连接在同一个冲突域内。不论一帧数据来自何处或发往何处，所有的节点都可以接收到这一帧数据。随着节点数量的增加，频繁发生的冲突会导致网络性能急剧下降。此外，集线器在任一时刻只能传输一帧数据，意味着所有端口必须共享同一带宽。一旦一个端口开始发送，其他端口必须等待，直到该帧数据传输完成。这限制了集线器的总体带宽。集线器由于简单、易于实现而曾广泛用于小型局域网。但随着网络规模的扩大，集线器的这些缺点变得越来越突出，交换机逐渐取代集线器，成为局域网的核心设备。

（2）交换式以太网。

在交换式以太网中，交换机根据收到的数据帧中的 MAC 地址决定数据帧应发向交换机的哪个端口。因为端口间的帧传输彼此屏蔽，因此节点就不担心自己发送的帧在通过交换机时是否会与其他节点发送的帧产生冲突。

用交换式网络替代共享式网络的原因如下。

①减少冲突：交换机将冲突隔绝在每个端口（每个端口都是一个冲突域），避免了冲突的扩散。

②提升带宽：接入交换机的每个节点都可以使用全部的带宽，而不是各个节点共享带宽。

交换机的工作原理如下。

①交换机根据收到数据帧中的源 MAC 地址建立该地址同交换机端口的映射，并将其写入 MAC 地址表中。

②交换机将数据帧中的目的 MAC 地址同已建立的 MAC 地址表进行比较，以决定由哪个端口进行转发。

③如数据帧中的目的 MAC 地址不在 MAC 地址表中，则向所有端口转发。这一过程称为泛洪（Flood）。

④广播帧和组播帧向所有的端口转发。

交换机的三个主要功能如下。

①学习：以太网交换机了解每一端口相连设备的 MAC 地址，并将地址同相应的端口映射起来存放在交换机缓存中的 MAC 地址表中。

②转发/过滤：当一个数据帧的目的地址在 MAC 地址表中有映射时，它被转发到连接目的节点的端口而不是所有端口（如该数据帧为广播/组播帧则转发至所有端口）。

③消除回路：当交换机包括一个元余回路时，以太网交换机通过生成树协议避免回路的

产生，同时允许存在后备路径。

交换机的工作特性如下。

①交换机的每个端口所连接的网段都是一个独立的冲突域。

②交换机所连接的设备仍然在同一个广播域内，也就是说，交换机不隔绝广播（唯一的例外是在配有 VLAN 的环境中）。

③交换机依据帧头的信息进行转发，因此说交换机是工作在数据链路层的网络设备。

## 6.1.2　以太网总线

以太网总线是工业自动化领域最广泛应用的总线技术，它具有以下特点。

（1）高速度：标准的以太网总线速率从 10 Mbps 到 100 Gbps 不等，可以满足大多数工业应用的速度需求。

（2）开放性：以太网技术采用开放标准，不同厂商的设备可以实现互联互操作，降低系统成本。

（3）高度成熟：以太网技术发展超过 30 年，标准化程度高，技术成熟可靠。

（4）低成本：由于市场广泛并开放竞争，以太网组件成本较低。

（5）灵活性：以太网网络可以灵活配置，采用各种拓扑结构，方便设备接入。

长期以来，各厂商为争夺市场主导权纷纷推出适用于各种场景的总线标准，造成总线协议标准较多，本节不再一一介绍，仅举一些常见的以太网总线协议来说明其特点。

（1）PROFINET（Process Field Net）是西门子公司开发的一种工业以太网总线协议。它包含了传统的 PROFIBUS DP 的全部功能，并将以太网的优势与现场总线技术相结合，具有高速、高可靠性和实时性的特点。PROFINET 可以在工业自动化、过程自动化和建筑自动化领域广泛应用。

（2）POWERLINK 是一种开放式的、实时的以太网总线协议，由 EPSG（Ethernet Power-link Standardization Group）组织负责制定和推广。它具有高效的通信结构和可靠的数据传输机制，可达到微秒级别的实时性能。POWERLINK 条理清晰、灵活性高，与现有的自动化系统相兼容，易于应用于工业生产和过程控制等领域。

（3）EtherNet/IP 是一种 Rockwell Automation（罗克韦尔自动化公司）和 CISCO SYSTEMS（思科系统公司）合作开发的工业以太网协议，基于 TCP/IP 协议，支持实时通信和非实时通信，具有高速、高带宽和可扩展性特点。它的应用领域非常广泛，包含了工业自动化、能源管理、楼宇自动化、交通系统等领域。

（4）EtherCAT 是 Beckhoff 公司开发的一种工业以太网总线协议，可以将多个从站和主站连接成一个网络，它支持实时通信和非实时通信，具有高速、高精度和高可扩展性特点。EtherCAT 常用于高速运动控制和实时数据处理的应用，例如机器人、切割机械和运动控制系统。

（5）SERCOS Ⅲ（Serial Realtime Communication System Ⅲ）是由世科斯协会制定的一种开放式实时总线协议。它可以实现高速传输、高精度控制和高数据安全性，广泛应用于运动控制、机器人、加工中心、自动检测和质量控制系统等领域。

（6）MODBUS TCP 是基于 TCP/IP 协议的工业以太网协议，是 Modbus 通信协议的一种变种。它可以在局域网和广域网范围内实现实时控制和数据采集，支持多种数据格式和传输方式，广泛应用于自动化设备和工业控制系统。

（7）CC-Link IE 是 CC-Link 协会开发的一种工业以太网总线协议，包括 CC-Link IE Control 和 CC-Link IE Field 两种类型。它具有高速、高实时性和高可靠性特点，可以应用于工业自动化、过程自动化、楼宇自动化、机器人等领域。部分以太网总线协议实现的网络模型层次如表 6-1 所示。

表 6-1　部分以太网总线协议实现的网络模型层次

| 协议 | 应用层 | 表示层 | 会话层 | 传输层 | 网络层 | 数据链路层 | 物理层 |
|---|---|---|---|---|---|---|---|
| CoE | √ | | | √ | | √ | √ |
| PROFINET | √ | | | √ | √ | √ | √ |
| POWERLINK | | | | | √ | √ | √ |
| EtherNet/IP | √ | | | √ | √ | √ | √ |
| EtherCAT | | | | √ | | √ | √ |
| SERCOS Ⅲ | | | | | √ | √ | √ |
| MODBUS TCP | √ | | | √ | √ | | |
| CC-Link IE | √ | | | √ | √ | √ | √ |

从表 6-1 可以看到，各类协议实现的层次各不相同，因此有各自的适用场景。

（1）PROFINET、EtherNet/IP 和 CC-Link IE 这三种协议实现了 OSI 模型除表示层与会话层外的其他协议，功能最为完备，可以适用于绝大多数工业应用，如工厂自动化、过程控制、机器人控制等，支持各类工业设备的互联，是工业以太网应用的主流。

（2）POWERLINK 和 EtherCAT 只实现了传输层以下的协议，部分基于 TCP/UDP/IP，硬件层未更改，具有过程数据协议，直接由以太网帧进行传输。它们更专注于实现高精度、高实时性的运动控制与同步通信，典型应用是集中式伺服系统、机械手等需要高同步性的应用。

（3）SERCOS Ⅲ 也只实现了网络层以下的协议，但其传输速率最高（10 Gbps），性能最强，主要应用于高端数字化的机器人技术等对传输性能有很高要求的领域。

（4）CANopen over EtherCAT（CoE）：是一种 CANopen 协议基于 EtherCAT 总线技术的解决方案，支持实时通信和非实时通信，具有高速、高可靠性和实时性特点，可用于各种自动化设备和机器人。而 CANopen 本身则只实现应用层、数据链路层和物理层协议，更适用在单一网段的直接控制。

（5）MODBUS TCP 只实现了应用层、传输层和网络层协议，直接基于 TCP/IP，应用非常广泛，几乎支持所有的工业设备，主要应用于简单的监控或位级控制，但不支持实时应用和高精度控制。

相比而言，PROFINET、EtherNet/IP 和 CC-Link IE 应用范围最广，支持面最全面，POEWRLINK、EtherCAT 和 SERCOS Ⅲ 在高精度控制领域优势明显，而 MODBUS TCP 应用最为简单。

### 6.1.3 总线控制系统

ISA-95 是美国仪器仪表协会（ISA）制定的一项工业标准，定义了用于生产执行系统（MES）和企业资源计划（ERP）系统之间通信的模型和接口。它从企业层到工作站层分为5个层级。

（1）企业层：对应 ERP/CRM 系统，提供企业资源管理与客户关系管理。

（2）生产运营层：对应 MES，提供生产规划、调度、优化、质量管理、资产管理等功能，对应于 ISA95 的第 3 级。

（3）工艺控制层：对应 DCS/PLC/SCADA 系统，实现过程监控和控制，对应于 ISA95 的第 2 级。

（4）设备控制层：对应各种智能设备与控制器，实现基本控制与开关，对应于 ISA95 的第 1 级。

（5）工作站层：对应各类操作人机界面（HMI），实现人机交互，起监控、控制和配置作用。

在这个模型中，层级由上至下对应自动化等级的升高和控制周期的降低，如图 6-1 所示。贯穿第 0 级到第 2 级的网络则为实时以太网，是与自动化部件高效通信的网络，通常包括集散控制系统网络与总线控制系统网络，即为工业现场网络。典型的自动化部件有以下几类：PLC、HMI 面板、驱动、远程 IO、传感器与执行器等，正是通信系统连接了各种各样的自动化部件，使它们构成一个有机的整体。

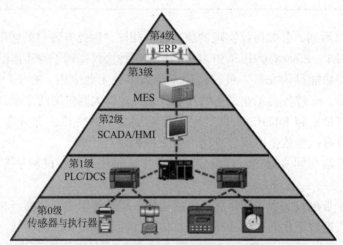

**图 6-1 ISA95 中工业网络对应层次**

现场总线控制系统，简称 FCS，是采用开放的、具有互操作性的网络连接现场控制器、仪表及设备，构成一种彻底分散的分布式控制系统。通过将控制功能下放到现场，FCS 降低了安装成本和维修费用，且具有适应本质安全、危险区域、易变过程等复杂环境的特点，是21 世纪控制系统的主流。

现场总线控制系统的核心是总线协议，搭载数字智能现场设备，实现信息处理现场化。它不仅连接了控制室和现场设备，而且提供全数字信号，一条总线连接所有设备，并且实现了双向、互联、串行多节点、开放的数字通信系统，代替了单向、单点、并行、封闭的模拟系统。

值得注意的是，现场设备智能化程度较高，为 FCS 实现高效控制提供了保障。控制功能的分散实现了下放控制，可大幅减少安装人工、硬件成本与日常维护费用。总线控制网如图 6-2 所示。

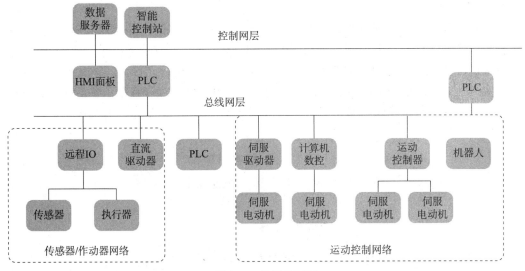

图 6-2　总线控制网

下面对自动设备的一些典型总线控制网应用场景进行介绍。

### 1. 小单元控制

图 6-3 所示的以驱动伺服电动机为主要任务的一个小单元中，机械手臂与旋转工作台协同完成工作任务，由上位机根据来自生产运营层的工序协同系统（PCS）的命令进行一组协同工作。

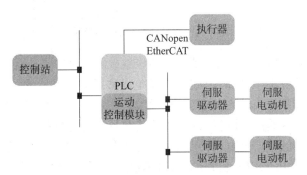

图 6-3　单轴控制总线网络方案

PLC 控制伺服驱动器完成工作台旋转动作，位于 PLC 内的运动控制模块完成机械手臂的动作。由于所有控制对象在一个小单元范围内，可采用 CANopen 与 EtherCAT 或 CoE 总线完成设备与 PLC 的连接。

PLC 内部的控制器直接连接现场的伺服驱动器，用于控制直流电动机驱动工作台旋转，并连接位置开关传感器，获取状态实现工作台的位置反馈。控制器可以控制电动机运动到两个位置或控制电动机速度的大小，实现旋转工作台的控制。

当需要控制的伺服电动机为单轴驱动（不需要联动）时，位于 PLC 内部的运动控制模块通过总线连接现场的 CANopen 驱动器，用于控制伺服电动机。当需要进行多轴协同运动时，需要实时同步信号，则可通过 EtherCAT 完成。

2. 生产线控制

如图 6-4 所示，应用于生产线的总线控制系统分为两个部分。一个部分是执行正常生产线控制任务的子系统，由控制站通过 EtherCAT 总线协议与伺服驱动器、远程 IO 模块通信。EtherCAT 能实现较远距离的通信，可通过 IP 地址访问执行元件，同时又可以实现高精度、高实时性的运动控制与同步通信，故选用此类控制总线。当存在多条生产线需要总控系统统一完成部分控制功能或数据采集时，可采用 EtherNet/IP 一类的总线级联到更高级的控制层级中。

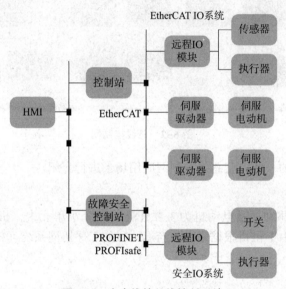

图 6-4　生产线的总线控制系统

另一个部分是生产线的安全控制子系统。生产线故障安全主要是指在生产过程中，通过各种安全技术与设备来监控生产设备与工艺，在发生异常或故障时，及时切断供电或触发报警，以防止人身伤害、火灾事故或设备损坏等安全风险。可采用双通道或多通道冗余控制器，实现对致命性过程参数的冗余监控与控制，加上安全传感技术，例如安全光栅、安全电磁开关等安全传感设备来监控危险区域。采用 PROFIsafe 安全总线协议，实现对安全设备的联网监控与控制。PROFIsafe 是基于 PROFIBUS 和 PROFINET 通信总线的一种安全技术，它通过在标准的数据通信协议之上增加安全相关的协议内容，从而实现安全应用。其主要特点如下。

（1）基于现有的标准总线协议，降低安全系统的成本，易于与现有系统集成。

（2）支持混合通信，标准与安全设备可以共存于同一总线。

（3）采用黑通道技术，通过时间监控、数据序列监控等方法确保通信安全。

（4）支持多种安全性要求与 SIL1～SIL3 等级，应对不同危险程度。

（5）开放标准，易于实现多厂商设备互操作。

（6）简单的配置，通过标准化工具进行网络配置、接入及功能块分配等。

## 6.2　智能工厂组网

### 6.2.1　网络中转设备

（1）中继器（Repeater）。中继器是连接网络线路的一种装置，负责在两个节点的物理层上按位传递信息，完成信号的复制、调整和放大功能，以此延长网络的长度。中继器是为解决由损耗导致的线路传输信号功率衰减，进而造成的信号失真问题。中继器的类型也有很多种，分为交叉线缆中继器、无线中继器、光中继器和红外中继器等。

中继器是最简单的网络互联设备，连接同一个网络的两个或多个网段。例如以太网常常利用中继器扩展总线的电缆长度，标准细缆以太网的每段长度最长为185 m，最多可有5段，而增加中继器后，最大网络电缆长度则可提高到925 m。

（2）集线器（HUB）。集线器的主要功能是对接收到的信号进行再生整形放大，以扩大网络的传输距离，同时把所有节点集中在以它为中心的节点上。它工作于OSI（开放式系统互联）参考模型第一层，即物理层。

集线器与网卡、网线等传输介质一样，属于局域网中的基础设备，采用CSMA/CD介质访问控制机制。集线器属于纯硬件网络底层设备，基本不具有类似于交换机的"智能记忆"能力和"学习"能力，也不具备交换机所具有的MAC地址表，所以它发送数据时都是没有针对性的，而是采用广播方式发送。也就是说，当它要向某节点发送数据时，不是直接把数据发送到目的节点，而是把数据包发送到与集线器相连的所有节点，如图6-5所示。

图6-5　集线器拓扑结构

（3）网桥（Bridge）。网桥像一个聪明的中继器，它从一个网络电缆中接收信号并将其放大，最终将其送入下一个电缆。相比较而言，网桥对从关卡上传下来的信息更敏锐一些。网桥是一种对帧进行转发的技术，根据MAC分区块，可隔离碰撞。网桥将网络的多个网段在数据链路层连接起来，如图6-6所示。

网桥是信号通道相互隔离的两个网段之间的沟通设备，连接的网段可以是相同或不同的媒介质，有选择地将信息包传送到目标地址。网桥工作在数据链路层（第二层）。

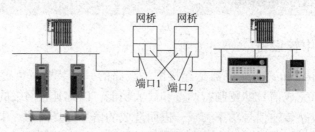

图6-6　网桥拓扑结构

（4）交换机（Switch）。交换机是综合了集线器和网桥优点的高性能设备，有选择地将信息包送到指定的目标地址，它也是目前在工业中使用最广泛的网络设备。交换机又可以称为多端口的网桥，每台设备都有独立的带宽可使用，适用于需求足够带宽的情形，作为以太网网络结构的中心设备，是目前特别推荐使用的设备。交换机工作在数据链路层（第二层），其结构与图6-6类似。

（5）路由器（Router）。路由器又称为网关设备，是用于连接多个逻辑上分开的网络。逻辑网络是代表一个单独的网络或者一个子网。当数据从一个子网传输到另一个子网时，可通过路由器的路由功能来完成。因此，路由器具有判断网络地址和选择IP路径的功能，它能在多网络互联环境中建立灵活的连接，可用完全不同的数据分组和介质访问方法连接各种子网，路由器只接收源站或其他路由器的信息，属于网络层的一种互联设备。

（6）网关（Gateway）。从一个房间走到另一个房间，必然要经过一扇门。同样，从一个网络向另一个网络发送信息，也必须经过一道"关口"，这道"关口"就是网关。顾名思义，网关就是一个网络连接到另一个网络的"关口"，也就是网络关卡。

网关又称为网间连接器、协议转换器。默认网关在网络层上以实现网络互联，是复杂的网络互联设备，仅用于两个高层协议不同的网络互联。

不同的情况下，网关可以有不同的含义，即可以指在两种不同协议的网络或应用之间转换的设备，或将一种协议转换到较为复杂的层面，是在传送层以上的功能，这就像路由器完成的功能；它也可以充当两个或更多的相同协议网络之间的连接作用，并不需要完成协议的转换，这时网关就像网络的入口或出口。

网关设备的最终功能是使两个IP地址不在同一网段的设备连接在一起，如图6-7所示。

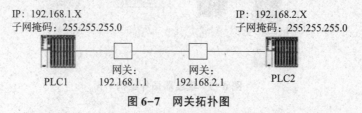

图6-7　网关拓扑图

### 6.2.2　局域网

随着智能制造应用的扩展，现场数据采集、智能控制、虚拟设备、边缘计算等需求日益增长,因此车间网络建设中,打通设备层、控制层与运营层的数据屏障是实现CPS(赛博物理系统)的基础。

局域网(Local Area Network)是将位于有限物理区域内的计算机及其他网络设备相互连接起来的通信网络。局域网覆盖的物理范围通常在100 m以内,用于实现网内设备之间的信息交换和共享计算机资源,因此局域网较为适用于车间环境。局域网的设置通常包括以下技术环节。

(1)子网划分。

将局域网划分为多个网段,每个网段是一个IP子网,具有独立的网段号和子网掩码。网段划分可以提高网络性能,便于管理并提高安全性。常见的划分方法有根据功能、位置或设备类型等来划分网段。子网根据规模不同分为A、B、C三类。

A类IP地址是指网络地址以0开头的IP地址,范围从1.0.0.0到126.0.0.0。A类地址格式为8位网络地址+24位主机地址,并且默认使用子网掩码255.0.0.0。因为A类IP地址的网络地址只有8位,所以A类网络可以分配的IP地址至少有$2^{24}-2$个地址,即16 777 214个地址。

B类IP地址是指网络地址以二进制10开头的IP地址,范围从128.0.0.0到191.255.0.0。B类地址格式为16位网络地址+16位主机地址,并且默认使用子网掩码255.255.0.0。因为B类IP地址的网络地址有16位,所以B类网络可以分配的IP地址至少有$2^{16}-2$个地址,即65 534个地址。

C类IP地址是指网络地址以二进制110开头的IP地址,范围从192.0.0.0到223.255.255.0。C类地址格式为24位网络地址+8位主机地址,并且默认使用子网掩码255.255.255.0。因为C类IP地址的网络地址有24位,所以C类网络可以分配的IP地址至少有$2^8-2$个地址,即254个地址。

规划者应根据需求确定子网的划分方式。下面举例说明子网划分。

假设有C类IP地址网段192.168.1.0/24,在采用默认子网掩码(255.255.255.0)的情况下,该网段只分为一个子网,可以使用192.168.1.1~192.168.1.254的IP地址。

如果需要划分多个子网,可以采用不同的子网掩码来实现。例如,假设需要将C类地址网段192.168.1.0/24划分为4个子网,则可以使用子网掩码255.255.255.192(即26位网络地址+6位主机地址)来实现子网划分,每个子网的主机数量最多为62个。

(2)网络中转。

如前所述,网络中转类型包括网关、交换、路由。值得注意的是,上述中转类型是指功能而非设备。目前很多网络连接设备以某个功能为主,但也兼具其他功能。例如交换机是组建局域网的主要设备,负责不同子网的连接与数据中转,但三层交换机也兼有路由功能。很多网关设备也有路由与交换功能。

路由是一种在互联网或网络中将数据包从源地址传输到目的地址的过程,它是为了解决连通性问题而存在的。在分布式的网络中,不同的网络节点可能连接在不同的子网中,而任意两个子网之间的通信需要经过路由器等路由设备,才能进行数据传输。

因此,路由的主要目的是实现网络中不同节点之间的相互连通,以及实现数据的传输和转发。通过路由的方式,网络中的各个节点可以跨越不同的物理和逻辑网络边界,实现不同子网之间的数据传输和通信,从而增强网络的灵活性和扩展性。

路由有多种方法和实现方式，但主要可以分为静态路由和动态路由两种。

（1）静态路由。

静态路由是一种手动配置路由表的路由方式。它是指网络管理员手动在路由器上配置路由表，指定每个目的网络的下一跳地址，使路由器可以按照路由表中的信息来转发数据包。静态路由的优点是简单、稳定，适用于网络规模较小且网络结构不易变更的环境。其缺点是需要手动配置，难以应对网络结构复杂、变化频繁的情况。

表 6-2 所示的路由表中包括目标网络、下一跳地址和接口三个主要字段。目标网络指向的是本网络或者其他网络的地址段，下一跳地址指向下一跳路由器的 IP 地址，而接口则表示从哪个接口将数据包发送出去。路由器在收到数据包后，会根据数据包的目的地址，查找匹配的路由表项，选择下一跳地址，并通过对应的接口转发数据包。

表 6-2　路由表示例

| 目标网络 | 下一跳地址 | 接口 |
|---|---|---|
| 10. 10. 0. 0/16 | 192. 168. 0. 1 | eth0 |
| 192. 168. 1. 0/24 | 10. 10. 0. 2 | eth1 |
| 192. 168. 2. 0/24 | 10. 10. 0. 3 | eth2 |
| 192. 168. 3. 0/24 | 10. 10. 0. 4 | eth3 |

比如，当一个要发送到 192. 168. 1. 1 的数据包到达路由器时，路由器在查找路由表时发现有一条目标网络为 192. 168. 1. 0/24 的路由记录，它的下一跳地址是 10. 10. 0. 2，即需要将数据包发送到 10. 10. 0. 2。因此，路由器会将数据包从 eth0 接口传输到 eth1 接口，并将 IP 目的地地址改为 192. 168. 1. 1，通过 10. 10. 0. 2 路由到达目的主机。

（2）动态路由。

动态路由是一种自动更新路由表的路由方式。通过使用动态路由协议，路由器可以自动获取和更新路由表信息，并将其交给其他路由器共享，从而实现动态转发数据包的过程。动态路由的优点是适用于大型复杂的网络，具有较好的自适应性和灵活性，在网络结构变化较频繁的情况下，可以自动更新路由表，以适应新的网络结构。但是，动态路由也存在缺点，如路由器之间需要不断通信、更新协议等，会加重网络负担，也可能会导致路由环路等问题。

常用的动态路由协议有 RIP（Routing Information Protocol，路由信息协议）、OSPF（Open Shortest Path First，开放最短路径优先）、BGP（Border Gateway Protocol，边界网关协议）等。通过使用这些协议，路由器可以自动获取和更新路由表信息，并将其传递给其他路由器，从而实现自动转发数据包的过程。

对 RIP 做一个通俗的解释，在一个复杂的网络中，每个路由器就像一个人，只知道周围相邻路由器的位置和到达目的地的方法。为了更快地找到目的地，我们需要向周围的人询问信息。RIP 就像是在网络中进行的信息交流，它的主要功能是让路由器之间交换路由信息，以便更新路由表和寻找更短的路径。

具体来说，RIP 是一种基于距离向量的路由协议，它会向周围的路由器广播自己知道的网络信息，告诉其他路由器可以经过哪个接口到达其他网络或主机。当路由器收到其他路由器发送的距离信息时，该路由器会按照一定的算法（如 Bellman-Ford 算法）计算出到达目的网络或主机的最短路径，并更新自己的路由表，在接下来的转发过程中就可以使用新的路由信息。

在 RIP 中，每个路由器会记下自己知道的网络和每个网络的跳数（到达目的网络需要经过的路由器数量）。当路由器发送路由信息时，其会使用广播方式向周围的路由器发送，包含自己的 ID、网络地址和跳数等信息。如果其他路由器收到的信息比自己的信息优，就会使用新的路由信息进行更新。

OSPF 是一种链路状态路由协议，与 RIP 不同，它不是通过跳数来决定最短路径，而是通过测量网络中每个路由器的链路状态和成本，根据成本最少的路径来决定数据包的路由。如果把网络比作旅游地图，那么 OSPF 可以看作是一个智能"导航员"。它会使用自己本地的地图（即路由器拓扑），检查每个地点之间的距离和花费的时间，并计算最短路径，指导数据到达目的地。

具体来说，RIP 将网络抽象成一个由多个"路由区域"组成的层次结构。在同一个区域的路由器之间可以直接通信，不同区域之间的通信则需要经过"A 口"和"D 口"这些"区域间路由器"才能完成。而 OSPF 则是将整个网络看成一张拓扑图，每个节点（类似于一个路由器）都会向同一张地图上的其他节点广播节点"连通性状态"和"开销成本"，通过收集和计算这些信息，找到最短路径并进行数据传输，以实现路由转发的过程。

OSPF 通过管理比 RIP 更精细的网络拓扑信息，可支持更复杂的网络结构和更高的网络可靠性。例如在 OSPF 协议中，路由器可以拥有多个接口，它们可以连接到两个或多个区域，以实现更高效的路由表配置和网络连接。

为进一步说明交换、路由、网关的作用，举例进行对比说明。

使用交换机实现车间内多个局域网之间的连接是一种局内网通信方式，主要是为了增强内部网络的通信效率和资源共享，针对内部网络的通信问题。单网段局域网是不需要进行路由的，而如果是多网段局域网，则需要使用交换机的路由功能或专门的路由器。而网关通常是具有防火墙、路由和数据包过滤等功能的设备，它可以将外部数据传输到内部局域网中，并对内部网络进行访问控制和安全管理，保障网络的安全性。路由器则是一种跨网段通信方式，主要用于连接两个不同的网络或者内部网络和外部网络。

例如在子网之间进行通信。

车间子网 192.168.1.0 ~ 192.168.1.63 与车间子网 192.168.1.64 ~ 192.168.1.127 之间的通信是在同一局域网内的，可以通过交换机实现子网之间的通信，只需要在交换机上配置相应的路由即可。此时，交换机将会在收到数据包时，判断数据包的目的地址，并根据相应的路由将数据包转发到目标子网。

如果车间子网 192.168.1.0 ~ 192.168.1.63 与办公室子网 172.16.0.1 ~ 172.16.0.254 之间的通信不在同一局域网中，则需要使用路由器实现子网之间的通信。在路由器中需要配置路由规则，使子网 192.168.1.0/26 和子网 172.16.0.0/24 之间相互通信。三层交换机（Layer 3 Switch）在功能上既类似于路由器，又具备交换机的快速数据转发能力，可以实现局域网和互联网的连接，可以作为局域网的网关使用。这时，当某个子网（如192.168.1.63）的计算机要访问另一个子网（如 172.16.0.64）内的计算机时，数据包首先发送到本子网中的网关（由连接子网所属局域网的路由器或三层交换机实现），网关进行 IP 地址转换和数据包转发，实现不同子网间的相互通信。

### ▶▶ 6.2.3 虚拟局域网

虚拟局域网（VLAN）是建立在局域网交换机或 ATM 交换机的基础上的，是 OSI 第二层技术，以软件方式来实现逻辑工作组的划分与管理，逻辑工作组的节点组成不受物理位置的限制，如图 6-8 所示。

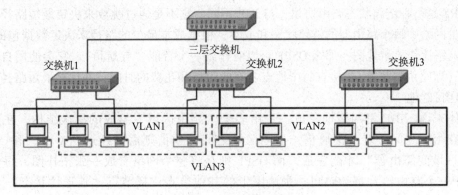

图 6-8　VLAN 示意图

每个 VLAN 等效于一个广播域，广播信息仅发送到同一个 VLAN 的所有端口，虚拟网之间可隔离广播信息，VLAN 之间互不干扰，可运行各自的网络协议。与使用路由器分割一个网段（子网）一样，虚拟网也是一个独立的逻辑网络，这样可以减少网络的带宽。每个 VLAN 都有唯一的子网号，如需要互联，则可以通过路由器、服务器等实现资源共享。

VLAN 在交换机上的实现方法，可以大致划分为 6 类。

（1）基于端口划分 VLAN。这是最常应用的一种 VLAN 划分方法，应用也最广泛、最有效，目前绝大多数 VLAN 协议的交换机都提供这种 VLAN 配置方法。这种划分方法的优点是定义 VLAN 成员时非常简单，只要将所有的端口都定义为相应的 VLAN 组即可，适合任何大小的网络。它的缺点是如果某用户离开了原来的端口，到了一个新的交换机的某个端口，必须重新定义该用户新端口所在的 VLAN。

（2）基于 MAC 地址划分 VLAN。这种划分 VLAN 的方法是根据每个主机的 MAC 地址。这种方式的 VLAN 允许网络用户从一个物理位置移动到另一个物理位置时，自动保留其所属 VLAN 的成员身份。这种方法的缺点是初始化时，所有的用户都必须进行配置。

（3）基于网络层协议划分 VLAN。VLAN 按网络层协议来划分，可分为 IP、IPX、DEC-net、AppleTalk、Banyan 等 VLAN 网络。这种按网络层协议组成的 VLAN，可使广播域跨越多个 VLAN 交换机。这种方法的优点是用户的物理位置改变了，不需要重新配置所属的 VLAN，而且可以根据协议类型来划分 VLAN。

其余还有基于 IP 组播划分 VLAN，基于策略划分 VLAN，基于用户定义、非用户授权划分 VLAN 的方法。

通常建立 VLAN 时需要建立 VLAN Trunk，即 VLAN 干道。它是一种连接不同交换机之间的逻辑连接，用于在不同交换机之间传递多个 VLAN 的数据，实现 VLAN 的互联和互通。

VLAN Trunk 可以用来连接两个或多个交换机，也可以用来连接交换机和路由器，以实现跨 VLAN 数据传输。VLAN Trunk 一般使用 IEEE 802.1q 协议实现。它将属于不同 VLAN 的数据包通过在数据包中添加 VLAN 标记来进行区分，从而实现在同一链路上传输不同 VLAN 的数据。

上述标记通常被称为"Tag"，或者也被称为"VLAN 标记（VLAN Tag）"，一般用于在 VLAN 传输中对数据进行标识，以区分不同的 VLAN。具体来说，标记是添加到数据帧头部中的四个字节的字段，并包含 VLAN ID、优先级信息，以及一些控制信息，用于标识属于哪个 VLAN，并支持 VLAN 的实施。

## 6.2.4　无线局域网

无线局域网（WLAN）利用电磁波在空气中的传输来发送和接收数据，无线局域网是计算机网络与无线通信技术相结合的产物。它利用射频（Radio Frequency）技术，取代旧式通信电缆或光缆构成局域网络，提供传统有线局域网的所有功能。与原有的有线网络相比，虽然它的传输速率比较低，但 WLAN 的数据传输速率现在可达到 54 Mbps（如 802.11），传输距离可达 20 km 以上；802.11n 可达到 300 Mbps，在使用专业天线的情况下，传输距离可达到十几千米。同时，WLAN 还具有移动性强、安装简单、费用低、高可靠性、组网简单性、扩充性好等优点。在车间中，WLAN 适用于移动设备的接入，例如 AGV、平板电脑、扫描设备等。WLAN 的部署方式可分为独立的 WLAN 与非独立的 WLAN 两种。

（1）独立的 WLAN。整个网络都使用无线通信来实现独立的 WLAN。在这种方式下，可以使用访问点（Access Point, AP），也可以不使用 AP。需要指出的是，在不使用 AP 时，各个用户之间通过无线直接互联；但缺点是各用户之间的通信距离较近，且当用户数量较多时，性能较差。

（2）非独立的 WLAN。在大多数情况下，车间无线通信是作为有线通信的一种补充和扩展，这种情况称为非独立的 WLAN。在这种配置下，多个 AP 通过线缆连接在有线网络上，以使无线接入的设备能够被有线接入的设备访问，如图 6-9 所示。每个小单元称为基本服务集（Basic Service Set, BSS），这个基本服务集能覆盖的范围称为基本服务区（Basic Service Area, BSA）。在一个基本服务集内的站点可直接进行通信，但如果和该集以外的站点通信，就必须通过访问点接入一个分布式系统（Distribution System, DS），再由该分布式系统接入其他服务集中。

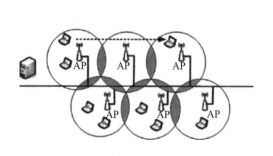
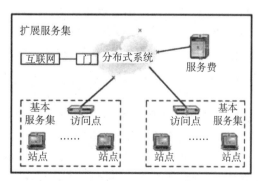

**图 6-9　非独立 WLAN**

## 6.2.5 车间网络部署案例

图 6-10 所示的钢构数字化车间网络拓扑结构，面向钢结构建筑工程提供钢结构预制件。车间分为数控加工区、组装线（切割与焊接两段）、半成品立体仓库与成品立体仓库等部分。数控加工设备生产部分零件，由 AGV（自导引小车）运送到半成品立体仓库缓存，焊接组装线生产时由 AGV 将零件从半成品立体仓库运送到组装线边，由搬运机器人与焊接机器人协同完成焊接工作。AGV 在线末把加工成品搬运到成品立体仓库。

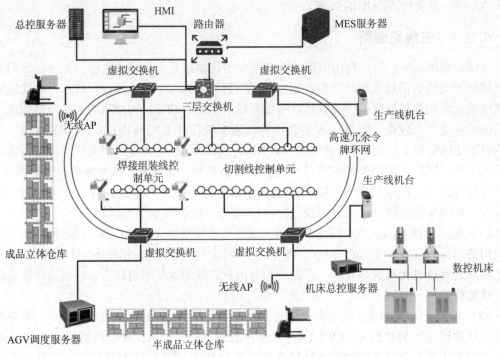

图 6-10 钢构数字化车间网络拓扑结构

由于车间占地面积较大，考虑部署高速冗余令牌环网作为车间骨干网络。高速冗余令牌环网通常简称为 HSTR。它是一种计算机网络拓扑结构，是一个包含多个节点的环形网络，节点之间通过计算机所发出的令牌进行通信。HSTR 被广泛应用于数据中心、工厂自动化等场合，因其高可靠性、高带宽和低延迟的特点，它非常适合大规模的网络环境。

HSTR 的主要特点是具有冗余环结构，每个节点都可以通过两个不同的路径连接到网络的其他节点上。这种冗余设计可以解决大型网络中单节点故障问题，保证网络的高可靠性，因为节点的失效不会影响整个网络的正常工作。

除了冗余设计，HSTR 还采用了令牌技术来进行数据的传输，每个节点只有获得令牌时才能发送数据。这种令牌传输机制可以避免网络的拥塞，提高数据传输的效率。同时，HSTR 还支持全双工通信，可以同时接收和发送数据，达到了更高的带宽。

该网络环绕两条焊接组装线，车间内部的各个节点就近接入虚拟交换机。包括切割线控制单元、焊接组装线控制单元、AGV 调度服务器、生产线机台、机床总控服务器以及与 AGV 通信的无线 AP（接入点）。

虽然这些节点就近接入了相同的虚拟交换机，但是在管理上却不属于相同网段，例如无线 AP 与焊接组装线控制单元接入相同的虚拟交换机，但它们分属 AGV 控制系统和生产线控制系统，这是采用虚拟交换机的原因。无线 AP 采用非独立 WLAN 方案，接入虚拟交换机与 AGV 调度服务器通信。

车间 HSTR 网络通过部署在车间机房的三层交换机与控制层、运作层应用通信。SCADA 层的总控服务器与 HMI 在相同网段，部署在车间机房，接入三层交换机，实现数据采集与两条生产线的工序协同控制；运营层的 MES 服务器通过路由器访问机床总控服务器与现场机台节点，下传无纸化工单与作业调度任务。机床总控服务器接收来自 MES 的无纸化工单与下传的数控程序，通过总线网络与区域内的数控加工设备通信，完成生产的现场调度与加工任务的执行。

子网划分方案如表 6-3 所示。

表 6-3　子网划分方案

| 网络：192.168.1.0/26，中转设备：虚拟交换机 | |
| --- | --- |
| 192.168.1.1~192.168.1.32 | 生产线 1：切割线控制单元、焊接组装线控制单元 |
| 192.168.1.33~192.168.1.62 | 生产线 2：切割线控制单元、焊接组装线控制单元 |
| 网络：192.168.100.0/26，中转设备：虚拟交换机 | |
| 192.168.100.1~192.168.100.62 | AGV 及 AGV 调度服务器 |
| 网络：192.168.100.64/26，中转设备：虚拟交换机 | |
| 192.168.100.64~192.168.100.127 | 机床总控服务器、生产线机台 |
| 网络：192.168.101.0/26，中转设备：三层交换机 | |
| 192.168.101.1~192.168.101.62 | 总控服务器、HMI，部署在车间机房，接入三层交换机 |
| 网络：172.16.0.0/22，中转设备：路由器 | |
| 172.16.0.1~172.16.3.254 | 运营层网络，含 MES，部署在公司机房，接入路由器 |

## 6.3　智能制造现场监控与数据采集

### 6.3.1　概述

传统的监控与数据采集（Supervisory Control and Data Acquisition, SCADA）系统是一种广泛用于监控和控制系统、过程和工厂的自动化控制系统。SCADA 系统可通过在线实时数据采集、监控、控制和报警来协调和监控大规模工程的过程和操作。SCADA 系统通常会收集来自传感器或其他装置的数据，然后发送控制信号，以改变生产或其他流程。

与 SCADA 系统相配合的另一个概念是人机界面，即 HMI（Human Machine Interface），是指人与机器相互协作、信息交互采用的技术和介质。在工业自动化控制领域中，HMI 同样是一种自动化控制系统的组成部分，其功能是为操作者提供友好的、直观的、高效的交互界面，使人与机器之间的交流变得更加便捷。一般由 SCADA 系统负责数据采集与控制，而数据可视化与人机交互控制则由 HMI 来完成。

当前智能制造应用的发展，要求智能设备与生产运营层、企业层及协作层均产生直接或间接的交互关系，云计算与边缘计算向智能制造领域渗透。传统意义上的 SCADA 系统与 HMI 必将打破原有的功能界限与形态，向着智能化、分布式和云平台化发展。

OPC UA（OPC Unified Architecture）已经成为工业自动化行业和 IT 系统对接的标准协议，同时由于设计理念的先进性和联盟的开放性和广泛性，OPC UA 已经获得越来越多和越来越广泛的应用。OPC UA 具有覆盖广泛协议框架、面向对象的数据访问、面向互联网的数据交互能力，与智能制造的数据交互需求与发展趋势相吻合，故本节以 OPC UA 为例介绍智能制造生产现场数据接口的实现。

OPC UA 是一种开放式、跨平台的工业通信协议。它的出现源自一个叫作"OPC（Object Linking and Embedding for Process Control）"的协议，最早是由 Microsoft 公司在 20 世纪 90 年代初开发的。OPC 协议最初是作为 Microsoft Windows 操作系统的一个 COM 组件（Component Object Model Component）出现的，用于在工业自动化领域进行进程控制。OPC 先后推出了一些协议，用于 SCADA 数据访问。

（1）OPC DA（Data Access）。OPC DA 定义了客户端访问 OPC 服务器数据的接口，用于实时数据交换。它基于 COM 和 DCOM 技术，支持 Windows 平台。OPC DA 是最初的 OPC 协议，发布于 1996 年。

（2）OPC HDA（Historical Data Access）。OPC HDA 定义了访问服务器历史数据的接口。它于 1998 年发布，基于 OPC DA，增加了对历史数据的读取功能。

（3）OPC A&E（Alarm & Events）。OPC A&E 定义了向客户端通报报警和事件的规范。它于 2003 年发布，独立于其他 OPC 规范。

（4）OPC XML DA（eXtensible Markup Language Data Access）。OPC XML DA 使用 XML 和 Web 服务来描述 OPC 数据。它于 2003 年发布，支持跨平台数据交换。

然而，随着时间的推移，原有的 OPC 协议在一些互操作性、性能及安全等方面已经无法满足现代化工业的需求，这促使 OPC 从一种 Microsoft 独占的技术逐渐演化为更加开放、跨平台和互操作的 OPC UA。

通常，OPC 技术用于在控制器和 SCADA 系统之间交换数据，而 OPC UA 则可以与生产运营级别的系统进行数据交互，也可以在过程控制系统的不同级别组织复杂的系统。OPC UA 的实现由两部分组成：OPC UA 客户端和 OPC UA 服务器。OPC UA 服务器软件通过现场总线由设备驱动程序轮询各种设备。OPC UA 客户端软件可内置于 SCADA 系统中，也可内置于 PLC 或嵌入式设备中，形成集群。其较低的级别是现场总线和单独的控制器，中间级别是 PLC 或嵌入式设备，较高的级别是生产运营的 ERP、MES。

这些层中的每一层都可以由 OPC 服务器提供服务，将数据提供给更高层的 OPC 客户端或相邻设备。OPC UA 的部署示意图如图 6-11 所示。

OPC UA 服务端的基本框架如图 6-12 所示。在该框架中，OPC UA 信息模型是 OPC UA 标准的核心之一，它定义了如何表示和组织物理设备、生产数据和控制信息等一系列实体的抽象模型。信息模型的核心是一组节点和符合规范的属性的定义，这些节点和属性可以被 OPC UA 客户端访问和操作，从而实现对物理设备和生产过程的监控、管理和控制。

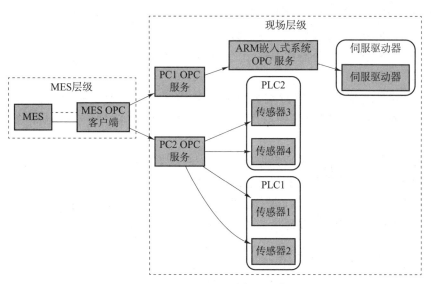

**图6-11　OPC UA 的部署示意图**

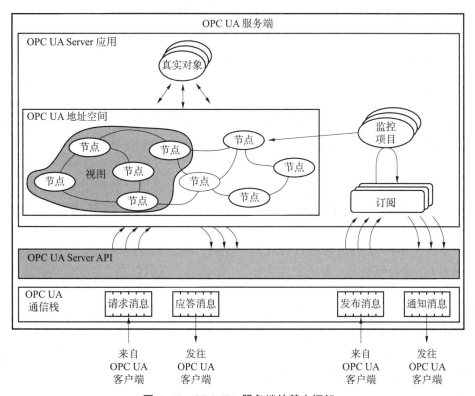

**图6-12　OPC UA 服务端的基本框架**

在 OPC UA 中，信息模型以地址空间的形式存在，即所有的对象、变量、方法等节点被组织在一起，以提供客户端与服务器交互的方式。每个节点都有一个唯一的名字空间索引（Namespace Index）和一个相对于该名字空间（Namespace）的节点 ID，用于唯一标识该节点。信息模型所定义的节点和属性不仅包括基本数据类型，还包括各种设备、数据、设定和控制元素等的结构和语义定义。这种抽象表示方式不仅方便客户端对 OPC UA 服务器进行访问和操作，而且使 OPC UA 设备和应用可以实现更高层次的集成和互操作。

在 OPC UA 协议中，服务器和客户端之间的数据交换遵循了一定的规律和协议。其主要方式包括以下三种。

（1）读取和写入变量值：客户端可以向服务器请求读取变量的值，这时服务器会返回变量的值。客户端也可以向服务器请求写入变量的值，这时服务器会将变量的值进行更新。

（2）订阅和发布：客户端可以向服务器发送一个订阅请求，服务器会对变量进行监视，并在变量值发生变化时向客户端发布变量的新值。

（3）调用方法：客户端可以向服务器发送一个方法调用请求，服务器如果支持该请求会执行相应的操作，例如改变设备状态或产生一个特定的事件。

## 6.3.2　OPC UA 信息模型

OPC UA 信息模型是 OPC UA 协议中最重要、最基本的组成部分，它描述了所有设备、服务、组织和应用程序在 OPC UA 中的关系和表示方式。OPC UA 信息模型的目的是提供一个通用、一致、可扩展的机制，以用于物理设备、生产数据、控制信息等所有数据的交换和管理。

节点（Node）是 OPC UA 信息模型中最基本的元素，其具有唯一标识符（NodeId）、类型（Node Class）、名称（Browse Name 和 Display Name）。节点包括以下几种。

（1）对象（Object）：表示在 OPC UA 系统中的实体，如设备、传感器、控制器等。对象由多个属性组成，比如组件子对象、属性、方法、事件、子类型以及出站和入站引用等。对象节点映射现场真实对象，这种映射关系由提供 OPC UA 服务器的设备供货商在系统中设置。

（2）变量（Variable）：表示一个对象的属性值，可以是简单数据类型、结构体或数组类型。变量可以被读取、写入和订阅，因此，在 OPC UA 信息模型中，变量经常被访问和使用。

（3）方法（Method）：表示执行对对象操作的行为，例如读取或写入数据、控制设备等。在 OPC UA 信息模型中，方法也是对象的一种属性，它们提供了对对象执行某些操作的 API（应用程序接口）。以下是一个方法的例子。

假设有一个机器（Machine）对象节点，它有一个方法节点表示"停止"（Stop）操作，属于机器对象节点的属性之一。现在有一个控制程序想要通过调用该机器对象节点的"停止"方法节点来实现停止机器的操作。该控制程序可以按照以下方式使用 OPC UA 的方法节点。

①通过 OPC UA 的客户端程序连接到机器对象节点，并获取表示"停止"操作的方法节点。

②将"停止"方法节点的输入参数设定为合适的值，例如操作历史记录和传感器反馈等，并发送至机器对象节点。

③机器对象节点接收到客户端程序的请求，并执行在其"停止"方法节点中定义的操作。

④机器执行"停止"方法节点中定义的行为后，会将结果返回给客户端程序。

值得注意的是，方法是通过对节点绑定回调函数来实现其在真实设备上的执行。以西门子的 PLC 为例,用户可以通过 TIA Portal 和 Step 7 开发工具来实现在 PLC 中添加 OPC UA 服务器和节点。例如在西门子的 Step 7 开发工具中,用户可以通过添加特定类型的块（函数块、程序块等）来实现在 PLC 中添加方法,然后可以通过 PLC 编辑器中的伺服数据块（SD）来绑定回调函数。

（4）引用（Reference）：表示对象之间的关系,可以用于描述继承关系、组合关系和其他复合关系。在 OPC UA 信息模型中,对象之间的引用可以是出站的、入站的。每个引用都有一个引用类型（Reference Type）,用于描述对象之间的关系类型。引用类型包括以下几种。

①Organizes（组织）：表示一个节点是另一个节点的父节点。该引用类型用于描述节点组成的分层结构。

②Has Component（有组成项）：表示一个节点由多个组成部分组成。该引用类型用于描述节点的组成结构,例如对象节点包含多个变量节点的情况。

③Has Property（有属性）：表示一个节点具有附加的属性。例如节点的名称、描述等都可以作为属性进行描述。

④Has Notifier（有通知器）：表示一个节点可以发布通知给另一个节点,该引用类型用于描述订阅、发布和通知机制。

⑤Has Subtype（有子类型）：表示一个节点派生于另一个节点。该引用类型用于描述面向对象编程中对象的继承关系。

⑥Has Type Definition（有类型定义）：表示一个节点是另一个节点的类型定义。该引用类型用于描述工程结构,例如一个变量节点的类型是一个数据类型节点。

⑦References（引用）：表示一个节点引用了另一个节点。该引用类型包括其他所有引用类型,是最通用的引用类型,用于描述任何类型的引用关系。

⑧Has Encoding（有编码）：表示一个节点的数据值的编码方式。该引用类型用于描述数据值在传输和存储中的编码方式。

⑨Has Description（有描述）：表示一个节点的描述。该引用类型用于描述节点的说明信息。

⑩Has Sub-State Machine（有子状态机）：表示一个节点定义了状态机。该引用类型用于描述状态机之间的关系。

例如有两个对象节点表示机器和操作员,操作员节点有一个属性"操作名"（Browse Name）,机器节点有一个变量节点表示"速度"（Speed）。使用"Has Property"引用,可以将"操作名"属性关联到操作员节点上,将"速度"变量关联到机器节点上,表示它们都是各自节点的属性。

另外,例如有两个对象节点表示传感器和控制器,传感器节点发布一个通知（Notification）表示溢出,控制器接收通知并精确控制水平。使用"Has Notifier"引用,可以将传感器节点连接到控制器节点,实现传感器节点通知控制器节点的机制,从而及时控制水平。

（5）数据类型（Data Type）：描述 OPC UA 系统中的值类型,例如 Integer、Boolean、Float 等。数据类型可以被定义为自定义类型,也可以从标准数据类型派生出来。

（6）对象类型（Object Type）：表示一个对象的定义方式,包括类型本身的属性和方法,以及一组子对象和属性。在 OPC UA 信息模型中,用户可以定义自己的对象类型,并继承已有的对象类型。

### 6.3.3 OPC UA 信息模型建模

以一个简单的数控机床为例，在一个 OPC UA 服务器上建模。表 6-4 所示模型是一个 OPC UA 数控机床信息模型，包括主轴、进给、刀具等节点的类型和属性定义。

表 6-4　OPC UA 数控机床信息模型

| 数控机床节点（CNC_Machine） | | 主轴节点（Spindle） | |
| --- | --- | --- | --- |
| spindle | 主轴节点 | spindle_speed | 主轴转速 类型－Variable，数据类型－Double |
| feed | 进给节点 | spindle_load | 主轴负载 类型－Variable，数据类型－Double |
| tool | 刀具节点 | spindle_temperature | 主轴温度 类型－Variable，数据类型－Double |
| program | 程序节点 | 进给节点（Feed） | |
| operation | 操作节点 | feed_speed | 进给速度 类型－Variable，数据类型－Double |
| 程序节点（Program） | | 刀具节点（Tool） | |
| program_code | 程序编号 类型－Variable，数据类型－String | tool_id | 刀具编号 类型－Variable，数据类型－Int32 |
| 操作节点（Operation） | | tool_offset_x | x 轴补偿 类型－Variable，数据类型－Double |
| start | 开机操作 类型－Method | tool_offset_y | y 轴补偿 类型－Variable，数据类型－Double |
| stop | 停机操作 类型－Method | tool_offset_z | z 轴补偿 类型－Variable，数据类型－Double |
| reset | 复位操作 类型－Method | tool_status | 工具状态 类型－Variable，数据类型－Int32 |

下面以 Free OPC UA Modeler 为工具说明上述信息模型的建模。为安装 Free OPC UA Modeler，需要安装 Python3。Python3 安装后，在 Linux 操作系统终端或 Windows 操作系统的命令行窗口中键入 "pip install opcua-modeler"，即可安装该软件，该软件可供学习 OPC UA 信息模型建模使用。

以表 6-4 中基本节点类型为变量与操作，它们被上层节点所引用，故首先建立这些节点。

如图6-13所示，在一个地址空间中添加节点时，如果不指定NodeId，一般的OPC UA软件会自行分配，其格式为"ns=x；i=xxxx"，其中ns是本地址空间中的某个命名空间在其命名空间列表中的序号。通常命名空间由OPC UA软件商自行定义，也可添加自定义列表。

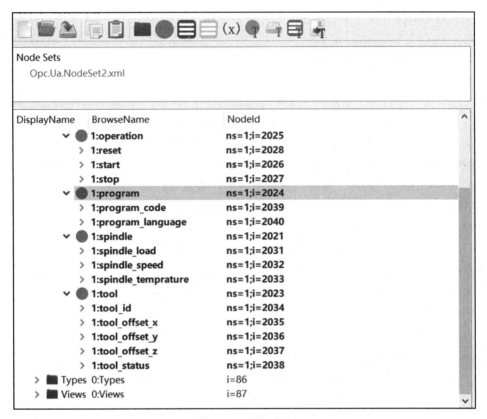

图6-13　添加节点

需要注意的是，如果是设备供应商（如PLC供应商）提供的OPC UA相关软件工具，节点的定义一般由软件自动与设备变量或端口进行映射。

### 6.3.4　OPC UA服务器

OPC UA server API是一组程序接口，用于实现OPC UA服务器的各种操作，比如创建节点、读写节点属性值、订阅发布数据等。OPC UA server API通常由各个OPC UA服务器厂商提供，也可以使用各种开放源代码的OPC UA库，如"Open62541"和"Free OPC UA"等。

具体来说，OPC UA server API通常包括以下几个主要部分。

**1. 服务模型**

服务模型定义了OPC UA服务的具体实现方式，包括各个服务的名称、标识符、参数、返回值等。在OPC UA server API中，通常会包括各个服务的C或C++实现，同时提供相应的函数库，方便用户在自己的程序中调用这些服务。

**2. 节点模型**

节点模型描述了OPC UA节点的结构和属性，包括节点类型、节点标识符、节点名称、节点描述、节点属性等。在 OPC UA server API 中，通常会提供各种节点类型的定义，以及节点属性读写的接口函数，方便用户在自己的程序中创建、读写节点。

### 3. 数据订阅

数据订阅是 OPC UA 重要的机制，它允许客户端订阅和接收服务端发布的数据变化、事件通知等。在 OPC UA server API 中，通常会提供一系列数据订阅相关的接口函数，包括创建订阅对象、添加订阅项、设置回调函数等。用户可以利用这些接口函数，快速搭建自己的 OPC UA 数据订阅机制。

客户端订阅一个或多个节点后，服务端会以一个指定的时间间隔为客户端发送关于这些节点的变化消息。使用数据订阅可以大幅减少客户端的工作量，并提高数据的实时性和准确性。订阅时，客户端创建一个 Subscription 对象，并设置相关的参数，例如发布间隔、故障重试次数等，然后将 Subscription 对象注册到服务端，服务端会为这个 Subscription 对象分配一个 Subscription ID。订阅后，服务端会定期向客户端发布订阅节点的变化信息，包括变化的值、数据类型、时间戳等信息。如果订阅中的某些节点的值没有变化，则服务端不会发送更新消息。

客户端服务器之间如果采用直接请求与应答，则在持续监控期间需要客户端定时轮询服务器节点数据。采集设备数据时，采用订阅方式的优点在于：客户端不必陷入定时轮询的阻塞式通信循环中，减少通信负担；服务器不发布没有变化的数据，减少了客户查询的时间与不必要的通信。

### 4. 安全性

OPC UA 是一种安全性较高的工业标准，其中包括各种安全连接机制、加密算法、数字签名等。在 OPC UA server API 中，通常会提供一系列与安全相关的接口函数，包括创建安全连接、设置安全策略等。用户可以利用这些接口函数，保证 OPC UA 的安全性和可靠性。

### 5. 其他功能

除了以上主要功能，OPC UA server API 还可以提供各种其他的扩展功能，如历史数据记录、诊断和调试工具、数据模型验证等。用户可以根据需要选择合适的 OPC UA server API，实现自己的 OPC UA 服务器。

在 OPC UA 服务器中，View 是一种抽象概念，表示在某个特定的数据集合（如一个节点的所有属性和方法）中选择一部分属性和方法，形成一个新的数据集合。视图的应用可以在不改变原始数据的情况下，改善系统的性能和效率。

例如，OPC UA 服务器可以提供节点的聚合视图，给客户端提供更加丰富的数据分析功能。这实际上是一种边缘计算的实现，把数据汇总统计的功能交由运行 OPC UA 服务器分担。假设有一个温度传感器，可以每秒采集一次温度数据，并将其存储为历史数据。可以使用以下的 "NodeIds" 来获取温度数据：

ns = 2；i = 1001      //获取当前值

ns = 2；i = 1002      //获取历史数据

现在，我们希望获取这个传感器在最近 5 min 内的最大温度、最小温度、平均温度和总温度。可以在信息模型中创建以下的四个聚合节点：

ns = 2；i = 2001      // AggregateFunction：Maximum

ns = 2；i = 2002     // AggregateFunction：Minimum

ns = 2；i = 2003     // AggregateFunction：Average

ns = 2；i = 2004     // AggregateFunction：Total

然后，可以在客户端编程中使用 AggregateFilter 对象来指定聚合的时间周期为最近 5 min，并将聚合的对象节点设置为温度传感器的历史数据节点。

## 6.3.5　OPC UA 客户端

OPC UA 客户端是指作为客户端的应用程序或工具，使用 OPC UA 协议与服务器通信，获取数据或控制远程节点的状态。客户端可以读取远程节点的实时数据、历史数据或事件数据，并且可以订阅节点数据的变化以及事件的发生。OPC UA 客户端可以在 PC、嵌入式设备和工控终端等运行，并且可通过多种编程语言实现。

具体来说，OPC UA 客户端可以执行以下操作。

（1）与 OPC UA 服务器建立连接。客户端需要根据服务器的 IP 地址和端口号建立安全连接，获得访问权限。

（2）浏览 OPC UA 服务器中的节点。客户端可以获取和浏览 OPC UA 服务器中的节点，并按树形结构组织节点。客户端可以使用 Tree Node 对象获取每个节点的属性、方法、历史数据等，并可以修改节点的属性值。如图 6-14 所示的客户端，用户读取服务器的节点信息后，可选择感兴趣的节点进行读取或写入，并与部署在云平台的消息队列进行对接，把采集的数据发送到云平台消息队列，或从消息队列获取控制命令并写入 OPC UA 服务器，通过服务器转发到真实设备上。

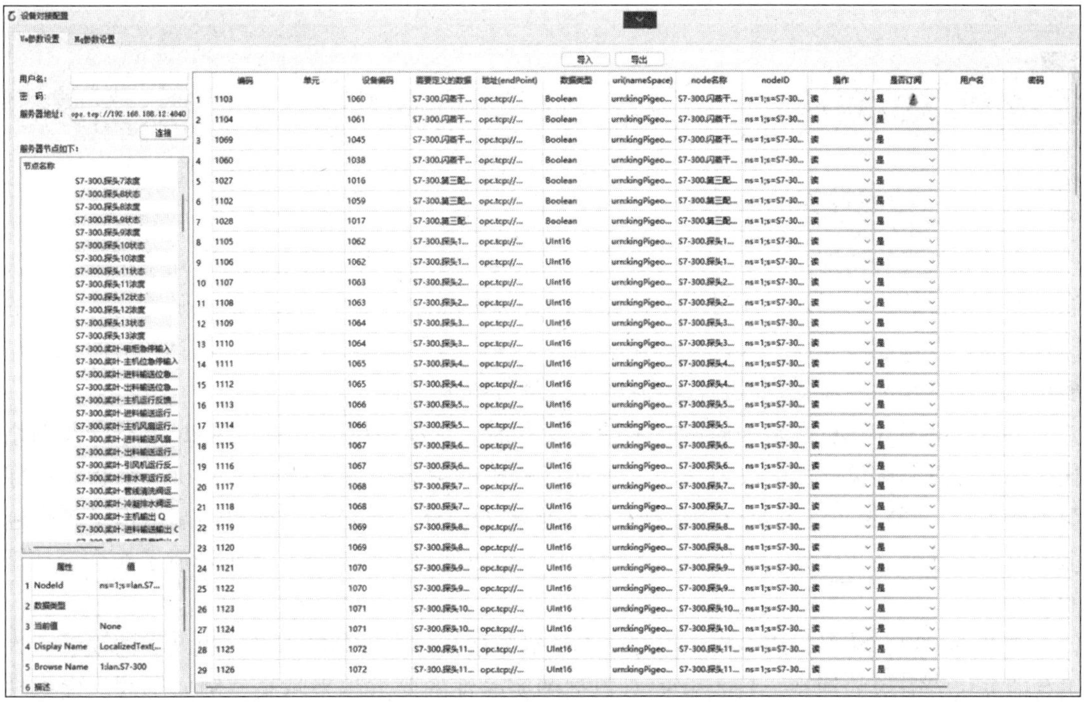

图 6-14　客户端读取服务器节点信息

（3）读取节点中的数据。客户端可以获取数据节点的值、数据类型、时间戳等信息，如图 6-15 所示。

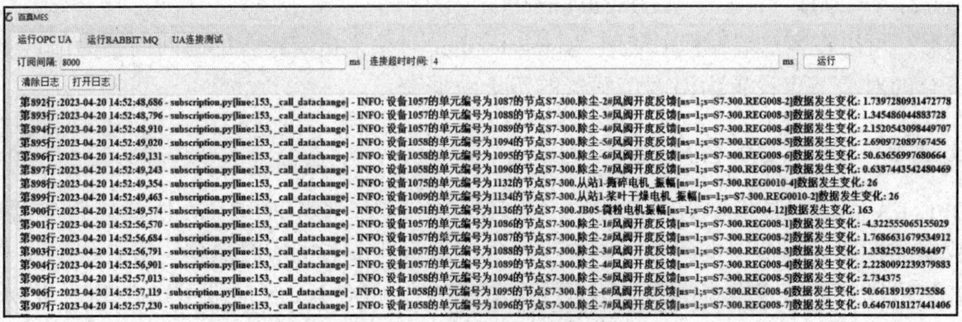

图 6-15　客户端读取数据

（4）写入节点中的数据。客户端可以使用 NodeId 对象设置数据节点的值，也可以使用 WriteValueId 对象写入多个节点的值。

（5）监控节点的变化。客户端可以使用订阅机制在客户端上注册节点的变化，以便在节点发生变化时立即收到通知。

（6）订阅节点的历史数据。客户端可以订阅节点的历史数据，以获取节点的历史值和其他相关信息。

OPC UA 有多种编程语言支持的 API，包括 C#、C++、Java、Python 等，使用者可在 SCADA、HMI、MES 等系统中开发面向 OPC UA 的数据采集与控制功能。

# 6.4　边缘计算

## 6.4.1　边缘计算的概念

在计算机发展初期，由于高昂的成本，计算机主要用于大型科学试验，几乎不存在现代意义的个人计算机。因此，此时大型计算机的计算资源是由多用户共享的。随着集成电路的出现，用户逐渐能够通过个人计算机来满足各类计算和数据存储的需求，计算的形态也从以多用户分时共享为主流变为以独占资源的个人计算机为主流。

当今，随着计算机网络和通信技术的不断发展，智能手机、交互式 Web 服务以及网络化大规模计算基础设施的建设与完善，普通计算机的形态变得多样化（手机、平板、可穿戴设备等），计算机再也不仅仅是数据存储和运算的载体，而是作为客户终端承担了越来越多的信息传输和交互任务。越来越多的计算业务得以通过网络实现，逐步形成了如今云计算的形态。

更进一步地，随着智能手机、可穿戴设备等智能化计算设备的普及，以及高清视频、人工智能算法等需求的涌现，各类业务对数据和实时性的要求越来越高，例如游戏、虚拟现实、视频传输与实时处理等。一方面，本地计算会出现能力不足或电量消耗过快的问题；另一方面，若采用云计算架构，则无法达到业务的延迟要求。不仅如此，当应用规模扩大时，云计算架构中网络带宽将会成为瓶颈，难以支撑来自海量前端设备的大规模实时计算和数据请求。

与此同时，随着5G/6G、Wi-Fi 6等通信技术和标准的快速发展，用户端到网络接入端的直接延迟可以降到个位数毫秒级，而接入端到云计算中心的传输过程已经占据了绝大部分的延迟。因此，计算资源从云中心下降到靠近用户的网络边缘设备（如移动无线基站、家用路由等），则成为实现大规模实时计算的必然要求。这样不仅彻底避免了广域网中的数据传输延迟，也提升了数据的隐私安全级别、访问效率及服务部署和管理的灵活性。

简单来说，边缘计算是一种将服务和计算资源放置于靠近终端用户的网络边缘设备中的计算模式。与传统的云计算数据中心相比，边缘计算中直接为用户提供服务的计算实体距离用户很近，通常只有一跳的距离，即直接相连。这些计算服务设备被称为网络的"边缘设备"，如通信基站、WLAN网络、网关等。对于不同的场景，如校园、工业园区、城市街区或家庭住宅，不同类型的设备都可以作为边缘设备为其提供边缘计算服务。边缘计算网络如图6-16所示。

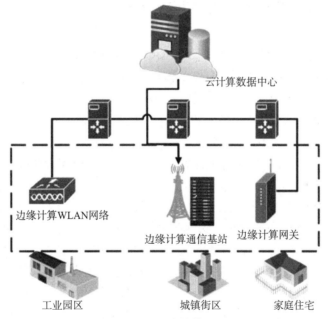

图6-16　边缘计算网络

从计算模式角度看，边缘计算是一种将计算资源靠近用户并且与用户协同的计算模式，边缘计算的核心目标是实现"泛在算力"，即将计算能力放在用户身边，使计算能力无处不在，具有更高的灵活性和实时性。在这个模式下，边缘设备可以是各种类型的设备，包括移动设备、传感器、路由器等，用户可以在任何时间、任何地点获得所需的计算资源。同时，为了保证计算效率，边缘计算与前端设备之间需要建立相对稳定、低延迟的通信连接，以保证计算过程顺畅高效。

## 6.4.2　边缘计算体系架构

边缘计算的"边缘"是指网络边缘，它是一个相对的概念，通常是指网络中最外围的设备，如移动基站和家用路由器。但是随着新的网络技术的出现，边缘计算的概念和应用需求也得到了改变。边缘设备分为两类：主干网边缘设备和泛在边缘设备。

主干网边缘设备是指那些连接到主干网络之间的边缘设备。主干网络通常是由高带宽、高速度和高可靠性的网络组成，支持大流量数据的传输和处理。主干网边缘设备通常是网络中最外围的设备，如移动基站、中继器、路由器等，它们可以处理大量的数据，并将其传输到主干网络中。在边缘计算中，主干网边缘设备可以充当边缘计算的"门户"，将运算、存储和处理的任务分配给下层的设备，并收集从下层设备上传的数据，再将其发送到主干网络进行处理和分析。主干网边缘设备的设计需要考虑高速数据传输和处理的能力，同时还需要考虑安全性和可靠性等方面的要求。

泛在边缘设备则是指那些广泛存在于各种场景中但不连接到主干网络的边缘设备，如传感器、智能家居设备、汽车等。这些设备通常要求低功耗、小体积和低成本。在边缘计算中，泛在边缘设备主要用于采集数据、完成基础计算任务，并将数据上传到更高层次的设备进行处理和分析。泛在边缘设备的设计需要考虑低功耗、小体积和低成本，同时还需要考虑数据传输和处理的能力以及安全性和可靠性等方面的要求。下面介绍目前国内商用化边缘计算架构形式。

1. 多接入边缘计算（Multi-Access Edge Computing，MEC）

多接入边缘计算，原名移动边缘计算（Mobile Edge Computing，MEC），这个概念最早出现于 2013 年。2013 年，IBM 与诺基亚网络共同推出了全球第一款移动边缘计算平台，可在基站侧提供富媒体服务。2014 年，欧洲电信标准协会（European Telecommunications Standards Institute，ETSI）成立 MEC 规范工作组，正式宣布推动 MEC 的标准化。

2016 年，ETSI 把 MEC 的接入方式从蜂窝网络扩展到 WLAN 等其他接入方式，即把移动边缘计算的概念，扩展为多接入边缘计算。

MEC 是将计算和存储资源放在接近用户的边缘节点上，通过与多种前端设备相连的一种边缘计算技术。在 MEC 的架构中，边缘计算节点可以是网络运营商的移动基站、Wi-Fi 接入点、云边缘服务器等。由于高频谱问题，新型的高速率通信技术（如 5G）的覆盖范围通常有限。在这样的背景下，需要部署超密集网络，通过密集部署边缘服务器来达到边缘服务更加靠近边缘用户的目的。因此，每个前端设备可以接入多个边缘服务器。这些设备在物理位置上靠近用户设备，可以直接与用户设备进行通信，从而可以在低延迟的情况下提供计算资源和服务，同时可以支持多种不同的前端设备与多个边缘服务器之间的协作和交互，实现更高效的边缘计算服务。

图 6-17 中 5G MEC 架构由两层节点构成，第一层节点是部署于多个地点的企业机房的综合接入局，直接与 5G 基站连接，移动设备或不便布线的场所可通过 5G 空口接入节点，固定设备可由光纤宽带或专网接入节点，设备到第一层节点传输与处理的时延为 2~5 ms。如图 6-18 所示，综合接入局主要包括以下组成部分：

（1）UPF：5G 核心网用户面，负责数据分流；

（2）MEP：MEC 管理模块，负责流量控制、业务分发；

（3）VAS：提供 AI、视频等应用增值服务；

（4）ME-APP：客户本地应用部署在 MEC；

（5）IaaS（基础设施即服务）；

（6）通用硬件：服务器、交换机、防火墙。

图 6-17 5G MEC 架构

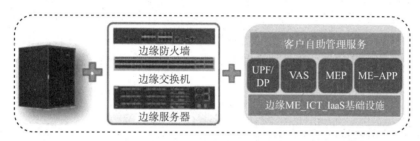

图 6-18 综合接入局组成

IaaS 是基础设施即服务（Infrastructure as a Service）的缩写，IaaS 提供基础的计算设施，如计算、存储、网络和安全等方面的资源，以便用户可以构建自己的应用程序和服务。使用 IaaS 的用户可以通过云服务提供商的管理控制台或 API 来创建、启动、停止和管理自己的虚拟机、存储和网络等基础设施资源，以满足自己的工作负载需求。

边缘 APP 是可部署的本地应用，在智能制造中，边缘 APP 可以将传感器数据进行实时采集和分析，识别出故障和异常，以及通过智能算法实现数据预处理和快速响应，从而减少生产线停机时间和成本。具体来说，边缘 APP 可以将设备和传感器数据上传至设备网关，并对这些数据进行处理和分析，然后将结果传递到云端或本地，用于监测、控制和优化。

例如，一个针对制造工厂的边缘 APP，可以通过采集设备的数据、计算机视觉识别、机器学习等手段，实现远程监测、检测和诊断等功能。通过将设备和系统上的传感器连接到边缘节点上，并且在边缘上部署应用来进行数据处理和分析，边缘 APP 可以帮助生产线获得更好、更有意义的数据，并利用这些数据来识别异常、进行预测分析、优化生产过程等。

第二层节点是大型汇聚局，一般部署于城域网中。该层连接分布在区域各地的综合接入局，运行 MEPM（ME Platform Manager，移动边缘平台管理器），负责 MEP 的基本运维、ME 服务器的配置，以及 ME-APP 的生命周期管理、应用规则和需求管理等功能。其中，ME-APP 的应用规则和需求管理包括授权认证、分流规则、DNS（域名系统）规则和冲突协调等。大型汇聚局的作用是管理区域内的 MEC 传输，分担部分 5G 核心网的网络设备功能，并管理算力下沉事务，将算力卸载到目标位置的综合接入局。

### 2. AIoT 架构

在物联网领域，边缘计算可以提供更强大的计算和通信能力，使物联网设备能够处理更复杂的业务需求。边缘计算的发展也促进了 AIoT 的产生。AIoT 即物联网与人工智能的结合，利用边缘计算技术提供强大的计算和存储资源，以便处理更高效、可靠的智能服务和数据交互。在 AIoT 架构中，物联网设备适配层通过边缘设备和云中心之间的通信和协作，实现智能计算和 AIoT 服务的高效部署。

相对于一般的边缘计算架构，AIoT 架构更注重规范化物联网前端设备管理、服务管理和基础人工智能产品及加速技术。许多云计算服务提供商也推出了不同的 AIoT 产品和技术，例如腾讯 IoT EIDP（见图 6-19）、阿里 AliOS Things、小米 AIoT、用友 YonBIP 等。这些架构不仅对物联网前端设备的计算和产品形态产生影响，还有望推动一个新兴的产业——边缘计算模型的开发和交易。开发者和研究人员可以研发各种边缘服务，以满足不同前端应用的需求，并能够高效地运行在各种厂商的边缘服务器（边缘网关）终端上。因此，AIoT 架构有望推动边缘计算模型的进一步发展和普及，为未来智能物联网的发展提供强大支持。

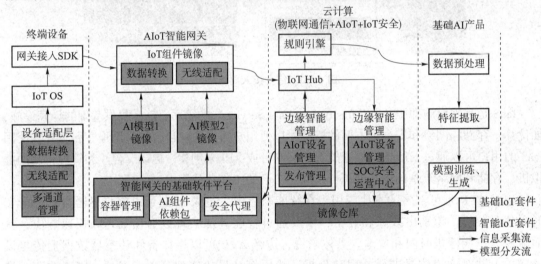

图 6-19 AIoT 整体架构示例（腾讯 IoT EIDP）

### 3. 边缘计算软件架构

图 6-20 是边缘计算一般软件系统架构，架构由基础设施层与运作在其上的平台管理层构成。

基础设施层主要分为硬件资源和虚拟层两部分，在这两部分基础上，边缘计算基础设施管理系统能够整合所有的硬件资源，形成一个稳定、通用的运行环境，使上层的边缘服务可以在这个环境中被部署、执行和管理。硬件资源指各边缘服务器上配备的计算资源、存储资源和网络资源。

因各种边缘服务对硬件的需求均不相同，因此在通用硬件上直接实现各类边缘计算服务较为困难，而采用异构硬件设备则会增加配置的复杂度和成本。由于用户需求的不确定性，基于专用硬件资源的解决方案也不一定能够满足需求的动态变化。为此，提出在边缘计算的基础设施层上对硬件资源进行抽象，构建虚拟化网络资源，其可以降低底层系统的实现成

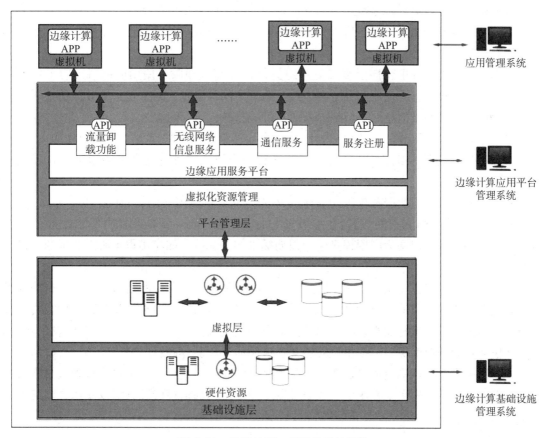

**图 6-20　边缘计算一般软件系统架构**

本，并确保各类边缘服务可以成功部署到底层物理资源上。通过解耦各类服务所需的软件和底层硬件，使边缘服务可以在灵活的环境下运行。

平台管理层建立在虚拟化资源之上，将硬件资源、平台和软件转变为 IaaS、PaaS 和 SaaS 服务。具体而言，平台管理层包含虚拟化资源管理和边缘应用服务平台，将网络中的资源分配给不同的服务，提供边缘服务的运行和管理。

SaaS 全称是 "Software as a Service"，即软件即服务。它是一种基于云计算的软件交付方式，用户通过互联网访问和使用软件，无须在本地安装和运行软件，而是可以通过互联网直接使用云端提供的软件服务。对于用户来说，SaaS 可以更加灵活、低成本地获取和使用各种软件服务，大幅降低了购买软件的门槛。对于软件服务提供商来说，SaaS 模式可以大大降低软件开发周期，提高软件应用的可维护性、可扩展性和可靠性。

PaaS 全称为 "Platform as a Service"，即平台即服务。PaaS 是一种基于云计算的服务模式，它为开发者提供一套完整的软件开发、测试、部署和运行环境，也就是所谓的 "开发平台"，并将这套环境作为一种服务提供给用户。这样，用户就可以在不必购买和维护硬件与软件基础设施的前提下，在云端使用这套完整的开发环境。PaaS 提供商通常会提供基于云计算的虚拟化技术，使开发者可以在云端创建或部署应用程序，而无须购买或配置硬件设备和操作系统等基础设施。

虚拟化资源管理负责将虚拟化后的硬件资源灵活、高效地分配给边缘场景中的各个服务用户。资源的恰当分配直接影响边缘服务器的资源利用率，这是控制边缘成本、优化用户体验的关键环节。

边缘计算应用服务平台向上直接为用户提供计算卸载和服务使用的接口，向下负责注册、管理边缘服务。边缘应用服务平台通过一系列中间件实现，通常包括服务注册模块、通信服务模块、无线网络信息服务模块以及流量卸载模块。

服务注册模块：服务注册模块整合各个边缘计算服务的相关信息，包括服务相关接口、版本信息和服务状态（可用性）等。前端应用程序可以根据计算任务的需求特点选择调用相应的服务。

通信服务模块：通信服务模块负责通过事先定义好的 API（Application Programming Interface，应用程序接口），建立运行在虚拟机上的应用程序与边缘应用服务平台之间的相互通信，以支持平台管理层为应用程序生命周期提供相关支持，如应用程序所需的资源、最大容忍延迟等。

无线网络信息服务模块：向 MEC 应用以及 MEC 平台提供无线网络信息服务，这些信息用于对现有无线网络通信进行优化。该模块能够提供小区 ID、无线信道质量、小区负荷和吞吐量等信息，在人工智能算法的支持下，可实现业务服务质量（QoS）从用户级到流级，以及到报文级的细粒度保障，提供位置感知、链路质量预测等高级网络服务。

流量卸载模块：该模块通过监测、分析无线网络和用户信息，对用户请求和数据流量进行优先级排序。该优先级主要用于边缘服务器对前端用户的信道资源分配以及边缘网络中的链路资源分配。

### 6.4.3 虚拟化技术

边缘计算广泛应用于各种场景，这就带来了多样化的边缘服务器类型和用户类型，进而产生了更加复杂多样的边缘服务。不同类型的用户在不同的场景下需要向边缘服务器卸载不同的计算任务和数据，从而带来了边缘计算服务在真实落地部署时的一些问题。首先，这些计算任务必须相互之间不可见，保持相互透明和互不干扰。其次，不同种类的边缘服务需要依赖不同的执行环境，为了保证各边缘服务可以正常运行，必须避免执行环境之间发生冲突。最后，边缘服务器的资源有限，因此，需要更加有效地管理和利用其有限资源，以使其发挥最大作用。

借助虚拟化技术能够很好地解决上述几个问题，使用户所卸载的计算任务能够在相对独立可控的环境中正常运行，同时提高边缘服务器的资源利用效率。

1. 指令架构级虚拟化

指令架构级虚拟化（Instruction Set Architecture-Level Virtualization，简称 ISA 级虚拟化）是一种虚拟化技术，旨在使多个虚拟机（Virtual Machine，VM）共享同一主机资源（如内存、CPU 等）。指令集体系结构级别的虚拟化通过完全在中间件（仿真器或虚拟机监视器）中模拟目标指令集体系结构来实现。典型的计算机由处理器、内存芯片、总线、硬盘驱动器、磁盘控制器、计时器以及多个 I/O 设备等组成。中间件尝试通过将宿主机上的客户机所发出的指令转换为一组宿主机能够执行的指令序列，然后在宿主机的物理硬件资源上执行这些指令序列。因此，虚拟机操作系统认为自己在访问自己的硬件，而实际上这些操作都在底层的处理器上进行，通过指令架构级虚拟化，可以在诸如 X86、Sparc、Alpha 等平台上创建基于 X86 的虚拟机。

指令架构级虚拟化包括 Bochs、QEMU 等经典虚拟化技术，由于这些技术基本是用来实现不同平台指令集之间的指令仿真，所以它们也经常被称为仿真器。

2. 硬件抽象级虚拟化

硬件抽象级虚拟化（Hardware Abstraction Layer-Level Virtualization，简称 HAL 级虚拟化）是一种虚拟化技术，其目的是屏蔽硬件底层细节，并为各个虚拟机提供一致的、标准的硬件抽象层。

全虚拟化（Full Virtualization）是一种虚拟化技术，它可以在硬件上创建一个虚拟机，并在虚拟机上运行完整的操作系统和应用程序。在全虚拟化中，虚拟机操作系统认为自己在访问自己的硬件，但实际上，虚拟机、操作系统和应用程序所看到的都是虚拟出来的资源。全虚拟化是一种完全的虚拟化技术，虚拟机操作系统运行在一个完整的虚拟化环境中，并可以访问虚拟化硬件。

全虚拟化需要通过虚拟机监视器（Virtual Machine Monitor，VMM）或超级控制器（Hypervisor）来管理虚拟机的资源分配。VMM 负责将虚拟机的请求转化为物理资源请求，并且控制虚拟机之间的访问，以避免冲突和竞争。虚拟机中的操作系统和应用程序请求的资源，都会被虚拟机监视器截获并转发给下层的物理资源。因此，虚拟机操作系统可以运行任何支持该架构的操作系统和应用程序，且在虚拟化环境中提供完整的操作系统服务。

如图 6-21 所示，超级控制器有两种形式，一种是类型 1 超级控制器（Type-1 Hypervisor），也称为裸机超级控制器（Bare-Metal Hypervisor），是直接运行在物理硬件上的虚拟化软件。它不需要基于操作系统来运行，而是直接管理物理服务器的硬件资源，并且在上面创建和管理多个虚拟机。

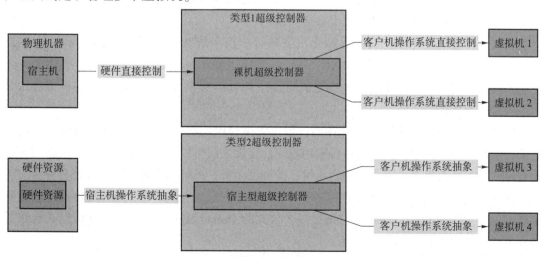

图 6-21 超级控制器的两种形式

由于运行在裸机硬件上，类型 1 超级控制器能够直接访问物理硬件，避免了操作系统层面的交互和干扰，因此其性能更好。它能够更高效地使用 CPU、内存和网络带宽等资源。

类型 1 超级控制器将多个虚拟机隔离开来，使不同虚拟机之间的应用和操作系统更加安全。由于类型 1 超级控制器能够直接访问硬件，可以更容易地对物理主机和虚拟机的性能进行监控、管理和维护。类型 1 超级控制器还支持"热插拔"，使管理员可以在不影响其他虚拟机的情况下删除或添加虚拟机。因为类型 1 超级控制器不需要操作系统的介入，所以它可以解耦操作系统和硬件，在多个不同的操作系统和硬件之间进行无缝移植。

另一种是类型 2 超级控制器（Type-2 Hypervisor），也称为宿主型超级控制器（Hosted Hypervisor），是运行在标准操作系统内的虚拟化软件。与类型 1 超级控制器不同，类型 2 超级控制器在主机操作系统上运行，并模拟硬件资源来虚拟化客户机的操作系统和应用程序访问。类型 2 超级控制器与主机操作系统共享硬件资源，并且不需要操作系统层面的修改，使它可以更容易地安装和升级。由于类型 2 超级控制器在操作系统层面运行，可以在几乎任何操作系统上运行，并且可以同时支持多个虚拟客户机操作系统，因此它可以提供更加灵活的虚拟化环境。

由于类型 2 超级控制器的上述特点，它非常适合桌面虚拟化。这一特性允许开发人员可以在不改变主机操作系统的情况下，测试不同操作系统和应用程序的交互，轻松地进行开发和测试。

### 3. 操作系统级虚拟化

操作系统级虚拟化工作在宿主机操作系统上，且宿主机操作系统内核允许多个相互隔离的用户空间实例共同存在，这些相互隔离的用户空间实例也经常被称为容器。由于这种虚拟化技术是基于宿主机操作系统，所以在支持该特性的操作系统上，才能使用这项虚拟化技术。此外，由于这项功能由宿主机操作系统内核主动提供，所以这类虚拟化技术往往很高效。对于宿主机而言，可以感知到不同的宿主机同时运行在其之上，但是从客户机角度及其用户的角度出发，这些被隔离出来的用户空间实例或容器拥有各自的文件系统、网络、相关依赖库等，和运行在真实物理机上没有什么区别。

通过操作系统级虚拟化技术虚拟化出来的客户机系统或执行环境一般也可称为容器，chroot、Linux Vserver、Open VZ、LXC、Docker 都属于操作系统级虚拟化技术。其中 Docker 生态系统非常庞大，允许开发者轻松地访问各种 Docker 容器和图像，已成为容器型虚拟技术最为流行的代表。

Docker 容器是一个独立的运行环境，包含应用程序、配置、依赖和运行时环境等所有必要的组件，可以在单个容器内运行应用程序。容器之间可以互相隔离，并且只能访问其中的有限资源，从而提高了安全性和稳定性，既方便运维，又可以快速部署、弹性扩容等。

Docker 拥有强大的命令行工具和基于 Web 的图形用户界面，可以方便地管理、构建和部署 Docker 容器和图像。Docker Hub 是一个公共的 Docker 注册表，任何人都可以在这里共享和下载已经构建好的 Docker 图像。

Docker 流行的原因在于它具有很多优点，如快速构建和部署、便于测试和开发、多平台支持、轻量级与可扩展性好等。

#### 4. 其他轻量级虚拟化技术

编程语言级虚拟化是为了在不同的操作系统中运行相同的可执行代码，达到跨平台运行的目标。虚拟机需要根据不同的目标平台将应用程序代码编译为机器指令。编程语言级虚拟化一般会先将高级语言编译转换成一种中间格式，在目标平台运行时，这种中间格式的语言会被转译为目标平台能够识别的机器指令序列，进而实现应用程序代码的跨操作系统平台执行。该类型的虚拟化技术较为经典的就是 Java 虚拟机（Java Virtual Machine，JVM）和通用语言基础架构（Common Language Infrastructure，CLI）。

库函数级虚拟化通过虚拟化操作系统的库函数接口，使用户的应用程序不需要根据操作系统类型做针对性修改，即可直接运行在其他类别的操作系统中，极大提高了应用程序的兼容性以及可移植性。典型的库函数级虚拟化技术包括 Wine 和 WSL。

## 6.4.4　计算卸载

由于传统云计算的能力有限，边缘计算应运而生。边缘计算提供了在用户附近的接入网络边缘，以满足快速交互响应所需的计算功能，提供普遍且灵活的计算服务。为了使用边缘网络提供的服务，设备需要将其承担的任务卸载到边缘服务器，并进行高效且合理的卸载决策。这已成为边缘计算领域中的主要研究方向。

MEC 中的计算卸载可以分为两种模式：基于任务的计算卸载和基于数据的计算卸载。基于任务的计算卸载是指将计算任务从终端设备转移到边缘服务器上执行，适用于任务量较大的情况。基于数据的计算卸载是指将数据传输到边缘服务器上进行处理，适用于数据量较大的情况。下面介绍 MEC 计算卸载的部分技术要点。

#### 1. 节点发现

寻找可用的 MEC 计算节点，用于后续对卸载程序进行计算。这些节点可以是位于远程云计算中心的高性能服务器，也可以是位于网络边缘侧的 MEC 服务器。具体而言，可通过以下途径实现节点发现。

（1）可以通过 GPS 等老式位置服务技术，或者更现代的基于 Wi-Fi、蓝牙等无线信号的室内定位技术，对边缘设备位置信息进行获取，以便通过位置信息来寻找合适的 MEC 节点。

（2）移动设备在连接 Wi-Fi 或蜂窝网络时，通常会进行周边信号扫描，可以通过扫描周围的 Wi-Fi 信号或蜂窝信号来发现 MEC 节点。这种方法可以较快地发现可用的 MEC 节点，并且不需要知道具体位置信息。

（3）可以使用组播和广播等技术，将设备的计算需求请求发出去，让 MEC 节点收到并响应请求，进行加入协商和计算资源分配等操作。此种方式比较灵活，不需要事先声明 MEC 节点的位置和 IP 地址，但需要网络允许组播和广播等信息。

（4）通过部署在综合接入局或汇聚局的 MEC 资源管理平台提供可用服务器信息，其中包括有关 MEC 节点数量、位置、计算资源、服务质量等各种信息，可以通过访问这些平台来查找可用的 MEC 节点信息。

#### 2. 程序切割

程序切割指的是将一个大的计算任务切割成多个小的子任务，以便在多个节点执行。需要将原有的任务按照一定的原则进行拆分，如按照数据的特征，按照计算的复杂性或难易程度等，修剪成足够小的子任务。由于各个子任务之间需要有先后顺序，所以切割的同时，还需要确定子任务之间的顺序关系。可以采用依赖图的方式，将所有子任务组成一个有向无环图，按照图的拓扑序列执行。最后，需要将不同的任务分配到适当的节点或边缘设备上执行，以便可以更好地利用计算资源和网络带宽等设备资源。具体而言，程序切割包括以下方式。

（1）数据流切割。

假设有一个需要排序的整数数组，可以将该任务分为两个部分：排序前半部分和排序后半部分。这个任务可以被切割成两个子任务：sort_left 和 sort_right。对于每个子任务，它们只需要处理输入数组中一半的数据，并将结果传递给主程序进行组合。

在进行数据流切割时，需要确定子任务之间的依赖关系和数据流。具体来说，在本例中，我们可以将输入数组平均分成两部分，将其中一半作为 sort_left 的输入，另一半作为 sort_right 的输入。sort_left 和 sort_right 分别对自己的输入进行排序，并将排序结果传递给主程序进行合并。在这个过程中，主程序需要等待 sort_left 和 sort_right 都完成后再进行合并操作。

这样，我们就可以通过数据流切割的方式将一个大型的排序任务切割成多个小的子任务，并利用边缘设备的计算资源高效地完成排序任务。

在上面的例子中，可以使用归并排序（Merge Sort）算法来实现这个任务，其中归并操作就是将两个已排好序的子数组合并为一个大的有序数组。归并排序的时间复杂度为 $O(n\lg n)$，其中 $n$ 为输入数组的大小。因此，在实际应用中，如果输入数组比较小，直接对整个数组进行排序可能更加高效；而对于较大的数组，归并排序通常比快速排序等其他排序算法更加稳定和可靠。

（2）基于函数的程序切割。

假设有一个大型的图像处理应用程序，它包含了多个功能模块：读取图像、进行滤波、进行缩放、进行裁剪等。可以将该应用程序分为多个部分，并将每个部分实现为一个独立的函数。

在进行基于函数的程序切割时，我们需要确定函数之间的依赖关系，并将它们划分成若干个独立的部分。具体来说，在本例中，我们可以将图像读取、滤波、缩放和裁剪四个功能模块分别实现为四个独立的函数：read_image、filter_image、resize_image 和 crop_image。

然后，可以通过远程过程调用（RPC）或消息传递等方式，将这些函数分配到云端和边缘设备上执行。例如可将 read_image 函数分配到云端，由云端负责从远程存储中读取图像数据；而将 filter_image、resize_image 和 crop_image 三个函数分配到边缘设备上，由边缘设备负责对图像进行滤波、缩放和裁剪操作。

在函数执行完成后，它们会将结果返回给调用者，并在需要时同步更新全局状态信息。因此，整个过程可以高效地完成图像处理任务，并同时利用云端和边缘设备的计算资源。

需要注意的是，基于函数的程序切割，通常需要考虑函数之间的依赖关系、输入输出数据流以及全局状态等因素。在实际应用中，要根据具体情况来选择合适的函数切割方案，并通过容器化技术等方式来管理函数的隔离和部署。

（3）二进制切割。

假设有一个大型的图像识别应用程序，它包含了多个不同的模块：读取图像、特征提取、分类器训练等。为了提高并行执行的效率，可以考虑将该应用程序切割成多个独立的部分，并将其部署在不同的节点上。

在进行二进制切割时，需要先进行静态分析，确定可行的切割方式。通常会利用二进制反汇编技术来识别程序中的基本块（Basic Block），并根据基本块之间的依赖关系和数据流来进行切割。

具体来说，在本例中，可以将图像读取功能实现为一个独立的二进制文件 read_image. bin，并将该文件部署到云端服务器上；将特征提取和分类器训练两个功能分别实现为独立的二进制文件 extract_feature. bin 和 train_classifier. bin，并将这两个文件部署到边缘设备上。

当需要处理一张新的图像时，我们可以通过网络传输的方式，将图像发送到云端服务器上的 read_image. bin 程序中进行处理，并将结果返回给调用者。然后，将处理后的图像数据发送到边缘设备上的 extract_feature. bin 程序中进行特征提取，并将结果发送到 train_classifier. bin 程序中进行模型训练。最后，我们可以从 train_classifier. bin 程序中得到最终的识别结果，并将其返回给调用者。

在整个过程中，我们利用二进制切割技术将图像识别应用程序划分为多个独立的部分，并将其部署到不同的节点上执行。这样可以有效地提高程序的并行性和可扩展性，从而加速图像识别的速度和优化用户体验。

需要注意的是，在进行二进制切割时，还需要考虑如何管理程序的上下文信息（如变量值、函数调用栈等），以保证程序的正确性和安全性。通常会借助一些轻量级的容器化技术（如 Docker 和 Kubernetes）来实现程序的隔离和部署。

3. 卸载决策

卸载决策是在基于程序切割的基础上，需要结合任务的特性和网络状况等因素进行综合分析，根据任务的处理要求和数据中心或边缘节点的资源情况等状况，选择最优的节点进行任务处理。同时，还需要进行容错设计，以保证在节点出现故障或异常时，可以快速地切换到其他可用节点，确保任务的顺利进行。

用户终端设备（UE）通过代码解析器、系统解析器和决策引擎这三个组成部分，对计算卸载做出决策。

首先，代码解析器负责解析和分析计算任务的代码和数据，并对其进行切割和压缩等操作，以便能够更加高效地进行传输和卸载。

其次，系统解析器负责对边缘计算的各个节点进行监控和维护，以保证其正常运行及其稳定性。同时，系统解析器还会根据 UE 发送的卸载请求信息，以及其他相关的因素，进行动态的资源分配和调度，以提高计算效率和降低网络延迟等。

卸载决策需要考虑计算时延因素，因为时延会影响用户的使用体验，并可能会导致耦合程序因为缺少该段计算结果而不能正常运行，因此，所有的卸载决策至少都需要满足移动设备端程序所能接受的时延限制。此外，还需考虑能量消耗问题，如果能量消耗过大，其会导致移动设备终端的电池快速耗尽。最小化能耗即在满足时延条件的约束下，最小化能量消耗值。对于有些应用程序，若不需要最小化时延或能量的某一个指标，则可以根据程序的具体需要，赋予时延和能耗指标不同的加权值，使二者数值之和最小，即总花费最小，我们称之为最大化收益的卸载决策。

### 4. 程序传输与任务执行

当移动终端做出卸载决策后，就可以把划分好的计算程序交到云端执行。程序传输有多种方式，可以通过 3G/4G/5G 网络进行传输，也可以通过 Wi-Fi 进行传输。程序传输的目的是将卸载的计算程序传输至 MEC 计算节点。

计算卸载的两个最重要的决策目标是时间和能量消耗，在已有的计算资源与数据传输条件约束下，可以建立目标函数来优化任务执行和传输过程中的延迟和能量消耗。构造目标函数需要考虑以下几个方面。

（1）任务执行时间：任务执行时间是指从任务开始到任务完成所需的时间。在计算卸载过程中，我们希望任务能够尽快地完成，因此可以将任务执行时间作为目标函数的一部分。

（2）数据传输时间：数据传输时间是指将数据从设备传输到服务器或从服务器传输到设备所需的时间。在计算卸载过程中，数据传输通常会伴随着任务执行，它也是影响系统性能的重要因素之一，因此可以将数据传输时间作为目标函数的一部分。

（3）能量消耗：能量消耗是指在计算卸载过程中，设备和服务器执行任务和传输数据所消耗的电能。在移动设备等资源受限的情况下，能量消耗成为一个非常重要的考虑因素，因此可以将能量消耗作为目标函数的一部分。

（4）系统可扩展性：系统可扩展性是指在增加设备数量或增加负载时，系统能否保持稳定的运行状态。因此，可以将系统可扩展性作为目标函数的一部分。

## 6.5　边缘计算案例——智能化物流仓储系统

### 6.5.1　概述

一个计算机组装车间，其所需配件中，主板在贴片生产线车间生产，成品存放在车间缓存区等待，其余配件由装配车间的仓库供货。MES 在每个生产周期（一天）安排下个周期的工单，经过齐套计算后，给出装配车间的线边库供货计划。线边库又叫作暂存库，是生产企业的物流仓库，包含了常规仓库和生产线边上的暂存库。线边库通常为方便生产线生产的通用性物料存放点。零件在线边库的存放方式主要有地面堆垛存储、高位料架存储和流利料架存储三种，本案例使用流利料架存储。当齐套计算的配件出库计划传送至仓库控制系统时，仓库控制系统按照供货提前期控制料箱机器人将料箱出库，由 AGV 放置于缓存区，同时 AGV 至贴片车间取得主板料架放置于缓存区。出库设备如图 6-22 所示。

由人工分拣从缓存区料箱中取出所需数量与各类的物料装入流利料架，流利料架按照供货先后顺序排成"列车"准备发车。当装配工序开始前，牵引式 AGV（见图 6-23）将"列车"牵引至装配工位，作为线边库使用。

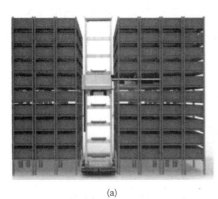

(a)            (b)

图 6-22   出库设备       图 6-23   牵引式 AGV

(a) 料箱机器人；(b) 缓存区

### 6.5.2 软件架构

AGV 的调度是通过生产现场的调度系统进行的。

如图 6-24 所示的 AGV 软件架构中，由生产运营层的 MES，通过生产作业排程进行生产任务的排定，其排产结果是工单，同时将工单传送至仓库管理系统（WMS），由仓库管理系统通过制造物料清单（MBOM）进行齐套计算，得出物料需求计划。该物料需求计划交由仓库控制系统（WCS）执行备货操作任务。

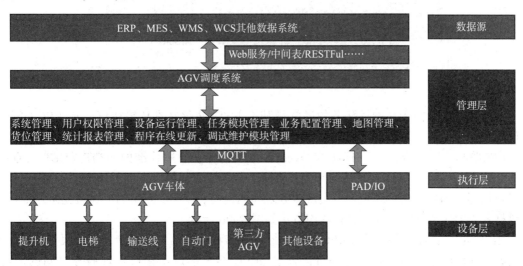

图 6-24   AGV 软件架构

MES 的现场调度子系统负责全车间的生产调度，当一个生产工单准备执行时，现场调度子系统指挥 AGV 执行物料搬运任务。它通过 RESTFul 协议调用 AGV 调度系统的接口进行 AGV 的控制。

**1. 微服务架构下的生产运营层与 AGV 调度系统的交互**

微服务是一种以服务为中心的架构风格，它将一个应用程序拆分成多个小型、独立的服务，每个服务都运行在自己的进程中，并使用轻量级通信机制进行交互。这些小型服务可以独立部署、升级和扩展，从而使整个系统更加灵活高效。微服务架构（见图 6-25）通常由以下几个组件组成。

（1）服务：一个小型的、独立的功能单元，可以通过 API 进行访问和调用。

（2）API 网关：一个充当前端和后端服务之间入口的反向代理服务器，它将请求路由到相应的服务上。

（3）服务注册与发现：用于管理和跟踪所有可用的服务实例的工具。

（4）负载均衡器：用于平衡各个服务实例的负载，并提供高可用性。

（5）分布式数据存储：用于存储服务所需的数据。

（6）监控与日志系统：用于监视服务健康状态和性能，并记录系统事件和错误。

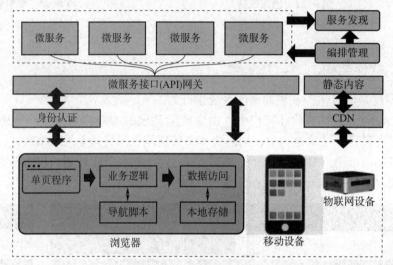

图 6-25 微服务架构

在微服务中负担 API 网关任务的通常是基于 HTTP（超文本传输协议）或 RPC 的通信协议。较为常见的是 RESTful API 和 gRPC。

RESTful API 是一种基于 HTTP 的 Web 服务架构，它使用标准的 HTTP（GET、POST、PUT、DELETE 等）和 URL 来访问和操作资源。每个服务都提供自己的 RESTful API，其他服务可以通过 HTTP 请求调用接口实现服务之间的通信。其中，JSON 和 XML 是常用的数据传输格式。AGV RESTful 远程过程调用方法如图 6-26 所示。

gRPC 是一个高性能的开源 RPC 框架，它支持多种编程语言和平台。每个服务都定义了自己的 gRPC 服务接口，其他服务可以通过 gRPC 客户端调用接口实现服务之间的通信。gRPC 使用 Protocol Buffers 作为默认的数据序列化和反序列化机制，这使它比 RESTful API 更快捷和更紧凑。gRPC 也可通过 HTTP 进行传输，使 gRPC 可以在云平台上部署。

### 2. AGV 调度系统

AGV 调度系统由系统管理、用户权限管理、设备运行管理、任务模块管理、业务配置管理、地图管理、货位管理、统计报表管理、程序在线更新、调试维护模块管理等功能模块组成。与 AGV 调度活动直接相关的功能是设备运行管理、任务模块管理、地图管理、货位管理。其中，设备运行管理负责与 AGV 通信进行控制；任务模块管理负责定义 AGV 的动作

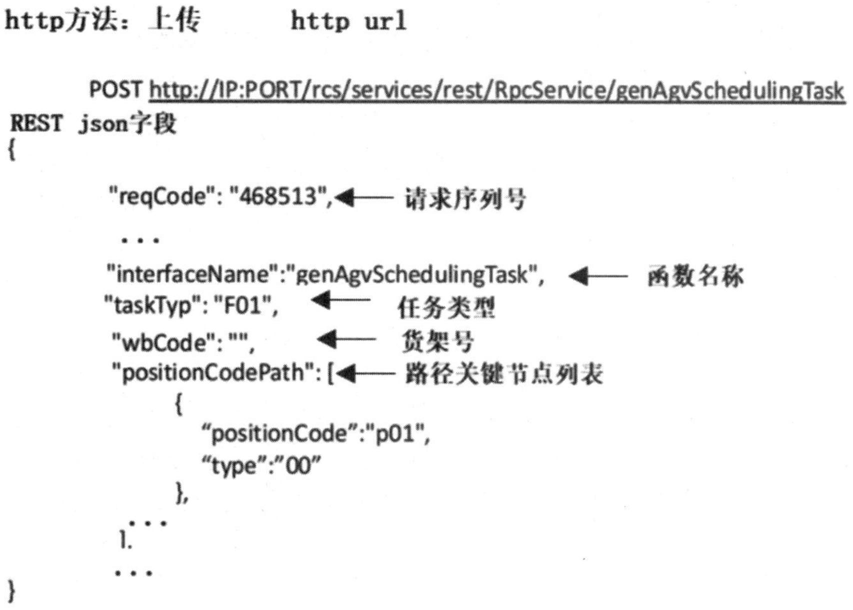

http方法：上传　　　　http url

POST http://IP:PORT/rcs/services/rest/RpcService/genAgvSchedulingTask

REST json字段

```
{
    "reqCode": "468513",    ← 请求序列号
    ...
    "interfaceName":"genAgvSchedulingTask",    ← 函数名称
    "taskTyp": "F01",    ← 任务类型
    "wbCode": "",    ← 货架号
    "positionCodePath": [    ← 路径关键节点列表
        {
            "positionCode":"p01",
            "type":"00"
        },
        ...
    ].
    ...
}
```

**图 6-26　AGV RESTful 远程过程调用方法**

序列，即图 6-26 中的任务类型，例如 F01 为厂内货架搬运，则其动作可能包括到达源位置、升举、移动、到达目标位置、降下；地图管理负责定义路线、关键位置点坐标及其编号等；货位管理负责定义货位坐标、货架编号等。

AGV 调度系统接收上级调度命令后，查找可用 AGV，选择最优 AGV，并根据要求的路线关键位置约束进行路径规划，然后通过无线通信网络（5G、WLAN）向 AGV 发送移动命令。当 AGV 需要进行厂区跨车间运输时，宜通过 5G 网络与调度系统连接；如果仅在车间内部运输，可采用无线 AP 接入 AGV。AGV 调度系统与 AGV 之间的通信，需要在应用层建立对数据和服务的统一通信机制，从而建立通用场景中的物联网设备间、物联网设备与边缘设备之间的高效数据传递。

下面介绍物联网边缘计算系统中的两种通信服务协议：MQTT 与 AMQP。

（1）MQTT。

MQTT（Message Queue Telemetry Transport，消息队列遥测传输协议）是 IBM 开发的一种即时通信的二进制协议，主要用于服务器和那些低功耗的物联网设备之间的通信。它位于 TCP（传输控制协议）的上层，除了提供"发布—订阅"这一基本功能外，也提供一些其他特性，例如不同的消息投递保障，通过存储最后一个被确认接收的消息来实现重连后的消息恢复。MQTT 非常轻量级，从设计和实现层面都适合用于不稳定的网络环境中。

MQTT 定义了两种实体类型：消息代理和客户端。消息代理作为服务器从客户端接收消息，然后将这些消息路由到相关的目标客户端。客户端连接到消息代理，与消息代理进行交互，并发送和接收消息，该连接可以是简单的 TCP/IP 连接，也可以是用于发送敏感消息的加密 TLS（传输层安全协议）连接。客户端可以是物联网的终端设备，也可以是服务器上处理数据的应用程序。客户端通过将某个主题的消息发送给消息代理，消息代理将消息转发给所有订阅该主题的客户端。因为 MQTT 消息是按主题进行组织的，所以应用程序开发人员能灵活地指定某些客户端只能与某些消息交互。

例如，物联网设备在"sensor/data"主题范围内发布采集的传感器数据，并订阅"config/change"主题，边缘的数据处理应用程序会订阅"sensor/data"主题，时刻关注物联网设备传来的最新数据并处理，管理控制台应用程序接收系统管理员的命令来调整传感器的配置（如灵敏度和采样频率），并将这些更改发布到"config/change"主题。如此，物联网设备能够及时接收到配置的改动并做出相应修改。可以看出，这种异步传输的特性非常适用于动态、泛在的物联网边缘计算的场景。

（2）AMQP。

AMQP（Advanced Message Queuing Protocol，高级消息队列协议）是一个提供统一消息服务的应用层标准高级消息队列协议，是应用层协议的一个开放标准，为面向消息中间件设计。基于此协议的客户端与消息中间件可传递消息，并不受开发语言等条件的限制。AMQP 使遵从该规范的客户端应用和消息中间件服务器的全功能互操作成为可能。AMQP 主要有以下几种应用场景：异步处理、跨系统的异步通信、应用解耦、死信队列、分布式事务、流量缓冲以及日志处理等。

AMQP 可以实现一种在全行业广泛使用的标准消息中间件技术，以便降低企业和系统集成的开销，并且向大众提供工业级的集成服务。它令消息中间件的能力最终为网络本身所具备，并且通过消息中间件的广泛使用发展出一系列有用的应用程序。AMQP 定义的网络协议和代理服务主要包括一套确定的消息交换功能（高级消息交换协议模型）以及一个网络栈级协议（数据传输格式），客户端应用可以通过这些协议与消息代理和 AMQP 模型进行交互通信。

AMQP 主要包含以下几种元素：向交换器发布消息的生产者、从消息队列中消费消息的消费者、用于保存消息并发送给消费者的消息队列、每个消息被投入的消息载体队列、携带具体传输内容的消息、接收生产者发送的消息并转发给消息队列的交换器、交换器进行消息投递所依据的路由关键字、用作不同用户权限分离的虚拟主机、AMQP 的服务端 Broker、网络连接、连接管理器、信道，以及把交换器和消息队列按照路由规则绑定起来的绑定器。

AMQP 实现通信的步骤如下。

①建立连接。由生产者和消费者分别连接到 Broker 的物理节点上。

②建立消息信道。信道是建立在连接之上的，一个连接可以建立多个信道，生产者连接虚拟主机建立信道，消费者连接到相应的消息队列上建立信道。

③发送消息。由生产者发送消息到 Broker 中的交换器。

④路由转发。交换器收到消息后，根据一定的路由策略，将消息转发到相应的消息队列中。

⑤消息接收。消费者会监听相应的消息队列，一旦队列中有可以消费的消息，就将消息发送给消费者端。

⑥消息确认。当消费者处理完某一条消息后，需要发送一条 ACK（确认）消息给对应的消息队列。消息队列收到 ACK 信息后，才会认为消息处理成功，并将消息从消息队列中移除；如果在对应的信道断开后，消息队列没有收到这条消息的 ACK 信息，该消息将被发送给另外的信道。

至此，一个消息的发送接收流程就走完了。消息的确认机制提高了通信的可靠性。

最为著名的高性能消息队列中间件 RabbitMQ 即为 AMQP 的一个实现。除 AMQP 外，它还支持多种消息协议，包括 MQTT、STOMP 和 HTTP 等。RabbitMQ 提供了一个分布式的消息队列，消息可以在多个应用程序之间进行数据共享和传递。

RabbitMQ 的核心组件包括 Exchange、Queue 和 Connection。Exchange 是指消息队列的交换机，用于接收和分派消息。Queue 是指消息队列，它持有等待投递的消息。Connection 是指消息队列的连接器，用于发送和接收消息。

使用 RabbitMQ 可以实现系统之间的异步通信，提高系统的可伸缩性和可靠性。例如，在微服务架构中，不同的服务之间可以通过 RabbitMQ 来传递消息，在不同的服务之间解耦，提高系统的可维护性和扩展性。

### 6.5.3 边缘计算方案

本方案边缘计算需求为路径自主规划与激光导航。AGV 通过激光导航来实现自主导航。其原理是该车通过搭载激光传感器，扫描周围环境，生成环境地图，然后利用这个地图进行定位和路线规划。

激光导航需要两张地图：一张是静态地图，包括地面、墙、柱子等固定障碍物的位置信息；另一张是动态地图，包括车辆当前位置、速度、行进路线等。车辆通过预先记录好的地图信息，利用算法更新自身位置信息，实现自主导航。

对于一些复杂环境下的 AGV 自主导航，需要引入反光靶点来帮助激光导航定位。激光导航 AGV 如图 6-27 所示。其具体原理是：在起始点、拐角处、交叉口等地方安装激光反光柱，车辆在激光传感器发射激光束时，激光扫描仪只要扫描到 3 个反光柱时就可以定位 $X$、$Y$ 坐标及车角度 $\theta$，从而实现 AGV 的定位。

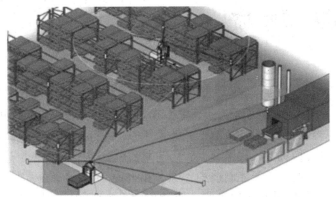

| 激光扫描仪 | 激光扫描仪扫描反光靶点 | 获取靶点位置,计算相对位置 |
| --- | --- | --- |
|  |  | $x=1\,000$<br>$y=2\,500$<br>$\theta=70°$ |
|  | 通过激光扫描反光靶点的相对位置来获得靶点与扫描仪的距离 | 通过距离数据，系统自动计算其空间坐标 |

图 6-27 激光导航 AGV

在没有引入边缘计算的情况下，地图管理与路径规划由 AGV 调度系统完成，坐标计算与动态地图计算由 AGV 自带系统完成，AGV 与调度服务器之间需要进行地图数据交换、路径规划数据交换，其通信全部由车间局域网负担。在 AGV 数量较多、需要进行跨车间控制、运输任务较繁忙的情况下，这样的数据交互会带来比较显著的时延：一方面，计算任务频繁，造成调度服务器计算负担重；另一方面，数据访问需要经过多跳路由转发，数据传输速度受到影响。AGV 调度边缘计算网络如图 6-28 所示。

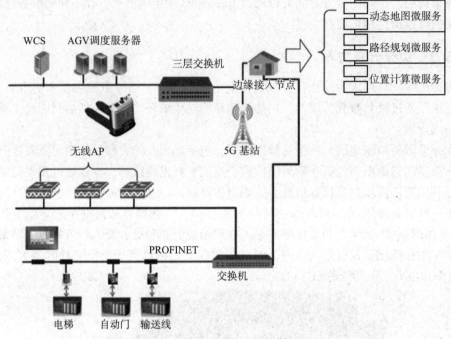

图 6-28　AGV 调度边缘计算网络

引入边缘计算后，路径规划算法、动态地图计算卸载到边缘接入节点内的边缘计算微服务上完成。AGV 上的控制计算机可就计算的数据量、时延、能耗等条件进行卸载决策，分配自身的计算任务与卸载到边缘接入节点的计算任务，并选择 5G 或 WLAN 信道进行数据交互。数据传输只经过交换机接入边缘节点，传输路径短，因而时延短。

边缘计算可以广泛应用于智能制造中，除了在上述 AGV 这类移动计算场景之外，边缘计算可在数字工厂的多个环节（如检测、质量控制、生产调度、故障诊断）发挥其作用，尤其是在无人工厂中设备之间、设备与上层控制和决策系统之间，边缘计算的应用必将在深度与广度方面继续扩展。

# 6.6　小结

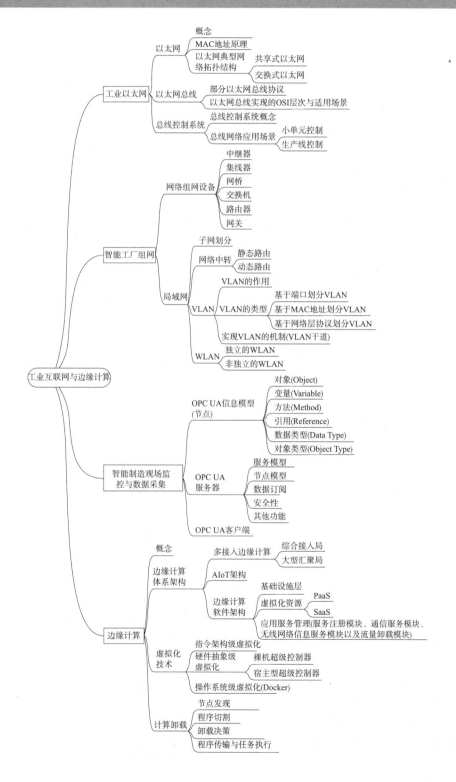

## 6.7 习题

1. 简述以太网的工作过程。

2. 相比于传统以太网，工业以太网有哪些技术特点？

3. 有一台计算机 A 要向另一台计算机 B 发送一条消息，这两台计算机通过一条以太网链路连接。其中，计算机 A 的 MAC 地址为 00：11：22：33：44：55，IP 地址为 192.168.0.1，计算机 B 的 MAC 地址为 AA：BB：CC：DD：EE：FF，IP 地址为 192.168.0.2。假设 A 和 B 在同一广播域内，请问在发送过程中会发生哪些步骤，各个步骤的具体内容是什么？

4. 有一个局域网中有 3 台计算机 A、B 和 C，以及一个交换机 S。其中，A 的 MAC 地址为 00：11：22：33：44：55，IP 地址为 192.168.0.1，B 的 MAC 地址为 AA：BB：CC：DD：EE：FF，IP 地址为 192.168.0.2，C 的 MAC 地址为 11：22：33：44：55：66，IP 地址为 192.168.0.3。假设这 3 台计算机在同一个 VLAN 内，请问当 A 向 C 发送一条消息时，数据包的传输过程是什么？

5. 某个企业内有 100 台计算机需要进行网络连接，并且这些计算机需要按照部门进行划分和管理。其中，有 3 个部门，每个部门的计算机数量分别为 30 台、40 台和 30 台。假设该车间使用的 IP 地址为 192.168.0.0/24，请问如何将这个 IP 地址划分成合适的子网，使每个部门的计算机可以在同一子网内进行通信？

6. 有一个由 4 个子网组成的网络，其中每个子网分别有一个路由器用于连接其他子网。子网 A 的 IP 地址为 192.168.0.0/24，子网 B 的 IP 地址为 192.168.1.0/24，子网 C 的 IP 地址 192.168.2.0/24，了网 D 的 IP 地址为 192.168.3.0/24。请根据以下要求配置这 4 台路由器的静态路由表：

路由器 R1 需要能够直接访问子网 A 和子网 B；

路由器 R2 需要能够直接访问子网 B 和子网 C；

路由器 R3 需要能够直接访问子网 C 和子网 D；

路由器 R4 需要能够直接访问子网 D 和子网 A。

请给出每个路由器的静态路由表配置。

7. 简述 OSPF 的工作原理。

8. 某个公司的网络需要实现 3 个不同部门（部门 A、B 和 C）之间的隔离和安全性，同时可以共享一个物理交换机。请问如何使用 VLAN 技术来实现这个要求？

9. 独立 WLAN 与非独立 WLAN 的区别是什么？

10. 某个工厂需要监控和控制其生产线上的多个设备，并且要求将这些设备的数据进行标准化和统一管理。请根据以下场景，定义一个典型的 OPC UA 节点模型，并解释每个节点代表的含义和属性。

（1）设备类型：机床；

（2）设备名称：MT001；

（3）设备状态：运行中；

（4）设备位置：车间 A1 区域。

11. OPC UA 服务器包括哪些应用服务？各有什么功能？

12. OPC UA 客户端包括哪些功能？

13. 什么是边缘计算？

14. 什么是 IaaS、SaaS、PaaS？

15. 综合接入局的作用是什么？

16. 什么是计算卸载？

17. 简述程序切割的方法。

18. 车间增加 1 条生产线，由 3 段输送线、2 个机械手臂、3 台加工中心组成。每段输送线由变频器控制的调速电动机驱动线体的启停与输送，通过碰撞传感器来获取输送线上物料位置信息，以便判断输送线的动作。由于准备利用现有的 PLC 与运动控制器进行变频器、机械手臂伺服系统、加工中心交换工作台的控制，所以准备采用以太网总线连接新生产线。加工中心数控系统支持 TCP/IP 访问。MES 的自动调度系统可通过 OPC UA 访问 PLC 而可以直接访问 3 台加工中心，请设计网络方案，包括以太网总线、车间局域网。

# 第7章
# 制造运营管理系统

知识目标：了解制造运营管理概念与作用，了解制造运营管理支持系统的构成；了解制造运营管理中的计划、物料管理、制造执行、质量管理、设备维护的业务内容与支持系统功能。

能力目标：初步掌握制造运营管理中计划制订方法，初步掌握制造运营管理中物流路线建立规划方法。

## 7.1　制造运营管理概述

### 7.1.1　制造运营管理背景、概念与目标

#### 1. 背景

制造运营管理（Manufacturing Operations Management，MOM）是在 MES 的基础上提出的。MES 即制造执行系统，英文全称是 Manufacturing Execution System。1990 年 11 月，美国先进制造研究中心（Advanced Manufacturing Research，AMR）提出了 MES 概念，旨在把制造过程的计划性、执行性和记录性有机地结合起来。1997 年，MESA（Manufacturing Execution System Association，制造执行系统协会）提出了 MES 功能模型和集成模型，其中包括 11 个功能模型，同时规定，产品只要具备其中的几个模型，也属于 MES 系列的单一功能产品。

在此基础上，于 20 世纪 90 年代，MESA（Manufacturing Enterprise Solutions Association，制造企业解决方案协会）成立，统一定义了 MOM 概念和范围。美国仪器、系统和自动化协会（Instrumentation，System，and Automation Society，ISA）于 2000 年开始发布 ISA95 标准，首次定义了制造运营管理的概念，为制造运营管理划定了边界范围，更明确了该领域研究对象和内容的主要方向，确立并定义了在产品、计划、生产、质量、资源等主要运行区域的基础活动模型。

#### 2. 概念

在 ISA 中，MOM 的定义为：通过协调企业的人员、机器、物料、环境等资源，将原料转化为产品的活动过程。它管理这个过程中使用哪些物料、设备、人等资源，在什么时间、什么地点、采用什么方式等进行生产活动。

在 ISA95 企业功能层次模型中，制造运营管理是企业功能层次模型中的第三层，定义为实现生产最终产品对应的工作流活动，包括协调、记录和优化生产过程等。在对制造运营管理活动的定义中，其内容包括两个方面：一是针对制造运营管理的整体架构、主要功能模型、信息流等的定义；二是制造运营管理与外部系统（软/硬系统）之间的信息交互模型的定义。

IEC/ISO 62264 国际标准（即 ISA95）参考美国普渡大学的 CIM（Common Information Model，公共信息模型），给出了企业功能数据流模型，定义了与生产相关的 12 种基本模型及各个模型间相互的信息流。在此基础上，根据业务性质的不同，又将制造运营管理的内部细分为 4 个不同性质的区域，生成了制造运营管理模型，明确了制造运营管理的整体架构。

在明确了制造运营管理的范围、架构和信息交互模型的基础上，IEC/ISO 62264 国际标准建立了企业信息资源对象模型，以此构成企业信息的基础架构，即通过人员模型、物理模型、物料模型这 3 种基础资源模型来构建企业信息模型。使用这 3 种基础资源模型，加上参数模型和属性模型，进而建立生产过程模型。过程模型是指企业某一生产环节所需的原料、人、工装夹具等资源及生产所需的能力的要求，是生产过程的基本单元，因此，过程模型对象是企业资源的基础单位。通过这些模型的组合使用，使制造运营管理与资源计划系统及硬件系统之间的运营信息的交互有了模型的支撑，为制造运营管理与外部系统奠定了基础。

3. 目标

MOM 要为智能制造生产过程提供完整的解决方案，将产品研发、工艺规划和自动化领域之间的障碍打通，形成从客户订单下达到生产执行的全过程闭环，实现数字化转型。该系统需要对各种生产相关元素进行数字化，包括工艺规划、工艺准备、排程、制造执行、质量管理、物料协同、设备管理和制造智能等方面，以提高生产率及弹性，并缩短产品上市时间。

MOM 要能够提供对生产作业和质量管理的端对端能见度，将生产线的自动化作业设备及系统与产品开发、制造工程、生产和企业管理中的决策者联系在一起，快速识别产品设计和相关制造流程内需要改善的问题，并进行必要的营运调整，提高生产效率。

MOM 帮助企业提高弹性，缩短上市时间：生产企业利用 MOM，可对其全球的生产流程进行统一的建模、可视化、最佳化、更新和协调；收集生产数据、规划及排程、汇总，分析实时制造事件并做出响应。与产品全生命周期管理（PLM）、企业资源计划（ERP）和自动化进行整合，能够提供必需的生产流程弹性和扩充性，将异常处理能力最大化。企业经过全面优化的数字化策略，为制造商提供了更充分的改善能力，使其能够快速对市场变化做出响应，并实现企业所需的创新。

## 7.1.2 制造运营管理支持系统

智能工厂不是高档机床、自动化生产线和工业机器人的简单堆砌，也不是管理软件系统与工业软件的应用。作为智能工厂，首先要有一套适应自身内外环境的决策体系，这套决策体系首先要回答的问题是驱动生产的动因是什么，在这一动因的驱动下，决定开发什么、生产什么、如何生产、生产多少、需要多少等一系列目标，并能够对环境的变化做出响应。在决策体系的指导下，不仅生产过程应实现自动化、透明化、可视化、精益化，同时，产品检测、质量检验和分析、生产物流也应当与生产过程实现闭环集成。智能工厂从现场到决策管理都依赖信息系统的支撑，业务节点之间、多个工厂之间、同一个工厂的多个车间之间要实现信息共享、配送准时、作业协同。智能工厂依靠的无缝集成的信息系统，主要包括 PLM、ERP、APS/MES 等核心系统［大多数商用 ERP 系统中含有供应链管理（SCM）功能模块］，如图 7-1 所示。PLM 通常集成 CAD 与 CAPP，支持产品的设计开发、工艺规划、BOM 的生成与管理、产品设计版本与文档管理等，是 BOM 的数据来源。ERP 则支持企业战略与运作层核心业务，包括供应链、生产制造、财务、成本、市场、人力资源等，大型企业的智能工厂通过供应链得到生产需求，需要应用 ERP 系统制订多个车间的生产计划，并由 APS/MES根据各个车间的生产计划进行排产。在内部业务支持系统的基础上，依托于云计算的协同制造支撑环境，使参加产品开发与制造的合作伙伴（制造商、供应商、技术推广部门、制造服务部门、政府部门等）在网络上协调工作，摆脱距离、时间、计算机平台和工具的影响，可以在网上获取重要的设计和制造信息，如 CAD 模型、生产工艺、制造仿真和顾客需求等。目前，从信息支撑技术到市场环境均已经支持网络协同制造这一模式投入实际应用，而实际上部分行业或企业准备或已经实施网络协同制造。

图 7-1 智能制造系统构成

智能工厂的运作系统是在工厂数字化的基础上，把制造自动化扩展到高度集成化、柔性化、智能化的生产系统，应包含以下六项显著特征。

（1）实现生产精益化。充分体现工业工程和精益制造的理念，战略决策科学化、运作决策智能化、执行自动化。由智能采购、先进制造技术、智能物流构成价值链体系，实现对市场快速反应的定制化生产，同时提高效率，消除浪费。

（2）运营管理数字化。应用工厂层的 PLM、SCM、CRM、ERP、车间层的 MES/APS，以及控制层的 PLC/DCS 等工业软件，充分融合先进制造技术、信息网络技术、云计算、大数据和人工智能技术，实时显示工厂的运营数据和图表，展示设备的运行状态，并可以通过图像识别技术对视频监控中发现的问题进行自动报警，实时洞察工厂的运营，实现多个车间之间的协作和资源的调度。

（3）多级控制体系。由传感器网络、控制系统、机器人构成的执行机构加上具有边缘计算能力的分布式调度节点，实现设备与设备（M2M）自主互联，并实现执行级自主调度与自动控制，运作级实现人机结合的辅助智能决策，基于集中控制与分布式计算共存的模式，提高制造柔性以及应对市场不确定性与动态性的能力。

（4）柔性自动化的生产线。智能工厂可以有多种生产模式混合并存。对于产品品种少、生产批量大的产品线，应实现高度自动化，乃至建立黑灯工厂；对于小批量多品种或定制化的产品线，则应着重实现少人化、人机协同：通过 AGV、机械手输送链等物流设备实现工序之间的物料传递；广泛使用助力设备，减轻工人劳动强度。

（5）绿色化、人性化的工厂。能够及时采集设备、生产线和车间的能源消耗，并进行分析优化，实现能源高效利用；在危险和存在污染的环节，优先用机器人替代人工；减少噪声，减少切削冷却润滑液等污染物排放，能够实现废料的回收和再利用；构建高效、节能、绿色、环保和舒适的人性化工厂；实现绿色制造。

（6）并行的开发体系与生产规划体系。实现部门之间、人与智能设备的相互协调合作，集市场、产品开发、生产系统设计规划、工艺过程设计规划、产品生产、销售服务等产品生产周期的全过程协同；利用信息系统、人工智能方法、数字孪生等手段，实现市场分析与产品设计并行、生产系统仿真与工艺过程规划并行，提高产品开发的适应性，提高产品质量与可靠性，降低技术风险，实现产品与服务的智能化和可配置。

## 7.1.3　生产运作主数据

物料清单（Bill of Material，BOM）是制造型企业产品信息的主数据，是智能制造系统中最重要的基础数据，为 PDM（产品数据管理）、ERP、MES 等信息系统所共享。物料清单基础是对产品结构的定义，把产品设计结构转化为某种数据格式，以这种数据格式来描述产品构成和所有要涉及物料的数据文件，即物料清单。物料是制造过程所涉及的成品、半成品、在制品、原材料、外购配件、消耗品的统称，可能会体现在各类物料清单中。

在整个产品生命周期中，物料清单被广泛地应用在设计、生产、供应链、财务等各个方面。在当前社会商品充足供应、市场已充分竞争的态势下，供需关系往往处于供大于求的状态，这使生产企业从传统大批量生产到按需生产转变。要做到按需生产，一方面要求供应链的准确与准时，另一方面要求产品满足个性化需求。这对智能制造技术在大规模定制与智能供应链等领域提出较高的要求，其核心就是要提升单个产品需求的订单快速响应能力。

在产品提供的业务流中，产品的 BOM 信息成为驱动订单流程执行的关键基础信息。所有的业务节点都在一定程度上涉及产品的各个方面，从而与产品的 BOM 建立联系。在整个订单所驱动的业务流中，从客户需求获取到产品设计、生产制造以及相关的采购、销售、服务，都必须依据 BOM 进行业务需求的分解、整合，成为订单分解执行的依据。各部门以不同视图的 BOM 为业务操作的基准，通过 BOM 驱动业务的操作，所以 BOM 信息是实现系统互联的最基本信息。以产品设计结构为基础实现各类 BOM 信息的映射、派生与整合是企业实现业务能力的基本保证，而人工智能方法的应用，可实现 BOM 快速灵活地生成与变化。

如图 7-2 所示，离散制造的目标产品通常可按产品设计所定义的功能集合或装配关系由零件开始逐层向上构成组件、部件，直至产成品。各级设计对象的关系定义、参数、特征、分类、版本（产品生命周期内各次修改定型记录）、图形等，构成对整个产品的完备描述，形成设计 BOM。以此为基础在各业务视图上结合产品的业务属性进行派生。

图 7-2 中，工艺 BOM 是生产部门根据产品设计进行工艺路线规划的产物。生产部门根据设计 BOM 与工程 BOM，针对自制件进行加工工艺路线规划与装配工艺路线规划，制定加工工序与装配工序。这些内容沿产品生产工艺路线的顺序构成了工艺 BOM。除了需要定义各道工序的顺序、工艺标准与工艺要求外，制造过程还需要定义产出品（半成品或成品），指定生产所需要的原料、上游工序产出的半成品、加工与装配所需从仓库领出的标准件、通用件、外购件及其数量。此外，还需要指定各道工序所需要的加工设备、工艺装备、模具等，从而在工艺 BOM 的基础上形成制造 BOM。

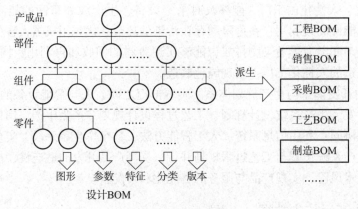

图 7-2　BOM 视图

进入加工过程的半成品 BOM 层次，其伴随的主要活动是投料、加工、外协加工、物料调拨（库存预占、转运、缓存）、质检等。加工层次的 BOM 为工艺 BOM，工艺 BOM 除定义所需要的原料与产成品信息外，还指向该 BOM 生产所对应的工艺路线数据与加工所需的资源数据，资源数据为设备、工艺装备、刀具、加工参数、质检设备等。

类似地，装配制程的 BOM 构成为加工后的半成品与外购的配件，伴随的制造活动为装配、调拨、质检、入库等。装配 BOM 也需要指出所需的工艺路线与资源。

最终产品的形态也是多样的，向客户交付的可能是一个最终的可开箱即用的产品，也可以是分装后向客户发送的产品，其各个部件需要发送到客户场所后再装配为最终产品。这种形态的 BOM 被称为组件 BOM 或虚拟 BOM。

值得注意的是，产品的 BOM 形态可能有树形、V 形、T 形、X 形等多种，这取决于制程工序所需的原料与产成品的数量关系。例如冲压件下料工序，把整个原料冲压、切割或拆解成多个物料。如图 7-3 所示的某轻型卡车面罩加强板冲压工序，由一张 DC03 钢板冲压出20 件零件，其制造 BOM 即为 T 形结构。

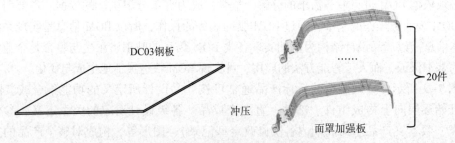

图 7-3　T 形 BOM 工序实例

## 7.1.4　生产运作的目标、环境与过程

从广义上讲，运作（Operations，或称为运营）这个术语指的是利用资源（资金、物料、技术、人的技能及知识）生产产品和服务。生产运作的工作内容包括生产排程、库存控制、质量保证、人力计划、物料管理、设备维护、能力计划，以及其他所有产品制造出售所必需的工作。无论处于制造业的何种门类，以下三个方面是生产运作追求的控制目标。

（1）成本。成本是一个传统指标，一直是运作管理的主要内容之一。劳动力、原材料和设备的有效利用对保持成本竞争力是非常必要的。

（2）质量。在智能制造中，产品质量的目标是向客户提供满足功能、性能、外观等要求的产品的同时，如何做到低成本与高效率。质量是市场、产品开发、产品生产等活动协同运作的结果。稳定地提供质量一致的产品是质量保证活动的目标。

（3）速度。快速的新产品开发，加上快速的物流，是智能制造追求的目标，也是智能制造水平能力的体现。快速向市场推出新产品需要使执行与开发任务并行开展，同时也需要快速爬坡的制造能力。由于没有低效率的剩余库存，快速反应交货要求更短的制造周期、更可靠的制造过程以及各种职能的有效配合（如销售和制造），这些问题是运作管理的中心内容。

要使智能制造真正发挥作用，识别生产特征，采用有针对性的运作模式是重要的。原因在于工厂的自动化系统构建、库存策略、生产决策等这些生产运作的基础因素均是建立在生产特征上的。生产特征内部包括低层的产品和工艺结构，工艺结构即物料流经工厂的方式。例如，化工厂的连续流程特性与定制机加工车间中单件加工的环境必然表现迥异，因而也相应地表现不同的管理场景。生产外部特征是企业面对的客户与市场需求要求工厂采取的生产模式，例如一个中等批量以上的产品生产工厂，可能采取备货生产（MTS）是合适的，而小批量多品种产品的生产工厂则可能采用按订单生产（MTO）的方式。就离散制造的工艺结构的不同，基本可分为以下制造环境。

（1）加工车间（Job Shops）。通过工厂内变化的工艺路线加工多种小批量的产品。工厂中物流错综复杂，设备安装调试频繁，制造环境更多地体现一种项目性工作而非节奏性工作的氛围。例如机械加工厂，它的每道工序都有独特要求，因此一般都会是加工车间的模式。

（2）间断流水线（Disconnected Flow Lines）。通过有限数量的既定工艺路线（如厂内的通道）生产批量产品。虽然各条加工路线互不相同，流水线上的各个工站之间却并不是由一个节奏化的物料搬运系统来连接的，因此，工站之间可能会积压在制品库存。工业生产中，大多数的制造系统都与间断流水线有着某种程度的相似性。例如重型设备制造商通常会采用一条设计完善的装配线，但由于每个工站的加工范围和复杂性不同，通常不会在工站之间建立存在自动化的节拍搬运设施。

（3）连续流水线（Connected Flow Lines）。这是福特工厂发明的经典移动装配线，其通过一条由设定速度的物料搬运系统连接的刚性路线加工和装配产品。汽车生产是一个应用连续流水线的典型例子，汽车框架沿着移动装配线在安装不同构件的工站之间移动。

制造过程是物流、信息流、资金流在各个业务环节流动，具体对生产运作而言，其有三个主要的过程。

（1）产品决策。如图7-4所示，产品决策过程是评估企业在成本、物料、时间及产能方面如何适应客户订单要求，以确定是否承接客户订单的过程。接到客户订单后，由产品设计部门通过产品数据管理（PDM）系统对产品规格要求进行处理，综合目前企业已有产品规格及物料库存情况进行产品设计，并将产品数据转换为生产与物料管理所需要的物料清单（BOM）。由库存管理部门通过库存管理系统针对产品设计所生成的物料清单，结合实际库存情况，估算物料需求种类与数量；由生产部门通过制造执行系统（MES）估算订单生产所需的工作量与完工时间。管理部门综合上述数据估算生产成本，从而给出合理报价或决定是否接单。

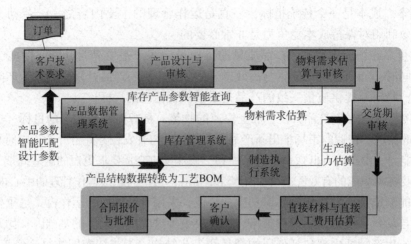

图 7-4　产品决策过程

（2）物料供应。如图 7-5 所示，当订单确认后，其产品由设计部门进行审核确认，通过产品数据管理系统生成工艺物料清单。生产部门通过制造执行系统依据工艺物料清单进行车间作业排程，生成各级工艺 BOM（零件、原料、中间产品）的补货单，其中零件、原料补货单由库存管理系统自动生成物料需求计划。库存管理部门针对物料需求计划对库存物料进行保留操作，确保物料有序地调拨。同时，库存管理系统自动计算库存缺口，采购部门依据库存缺口制订采购计划。物料从采购收货起出库均可定制物流路线，系统将根据定制的物流路线自动生成相应的收货单、调拨单、发货单等单据，便于操作人员核对与追溯。

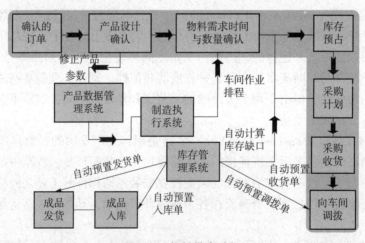

图 7-5　物料供应过程

（3）生产控制。如图 7-6 所示，确认的客户订单所涉及的产品由设计部门对产品的规格做最后的修正后，由产品数据管理系统生成工艺 BOM，制造执行系统基于工艺 BOM 进行车间作业排程，针对工艺过程的每个工序产生工单。工人通过部署在车间工位上的终端获得工单，通过更改工单状态反馈生产实况。管理人员可直接通过制造执行系统了解工单执行情况，及时掌握生产进度、在制品、人员、设备、报废等数据。

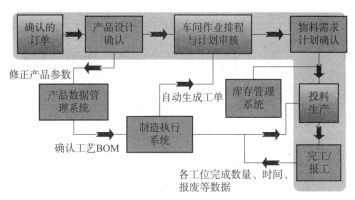

图 7-6 生产控制过程

## 7.1.5 生产系统规划

建设智能制造工厂，首先要进行车间生产系统的设计规划。对制造过程中的生产流程和设备进行规划和优化，目的是确保生产过程顺畅进行，同时提高生产效率和质量，降低成本和减少浪费。进行生产系统规划通常涉及流程分析、工艺设计、设备选择和配置、车间布局、物料管理、人员培训等方面的工作。

产品品种和产量直接决定了企业的生产类型以及设备的布置形式，企业可按生产批量来确定企业的生产类型。大批量生产类型一般采取流水线形式。生产类型选择参考因素如图 7-7 所示。

常见生产线布局有设备功能布局、流水线、单元生产线、固定式生产线四种，下面分别进行介绍。

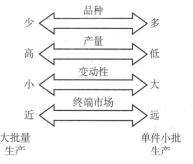

图 7-7 生产类型选择参考因素

### 1. 设备功能布局

设备功能布局将相同类型的机器布置在一起形成加工区域。在这种布局方式下，加工对象需要按照各自的加工顺序依次流经各个加工单元，不同产品有不同的加工工艺要求和操作顺序。由于相同的多台设备和不确定的工艺路径会形成多种生产组合，这种多样性生产往往会带来各种问题。通常采用这种布局方式的是设备类型企业。设备功能布局如图 7-8 所示。

设备功能布局的优势：一方面有利于设备管理和人员管理。相同的设备在一起，同种专业人员集中，便于管理与设备维护；单一技能或少数技能重复使用，有利于提高员工技能。另一方面便于调度设备产能。将设备集中放置在一起，容易观察设备的负荷情况，并且可以将满负荷的设备的工作计划调整到其他设备上进行生产。

设备功能布局的缺点：一是需要大量的空间来容纳各种设备和机器，导致生产线的占地面积较大，分车间布局造成了物料搬运的浪费；二是不同零件的工艺路线穿插在不同设备上，工艺路线复杂，给线边库容量设置与 AGV 路线布置造成困难；三是上述两点的问题容易造成在制品堆积。

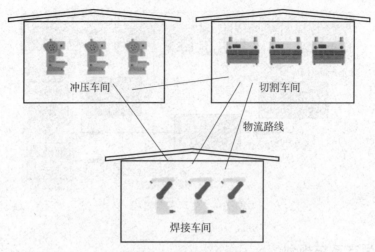

图 7-8  设备功能布局

### 2. 流水线

流水线是每个作业人员或自动化加工设备承担一个工序，通过传送带输送到下一个工序完成在制品的生产方式。流水线易于实现自动化，这是因为流水线使作业人员分工协作，每个工位只需要重复自己的那道工序。工位实现工序易于进行分解或合并，可使分工更为精细，产品的质量和产量大幅提高，极大地促进了生产工艺过程和产品的标准化，有效解决了生产资料、技术、组织和生产过程需要结合起来等问题。自动化流水线示意图如图 7-9 所示。

自动化流水线目前在各类制造型企业中广泛使用，依据其具体的工艺特点形式多样。流水线也具有一些缺点，例如单点故障会造成全线停机，瓶颈工序制约全线产能。虽然可以混线生产不同的产品，但是由于流水线布局的局限性，混线产品型号不可能有很大的变动。此外，生产切换损失时间多，切换后工序时间有所变化，生产线平衡不易做到，所以柔性仍然不足。

图 7-9  自动化流水线示意图

### 3. 单元生产线

单元生产线具有很强的柔性，能满足小批量、多品种的生产方式，也能满足当前的大规模定制模式。单元生产线因为更能满足小批量、多品种模式而不断展示其优越性。

单元生产线的柔性体现在以下几个方面：产品容易切换，单元生产线都为短线，换线总损失时间少，可以同时生产不同型号的产品。短线生产的生产平衡率不但较高，而且更容易切换产品。

柔性制造单元（Flexible Manufacturing Cell，FMC）是一种集成了多种工艺设备和自动化控制系统的生产线，能够快速、灵活地生产不同类型和规格的产品。FMC 是实现柔性制造的一个重要手段，可以提高生产效率、降低成本、缩短生产周期和提高产品质量。柔性制造单元示意图如图 7-10 所示。

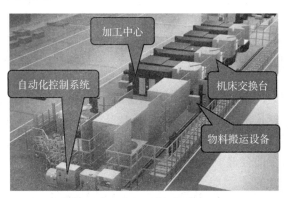

图 7-10 柔性制造单元示意图

FMC 通常由以下几个部分组成。

（1）机器人系统：用于物料的搬运、工件的加工和装配等。

（2）加工设备：包括数控机床、自动化冲压机、激光切割机、激光焊接机、注塑机等。

（3）自动化控制系统：用于对整个生产过程的控制和协调。

（4）传感器和检测设备：用于检测工件的大小、形状、质量等。

（5）物料处理设备：用于将原材料转换为半成品或成品，包括物料输送机、存储设备、自动化装配线等。

FMC 的主要特点包括以下几个。

（1）模块化：FMC 由多个模块组成，可以根据需要进行组合和拆卸，具有较强的灵活性和可扩展性。

（2）可编程：FMC 可以通过编程实现不同的生产任务，可以根据不同的生产需求进行快速调整。

（3）自适应：FMC 可以根据生产环境和物料变化进行自适应调整，可以在不同的生产环境下实现高效生产。

（4）高度自动化：FMC 的自动化程度较高，可以实现自动化生产、自动检测和自动控制等功能。

（5）高度柔性：FMC 具有较高的生产柔性，可以快速切换产品类型和规格，适应不同客户的需求。

4. 固定式生产线

固定式生产线针对繁杂大型单件生产，其往往是按项目组织的。它适用于生产对象笨重而难移动的场合，例如大型飞机的组装。它的加工对象位置、生产工人和设备都随加工产品

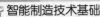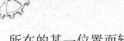

所在的某一位置而转移。

生产线规划是实施制造执行系统的重要依据，当生产线确定后，物流设施、车间网络设计、数据采集、现场运行调度等方案才有参照对象。

## 7.2 制造运营计划管理

### 7.2.1 概述

经典 ERP 系统采用 MRP（物料需求计划）模型进行物料需求计划与生产计划，MRP 根据客户订单建立规划，然后根据规划投放订单，是推的方法。

在当前多数产品所处的市场环境下，仅采用 MRP 进行计划活动无法满足需求。当前多数产品市场竞争激烈、迭代快、生命周期缩短，要求 MRP 需求时界尽量缩短；订单量变动性大，使很多情况下不得不对 MRP 需求时界内的需求计划进行变更，这种变更对 MOM 系统而言牵一发而动全身，即会造成生产、采购等计划的一系列变更，而这种变更对进入需求时界的生产而言是灾难性的。

即时化（Just in Time，JIT）生产正是应对上述情况而提出的。在 JIT 生产体系中常采用拉式或推拉结合的生产模式，在各个关键工序位上设置库存基准，实施补货生产（Make to Stock，MTS）。然而，从上下游供应链的全局来看，单一企业实施 JIT 生产实际上是将供货时间与数量的不确定性风险交给其上游企业承担，这在很多情况下是不可行的。其解决方法一般是上下游企业之间引入第三方物流企业，由第三方物流企业承担部分库存缓冲，并向下游企业提供 JIT 生产的供货服务。第三方物流企业承担库存缓冲的作用后，上游企业的供货周期可以在一定程度上延长，并在一定范围内提高供货数量的确定性。这样虽然对下游企业（例如汽车主机厂）而言，其具体生产是 JIT 模式的，但在时间的宏观尺度上，MRP 仍有指导意义。

本节将以一个向汽车主机厂供货的车桥生产厂制造运营案例辅助说明 MOM 计划的操作，该生产厂面向的市场环境是向汽车主机厂配套供应其所需要的车桥部件。

该工厂所处的供应链角色为配件生产供应商，向末端的汽车主机厂供货，向上游的铸铁、钢材等原材料供应商要货。

制造决策制定过程中使用不同的计划展望期（Planning Horizon）。计划展望期的合适长度也因产业和组织的层级而不同，一般分为长期、中期和短期，或者战略层、战术层与控制层，如图 7-11 所示。

MOM 的战略层计划方法在第 5.3 节进行了介绍，战略计划制定了长期的产能投资与建设规划，一般的 MOM 软件系统中不提供战略层的决策支持系统。在此不讨论真正意义的长期（一年以上）与中期（半年以上）计划，仅就运作层的具体短期计划进行分层：月度计划、短期计划与车间作业计划。

工厂自身的月度计划是依据主机厂向其提供的月度要货计划而制订，该要货计划一般是由主机厂 ERP 系统进行 MRP 计算得到计划时界内物料需求计算结果，因为需求时界的计划不确定性高，所以实际的生产是采用 MTS 方式。计划时界的物料需求计划作为月度要货计划（通常需要增加应对变动性的余量）发送至冲压件厂，冲压件厂基于制造 BOM 对完成该

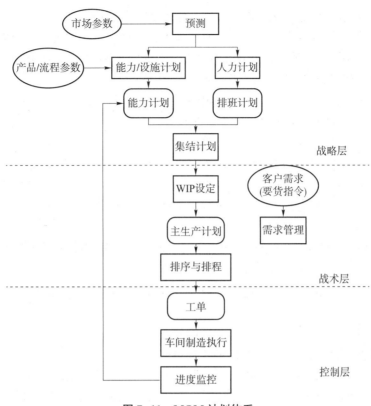

**图 7-11 MOM 计划体系**

月度计划所需的原材料进行算料，从而得到它的上游原材料供货商的要货计划。最后，把各类原材料要货计划分解到各个供应商。因此，第一级计划是供应链末端企业进行物料需求预测后传导至全供应链的框架性计划。

在这一期间需要综合考虑的因素包括三个。

（1）产能配置。根据月度要货计划进行产能估算，对设备负荷进行合理分配。对人员班次进行计划，确定人员上线的时机，从而满足生产需求。

（2）采购。与供应商合约的订立，常常早于实际订单的下达。例如，企业可能需要对供应商的价格、质量、交货期进行评估，另外需要约定采购交货的提前期。在这一阶段签订长期合约，需要基于长期的采购量。

（3）外协。在基于产能的正确估算前提下，选择需要外协生产的零件及至需要外协的工序，提前在 MOM 系统中进行设置。

综上所述，月度计划有三个方面的作用：一是便于供应链内企业估算与预留产能；二是便于供应链内企业确定自身供货商的供货合同；三是便于供应链内企业做出采购与生产的现金流计划。

## 7.2.2 生产计划制订的依据

为提高产量与采购量的确定性，生产计划在短期计划范围内制订。生产库存是生产过程需要控制的第一个参数，工位器具数量、缓冲区的大小是依据这一参数确定的，更为重要的是确定与之相对应的现金流量水平，以保证生产过程的物料周转。生产库存过高，则产品库存增大，占用资金多；反之，生产库存过小，则不能充分利用产能。

为正确地估算正常的生产库存，基本原理是里特定律。可宏观地把整个生产系统看作一个传送带模型，如图7-12所示。在这个模型中，实际生产速率（生产节拍）$r_b^P$ 和最短实际提前期（产品生产时间）$T_0^P$ 刻画了宏观的产能。根据里特定律，有

$$\text{WIP} = r_b^P \times T_0^P \tag{7.1}$$

式中　WIP——总体的在制品水平，即生产库存。

式（7.1）中的 $T_0^P$ 为确定计划周期提供参考，一个生产计划周期应能够覆盖 $T_0^P$，再综合考虑换模时间、设备检修时间的影响。例如该厂的平均 $T_0^P$ 为 2.3天（一天两班），计划周期为 3 天，即每三天下达一次生产计划。

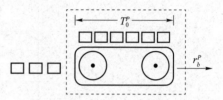

图 7-12　生产系统的传送带模型

除了 WIP 水平，另一个控制拉式系统的关键参数是生产定额。生产定额的基本含义是，为作业建立一个周期性的数量，该量基本能在定额时期（计划周期）内完成。以其最严格的定义形式，生产定额意味着：

（1）在该时期中，一旦达到定额，生产即停止；

（2）正常时间内完成不了的，要以期末加班来补足。

为确定生产定额，销售部门需要跟踪客户需求，在本案例中是跟踪汽车主机厂的要货指令。要货指令不能随到随执行，需要在计划周期前集中算料，算料是通过制造 BOM 来进行的，系统生成补货单并进行汇总，从而确定与调整产品的生产定额。一般情况下，生产定额是存在变动的，例如淡季与旺季的要货指令变动，或者主机厂销售策略的变动都可能引起生产定额的调整。

计划周期内一旦生产指令下达，MOM 系统将根据关键零件与产品的当前库存生成补齐生产定额的生产单。

### 7.2.3　排序和排程

在制造业中，面对大量的订单和交货日期的变化，以及多种物料和工序的需求，实现快速而准确的生产计划非常具有挑战性。车间作业排程的目标是尽可能地满足客户的交货期限，并确保生产线上的资源充分利用。它不仅仅是安排物料的投放顺序，还需要考虑每个设备的任务安排以及加工的开始和结束时间。

在 MOM 系统中，高级计划与排程（Advanced Planning and Scheduling，APS）是一种常用的工具，是基于约束理论的先进排程工具。APS 系统使用高级算法来解决复杂的排程问题，例如多个产品之间的交叉依赖关系和生产线上的瓶颈。它还可以考虑到外部因素，如设备维护、工人可用性和供应链瓶颈，以便在制订生产计划时进行合理的权衡。

APS 功能主要包括以下几个方面。

（1）生产计划的转换：根据企业的生产计划和订单需求，将计划转换为可执行的车间作业。其包括将订单拆分为工序、工单和工艺路线等，并确定各个作业的开始时间、结束时间和资源需求。

（2）作业调度和优化：根据车间内的资源状况和约束条件，对作业进行调度和优化，确

保作业能够按时完成，并使资源的利用率最大化。同时，需要考虑设备的可用性、工人的排班情况、物料的供应状况等因素，以避免资源的浪费和冲突。

（3）进度追踪和监控：实时追踪和监控车间内各个作业的进度和状态，及时发现问题和异常情况，并及时采取行动。可以通过可视化的界面展示车间的生产情况，帮助管理人员全面了解车间运行情况。

（4）异常处理和调整：当车间发生异常情况或计划变更时，车间作业排程需要能够及时处理和调整。例如，当某个作业延迟或取消时，需要重新调度其他作业，以保证整体生产计划的稳定和准确。

（5）数据分析和反馈：根据车间作业的执行情况和实际数据，进行数据分析和反馈，为生产决策提供依据和支持。可以通过对作业效率、资源利用率等指标的分析，发现问题并提出改进措施，提高车间的生产效率和质量水平。

然而，在实际应用中，车间作业排程需要根据不同的工厂和生产线的特点而定制。在简单的流水线生产中，可能只需要按照最早交期进行计算，并保持工单的先进先出顺序即可。但在复杂的加工车间中，涉及多条生产线、机器换模和部件组装等情况，简单的顺序很难定义并实施。

因此，在复杂的情况下，常常需要通过迭代的方式将 MRP（物料需求计划）模块和排序/排程模块相结合。MRP 模块负责制订概要的短期计划，而排程根据计算机计算的结果进行修订。排程产生的物料需求反过来会影响在手库存，进而影响 MRP 的结果。

在 MOM 系统中，车间作业排程还需要提供详细的进度表，包括作业和物料的具体投放时机以及作业到达工站的预计时间。生成这样的进度表需要大量的数据和系统维护成本，但可以提供给现场人员足够的信息，使他们能够做出合理的控制决策。

在实际应用中，车间作业排程应该尽量简化，并为现场人员提供足够的信息来做出合理的控制决策。上述工作对于各类数据（如制造 BOM、报工单、设备状态等）的更新维护是一项巨大的挑战，良好系统集成以及车间物联网与传感器的应用有助于上述数据更新的自动化，减少人工工作量与人为差错。

## 7.2.4 聚合计划操作案例

本 MOM 系统提供了销售模块，而 MOM 销售模块与 ERP 销售模块不同之处在于 MOM 销售模块仅关心与生产相关的客户信息，主要是客户长期合同、收款、要货计划等内容。聚合计划从销售模块接收客户的年度计划框架（包括要货计划、合同收款计划）开始，到月度计划的制订，并与采购模块联动，生成一系列长期与短期结合的聚合计划。

1. 合同

（1）单击左侧"销售"按钮进入销售模块，单击界面上方的"合同"菜单下的"我的合同"进入合同界面，如图 7-13 所示。

图 7-13 合同界面

（2）单击"创建"按钮进入合同的新建界面，填写基本信息，如图 7-14 所示。

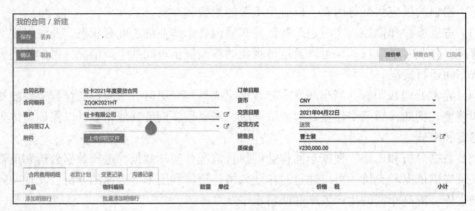

图 7-14　创建合同

（3）添加合同费用明细。

在签订年度合同时，客户可能会有一个粗略的要货计划，若要添加合同费用明细，则步骤如下：单击"批量添加明细行"选项弹出产品选择弹框；勾选所有需要的产品前面的选择框，然后单击"选择"按钮，完成产品的选择，如图 7-15 所示。

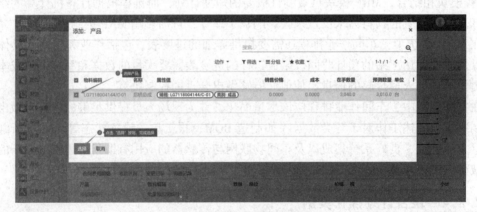

图 7-15　添加合同费用明细

选择完产品后，对产品的数量与价格进行更改，完成合同费用明细的添加。

（4）添加收款计划。

根据填写的收款计划，自动进行收款提醒。比如，需要在开票后 90 天提醒收款，收款比例为 100%，设置如图 7-16 所示。

2. 月度计划

（1）单击"销售"按钮进入销售模块，单击"供货计划"选项下的"月度计划"菜单进入月度计划主界面，然后填写要货信息，如图 7-17 所示。

（2）填写完成月度计划后，通知采购部门制订采购计划。

3. 采购计划

采购部门接到销售部门下发的月度计划后，开始根据月度计划制订采购计划。其具体操作如下。

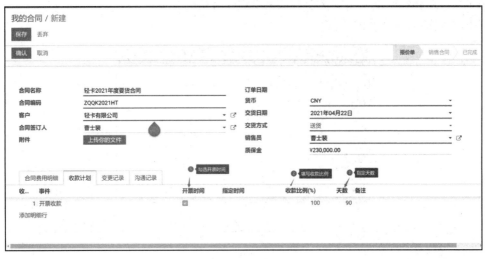

图 7-16　添加收款计划

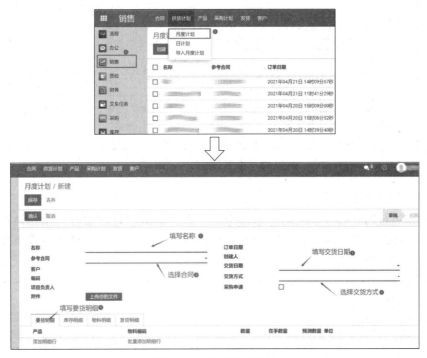

图 7-17　创建月度计划

（1）根据月度计划检测库存（见图 7-18）。单击采购模块"采购计划"下的"月度计划"菜单，进入月度计划主界面，检测库存，调整单件数量。

①单击要处理的月度计划，进入月度计划表单界面，单击库存明细中的"检测库存"按钮，系统自动计算填写单件成品与原材料的明细项，包括名称、数量等。

②和生产方确认自产与外购的数量。比如，系统计算出来桥壳总成需要 3 000 台，和生产方确认生产 1 000 台、外购 2 000 台，偏移数量为-2 000 台，则最后制造的数量自动调整

为 1 000 台，在物料明细中填写需要购买的 2 000 台桥壳总成。

③修改偏移数量来修改总数量。

图 7-18　根据月度计划检测库存

（2）计算原材料需求量。

库存明细填写完成后，切换到"物料明细"页，单击"计算用料"按钮计算出需要的原材料数量，并添加需要购买的数量 2 000 台桥壳总成。若原材料订购数量需要调整，则更改偏移数量去调整订购数量，如图 7-19 所示。

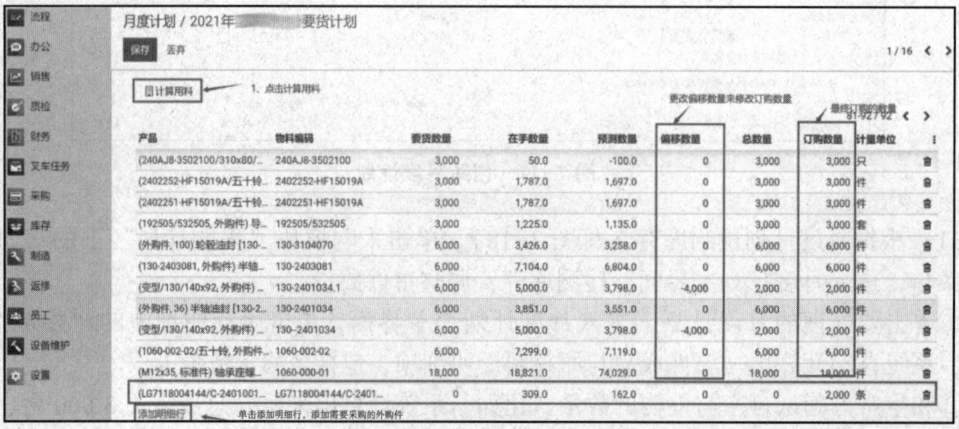

图 7-19　计算原材料需求量

（3）创建采购申请。

当月度计划完成后，需要手动生成采购申请，进入采购审批工作流程。

## 7.3 制造运营物料管理

### 7.3.1 物流路线

物流路线是物料流动位置与方向视图，它结合库存模型描述了制造过程物料流动状态以及物料流动的动因。制造 BOM 结合物流路线，MOM 即可计算所有生产计划，设备的作业排程，从原材料入库、各个工序生产直到成品发货的全部物料调拨与出入库单据。

库位是 MOM 库存模型的基本数据，库位分为物理库位与虚拟库位。物理库位数据描述一个具体存在的库位信息，包括位置坐标、容量等，物理库位可以是固定的货架、货位，也可以是移动的料车、工位器具等。

虚拟库位是在系统业务处理中不关心其具体位置、容量，而只关心其属性、状态的库位。例如在协同制造管理中，向供应商开放供应链平台，供应商可在平台上获得物料需求信息，并录入原料产出量、发货量信息。供应商库位与发货后的在途库位就是虚拟库位，因为本企业在计算库存量时，只关心这部分库存的属性而不关心其具体位置。

物流路线的各个节点信息应包括本节点库位、下一个节点库位、本节点调用的业务处理过程、本节点到下一个节点的推拉模式。

推式物流路线的物料流动动因是本节点有物料到达，物料到达本节点后业务处理过程即被触发，并对物料予以全部处理，业务处理结束后全部物料被推向下一个节点；拉式物流路线的物料流动动因是补货，即到达本节点的物料暂存于本节点，下游节点提交补货单后，物料从本节点运往下游节点。当本节点库存量触发补货规则后，业务处理过程才被调用，处理物料的数量要根据补货规则进行处理。通常补货规则是最大最小库存规则，即本节点的产出品库存数量低于最小库存时启动生产，使产出品数量达到最大库存。

图 7-20 所示的物流路线展示了一个简单的拉式生产模型，其中采购物料入库是推式物流路线。当一个采购单生成时，MOM 系统便自动生成该项采购物料到货后的单据。货物到达卸货区扫码后，系统则提示工作人员执行调拨单将物料送至检验区质检，质检完成后，系统将提示工作人员执行入库单把物料入库。如果这一过程是由自动仓库系统完成，则调拨单及入库单发送给 WCS 自动执行。

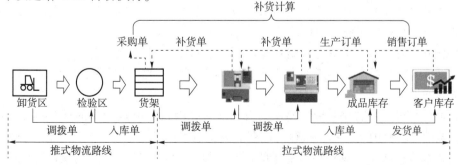

图 7-20 物流路线示例

后续部分为拉式物流路线。假设 MOM 系统云平台与客户第三方物流仓库管理系统对接，客户库位（虚拟库位）提出补货后，企业内部仓库管理系统计算本仓库在手库存，向客户仓库发货，如果企业内部库存低于最小库存，则触发补货单，向生产工序末端传送，生产工序末端查看自身库存，如果触发生产补货，则 MOM 生成工单发往工序末端。由此依次向上游工序拉动补货，直至生产投料的调拨。各工序产出品按补货量向下游传递。

## 7.3.2　物料与物料管理

物料（Material）是制造业中用于生产的原材料、部件或零部件的统称，包括原材料、半成品、成品、备件等。在制造流程中，物料是制造业中最基本和重要的元素之一。物料可以是天然资源，如石油、天然气、矿物等；也可以是加工好的半成品，如钢材、塑料、橡胶等；还可以是制造好的成品，如计算机、手机和汽车等。此外，物料还包括一些配件和备件，如螺丝、螺母和轴承等。

在制造业中，物料管理起到了至关重要的作用。对物料进行有效的管理，可以确保原材料和组件的供应充足、生产进程顺利、生产成本降低、库存减少，从而提高生产效率和产品质量。与 ERP 系统类似，MOM 运作需要对物料按照物料之间的逻辑关系组成物料清单，而MOM 中关心的 BOM 主要是制造物料清单（MBOM）。

物料管理是通过建立一套完整的管理体系，集成仓储、物流与计划系统，优化并透明化企业物料库存、流转、状态去向，实现防呆与可追溯，促进并保障企业对物料的采购、检验检测、库存管理、车间配送、库存转移、消耗防呆、追溯分析等需求，实现生产与供应链的高度整合，以驱动工厂高效运作。

工厂生产产品的第一道门槛是物料，许多工厂都遇到这种情况：由于缺乏物料，他们经常不得不更改生产计划或推迟发货。因此，对物料进行适当的库存备份非常重要，过少或过多的库存都会影响企业的运营。实现恰到好处的库存，需要将物料管理和高级计划与排程相结合，以制造运营管理为基础。除了工厂的采购、生产和计划部门之外，企业的管理者也非常关注物料，这凸显了物料的重要性。

企业对物料的管理不仅涉及采购和库存问题，还涉及如何在工厂内管理物料。现实中，由于物料管理不透明，很多物料被堆积起来，无法跟踪其去向或已经过期报废。此外，如果制造产品的物料没有得到妥善管理，可能导致产品存在缺陷，从而大大降低工厂的产出和产品质量，进而影响企业的市场竞争力和盈利能力。

物料管理是工厂运营的基础，对企业的影响主要体现在以下几个方面。

（1）维持产销平衡：物料库存过少会导致生产缺料，使计划无法按期进行，影响产出，最终影响企业盈利和销售商的销售计划。

（2）优化库存：过多的库存会造成成本积压，导致企业资金链紧张；同时，物料管理不当导致过多的物料报废（如超期失效），提高制造成本；物料问题也会导致维修、返工等额外成本的增加。

（3）质量保障：不合格物料、超期物料、错料等因素将导致众多的质量问题，降低制造良率。准确的物料配送、物料跟踪与追溯能够在很大程度上防止上述问题的出现。

（4）提高生产效率：车间物料配送的效率直接影响生产效率。未实现信息化管理的工厂，通常需要耗费大量时间查找、确定物料，还可能发生现场物料堆积混乱与配送不及时、盘点耗时长等现象。因此，企业需要建立现代化的物料管理体系并整合物流来提升效益。制造运营管理的物料管理是帮助企业实现智能化、一体化物料管理系统的基础，能够有效驱动生产与供应链配送。

### 7.3.3 物料基础信息

物料基础信息一般包含以下部分。

#### 1. 物料编码

物料编码是物料管理规范化的手段，统一物料编码可使设计者快速找到已有的设计资料，提高物料的重用性，减少重复订货与库存沉淀。库存沉淀是指原先采购入库的物料由于某种原因未按计划使用，而在后续生产中其可用性无法确定，所以只能在仓库中存放。如果在工程 BOM 上采用了统一物料编码，后续的生产中计算物料需求时，则可能将上次未被使用的物料纳入可用库存。制定物料编码方案需遵循以下原则。

（1）唯一性。每个物料只有唯一编码，保持一种分类方法并在系统的各组成部分中保持一致。唯一性是物料编码方案的基本要求，唯一性意味着可能变化的信息不能体现在编码中，如公司信息、供应商、客户信息等。

（2）简单性。编码结构应尽可能简单，长度尽量短，可节省阅读、填写、抄录的时间和存储空间，编码中不应有过多的信息体现。

（3）稳定性。在编码时，要考虑物料编码变化的可能性，尽量保持编码的稳定性，物料编码所体现的含义不会发生大的变化。

（4）可拓展性。物料编码应有一定的可拓展性，保证编码使用和更改方便。

（5）规范统一。编码的结构及编码的编写格式应当统一，编码的长度统一。

（6）分类性。按照物料的属性、物料的数量合理分类。

#### 2. 物料名称

物料厂商对所制造的物料命名，如"电机壳体""定子组件"，用于直观表明该物料是什么。

#### 3. 规格型号

规格型号是对物料的尺寸、型号、颜色、规格等的详细描述，如"电源线 380 V，12 A"，表明该电源线所支持的额定电压与电流分别为 380 V、12 A。规格型号能够辅助工厂相关人员在接收、使用、分析时，对物料直观地进行识别。

#### 4. 供应商信息

供应商信息表示物料制造商公司名称。由于工厂内的同一物料可能由多家供应商提供，故供应商信息的录入对后期供应商物料品质分析评估起到了重要的分类作用。在 BI 中，可以根据制造缺陷与物料供应商的关联分析来评估供应商品质甚至索赔。

#### 5. 生产批次

生产批次表示制造商生产该物料时的批次号，如"LOT-DZ20200710-CN"。通过与工厂接收物料时的批次信息关联，在发生生产品质事件时，如果是物料所致，通过追溯分析可以准确定位受影响的产品范围，也能辅助物料供应商进行品质溯源与改善。

### 6. 数量与计量单位

物料的计量单位有批、盘、卷、件、箱等。不同的工业行业有不同的计量方式，如电子行业以盘、卷为主，化学行业以桶、升为单位。

### 7. 生产日期与有效期

物料的生产日期与有效使用期限。生产日期与有效期的录入，对具有保质期限制的物料在工厂内的出库与优先消耗有重大意义。忽视对有效期的管理，将导致高昂的超期报废成本。

### 8. 其他属性

其他所需标注的物料信息。

## 7.3.4 库存管理系统

库存管理系统（Warehouse Management System，WMS）是生产制造过程中的重要环节。在系统实施中，MOM 中的库存管理可与 ERP 库存管理部分功能重叠，并面向生产过程进行功能方面的延伸。MOM 库存管理负责确保生产过程各个环节物料存储、转运、配送的正确性和及时性，从而为生产现场提供有效的支持。以下是 MOM 系统在库存管理方面的常见功能。

（1）库位管理：实现库位的分配、调整和维护等操作，提高成品库和原料仓库的存储效率。系统会根据物料的特性（例如成品、原材料、半成品等）、优先级、生产计划等，分配合适的库位。除了实现传统 ERP 库位管理功能外，生产运营中的库位管理通常还需要满足下列功能。

①移动库位管理。数字化生产车间利用物料识别技术（RFID、机器视觉等）与物联网技术可跟踪料筐［见图 7-21（a）］、料车、料架［见图 7-21（b）］等工位器具以及存放于其内的物料。这使传统的固定于生产流水线附近的线边库扩展至灵活多变的任务车间（Job Shop），工位器具作为移动线边库，可即时运载物料至工位，也可即时至固定库位装载物料。这使管理移动库位成为必要的需求，在生产现场调度过程中，MOM 系统可查询、跟踪移动库位的位置，按生产需求调度移动库位装卸物料。通常移动库位由 AGV 或输送线进行搬运。

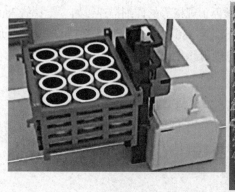

（a）　　　　　　　　　　　　　　（b）

**图 7-21　可移动的工位器具**

（a）料筐；（b）料架

②精确库位管理。智能制造生产过程中，无人化物料搬运是常态，物料的精确定位成为基本需求。除了货架的架号、层号、列号等常见的库位之外，生产中需要更为精细化的库位管理，例如零件在料筐中的坐标、型材在料车上的坐标。此类库位坐标一般需要通过仓库控制系统的堆垛机或工位搬运机械手臂进行定位。

（2）库存实时查询与更新：可以实时查看和更新库存信息，帮助生产、仓库、物流等部门跟踪零部件、原材料、成品等物料的库存水平，确保企业能够满足生产需求。

（3）物料状态跟踪：MOM 系统会跟踪库存物料的状态，加待投料、已投料、产出、入库、出库、待检、合格、不合格、锁定等，以便管理者进行调度与控制。同时，库存状态信息可以作为质量管理、计划调度等环节的输入数据，提高企业运营效率。

（4）入库与出库管理：MOM 系统负责管理物料的入库、出库操作，例如通过扫描、数据录入等方式记录物料的数量、位置、入库时间等信息。同时，系统会根据生产计划，指导仓库、物流部门或仓库控制系统执行相应的操作。

（5）库存盘点与核对：MOM 系统可以实现库存的周期性盘点，检查实际库存与账面库存的匹配程度，及时发现盘点差异，减少库存差异带来的损失。

（6）补货管理：ERP 系统的 MRP 计算功能通常可定期计算物料需求计划。如前所述，在实际生产过程中，生产的变动性往往导致 MRP 计算结果不符合真实的情况，需要结合生产作业排程进行迭代计算，这在一个具有相当制造 BOM 规模的企业中是不可行的。例如一个大型门窗五金件厂家，针对上千个订单的 MRP 迭代计算，在微软 AX ERP 上完成一次物料需求计算需要 60 min 以上的时间，因此 MRP 计算往往用于月度计划的框架性数据。在实际应用中，管理人员可以根据生产计划、历史数据和市场需求，设置基准库存水平与补货上限量，采用 Qr 库存模型进行补货计算。相较于 MRP 计算，补货计算的优点在于可仅针对部分物料的库存量进行计算，而不必动辄从订单开始进行制造 BOM 的全局物料需求计算，因而计算量小、计算复杂度低。经过补货计算得到的补货需求，可按物料的补货方式生成相应的单据，如需要直接从其他库位调拨就生成调拨单，需要通过采购补货就生成采购申请单，通过生产补货就生成生产订单，再由相应管理模块提供的功能进行汇总、合并、审批、执行。

（7）库存成本分析与优化：MOM 系统可以分析库存成本，结合生产计划、物料需求等因素，制定合理的库存控制策略，以降低企业成本，提高库存利用率。

通过上述功能，MOM 系统能够帮助企业增加库存透明度，优化库存管理，降低库存成本，提高生产效率。

## 7.3.5 仓库控制系统

仓库控制系统（Warehouse Control System，WCS）是一种用于管理仓库操作的软件系统，其主要功能是实现对仓库内各个环节的快速响应与高效控制。WCS 在物流管理方面发挥着关键作用，可以与其他企业信息系统（如 WMS、ERP、MES 等）进行集成，实现仓库整体运作的信息化管理。WCS 拓扑图如图 7-22 所示。

在 MOM 中，WCS 是仓库物料搬运、配送、存储的执行系统，它具有以下功能。

（1）动作规划与定义。该功能允许用户在硬件设备支持的基本搬运动作控制基础上，规划符合业务需要的动作序列。例如定义产成品从立体仓库中出库，需要由到达库位、搬运

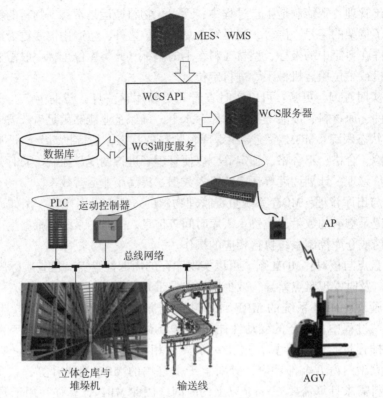

图 7-22　WCS 拓扑图

至输送线、分拣至指定出货位等动作序列组成。用户可将这些基本动作组成动作序列，完成一个完整的出库过程，并对其进行命名或编号。

（2）与其他系统的集成。其他系统与 WCS 进行集成，关键是建立 WCS 的物理位置与 WMS 的库位对应关系。在 WCS 中的位置通常是系统内的数字编码（例如 AGV 停放点）或者是货架编码及货架上的行列编码，需要将 WMS 中的逻辑库位与这些编码建立对应关系。比较原始的集成方法是通过以太网总线协议（如 Modbus-TCP）直接访问 PLC 寄存器，完成命令传达与数据采集，其缺点是要向其他系统开放自身内部控制系统，网络条件限制大，开发与维护困难；而完善的 WCS 通常提供远程过程调用（RPC）API，生产调度系统或 WMS 通过调用这些 API 向 WCS 发送指令或者获得设备与物料信息，再由 WCS 内部转达执行。其优点是系统耦合程度小，如果采用的 RPC 支持应用层网络协议（如 HTTP），则系统可灵活部署。

（3）任务分配与调度：WCS 实时接收来自上游系统（如 WMS、ERP 等）的作业指令，将其转化为具体的设备操作任务。在正常的生产条件下，任务指令下达与设备状态的变化是并发的，调度系统应该根据事件处理的优先级分配共享资源。例如一个门窗杆件生产线末端料车调度，需要提示工人将下线物料分拣到正确的料车上，如图 7-23 所示。系统动态分配空闲料车编号，工人看监控屏的指示为一个空料车分配一个料车吊牌，即料车编号，并把下线物料放置在料车上。该界面指示本批生产物料编码、当前料车吊牌号、共需要多少料车、已经使用了多少料车、下批生产需要多少料车等信息，使工人及时了解当前料车使用情况与下批生产需要的料车数量，以便提前准备。

图 7-23　门窗杆件生产线末端物料分拣界面

（4）数据采集与监控：WCS 可以实时收集设备的运行状态、故障信息以及作业过程中产生的各种数据。通过可视化界面展现给操作人员，便于进行监控与管理。

（5）异常处理与报警：WCS 具备对设备异常、作业延误等情况的实时监控及报警功能，帮助操作人员快速发现并解决问题。

## 7.3.6　数字化车间物料管理实例

某石油管线接箍生产车间从 ERP 获得生产计划，根据生产计划的交货期制订本车间生产计划后，向上游轧钢车间发送无缝钢管要货计划。由于轧钢车间需要根据炼钢出钢计划决定无缝钢管生产批次与数量，所以不能根据本车间的要货计划进行准确的批对批供货。在这样的情况下，本车间需要建立原材料（无缝钢管）缓冲库存，用于接收各个供货批次的原材料，并根据原材料到货情况与剩余产能进行生产作业排程。石油管线接箍车间库位示意图如图 7-24 所示。

产品主要工序包括切管、镗孔、车丝、磷化，各个工序时间有明显差异，其中切管生产率较高，镗孔、车丝工序生产率相对低，而磷化过程需要集结足够的产品数量一次投入处理，处理时间较长，故在切管工序后与车丝工序后设置半成品缓冲库存，最后设置成品库存区，等待产品出库。工序间的物料搬运采用叉车式 AGV 与料筐。该车间物料管理任务是合理调度物料的配送、控制缓冲库存量，并结合机器视觉技术与料筐坐标定位实现产品的逐支追踪。所谓逐支追踪，是要记录每件产品的产品编号，能够通过产品编号追溯原料批号、生产班组与工序质检记录、生产时间等。在产品出库前，能够准确定位每件带有编号产品所在库位，包括其所在料筐与料筐中的坐标。

（1）原材料入库。原料钢管从轧钢车间产出后通过行车吊运入库，附带二维码，其记录了产品合同号（订单号）、炉号（钢水生产批号）、捆号（轧钢生产批号）等信息。为确保产品的可追踪性，生产单也需要指定确定捆号的原材料进行生产。

（2）原材料投料。当工人开启一个工单的生产任务时，需要吊放指定捆号的原料钢管，工人通过扫描相应的原料二维码核对捆号，以确保使用了正确的原料。

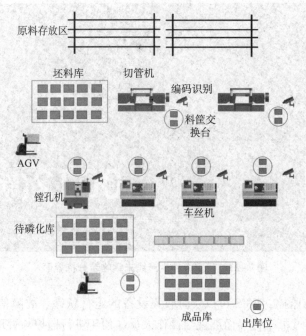

图 7-24　石油管线接箍车间库位示意图

（3）产品打码。从切管工序产出的物料在打码工位通过激光打码将产品编号刻印在产品表面上。产品编号由 MOM 系统按照产品编码规则生成，并通过 OPC UA 接口发送给控制打码机的 PLC。打码后的产品通过机器视觉识别编号回传给 MOM 的库存管理系统，开始记录该产品的位置与状态（完成第一道工序）。

（4）进入坯料库。完成识别的物料由机械手臂放置于料筐中，并记录其在料筐中的坐标，该坐标值存入 PLC 寄存器中，并由数据采集计算机通过 OPC UA 接口读取，由库存管理系统（WMS）结合坐标数据与产品编号来记录该编号产品所在料筐号与料筐内坐标。一个料筐放满后，WCS 将发出 AGV 搬运请求，生产调度系统将根据镗孔机转盘位是否空闲来决定该料筐直接搬运至转盘还是搬运至坯料库，并向 WCS 发出搬运指令（RPC）。当 AGV 完成搬运任务后，RPC 返回料筐位置，数据记入 WMS 中。

（5）机加工工序间的物料搬运。在镗孔、车丝等机加工工序，机械手臂进行工件的上料与下料，在此过程中保持工件在料筐中的坐标位置。当一筐工件加工完毕，料筐通过转盘转至出料位置，相应的 PLC 状态值发生改变，数据采集计算机监测到状态值后，将数据发送到生产调度系统，由调度系统通知 AGV 向下道工序搬运料筐。在这一过程中 WMS 始终同步料筐位置数据，并结合设置于工位的视觉识别装置核对产品编号，确认产品经过的工序，使该移动库位数据保持更新并保持产品的逐支追踪。

（6）磷化工序的搬运。进入待磷化库前，由于工艺原因，工件需要转移至专用磷化料筐，机械手臂传回每次所放置工件在磷化筐中的坐标，WMS 通过输送线识别的产品编号与坐标，自动完成移库操作，保持产品库位的跟踪；而磷化完成后工件转移到成品料筐，此时产品表面编号已经不可识别，系统依靠筐内坐标与摆放顺序确认工件位置，保持产品位置的追踪。

（7）产品出库。人工叉车行驶至车间成品库门口，工人操作出库界面指定某筐成品出库，由 WMS 发送搬运指令给 MCS，然后 MCS 控制 AGV 把成品货位的料筐搬运到门口，再由人工叉车搬运走。成品清空后，人工叉车将空料筐送回成品库位门口，通知 WMS 运回空筐。WMS 通知 WCS 指挥 AGV 搬回空筐至原库位，WMS 完成出库操作，更新产品出库记录。

## 7.4　制造执行系统

### 7.4.1　概述

制造执行系统（Manufacturing Execution System，MES）是 MOM 的核心子系统，负责制造过程的任务生成、下达、调度、监控等任务。制造执行系统的基本数据模型是工艺 BOM 与工艺路线。制造执行系统中，工位上无论是自动执行加工任务还是人工执行加工任务，其基本任务依据文件是工单（或称为派工单、工卡、工作单等）。图 7-25 所示为一个典型的生产车间制造执行系统方案。

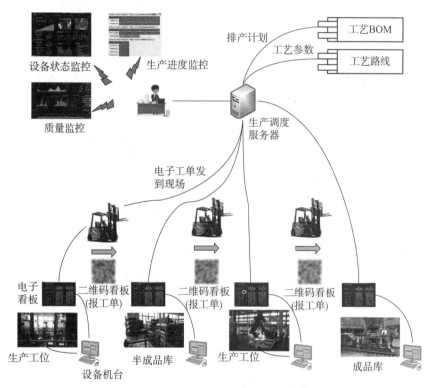

图 7-25　生产车间制造执行系统方案

生产计划确认后，由 ERP 系统传送至 MES，在工艺 BOM 支持下生成生产单，通过作业排程根据生产单以及相应的工艺参数进行排程计算或人工排程生成工单。生产调度服务器将工单排序后发送至库位与工位的电子看板，位于各个工位、库位的设备机台（可以是普通计算机或工控机）下载生产排产计划、相应的工单和对应的订单信息、工艺规程信息、设备信息、模具信息，以便现场操作人员查看与核对。设备机台的计算机通过设备接口将设备状态数据通过接口采集到机台终端进行显示，并转发到生产调度服务器上供管理人员监控。

由生产调度服务器自动计算各个工位产品向下游转运批量、批次，也可由操作人员人工决定转运批量与批次。生产或发货批量批次由执行终端显示于界面上，并生成带有二维码的报工单看板图片，操作人员可打印纸质看板也可用手机拍照，当某工位或库位的产品数量满足转运批量后，由转运人员携带到下游工位或者库位上供下游人员扫码核对。二维码扫码后，数据传入生产调度服务器，由服务器完成生产任务的报工记录。

系统统计报工记录生成生产进度数据并显示在生产进度数据大屏上，生产过程中产生的质量检验数据通过统计汇总在质量数据大屏上，设备状态数据则通过图表动画展示在设备状态数据大屏上。

### 7.4.2 生产单与工单

MES 的计划功能根据工艺 BOM 生成各层中间产品、最终产品的生产单（或称生产订单），系统把生产单以及与生产单对应的工艺路线（由工序组成）结合处理，生成每道工序的工单，然后将工单交由 APS 系统进行车间作业排程，或由人工排程。生产单与工单的生成及数据内容如图 7-26 所示。

如图 7-27 所示，工艺 BOM 各级结构上对应的成品与半成品由相应的工艺路线定义其加工过程，而工艺路线由排定顺序的工序构成。在制造执行系统中，通常按照上述的逻辑关系对工艺 BOM 以及工艺路线进行建模。

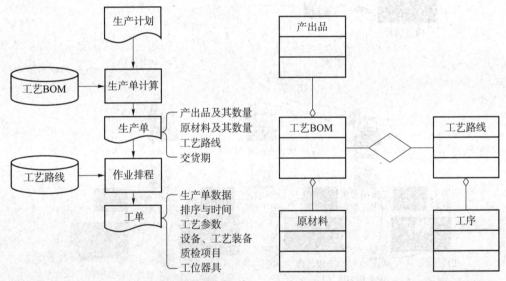

图 7-26 生产单与工单的生成及数据内容　　图 7-27 工艺 BOM 与工艺路线数据模型

如图 7-28 所示的工艺 BOM 管理界面，物料清单产出品为"前板总成-1/5"，其所需的原材料包括"螺纹衬套""前板""销"等。该 BOM 指定了工艺路线"1-满焊-5.0-底盘焊接八工位-1/5"，该工艺路线包括一个同名工序（操作）。在工序定义时，通常要指定完成该工序的工作中心、加工时间、技术要求与工艺参数等，在网络化数控加工的情况下，要指定该工序的数控程序或数控程序号，以便系统通过网络与数控系统通信，切换数控程序。

生产单的作用是作为加工任务管理的线索，可以按照订单、产品等查询条件安排、调整、归集、汇总相应的生产任务及其状态，例如查询汇总生产进度、根据需要合并与拆分生

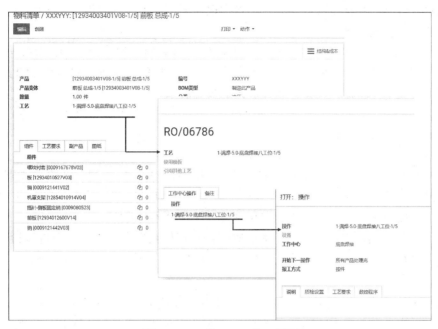

**图 7-28 工艺 BOM 管理界面**

产单、调整生产交货期等。在系统内部则需要根据生产单及与其关联的工艺路线进行工单计算。

如图 7-29 所示的生产单管理界面，可人工设置每条生产单的交货时间，单击"安排"按钮可人工对该生产单排产。通常情况下，这样的工作量是很大的，因此系统提供 APS 功能进行自动排产，生成工单。

**图 7-29 生产单管理界面**

工单可看作生产单在工序上的落实，经过排产后，工单被分配到具体的设备或设备组上，并赋予在该设备或设备组上的任务顺序。理论上，每个工单经过 APS 计算可得到计划开始时间与计划结束时间，但实际生产中，由于计划外停机、投料缺料或其他人为因素造成的不确定性，这种时间仅作为参考，而排序具有较好的可执行性。

电子工单（Electronic Work Order）是一种基于网络化数据传输的工单管理方式，用于替代传统的纸质工单。电子工单将生产任务所需的各项详细信息记录在电子文件中，便于在企业内部进行传递、共享和执行。电子工单在现代制造业中广泛应用，大大提高了生产过程的追踪、监控和管理效率。

（1）内容与结构：电子工单通常包含生产任务所需的各项信息，如产品型号、生产数量、制造工艺、设备与物料配置、操作人员等。电子工单的结构可以根据企业的实际需求来设计，并支持文本、图片、视频等多种形式的数据展示。

（2）发布与下发：操作人员可以通过终端设备（如工业平板、电子看板等）实时查看和操作电子工单。对于FMS（柔性制造系统），电子工单的数控加工程序或程序号可直接下达到加工中心的控制系统，完成工序切换。

（3）工序数据收集：电子工单可以与生产现场的设备、传感器、条码扫描器等硬件设备进行集成，实现数据的自动采集和回传。这些数据包括完工产品计数、实际加工时间、质检数据、当班操作人员等，为生产监控和决策提供实时数据支持。

（4）数据存储与查询：电子工单的所有数据被存储在数据库中，方便进行检索和查询。管理人员可以查看历史生产任务的执行情况、产出数据、问题统计等信息，用于持续改进生产过程和质量管理。

（5）追溯与分析：电子工单的全程记录能力，有助于产品质量问题的追溯与分析。通过查询相关电子工单及其关联数据，企业可以追溯产品的制造流程、原材料来源等，及时发现潜在的品质问题和生产瓶颈。

图7-30所示为石油管线接箍车间切管工序的电子工单看板，看板左上栏为工单所属生产单，右上栏为生产单详情，左下栏为工单列表，右下栏为工单的工艺卡片。工人登录机台界面后，系统自动记录当班的班次与工人，工人选中工单并单击左上角的"开始生产"按钮后，系统通过视觉识别系统开始记录其完工产品编号，追踪该工单的生产情况。

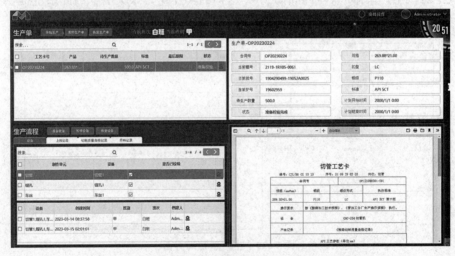

**图7-30 石油管线接箍车间切管工序的电子工单看板**

## 7.4.3 工序协同系统

近年来，在MES领域随着自动化应用的普及和与制造管理结合的深入，工序协同系统（Process Collaboration System，PCS）概念越来越多地见于智能制造系统实施中。工序协同系统的概念是随着制造业和生产过程的不断发展逐步演变而来的。该系统关注生产过程中的各个环节，通过整合各种硬件设备和软件系统，解决多工序生产中的任务分配、资源配置、信息流通等问题，从而提高生产过程的效率和可控性。在实际应用中，工序协同可由一个独立的后台运行系统完成，也可作为现有的制造执行系统或生产管理系统的一个组成部分。具体而言，工序协同系统负责完成以下工作。

（1）维持驱动加工工序：生产过程中，各个工序之间可能存在相互依赖的关系。这些关系主要包括先后顺序关系、分支合并关系等，这是由工艺BOM结构与工艺路线结构决定的。一般加工车间是多任务并行执行的，PCS从两个维度处理工序协同问题，一方面，对于某个产品生产任务，要沿着工艺BOM从初始原材料向产成品方向追踪推进所有工序的生产任务，按照BOM所需的物料提前计划配送任务；另一方面，从一个加工工位或生产设备看，不同产品的加工需要分析这些依赖关系，并根据实际需求来调整工序的执行顺序和优先级。基于客观存在的上述两个维度，一种调度模型如图7-31所示。

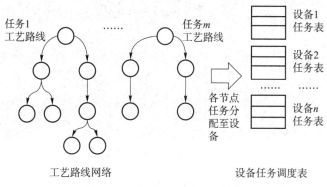

图7-31　PCS的一种调度模型

图7-31所示模型建立工艺路线网络与设备任务调度表，并对工艺路线的各个工序动态建立对设备的映射。工艺路线网络调度的主要任务是决定生产任务的数量关系与时序关系，设备任务调度表则决定具体设备的加工任务量与时间段。

（2）生产调度和优化：工序协同系统需要对整个生产过程进行动态的调度和优化，以应对生产需求的变化、资源状况的变化等因素。如本节前述案例中，生产调度服务器监控工序间物料缓冲区物料数量，根据电子工单报工时间准确地调整优化转运批量，平衡转运次数与等待时间，达到在制品水平综合最优的目的。

再如图7-24所示案例，车丝机或切管机中的某台设备出现突发故障，生产调度服务可记录当前工序完工快照，以当前状态的各工序待加工工件数量重新调用APS计算引擎进行作业重排，把剩余加工任务调度到其他设备上。当剩余产能无法确保交货期时，系统提醒管理人员进行外协加工。

（3）共享资源：在多工序生产过程中，资源（如设备、物料、人员等）可能在不同的工序之间共享。工序协同系统能够对这些共享资源进行预分配和管理，以提高资源利用率，减少浪费。例如车间的叉车呼叫系统，当一个工位的产出品缓存量达到规划值，PCS通过车间物联网了解叉车位置与叉车的闲忙状态，计算选择调用的叉车并呼叫该叉车，叉车上的呼叫灯亮提醒司机，并通过微信向当值叉车司机发送运输任务详情，列出运输任务顺序。

（4）信息传递和生产数据的追踪：工序协同系统需要确保生产过程中的信息和数据能够在不同工序之间顺畅流通，以保证生产的正确进行。此外，通过追踪和收集各个工序产生的生产数据，工序协同系统可以为企业提供生产过程的实时监控和数据分析支持。通常可以通过生产监控大屏进行生产实况的展示，生产监控大屏的共享数据来源可以是轮询数据库中的表、通过 TCP 端口接收现场发送的数据，也可以通过消息队列接收现场数据。生产进度数字大屏如图 7-32 所示。

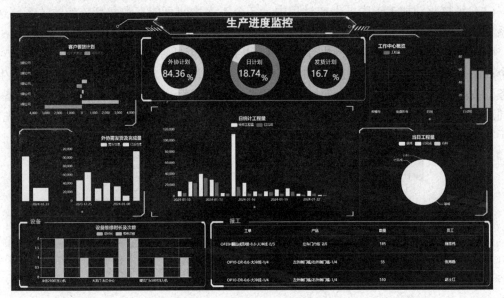

图 7-32　生产进度数字大屏

（5）异常情况处理：在生产过程中，可能会出现生产线故障、设备故障、人为操作失误等异常情况。处理生产异常的系统被称为安灯（Andon）系统。安灯系统是一种源于日本的生产管理方法，广泛应用于制造业。这种方法源于日本的精益生产（Lean Manufacturing）或丰田生产方式（Toyota Production System，TPS）。安灯系统是一种可视化的生产现场管理工具，用于实时监控生产过程中的问题，并马上予以解决。安灯系统的主要目的是通过实时监控、报警和解决问题来减少浪费，提高生产效率和质量。在生产现场，通常以灯塔、屏幕或其他可视化设备形式实现。

工序协同系统可集成安灯系统并增强其功能。工序协同系统通过车间网络与传感器、电子工单监控检测到生产异常，判断异常的影响范围，决定停机的设备范围，并及时调整相应的工序和资源，以保证生产过程的顺利进行。

## 7.5　制造运营质量管理

MOM 系统一般提供质量管理功能，MOM 的质量管理是企业质量管理体系的具体实施，担负了质量检验、过程质量管理、产品质量追溯、质量数据统计等任务。产品质量追溯与质量数据统计在前面已经有所介绍，此处不再赘述。

### 7.5.1　质量检验

制造系统中的质量数据在条件具备的情况下可进行自动采集，例如表面缺陷可利用磁粉探伤、超声探伤等方法，当设备提供数据采集接口时，数据可自动采集并进行判断。当不具备自动数据采集的情况下，质量检验数据需要人工录入。可自动检验的场合可以进行全检，而人工数据采集受限于时间与成本需要进行抽样检验。根据 GB/T 2828.1—2012《计数抽样检验程序第 1 部分：按接收质量限（AQL）检索的逐批检验抽样计划》标准，有一次抽样检验、二次或多次抽样检验、正常检验、加严检验与加宽检验等。

**1. 一次抽样检验**

一次抽样检验方案主要应用于产品质量检验，通常用于对批量产品进行接受与拒绝的决策。一次抽样检验方案通过对一批产品中的某个样本进行检查，对整个批次的产品质量进行评估和判断。

下面是一次抽样检验方案中的关键参数和概念。

（1）抽样：在一次抽样检验方案中，从一个待检验的批次中随机抽取若干个样本进行检测。抽样数量（$n$）需要根据批次的总数、质量水平和方案要求来确定。

（2）不良品数量：在所抽取的样本中，检测到的不良品的数量。检测员需要通过预先定义的标准来判断样本中的不良品（或异常品）数量。

（3）接受质量水平（AQL）：表示可接受的质量水平，用于界定产品的质量水平是否达到预先定义的质量标准。简言之，AQL 是企业认为可以接受的质量水平，不良品率在此范围内时是可以容忍的。

（4）拒绝质量水平（LQL）：表示无法接受的质量水平，主要用于确定什么样的品质水平不能接受。简言之，LQL 是企业认为不可接受的质量水平，不良品率超过此范围将被认为是不能容忍的。

（5）接受/拒绝均数（$c$）：用来判断批次质量是否可接受的决策界限。当批次中不良品的数量小于或等于接受均数时，该批次被接受；当不良品数量大于接受均数时，该批次被拒绝。接受/拒绝均数（$c$）的值需要根据企业对质量的容忍度和方案要求来确定。

一次抽样方案的核心在于确定合适的抽样数量、接受/拒绝均数，以便在保证检验效率和成本的前提下达到理想的质量控制目标。

**2. 二次或多次抽样检验**

二次或多次抽样检验方案是对生产质量进行更加周密的检验。与一次抽样方案不同，二次或多次抽样方案是在第一轮抽样不具有明确决策结果时，进行额外抽样以获取更多信息来支持接受或拒绝批次的决策。它提供了更高的灵活性和准确性，但与之相应的是更高的检测时间和成本。

在二次或多次抽样检验方案中，首先进行一次抽样和检验，以确定产品质量。如果一次抽样后，不能明确地判断产品是否达到质量标准，将执行第二轮或多轮抽样检验。每次额外的抽样都提供了更多的样本来进行质量判断，从而降低了误判的风险。

二次或多次抽样检验方案的关键步骤如下：

（1）从待检批次中随机抽取样本，执行第一次抽样检验；

（2）结合接受质量水平（AQL）、拒绝质量水平（LQL）、接受均数（$c_1$）等参数，判断第一次抽样结果；

（3）若第一次抽样结果无法明确判断，则进行第二次（或多次）抽样；

（4）继续检验，累计所有抽样的不良品数量；

（5）结合接受/拒绝均数（$c_2$）等参数，根据所有抽样的累计结果，进行整批产品质量的决策；

（6）如果有必要，可以进行多轮抽样检验，直至得出明确的产品批次质量评估。

二次或多次抽样检验方案提供了一种更加灵活、准确的质量检验方式，制造型企业在生产过程中一般采用这样的方式，例如汽车冲压件焊接线每批生产设定首检、尾检、巡检。

首检是一个生产批次产出第一件产品时进行检验，首检是在机床设备、模具、刀具等为该批次生产进行更换与调整后的产品质量检验，其作用是及时发现误差或缺陷，便于校正工艺参数、定位、对刀等。首检如果出现明确可判断的缺陷，将暂停生产直到问题得到解决。

尾检是一个生产批次产出最后一件产品时进行检验，如果尾检出现明确问题，将对尾检到上次检验合格（可能是首检或最后一次巡检）之间的产品进行抽检或全检，判断该部分产品可接受或者判为不合格批。

一般而言，首检与尾检由执行工单生产任务的工人发起请求，故 MOM 系统生成的工单中可加入首检与尾检项，需完成首检并合格才能开始该批次的生产，完成尾检并合格才能完成该工单的报工。如图 7-33 所示，工单设置了首检与尾检项目，打开工单附属的首检单与尾检单，可按照检验项目进行检验，质检单附有作业指导书，指示质检人员按照作业指导书的指示位置与方法进行质检。

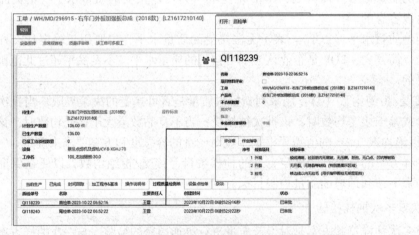

图 7-33　按产品分组的工单中设定强制的首检与尾检

巡检通常是人工设定时间间隔，对一批生产的产品进行抽检，以便判断间隔期产品是否出现质量问题。批量小的生产批次可不安排巡检，专业质检人员可根据首检与尾检的情况决定是否对该批次产品追加抽检。对大批量生产则安排巡检，巡检由专业质检人员完成，巡检时间间隔的设定可在 MOM 系统中完成。质检请求由工人发起或系统发起，相关的班组长或专业质检人员需要通过系统界面或即时通信工具（如微信）接收质检请求，以便及时进行质检工作，如图 7-34 所示。

## 7.5.2　质量评审

质量评审是一个系统性和结构化的过程，用于评估和验证产品、服务、工艺或管理系统的质量。质量评审是确保产品和服务符合既定质量标准和客户期望的关键手段，通过收集和分析相关数据，了解质量状况，发现问题并采取改善措施。MOM 中的质量评审主要是对质检中出现的质量事务进行判断与决策，以便采取相应的措施。

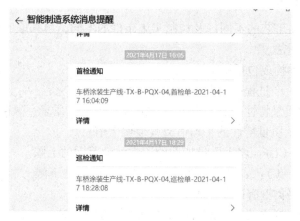

图 7-34　微信质检请求通知界面

图 7-35 为 MOM 中的质量评审单示例。针对某工单巡检中发现不合格品，可提交产品缺陷图片供参考，质检单提交进入质量评审流程，由质量管理负责人员进行评审，给出评审结论，结论包括两部分内容，一部分是质量问题分级，如严重、轻微、可修复等，另一部分是处理措施分类，包括纠正、同意放行、不同意使用、必要时顾客等，对于每个措施分类可给出具体措施名称，例如图 7-35 中由于质量问题分级为"严重"，故措施分类给出"不同意使用"的类别，具体措施是"报废"。必要时顾客意为可与顾客协商接受。如果是可改正的质量问题，质量评审单先流转至质量管理负责人给出处理意见，转交生产负责人提出措施，提交措施详情，并提交改进结果的证明文档，最后由质量管理负责人审批通过。

图 7-35　质量评审单示例

### 7.5.3　质量监控

质量监控针对产品工艺的不同以及控制实施条件的不同，可采取有针对性的方法。一种常用方法是质量控制图法。

质量控制图的基本构成包括以下内容。

（1）横轴：表示生产过程中的时间或样本顺序。

（2）纵轴：表示质量特性的测量值或计数值（如尺寸、质量、缺陷数等）。

（3）中心线：表示质量特性的平均值或其他期望值。

（4）上控制限（UCL）：表示质量特性的正常波动范围的上限。

（5）下控制限（LCL）：表示质量特性的正常波动范围的下限。

质量控制图的主要类型有以下三种。

（1）$X-R$ 图：记录样本均值（$X$）和极差（$R$）的控制图，主要用于连续数据的过程监控，如图 7-36 所示。

（2）$p$ 图和 $np$ 图：记录不良率（$p$）和不良数（$np$）的控制图，主要用于离散数据的过程监控。

（3）$C$ 图和 $U$ 图：分别记录缺陷数（$C$）和单位产品上的缺陷率（$U$）的控制图，用于监控缺陷数据。

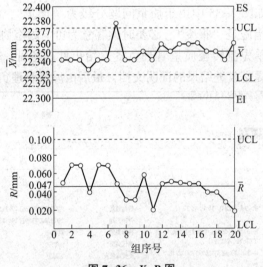

图 7-36　$X-R$ 图

控制图的优点在于可以根据表 7-1 所示的判断依据进行过程质量的判断，易于实现自动监控与自动报警。

如果具备在线控制设备的条件，可以根据采集的产品特征数据进行动态调整。例如联网条件下的数控机床，通过在线尺寸与型面检测设备（如三坐标测量仪）对产品进行小样本检测，生成 $X-R$ 图，MOM 系统根据测量数据的变动趋势，向数控机床发送刀具补偿命令，可在线控制加工合格率。

表 7-1 控制图判断依据

| 正常波动 | 异常波动 |
| --- | --- |
| 1. 没有点子超出控制线；<br>2. 大部分点子在中线上下波动，小部分在控制线附近；<br>3. 点子没有明显的规律性 | 1. 有点子超出控制线；<br>2. 点子密集在中线上下附近；<br>3. 点子密集在控制线附近；<br>4. 连续 7 点以上出现在中线一侧；<br>5. 连续 11 点中有 10 点出现在中线一侧；<br>6. 连续 14 点中有 12 点以上出现在中线一侧；<br>7. 连续 17 点中有 14 点以上出现在中线一侧；<br>8. 连续 20 点中有 16 点以上出现在中线一侧；<br>9. 点子有上升或下降趋势；<br>10. 点子有周期性波动 |

# 7.6 制造运营设备管理

## 7.6.1 设备台账

设备台账是制造企业用来记录、管理和控制生产设备相关信息的一种管理手段。台账通常包含设备的基本信息、状态、使用及维护情况等内容，为设备管理、维修、改进与投资决策提供基础数据和参考依据。

如图 7-37 所示，设备台账的主要内容包括以下几种。

（1）设备基本信息：如设备名称、型号、规格、编号、生产厂家、生产日期、购置价格等。

（2）设备位置：设备放置的车间、区域、工位等相关信息。

（3）负责人或使用部门：负责设备的日常使用、维护和管理的主管人员或部门。

（4）设备状态：设备的运行状态、性能水平、历史故障等信息。

（5）使用与维修情况：设备的累计工时、使用次数，以及维修、保养或改造记录等。

（6）设备验收、报废和更新信息：设备的验收日期、报废日期、更新换代情况等。

（7）其他信息：如设备备用件及库存、设备说明、点检操作等。

有了设备台账，企业可以更容易地了解设备的整体状况，便于调配设备资源，跟踪关键设备运行效果，监控设备整体运行状况，预警并降低故障风险。设备台账的建立、更新与管理，有利于实现设备效能的提升，降低生产成本和维修费用，提高生产效率。

## 7.6.2 设备维护

设备维护是指为保证生产设备正常运行、安全使用及提高设备使用寿命而进行的一系列工作。设备维护对于保障生产安全、提高生产效率、降低运行成本具有重要意义。通常，设备维护可以分为以下几类。

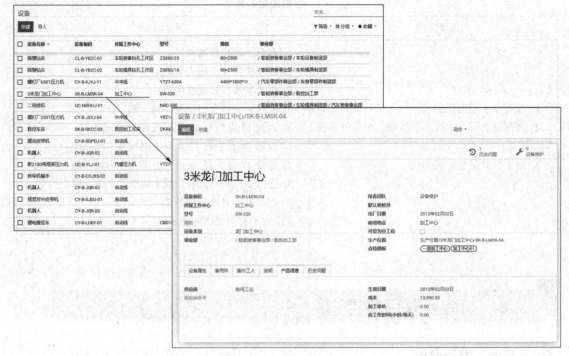

图 7-37　设备台账界面

### 1. 预防性维护 (Preventive Maintenance)

预防性维护是在设备故障发生前根据设备的使用情况、环境和历史维修数据等因素，按照预定的时间周期或使用次数进行的维护。预防性维护包括设备的清洁、润滑、紧固、校正、检查等操作，其目的是预防故障的发生，延长设备使用寿命。

维护过程中可以采用以下方法。

（1）定期点检：设备点检，又称设备巡检或设备例行检查，是一种预防性维护的方法。它是通过定期检查设备的运行状况、性能参数、安全措施等方面来发现异常，确保设备运行正常、安全、高效，防止因设备故障而导致的生产中断、质量问题或安全事故。

如图 7-38（a）所示的设备点检模板，设置了一类设备的适用型号、检验项、检验标准与点检指导书。设备管理人员根据设备点检周期（通常为 1 天）为设备创建点检单，如图 7-38（b）所示，点检单指定设备后，系统将根据设备点检模板自动生成点检项，并通知当值点检人员实施点检。

在设备运行过程中，要按照计划对设备进行定期巡查。巡查时，需检查设备的运行状态、温度、润滑情况、紧固件、安全防护装置等关键部位和性能参数，对点检结果进行记录，包括正常现象、异常现象、故障原因分析及处理措施等信息。

（2）定期保养：按照设备生产厂家的要求和企业的实际需求制订保养计划，确保设备处于良好的运行状态。实际的保养计划周期要结合设备故障时间间隔的统计来进行调整设定，MOM 系统中可以根据故障维修请求数据对设备故障时间间隔进行统计。图 7-39 为某公司对某设备平均故障时间间隔（min）的统计报表，可见各月设备使用的闲忙程度不同，对设备故障频率的影响是比较大的。因此，在制订定期保养计划时，要根据历史经验数据进行设定。

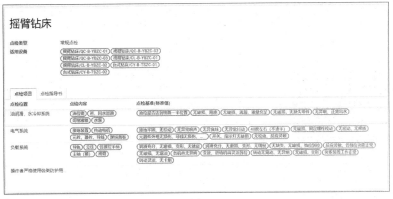

（a）

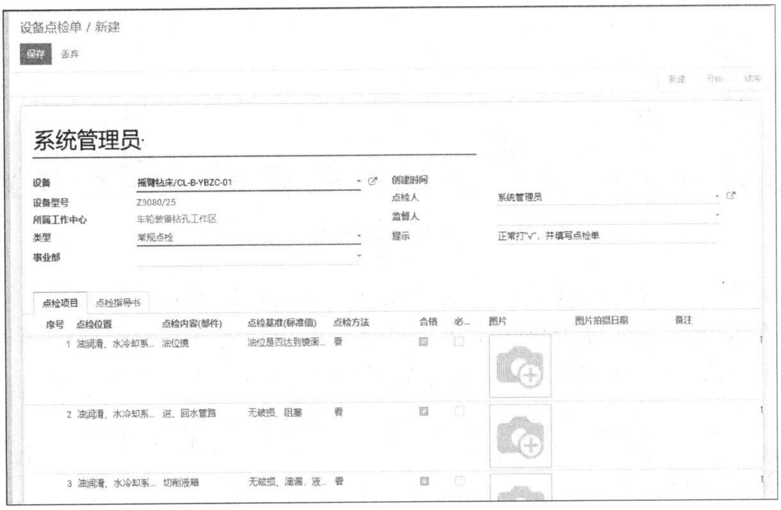

（b）

**图7-38　设备点检模板与设备点检单创建**

（a）设备点检模板；（b）设备点检单创建

| 机械有限公司 | | | | | | |
|---|---|---|---|---|---|---|
| 2022—2023年设备平均故障间隔时间统计表 | | | | | 版本D/0　编号：JL-7.1.3-10 | |
| 统计部门 | 设计公式 | | | MTBF=维修时间/故障次数 | | |
| 年份 | 2023年 | | | | | |
| 月份 | 1月 | 2月 | 3月 | 4月 | 5月 | 6月 | 7月 |
| 目标值 | | | | | | | |
| 实际值 | 4 479.82 | 4 878.51 | 3 176.36 | 3 474.28 | 5 321.95 | 4 522.36 | 15 034.23 |
| 实际运转时间 | 9 648.39 | 25 819.77 | 15 911.19 | 7 223.92 | 3 800.83 | 3 047.16 | 725.18 |
| 故障次数 | 77 | 64 | 187 | 96 | 65 | 292 | 48 |

**图7-39　某设备平均故障时间间隔统计**

图7-40为压力机保养计划的变化趋势，图中由于保养频率对应故障时间间隔的变化进行调整，故保养次数或频率有明显的变动。

**2. 故障维修（Corrective Maintenance）**

故障维修是在设备发生故障时进行的紧急维修。该类维护的目的是在尽量短的时间内恢

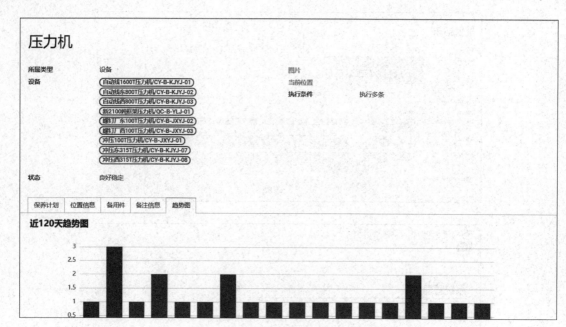

图7-40　压力机保养计划的变化趋势

复设备的正常运行。发起故障维修申请后，设备维修人员经过查看与诊断可对问题进行排除，将故障维修情况录入故障维修申请单。如果需要申请配件，则需要继续填写配件领料单，触发物料领用流程。故障维修申请界面如图7-41所示。

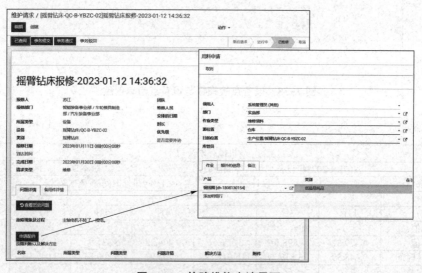

图7-41　故障维修申请界面

在故障排除后维修人员将故障维修单报修，系统记录故障报修时间与故障排除时间，故障维修单则作为统计故障平均修复时间的基本数据。

3. 改进性维护（Improvement Maintenance）

改进性维护是针对设备的性能、效率、安全性等方面进行的维护，以提高设备的工作效果，降低生产成本。这类维护通常包括设备改造、升级、优化等。

MOM 的设备维护系统帮助企业进行有效的设备维护，掌握设备故障规律，提前进行预防性设备保养，提高设备效能。

# 7.7 小结

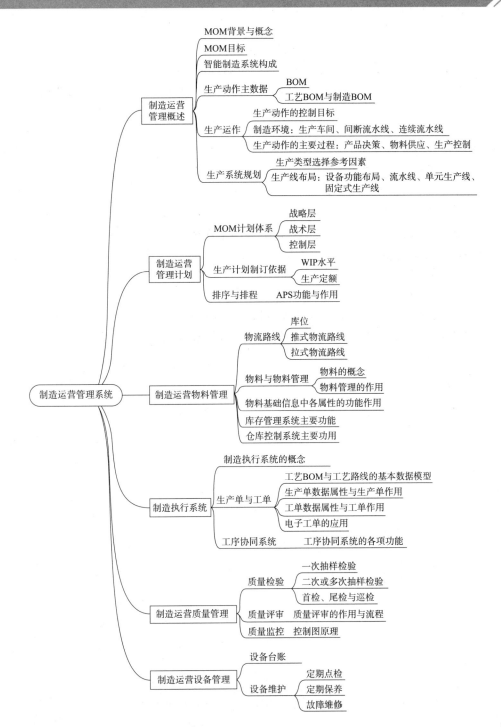

## 7.8 习题

1. 什么是 MOM？

2. 智能工厂的特征是什么？

3. 简述工艺 BOM 的构成。

4. 什么是生产运作？生产运作的控制目标是什么？

5. 加工车间、间断流水线、连续流水线的特点分别是什么？

6. 某生产线节拍为 5 件/h，从投料到产出的时间为 0.5 h，该生产线的在制品水平是多少？

7. 什么是虚拟库位？

8. 简述拉式物流路线。

9. 物料编码的作用是什么？

10. 简述库存管理的补货过程。

11. 简述仓库控制系统的调度功能。

12. 什么是制造执行系统？它的基本数据模型是什么？

13. 简述电子工单的作用。

14. 什么是工序协同系统？

15. 什么是抽样检验的 AQL 与 LQL？

16. 什么是质量评审？MOM 的质量评审作用是什么？

17. 什么是预防性维护？预防性维护的措施一般有什么？

# 参 考 文 献

［1］工业和信息化部，国家标准化管理委员会．国家智能制造标准体系建设指南（2021 版）［R］. 2021.

［2］国际自动化协会（ISA）．企业系统与控制系统集成国际标准（ANSI/ISA-95.00.04-2018）［S］. 2018.

［3］Charlie Gifford. The MOM chronicles：ISA-95 best practice book 3.0 ［S］. 2013.

［4］赖朝安．智能制造——模型体系与实施路径 ［M］. 北京：机械工业出版社，2019.

［5］Karl T Ulrich, Steven D Eppinger. 产品设计与开发 ［M］. 杨青，杨娜，译. 北京：机械工业出版社，2018.

［6］卢秉恒．机械制造技术基础 ［M］. 4 版. 北京：机械工业出版社，2017.

［7］陈为国，陈昊．数控加工刀具应用指南 ［M］. 北京：机械工业出版社，2020.

［8］卜昆．计算机辅助制造 ［M］. 3 版. 北京：科学出版社，2015.

［9］肖潇，郑兴睿．数控机床原理与结构 ［M］. 北京：清华大学出版社，2020.

［10］刘强．数控机床发展历程及未来趋势 ［J］. 中国机械工程，2021 （32）：757-770.

［11］Yoram Koren, Lo Chih-Ching, Shpitalni Moshe. CNC interpolators：algorithms and analysis ［J］. Journal of Manufacturing Science and Engineering, 1993 （64）：83-92.

［12］Linjian Yang, Jinchun Feng. Research on Multi-axis CNC Programming in Machining Large Hydraulic Turbine´s blades Based on UG ［J］. Procedia Engineering, 2011 （24）：768.

［13］程国平．生产运作管理 ［M］. 北京：人民邮电出版社，2017.

［14］王德吉．西门子工业网络通信技术详解 ［M］. 北京：机械工业出版社，2012.

［15］王海．工业控制网络 ［M］. 北京：化学工业出版社，2018.

［16］张俊哲．无损检测技术及其应用 ［M］. 北京：科学出版社，2023.

［17］张焱．机器视觉检测与应用 ［M］. 北京：电子工业出版社，2021.

［18］田春华，李闯．工业大数据分析实践 ［M］. 北京：电子工业出版社，2021.

［19］赵诗奎．Job Shop 基于无延迟调度路径重连与回溯禁忌搜索算法研究 ［J］. 机械工程学报，2021 （14）：291-303.

［20］高潮，任可，郭永彩．基于机器视觉的裂纹缺陷检测技术 ［J］. 航空精密制造技术，2007 （5）：23-25.

［21］Lisha Li, Kevin Jamieson, Giulia DeSalvo, et al. Hyperband：a novel bandit-based approach to hyperparameter optimization ［J］. Journal of Machine Learning Research, 2018 （18）：1-52.

［22］Sebastian Raschka. Python 机器学习 ［M］. 高明，徐莹，陶虎成，译. 北京：机械工业

出版社，2017.

［23］周志华．机器学习［M］．北京：清华大学出版社，2016.

［24］霍普，斯皮尔曼．工厂物理学——制造企业管理基础（影印版）［M］．北京：清华大学出版社，2002.

［25］马士华，林勇．供应链管理［M］．北京：机械工业出版社，2005.

［26］马向国，姜旭，胡贵彦．自动化立体仓库规划设计、仿真与绩效评估［M］．北京：中国财富出版社，2017.

［27］马凯肖，洪流．自动化生产线技术［M］．北京：化学工业出版社，2016.

［28］Federgruen A，Y Zheng．An efficient algorithm for computing an optimal（r，Q）policy in continuous review stochastic inventory systems［J］．Operations Research，1992（40）：808–813.

［29］陈宝林．最优化理论与算法［M］．2版．北京：清华大学出版社，2005.

［30］《运筹学》教材编写组．运筹学［M］．5版．北京：清华大学出版社，2021.

［31］孙亚彬．精益生产实战手册：单元生产与拉动看板［M］．深圳：海天出版社，2008.

［32］Lisbeth Del Carmen Ng Corrales，María Pilar Lambán．Overall equipment effectiveness：systematic literature review and overview of different approaches［J］．Applied Sciences，2020（10）：64–69.

［33］张骏．边缘计算方法与工程实践［M］．北京：电子工业出版社，2019.

［34］赵志为，闵革勇．边缘计算：原理、技术与实践［M］．北京：机械工业出版社，2021.

［35］工业和信息化部．5G全连接工厂建设指南［R］．2022.

［36］中国信通院．5G全连接工厂建设白皮书［R］．2023.

［37］中国移动．2023年5G工业UPF（OT UPF）白皮书［R］．2023.

智能制造体系实施案例